改訂
第9版

L^ATEX

美文書作成入門

奥村晴彦／黒木裕介 著

技術評論社

本書は『LaTeX 美文書作成入門』(1991 年)、『LaTeX 入門』(1994 年)、『LaTeX 2ε 美文書作成入門』(1997 年)、『[改訂版] LaTeX 2ε 美文書作成入門』(2000 年)、『[改訂第 3 版] LaTeX 2ε 美文書作成入門』(2004 年)、『[改訂第 4 版] LaTeX 2ε 美文書作成入門』(2007 年)、『[改訂第 5 版] LaTeX 2ε 美文書作成入門』(2010 年)、『[改訂第 6 版] LaTeX 2ε 美文書作成入門』(2013 年)、『[改訂第 7 版] LaTeX 2ε 美文書作成入門』(2017 年)、『[改訂第 8 版] LaTeX 2ε 美文書作成入門』(2020 年) を最新の TeX Live 2023 に合わせて改訂したものです。

本書は TeX Live 2023 に含まれるオープンなツールとフォント（LuaLaTeX、原ノ味フォント、New Computer Modern フォントなど）で制作しました（一部の例示フォントを除きます）。

序

本書は、本や論文などを印刷・電子化するためのオープンソースソフトウェア LaTeX（ラテックまたはラテフと読む[※1]）および関連ツール・フォントについて、できるだけやさしく、しかも最新の動向まで詳しく、解説したものです。

ほぼ 3 年ごとに改訂を繰り返しているこの「美文書」シリーズ[※2] は、書名を『LaTeX 2ε 美文書作成入門』に変えた時点で版数をリセットし、それが第 8 版まで続きました。しかし、長年続いた 2ε という中途半端なバージョン番号は次第に省略されることが多くなりました。2020 年あたりに LaTeX 内部がほぼ LaTeX 3 と言えるほど大きく書き直されたこともあり、本書も書名から 2ε を落として『[改訂第 9 版] LaTeX 美文書作成入門』とすることにしました[※3]。

数式を含む文書を書くためのツールとして、LaTeX は世界中で事実上の標準として長年にわたって使われています。日本でも特に理系の本はかなりのものが LaTeX で作られるようになりました。本書も LaTeX で制作したものです。

理系の本や論文に限らず、LaTeX は名簿・カタログ・シラバスなどの自動組版（くみはん）といった通常の DTP の流れに載せにくい一括処理（バッチ）にも向いています。また、LaTeX は数式が得意ですので、これで数式を組んでほかの DTP ソフトに配置するといった使い方もできます。オープンソースのツールですので、Web 上で PDF ベースの帳票印刷システムを構築するといった用途にも、ライセンスを気にせず使えます。

LaTeX は、Windows、Mac、Linux、FreeBSD など、およそどんなコンピュータでも使えます。使い慣れたパソコンで手軽に美しい文書を作りたい著者、自分で本をレイアウトしたいが DTP オペレータの領分には入りたくない著者にも、LaTeX をお薦めします。

LaTeX 記法は、数式記述の標準としての意味もあります。Wikipedia の数式記述言語も LaTeX です。Web 上で LaTeX 記法で数式を表示する MathJax や KaTeX があります。最近の Microsoft Office や Apple の Pages、Keynote などは LaTeX 記法による数式入力に対応しています。

LaTeX を使えば、

$$\left(\int_0^\infty \frac{\sin x}{\sqrt{x}}\,dx \right)^2 = \sum_{k=0}^\infty \frac{(2k)!}{2^{2k}(k!)^2} \frac{1}{2k+1} = \prod_{k=1}^\infty \frac{4k^2}{4k^2-1} = \frac{\pi}{2}$$

のような複雑な数式でも、辻・辻、叱・叱や、邊邊邊邊邊邊邊邊邉邉邉邉邉邉邉邉邉邉邉邉のような怒涛の異体字も、コンピュータの種類に依存せず出力でききます。

※1 英語では「レイテック」が優勢のようです。

※2 『LaTeX 美文書作成入門』（1991 年）、『LaTeX 入門――美文書作成のポイント』（1994 年）、『LaTeX2ε 美文書作成入門』（1997年）、『[改訂版] LaTeX2ε 美文書作成入門』（2000 年）、『[改訂第 3 版] LaTeX2ε 美文書作成入門』（2004 年）、『[改訂第 4 版] LaTeX2ε 美文書作成入門』（2007 年）、『[改訂第 5 版] LaTeX2ε 美文書作成入門』（2010 年）、『[改訂第 6 版] LaTeX2ε 美文書作成入門』（2013 年）、『[改訂第 7 版] LaTeX2ε 美文書作成入門』（2017 年）、『[改訂第 8 版] LaTeX2ε 美文書作成入門』（2020 年）

※3 ちゃんと数えたら第11版のような気もしますが、第8版から第11版に飛ぶと「9はないん？」と言われそうなので、第9版にしました。

日本語に対応した LaTeX は複数あります。古い pLaTeX と、それを Unicode 対応にした upLaTeX、従来のようなフォントの制約がなく直接 PDF 出力ができる LuaLaTeX や XꟻLaTeX などです。

本書は第 8 版で LuaLaTeX を大々的に取り入れ、従来 pLaTeX で制作していた本書も第 8 版は全ページ LuaLaTeX で制作しました。この第 9 版は、その経験を踏まえて LuaLaTeX についての記述を見直すとともに、まだまだ広く使われている pLaTeX や upLaTeX についても最新の状況を解説しました。

第 8 版までは TeX ソフトウェア一式を付録 DVD-ROM に収めていましたが、そもそも最近のパソコンは DVD ドライブを備えず、ネットから最新のものをダウンロードしてインストールするか、Cloud LaTeX や Overleaf といったオンラインの LaTeX システムを使うことが増えたため、思い切って付録 DVD-ROM をやめることにしました。インストールの方法は付録 A で詳しく説明します。

奥村が基本部分を執筆し、黒木が Windows・Beamer 関係、いくつかのコラム執筆のほか、全体を精読して問題点を洗い出しました。

本書の内容は数十年にわたってたくさんの方々からご指導いただいたことに基づいています。第 8 版までの序文では一部の方々のお名前を挙げていましたが、抜けも多かったので、今回はお名前を省略いたします。皆様に心から感謝いたします。

本書の編集とスタイルファイルについては、ずっと技術評論社の須藤真己さんに多くを負っていましたが、第 9 版から編集については向井浩太郎さんにお世話いただくことになり、向井さんの新しい視点でブラッシュアップすることができました。スタイルファイルについては須藤さんに助けていただきました。ありがとうございます。

サプライズとして、阿部紀行さん、寺田侑祐さん、山本宗宏さんから、コラムをご寄稿いただきました。

2023 年 11 月

奥村 晴彦、黒木 裕介

▶ 制作ノート

第 8 版から LuaLaTeX と jlreq ドキュメントクラス、和文は原ノ味フォント（源ノ明朝・源ノ角ゴシックベース）を使って組んでいます。和文メトリックは第 8 版では ujis でしたが、第 9 版は jlreq にしました。欧文は第 8 版では Latin Modern でしたが、第 9 版では New Computer Modern にしました。サンセリフは Source Sans Pro、モノスペースは Source Code Pro です。傍注では、和文プロポーショナル組のメトリックを改善し、欧文自動レタースペーシングを実験的に取り入れました。

目次

目次

◆ コラム目次

第1章
TEX、LATEX とその仲間

TEX とその仲間（pdfTEX、XƎTEX、LuaTEX、pTEX、upTEX）と LATEX との関係について説明します。

1.1 TEXって何？

TeX /ték/ 名 《コンピュータ》テフ, テック
《テキストベースの組み版システム；数式の処理を得意とする》.
── 『ジーニアス英和大辞典』（大修館書店、2001 年）

TEX は、組版（くみはん）ソフトです。

組版（typesetting）は印刷用語で、活字を組んで版（版（はん）＝印刷用の板）を作ることを意味します。TEX は、コンピュータでテキストと図版をうまく配置して、版にあたるもの（現在では PDF ファイル）を出力する（タイプセットする）ためのソフトウェアです[1]。

TEX には次のような特徴があります。

- TEX はオープンソースソフトですので、無料で入手でき、自由に中身を調べたり改良したりできます。商用利用も自由にできます。

- TEX は、Windows でも Mac や Linux などの Unix 系 OS でも、まったく同じ動作をします。つまり、入力が同じなら、原理的には、まったく同じ出力が得られます。

- TEX への入力はテキスト形式なので、普通のテキストエディタで読み書きでき、再利用・データベース化が容易です。

- 自動ハイフネーション、ペアカーニング[2]、リガチャ[2]、孤立行（ウィドウまたはオーファン）処理[2] など、高度な組版技術が組み込まれています。

- 特に数式の組版については定評があり、数式をテキスト形式で表す事実上の標準となっています。

※1 PDFの前はPostScriptがよく使われていました。さらに過去には写研の写植機を含む個々のプリンタ・出力機用のドライバが用意されていました。拙著『C 言語による最新アルゴリズム事典』の最初の版（1991年）はTEXから写研の写植機で出力しました。

※2 ペアカーニング：AVやToなど相補的な形の文字を食い込ませる処理。
リガチャ：fi、fl、ffi、ffl などのような合字（ごうじ）（対応フォントだけ）。
孤立行処理：段落の最初の行だけ、あるいは最後の行だけが別ページになることを抑制する処理。

1.2　TEXの読み方・書き方

TEX の作者 Knuth 先生（4 ページのコラム参照）によれば、TEX はギリシャ語から命名したもので、最後の X は、口の奥で発音する無声の「ハ」に近い音だそうですが、英語でこれに一番近い音は /k/ なので、「テック」と読む人が多いようです。ちなみにドイツ語では「テッヒ」が多いようです。

日本では、特に大学関係者の間では、昔から「テフ」[※3] と呼びならわされていますが、英語圏で TEX を覚えた人や出版関係者の間では「テック」という発音が広く行われています。

TEX は、ご覧のように E を少し下げて、字間を詰めて書きます。このような文字の上げ下げや詰めは TEX が得意とするところですが、これができない場合は TeX と表記することになっています（TEX や Tex とは書かない約束ですが、なかなか守られていません）。

1.3　LATEXって何？

LATEX はコンピュータ科学者 Leslie Lamport[※4] によって機能強化された TEX です。もともとの TEX と同様、オープンソースソフトとして配布されています。日本ではラテックまたはラテフと読まれます。英語圏ではレイテックと読む人が多いようです。

> **参考**　Web で "latex" を検索すると、latex（乳液、ラテックス）関係のページがたくさん見つかってしまいます。こちらは英語読みではレイテックスです（アクセントの位置を圏点付きの**太字**で示しました）。

最初の LATEX は 1980 年代に作られましたが、1993 年には LATEX 2ε という新しい LATEX ができ、現在では LATEX といえば LATEX 2ε を指すようになりました（古い LATEX は LATEX 2.09 と呼ばれます）。本書でも LATEX 2ε を以下では単に LATEX と書くことにします。

LATEX は、ご覧のように A を小さく上付きにして書きます。字の上げ下げができないなら LaTeX と書くことになっています。同様に、LATEX 2ε と書けないなら LaTeX2e と書きます[※5]。

LATEX の特徴は、文書の論理的な構造と視覚的なレイアウトとを分けて考えることができることです。

例えば「はじめに」という節の見出しがあれば、文書ファイルには

```
\section{はじめに}
```

のように書いておきます。この `\section{...}` という命令が、紙面上のデザイン、例えば「14 ポイントのゴシック体で左寄せ、前後のアキはそれぞれ何ミ

※3　「テフ」→「てふてふ」という連想からか、TEX の本の表紙に蝶々が描かれることがあるようです。また、YaTeX（https://www.yatex.org）は「やてふ」→「野鳥」の流れで命名されているようです。

※4　最初の LATEX を作っていたころ Lamport は SRI International にいました。その後 DEC を経て、2001 年からは Microsoft Research で研究しています。2013年には（LATEX ではなく分散システムの研究で）チューリング賞を受賞しています。ブロックチェーンの話でよく出てくるビザンチン将軍問題の論文は Lamport が第一著者です。

※5　日本では全角の ε（エプシロン）を使った LaTeX2 ε という表記もよく見かけますが、Unicode を活用して最後の文字は U+1D700 (MATHEMATICAL ITALIC SMALL EPSILON) にするのがいいかもしれません。

リを標準とし、何ミリ以内なら伸ばしてよい……」というレイアウトに対応する
といったことは、様式・判型ごとに別ファイル（クラスファイル、スタイルファイル）に記述されています。標準のクラスファイルのデザインが気に入らないなら、自由に変更できます。クラスファイルだけ変更すれば、同じ文書ファイルでも違ったレイアウトで出力できます。

　仮に文書ファイルに「ここは 14 ポイントのゴシック体で 3 行どり中央に……」などと書き込んでしまったのでは、あとで組み方を変更しようとすると、原稿全体に手を入れなければなりません。下手をすると、節ごとに見出しの体裁が違ってしまうことにもなりかねません。文書の再利用も難しくなります[6]。

　さらに、LATEX は章・節・図・表・数式などの番号を自動的に付けてくれますし、参照箇所には番号やページを自動挿入できます。目次・索引・引用文献の処理まで自動的にしてくれます。また、柱（本書ではページ上部にあり、左ページには章の名前、右ページには節の名前を入れています）も自動的に作ってくれます。

　このような便利な機能のため、LATEX 利用者が飛躍的に増え、TEX を使っているといっても実際には LATEX であることが多くなりました。

　LATEX は、TEX のマクロ機能（プログラミング機能）を使って作られたものです。一方、TEX 本体（マクロと区別するためにエンジンと呼ぶことがあります）も改良され、特に日本では日本語の扱いに優れた pTEX というエンジンが広く使われるようになりました（より現代的なエンジンについては後述します）。pTEX 用にマクロを修正した LATEX が pLATEX（pLATEX 2ε）です。

　LATEX は理系の論文や本の製作に広く使われています。多くの論文誌や arXiv[7] のようなプレプリントサーバは LATEX での論文投稿を推奨[8] していますし、理系の出版社は多くの本を LATEX で製作しています。一例を挙げれば、『岩波数学辞典』の最新版（第 4 版）はすべて LATEX（pLATEX 2ε）で作られています。Wikipedia も数式は LATEX 形式で書きます（SVG 画像に変換されます）。

1.4　TEX、LATEXの処理方式

　一般のワープロソフトと異なり、TEX、LATEX は高度な最適化をしているので、段落の最後に 1 文字追加するだけで段落の最初の改行位置が変わることもありえます。このような処理を、キーボードから 1 文字入力するごとに行うのは、かなりの計算パワーを必要とします。

　そのため、TEX、LATEX では、キーを打つたびに画面上の印刷結果のイメージを更新する方式[9] ではなく、一括して全体を処理するバッチ処理を採用しています。

※6　LATEX による文書の構造化はHTMLと同じ考え方だと気づかれたかもしれません。HTMLはSGMLに基づいて作られましたが、LATEX の影響も受けています。LATEX は Scribe というシステムの影響を受けていますが、ScribeはGML（SGMLの元）と同じころ作られました。

※7　https://arxiv.org

※8　"the best choice is TeX/LaTeX" (https://arxiv.org/help/submit)
arXiv内でLATEX処理ができるようになっています。2023年5月22日付でTEX Live 2023に更新されました。

※9　画面表示と印刷イメージが同じ（What You See Is What You Get）という意味で、WYSIWYG（ウィジウィグ）方式と呼ぶことがあります。

◆ TEXは誰が作ったの？　　　　　　　　　　　　　　　　　　　　　　　

> クヌース……計算機科学の分野でもっとも偉大な学者の一人
> ──『岩波情報科学辞典』（岩波書店、1990 年）

TEX を作ったのはスタンフォード大学の Donald E. Knuth 教授（1938〜）です（現在は退職されています）。Knuth 先生は数学者・コンピュータ科学者で、1974 年にチューリング賞（コンピュータ科学で最も権威のある賞）、1996 年に京都賞を受賞しています。

Knuth 先生の主著 *The Art of Computer Programming* シリーズはコンピュータ科学の聖典とでもいうべきものです（邦訳がアスキードワンゴから出ています）。これ以外にもたくさんの著書があります。数学小説『超現実数』（好田順治訳、海鳴社、1978）という型破りの数学書も著しておられます。

The Art of Computer Programming シリーズは、予定では全 7 巻ですが、第 1 巻は 1968 年、第 2 巻は 1969 年、第 3 巻は 1973 年に出版され、第 1、2 巻の第 3 版が 1997 年に、第 3 巻の第 2 版が 1998 年に、第 4A 巻が 2011 年に出版されました。ここまでは邦訳が出ています。その後、第 4B 巻の 2/3 ほどが分冊 5・6 として仮出版されたところです。

この第 1 巻の第 2 版まではすべて職人が活字を組む活版印刷で作られました。しかし、活字を組む職人の確保が次第に難しくなり、第 2 巻の第 2 版はいったんコンピュータで組版されました（1976 年）。ところが、この仕上がりは活版印刷に比べてかなり見劣りのするものでした。がっかりした Knuth 先生は、この出版を見合わせ、活版印刷に劣らない美しい組版のできるコンピュータ・ソフトウェア TEX を作る決心をされたのです。

Knuth 先生はたいへんな完全主義者で、古今の組版技術を研究し、その最も優れた部分を TEX に取り入れました。また、文字をデザインするためのソフト METAFONT（メタフォント）を作り、Computer Modern というフォントをご自分でデザインされました。こうしてできあがった TEX とフォントを使って *The Art of Computer Programming* 第 2 巻の第 2 版が組み上がったのは 4 年後の 1980 年（実際の出版は 1981 年）です。

このあとも Knuth 先生は TEX やフォントの改良に余念がなく、1982 年には現在の TEX とほぼ同じものを完成させ、これを使って 1984 年の *The TEXbook*（邦訳がアスキーから出ていました）、1986 年の *TEX: The Program* に始まる *Computers & Typesetting* シリーズ全 5 巻を書き上げました。

1982 年以降は、Knuth 先生は TEX の拡張より安定化に力を注がれたので、1989 年に入力が 7 ビットから 8 ビットに拡張されたことを除き、基本的な仕様の変更はほとんどありません。そして、TEX 第 3.1 版（1990 年 9 月）の時点で次のような終決宣言を出されました。

- もうこれ以上 TEX は拡張しない。
- もし著しい不具合があれば修正して第 3.14 版、第 3.141 版、第 3.1415 版、…と番号を進めていき、自分の死と同時に第 π 版とする。それ以後はどんな不具合があっても誰も手をつけてはならない。
- TEX に関することはすべて文書化したので、このノウハウを生かして新たにソフトを作ることは自由である。

TEX プロジェクト開始から 40 年以上の歳月がたち、今や TEX はコンピュータ科学の大先生の作品と呼ぶにふさわしい完成度の高いソフトになりました。現在の Knuth 先生は TEX を使っての著作に専念しておられます。

原稿は自分の使いなれたソフト（テキストエディタ）で書いて、テキストファイルとして保存しておきます。これをあとで LaTeX で一括処理します。

例えば LaTeX で

```
\documentclass{jlreq}
\begin{document}

これはサンプルの文書です。
テキストファイル中では、
どこで改行してもかまいません。
印刷結果の改行の位置は勝手に決めてくれます。

段落の切れ目には空の行を入れておきます。

\end{document}
```

※ 左の入力例の \（逆斜線、バックスラッシュ）はWindowsの和文フォントでは ¥ と表示されます。本書旧版では ¥ で統一していましたが、Windowsでも \ と表示される場合が増えたため、第 7 版以降ではほぼすべての箇所で \ を使っています。

のようなテキストファイルを入力すると、

> これはサンプルの文書です。テキストファイル中では、どこで改行してもかまいません。印刷結果の改行の位置は勝手に決めてくれます。
> 　段落の切れ目には空の行を入れておきます。

のように出力されます（ \〔バックスラッシュ〕 で始まる行は LaTeX の命令です）。

テキストファイルを使うことの利点は、たくさんあります。

- 文書入力は自分の慣れているソフトで行うほうが楽です。どんな文書入力ソフトでもテキストファイルで保存できますので、LaTeX は入力ソフトを選びません。

- テキストファイルはコンピュータの機種に依存しません。どんなコンピュータやスマホでも、テキストファイルなら安全にやりとりできます。

- テキストファイルの変換は簡単です。そのため、データベース出力や Web フォーム入力、XML 文書などから LaTeX に変換して組版するといったことがよく行われています。

- テキストファイルで文書を用意するほうが、コンピュータのパワーユーザーの心理に合っているのかもしれません。

数式を考えなければ Adobe InDesign のようなリアルタイムで LaTeX 同様の処理をするレイアウトソフトがありますし、数式についても WYSIWYG な数式エディタがあります。しかしこれらは今のところ LaTeX を不要にするに至っていません。

1.5　TEX、LATEXの処理の流れ

もともとの TEX、LATEX は、組版結果を dvi ファイルという中間ファイルに
書き出します[※10]。dvi は device independent（装置に依存しない）という英語
の略です。この dvi ファイルを読み込んでパソコンの画面、各種プリンタ・写植
機、および PostScript・PDF・SVG などのファイルとして出力するための専用
ソフト（dvi ドライバ、dvi ウェア）が、出力装置や出力ファイル形式ごとに用
意されています。特に画面出力用の dvi ドライバのことを dvi ビューアともいい
ます。

このようなレガシーな TEX、LATEX に対して、モダンな TEX、LATEX では、
dvi ファイルを介さず、いきなり PDF ファイルを出力します。文書ファイルも
Unicode になり、扱える文字の制限が事実上なくなりました（pdfLATEX は例外
で、レガシー LATEX ですが PDF を出力します）。

※10　dvi は DVI とも書きます。
Digital Visual Interface の DVI
とは無関係です。

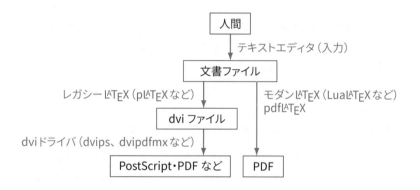

1.6　TEX、LATEXと日本語

もともとの TEX はフォントあたり 256 通り（もっと初期には 128 通り）の文
字しか扱えず、日本語を扱うには 256 文字ずつサブフォントに分割する必要が
ありました[※11]。

この TEX を日本語向きに本格的に拡張したものが、在りし日の㈱アスキーが
開発した pTEX[※12] およびそれを田中塚爾さんが Unicode の日本語文字に対応さ
せた upTEX です。これらを LATEX 化したものが pLATEX、upLATEX です。なお、
最新の pLATEX と upLATEX は同じ実行ファイルに統合されています[※13]。

日本語なら文字はみな同じ幅だから単純に組んでいけばよいかというと、そう
はいきません。次のような処理が必要です。

- 句読点、終わり括弧（閉じ括弧）類、中黒（・）、繰返し（々ゝ）、感嘆符

※11　一時は広く使われた NTT
jTEX がこの方式でした。

※12　pTEX の昔の版は「アス
キー日本語 TEX」と呼ばれてい
ました。

※13　Unix 系 OS ではどちらも
euptex へのシンボリックリン
クになっています。

（！）、疑問符（？）が行頭にこないようにする必要があります（行頭禁則処理）。促音文字（っ）、拗音文字（ゃゅょ）、長音記号（ー、音引き）などもなるべく行頭にきてほしくありません。

- 同様に、始め括弧（開き括弧）類が行末にこないようにする必要があります（行末禁則処理）。

- 「括弧類」「句読点」が「行頭」、「行末」にきたときや、「括弧類」「句読点」が連なったとき、空白が空きすぎて見えるので、詰める必要があります（この段落は例示のためにわざと括弧類を多用しました）。

- 段落の最後の行が 1 文字と句読点になるのは、なるべく避けたいところです。　←なるべくここで終わってほしくありません（文字ウィドウ処理）。

　これらの条件を満たすためには、字の間隔を微調整しなければなりません（詰め処理、延ばし処理）。しかし、調整しすぎると字の間隔が揃わず、かえって見苦しくなります。例えば、拗促音文字（ゃゅょっ）はなるべく行頭にこないほうがよいし、文字ウィドウもなるべく避けたいのですが、あまり厳密にこれらのルールをあてはめるとかえって不自然になることがあります。そこで pTEX は、どの文字が行頭にくると何点減点、行末にくると何点減点、文字ウィドウは何点減点、字の間隔がどれだけ伸びると何点減点という具合に点数を計算し、減点の合計が最小になるように組みます。点数の配分は調節できます。

　pTEX、pLATEX の日本語組版がたいへん優れていたので、広く使われるようになった一方で、海外で普及しつつあったモダン LATEX（XƎLATEX や LuaLATEX）でも日本語が扱えるようになりました。特に LuaLATEX で日本語を扱う仕組み（LuaTEX-ja）の進歩のおかげで、今や pLATEX 以上に柔軟な組版が可能になりました。本書は第 7 版までは pLATEX で組んでいましたが、第 8 版以降は全編 LuaLATEX で組んでいます。

1.7　TEX、LATEXのライセンス

　TEX Live はオープンソースのライセンスで配布されており、商用利用も含めて自由に使えます[14]。詳しくは各ソフトのマニュアルをご覧ください。ターミナルに「texdoc ソフト名」と打ち込めばマニュアルや関連ドキュメントが表示されます（23 ページ参照）。

　オリジナルの TEX は、付加価値を付けたものを有償で販売することも自由です。ただし、TEX との完全な互換性を持たないものは TEX と名乗ってはいけないとされています[15]。米国での TEX の商標は American Mathematical Society（米国数学会）が登録していますが、これは無関係な人に商標登録されることを

※14 詳しくはコラム「オープンソースライセンス」をご覧ください。

※15 例えばpTEXはTEXと完全に互換ではありませんので、TEXとは名乗っていません。

7

防ぐためで、TEX を使う際に「TEX は……の商標です」などと断る必要はありません。

※16　https://www.latex-project.org/lppl/

　LATEX は LPPL（LATEX Project Public License）[16] に従い、ファイル名さえ変えれば改変したものの再配布も自由です。

※17　https://texjp.org

　pLATEX 等については、在りし日の㈱アスキーが開発したものですが、日本語 TEX 開発コミュニティ[17] による「コミュニティ版」に移行しています。これらは（修正）BSD ライセンスに従っており、オリジナルの著作権表示などを残す限り改変・再配布は自由です。

1.8　TEX ディストリビューション

※18　World Wide Web の Web とは無関係です。Knuth の WEB のほうが古いものです。

　もともとの TEX は Pascal をベースとした Knuth の WEB[18] という「文芸的プログラミング」ツールで作成されていますが、UNIX 上では通常は C 言語に変換してからコンパイルしています。これが現在の多くの TEX の実装の起源である Web2c の由来です。

　この Web2c をベースに Thomas Esser が集大成した teTEX という TEX ディストリビューション[19] が広く使われるようになり、日本では土村展之さんがこれに基づく ptetex を配布されていました。

※19　ディストリビューションとは、配布用にパッケージされたソフトウェア群のことです。

◆ **オープンソースライセンス**　　　　　　　　　　　　　　　COLUMN

　TEX 関係のソフトウェアの多くは、オープンソースのライセンスで配布されています。「オープンソース」は、ソースコード（ソフトウェアの設計図にあたるもの）へのアクセス、改変、再配布が自由にできることを意味します。The Open Source Initiative（https://opensource.org）の定める「The Open Source Definition」（オープンソースの定義）によれば、商用利用など利用分野についての制限や、特定の人あるいはグループについての制限は認められていません。TEX のライセンス、LATEX の LPPL、BSD ライセンス、GNU GPL は、このオープンソースの定義に合致します。

　TEX Live はオープンソースのライセンスで配布されています。ただ、TEX Live に含まれる多数のファイルの中には、微妙なものもあります。具体的には、multicol パッケージ（ファイル名 multicol.sty）と、これに基づく adjmulticol パッケージ（ファイル名 adjmulticol.sty）とは、ファイルの先頭に "Moral obligation" と題して「商用利用では有用さに応じて寄付を求める（有用でないと思えば払わなくてよい）」といった内容が書き込まれています。この文言は、捉え方によっては上述のオープンソースの定義とは相容れないものです。

　一方、Aladdin Free Public License に従うものは、配布手数料も取ってはならないことになっています。この類のものは「nonfree」と分類され、通常の TEX Live の配布物には含まれていません。これらは必要に応じて別途ダウンロードすることになります（363 ページ参照）。

一方、Windows では角藤 亮（あきら）さんの W32TEX というディストリビューションが広く使われるようになります[20]。

その後、TEX Live という超巨大な集大成が広く使われるようになり、土村さんもこれに基づく ptexlive を開発されました。これが現在ではすべて TEX Live 本体に取り込まれました。

※20 W32TEXの保守は2021年 6 月に終了しました。角藤さんの歴史的な業績として、W32TEX の最終バージョンが TEX Users Group (TUG) の TEX Live Historic Archive に保存されています。また、w32tex.org のドメイン名は、TUGに譲渡されました。

1.9 TEX の系譜とこれから

最初の TEX が作られたのは 1978 年です。これだけ長い間安定して使われているソフトはほかに例を見ません。TEX はコンピュータ組版の歴史における一つの不動点（フィクストポイント）と言えるでしょう。

しかし、既存の TEX に満足していては進歩がありません。今日に至るまで、TEX 本体（エンジン）およびマクロに、いろいろな拡張が行われています。エンジンの拡張としては次のようなものがあります。

- ε-TEX（e-TeX）[21] は、TEX の種々のレジスタ（変数）の個数を拡張（256 個 → 32768 個）したほか、右から左に組む機能などを追加したものです。現在では LATEX そのものが ε-TEX 拡張を仮定しています。

- TEX を日本語化した pTEX も、北川弘典さんにより ε-TEX 拡張されました（ε-pTEX（e-pTeX））。

- 田中琢爾さんの upTEX（upTeX、読み方はユーピー TEX またはユプ TEX）は、(ε-)pTEX の内部を Unicode 化したものです。

- Hàn Thế Thành さん作の pdfTEX（pdfTeX）は TEX の出力形式を dvi ではなく PDF にし、ε-TEX 拡張に加えて、microtypography という高度な組版アルゴリズムを組み込んだものです。欧米ではオリジナルの TEX を置き換えて広く使われています。

- TEX で Unicode を扱えるようにする初期の試みとして、John Plaice さんと Yannis Haralambous さんによる Omega（Ω）があります。Omega 上の LATEX を Lambda（Λ）といいます。Omega を ε-TEX 拡張した Aleph も作られました。

- Jonathan Kew さん作の X∃TEX（XeTeX）はもともと Mac 上で動作し、システムの OpenType フォントをそのまま使え、PDF を出力する TEX ですが、Windows や Linux にも移植されています[22]。入力ファイルは Unicode で、IVS（異体字セレクタ）にも対応し、日中韓の文字も自由に使えます。

- Taco Hoekwater さん、Hartmut Henkel さん、Hans Hagen さん作の LuaTEX

※21 TEX 関係の名前の多くは、「TEX」のようなロゴと、「TeX」のような普通の文字だけで表した形があります。ここでは、後者を括弧に入れて示しています。

※22 Windowsへの移植は角藤さんによって行われました。

は、pdfTEX に軽量スクリプト言語 Lua を組み込んだものです。IVS を含めて Unicode に対応し、システムの OpenType フォントに対応しています。pdfTEX の後継として今最も注目されているものです。LuaTEX-ja プロジェクトの成果と組み合わせれば、pTEX 以上の自由度で和文組版が可能になります。

- Clerk Ma（马起园）さんによる pTEX-ng（Asiatic pTEX）[23] は、Web2c ベースではなく C 言語で開発された Y&Y TEX から出発して、pTEX、upTEX の機能を取り込んだもので、PDF を直接出力します。まだまだ開発中のものです。

※23 https://github.com/clerkma/ptex-ng

- Tectonic[24] は TEX システムを Rust で実装するという壮大なプロジェクトです。実行すると、文書で使われているパッケージ群を自動でダウンロードしてインストールし、X∃TEX でタイプセットし、必要に応じて BIBTEX も実行します。

※24 https://tectonic-typesetting.github.io

一方、LATEX も、LATEX 2ε ができてもう 30 年経ちます。ユーザーレベルでの LATEX 3 への移行は見合わせられましたが、LATEX 内部は LATEX 3 の実装に置き換えられつつあり、今後「お行儀の良くない」LATEX 文書は処理できなくなる可能性があります。

また、LATEX とまったく異なるマクロパッケージ ConTEXt（Hans Hagen さん作）も特にヨーロッパでユーザー層を広げています。現在の ConTEXt は LuaTEX 上で動きます。

さらに、TEX を置き換えるべく開発中の組版システムとして、諏訪敬之さんの SATySFI があります[25]。これは、静的型付けにより可読性とエラー報告の向上を目指したものです。

※25 https://github.com/gfngfn/SATySFi/

また、Web 技術から発展した CSS 組版の流れでは、村上真雄さんたちが開発されている Vivliostyle があります[26]。

※26 https://vivliostyle.org

一方、LATEX の数式表記法は事実上の標準となり、Microsoft Office や Apple の Pages、Numbers、Keynote、iBooks Author で LATEX 表記の数式入力が可能になっています。また、Web 上で LATEX とほぼ互換の数式組版機能を JavaScript、CSS、Web フォントで実現したものとして、MathJax や KaTeX（KATEX）が広く使われています。

Web ベースの帳票印刷システムでも、サーバ側で LATEX 経由で PDF を生成し、クライアント側で印刷するといった用途で LATEX を使うことがあります。

最近では、Markdown[27] で文書を記述し、必要に応じて LATEX、HTML などに変換しようという流れがあります。多様な形式間を相互変換する pandoc などのツールと組み合わせて、文書処理の自動化に貢献しています。

※27 LATEX や HTML と比べて簡単な文書形式。数式は LATEX 形式をそのまま使う。

さらに、AI で画像を LATEX 化する Mathpix[28] や、Meta の Nougat[29] といった技術が登場しています。LATEX や Markdown はテキストなので AI 言語モデルと相性が良く、いろいろな研究が現れそうです。

※28 https://mathpix.com

※29 https://facebookresearch.github.io/nougat/

第**2**章
使ってみよう

◆ ◆

2.1 節では Web ブラウザで LaTeX を利用する方法を説明します。

2.2 節以降では、TeX Live または MacTeX のインストールが完了しているパソコンで LaTeX を使う主な方法を説明します。インストールについては付録 A をご覧ください。

2.1　WebブラウザでLaTeXを使う

パソコンに LaTeX をインストールしなくても、Web ブラウザ（Edge、Safari、Chrome、Firefox など）を使えば、Cloud LaTeX や Overleaf などのサイトで LaTeX を使うことができます[※1]。

🔘 Cloud LaTeX

Cloud LaTeX[※2] は日本のサイトで、説明もすべて日本語です。

アカウント登録・ログインしたら、まずは新規プロジェクトを作成しましょう。テンプレートは「空のプロジェクト」で、プロジェクト名は例えば「test1」として、「作成」をクリックします。プロジェクト名「test1」が現れますので、クリックします。左側に「main.tex」というファイル名が現れ、中央にそのファイルの編集画面が現れます。空のプロジェクトなら、このファイルの中身は空ですが、空でないプロジェクトなら、サンプル文書が入力されていますので、いったん中身を消して空にします。

※1　ユーザー登録の不要なサイトでは https://texlive.net があります。機能は限られていますが、1行目に
`% !TeX lualatex`
を付ければLuaLaTeXで日本語も出力できます。

※2　https://cloudlatex.io

▲ Cloud LaTeX (https://cloudlatex.io)

中央の編集画面に次のように打ち込んでください。サポートページからコピペしてもかまいません。

※ LATEX 文書の書き方は次章以降で詳しく説明します。今のところ、最初の2行と最後の1行はオマジナイだと思ってこの通り書いてください。ドル記号 $ でサンドイッチされた部分は数式です。

```
\documentclass{jlreq}
\begin{document}

アインシュタインは $E=mc^2$ と言った。

\end{document}
```

画面右上の「コンパイル」をクリックすると、右側に出力（PDF ファイル）のプレビュー（縮小表示）が現れます。

「⬇ PDF」をクリックすると、ブラウザの新しい窓またはタブで PDF ファイルが表示されます。「⬇ PDF」を右クリックして現れるメニューで、リンク先の PDF ファイルをダウンロードできます。

◈ Overleaf

Overleaf は世界で最もよく使われている Web 上の LATEX システムです。複数の著者が同時に編集できるので、共同作業には最適です[3]。

※3　GitHub とも連携できますし、Overleafそのものがgitサーバとしての機能も持っています。

英語サイト https://www.overleaf.com でも日本語サイト https://ja.overleaf.com でも、お好きな方から登録してください。表示言語が違うだけで、中身は同じです。

「新規プロジェクト」をクリックし、「空のプロジェクト」を選び、プロジェクト名（例えば test1）を打ち込みます。Cloud LaTeX と同様に、main.tex の編集画面が中央に、プレビューが右に現れます。中央の部分を編集し、「リコンパイル」をクリックすれば、プレビューに反映されます。

このままでは日本語は通りません。さきほどの日本語を含む例を試すには、左上隅の Overleaf のロゴ（メニュー）をクリックして、設定の「コンパイラ」を「LuaLaTeX」にします。「リコンパイル」ボタンを押して、日本語が出力されることを確認してください。

▲ Overleaf (https://www.overleaf.com)

> **◆ Overleafでp𝖫ATEX、up𝖫ATEXを使う** COLUMN
>
> Overleaf の「コンパイラ」メニューには「pdfLaTeX」「LaTeX」「XeLaTeX」「LuaLaTeX」の 4 通りしかありません。p𝖫ATEX を使いたい場合は、プロジェクトのフォルダに latexmkrc というファイル（拡張子なし）を作り、それに次のように書き込みます（latexmkrc の詳細は 360 ページをご覧ください）。この場合、「コンパイラ」は「LaTeX」に設定します。
>
> ```
> $ENV{'TZ'} = 'Asia/Tokyo';
> $latex = 'platex';
> $bibtex = 'pbibtex';
> $dvipdf = 'dvipdfmx %O -o %D %S';
> $makeindex = 'mendex %O -o %D %S';
> $pdf_mode = 3;
> ```
>
> 同様に、up𝖫ATEX を使うには、次のように書いておきます。
>
> ```
> $ENV{'TZ'} = 'Asia/Tokyo';
> $latex = 'uplatex';
> $bibtex = 'upbibtex';
> $dvipdf = 'dvipdfmx %O -o %D %S';
> $makeindex = 'upmendex %O -o %D %S';
> $pdf_mode = 3;
> ```

2.2 WindowsでTEXworks

> ここでは Windows に TEX Live がインストールされていることを前提として説明します。TEX Live のインストールについては付録 A.2 をご覧ください。

Windows に TEX Live を標準インストールすると、TEXworks（TeXworks、TeXworks editor とも表記されます）という専用テキストエディタもインストールされます。ここではこの TEXworks を使って 𝖫ATEX を動かしてみましょう。

スタートメニューまたは検索ボックスで TeXworks editor を探して、起動します[※4]。

※4 ターミナル（コマンドプロンプトやPowerShell）または ⊞+R を押して出てくる「ファイル名を指定して実行」という窓に対して、texworks と打ち込んでも起動できます。

▲ TeXworks editorをスタートメニューから探している様子

　TEXworks のまっさらな編集用画面（テキストエディタ）が起動したら、まずは簡単な例を打ち込んでみましょう。

```
\documentclass{jlreq}
\begin{document}

アインシュタインは $E=mc^2$ と言った。

\end{document}
```

　Windows の一般的な日本語フォントでは \ （バックスラッシュ、逆斜線）が ¥ （円印）に化けて、次のように表示されます。

```
¥documentclass{jlreq}
¥begin{document}

アインシュタインは $E=mc^2$ と言った。

¥end{document}
```

　打ち込み終わったら、左上の ▶「タイプセット」ボタンを探してください。そのすぐ右に、もし「pdfLaTeX」などと出ていたら、クリックして「pLaTeX（ptex2pdf）」または「LuaLaTeX」に変更します。こうしてから「タイプセット」ボタンを押すと、まだ保存していないので、ファイル名を聞いてきます。untitled-1.tex のようなファイル名が提案されますので、そのままでもかまいませんが、ここでは test.tex という名前にしました。その下の「ファイルの種類」は「TeX 文書（*.tex）」のままにしておきます。保存先のフォルダは、デフォルト（ホーム）のままでかまいませんが、練習用に適当なフォルダを作って使えば、別のファイルを間違えて上書きする事故が減らせます。

　編集用画面の下に処理の様子が現れ、エラーがなければ test.pdf というPDF に変換されて、プレビュー（PDF 表示）の窓が現れます。

◆ 逆斜線か円印か　　　　　　　　　　　　　　　　　　　　　COLUMN

　LATEX の命令は逆斜線 \ （バックスラッシュ、16 進記法で「5C」の文字）で始まります。
　この文字は、歴史的経緯から、Windows の和文フォントでは円印 ¥ に置き換えて表示されることが多いので、注意が必要です。TEXworks でも ［編集］→［設定］→［エディタ］でフォントを例えば Consolas に変えれば \ になります。
　Unicode には \（U+005C「REVERSE SOLIDUS」）と ¥（U+00A5「YEN SIGN」）の両方の文字があり、このうち LATEX の命令の開始の意味になるのは \ だけです。
　Windows の標準キーボードには ¥ \ 両方のキーがありますが、どちらも直接入力では \ になります。
　Mac の JIS キーボードには ¥ しかありませんが、システム設定→キーボード→入力ソース→日本語の「"¥" キーで入力する文字」で「¥（円記号）」か「\（バックスラッシュ）」かが選べます。どちらに設定しても、option＋¥ でもう一方の文字が入力できます。

　設定がうまくいっていないか、\（¥）で始まる命令の綴りが間違っていると、編集用画面の下にエラーが表示されます。エラーの対処法については、「エラーが起きたなら」（19ページ）をご覧ください。

2.3　MacでTeXShop

> ここでは MacTEX がインストールされていることを前提として説明します。MacTEX のインストールについては付録 A.3 をご覧ください。

　MacTEX（付録 A.3）を標準インストールすれば、TEX Live と TeXShop などが入ります。TEX Live は LATEX を含む TEX システム本体で、TeXShop は専用テキストエディタと PDF ビューア（PDF 閲覧ツール）の統合環境です。

　Finder で「アプリケーション」の中の「TeX」フォルダを開き、その中から のようなアイコンの TeXShop を探して起動します。テキストを入力する画面（テキストエディタ）が現れますので、次の例を打ち込んでみましょう。

```
\documentclass{jlreq}
\begin{document}

アインシュタインは $E=mc^2$ と言った。

\end{document}
```

　打ち込み終わったら［タイプセット］を押します。すると、名前（ファイル名）と場所（フォルダ）を聞いてきます。ここでは test.tex という名前にして、好きな場所（デフォルトでは「書類」（Documents））に保存しましょう。

エラーがなければ `test.pdf` という PDF に変換されて、プレビュー（PDF 表示）の窓が現れます。

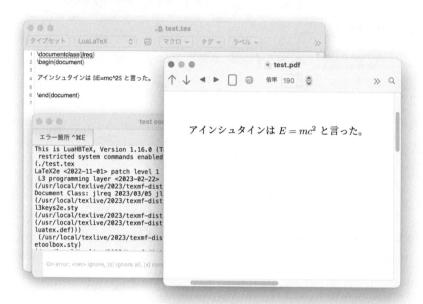

▲ TeXShop

エラーの対処法については、「エラーが起きたなら」（19 ページ）をご覧ください。

2.4　ターミナルでLATEXを使う方法

> この節では OS を限定せず、コンピュータについてある程度スキルのある読者を対象に説明します。TEX Live のインストールについては付録 A をご覧ください。

Windows のコマンドプロンプトや PowerShell、Mac や Linux などのターミナルで、コマンドを打ち込んで LATEX を使う方法を説明します。

▶ ターミナル（コマンドプロンプトやPowerShell）の起動

- コマンドプロンプトも PowerShell も、Windows の検索ボックスに「コマンド」（または「cmd」）、「PowerShell」と打ち込んで検索して起動できます。最近は「Windows ターミナル」というアプリからこれら（WSL を入れていれば Linux のシェルも）を起動することが多くなりました。

- Mac の「ターミナル」は［アプリケーション］→［ユーティリティ］の中に
  あります。

以下ではこれらをまとめて「ターミナル」と呼ぶことにします。

　ターミナルを起動したなら、まずは現在位置（カレントディレクトリ）に注意
しましょう。必要に応じて cd コマンドでディレクトリを移動します（350 ペー
ジ参照）。最近は「デスクトップ」や「ドキュメント」がクラウド（☁）に設定さ
れていることがありますが、ネットワーク負荷を考えて、なるべくローカル（ク
ラウド以外）のディレクトリを選んで作業します。

▶ テキストエディタの起動

　LATEX の文書ファイルを作るには、テキストファイルを作成・編集するための
「テキストエディタ」（単に「エディタ」ともいいます）を使います。

　テキストエディタにはたくさんの銘柄があります。TEXworks や TeXShop の
編集用の窓もテキストエディタですし、Windows の「メモ帳」（notepad）や
Mac の「テキストエディット」（TextEdit）は典型的なテキストエディタです。
より高度なテキストエディタとしては、古くから使われている Emacs や Vim の
ほか、最近は Visual Studio Code（VS Code）が人気です。

　LATEX の文書ファイル名は、たとえば test.tex のように、拡張子（ファイル
名の末尾）を tex にするのが一般的です。以下では test.tex という文書ファイ
ルを作成し、それを LATEX で処理してみましょう。

　お好みのエディタを起動して、簡単な例を入力してみましょう。

```
\documentclass{jlreq}
\begin{document}

アインシュタインは $E=mc^2$ と言った。

\end{document}
```

※ 左の入力例の \ は Windows
の和文フォントでは ¥ と表示さ
れます（14 ページのコラム「逆
斜線か円印か」参照）。

　これを test.tex というファイル名で保存します。保存するフォルダ（ディ
レクトリ）は必ずさきほどのターミナルの現在位置（カレントディレクトリ）に
しておきます。ファイルの文字コード（エンコーディング）は UTF-8 にします。

　これをいろいろな LATEX で PDF にしてみましょう。ファイル名の拡張子
.tex は省略できます。

LuaL^AT_EX（やや低速だが高機能、Unicode に完全対応）：

```
lualatex test
```

pL^AT_EX（高速だが Unicode に非対応）：

```
ptex2pdf -l test
```

upL^AT_EX（高速、和文だけ Unicode に対応）：

```
ptex2pdf -l -u test
```

　いずれの場合も、カレントディレクトリに test.pdf という PDF ファイルができます。適当な PDF ビューアで開いて確認してください。

> 参考　`ptex2pdf -l test` は `platex test` と `dvipdfmx test` を順に実行するコマンドです。`platex test` で test.tex を test.dvi という中間ファイルに変換し、`dvipdfmx test` で test.dvi を test.pdf に変換します。同様に、`ptex2pdf -l -u test` は `uplatex test` と `dvipdfmx test` を順に実行します。

> 参考　カレントディレクトリには、`test.pdf` 以外に、実行時のメッセージなどを収めたログファイル `test.log`、補助ファイル `test.aux` ができます。

◆ VS Code

　Visual Studio Code（VS Code）は Microsoft が配布するオープンソースのテキストエディタです。LaTeX Workshop という拡張機能をインストールすると、VS Code の中で L^AT_EX が使えるようになります。

　LuaL^AT_EX でコンパイルできるソース test.tex を編集し、左端のサイドバーにある T_EX をクリックして、メニューから Build LaTeX project → Recipe: latexmk (lualatex) を選びます。エラーがなければ、メニューの View LaTeX PDF を選ぶと、右側にプレビュー画面が現れます。コンパイル前でもマウスを数式に合わせれば数式のプレビューが現れます。

　VS Code の LaTeX Workshop は latexmk（360 ページ）を使っているので、pL^AT_EX や upL^AT_EX を使うには `latexmkrc` を使うのが簡単です（13 ページ）。

2.5　LᴬTEXでレポートに挑戦

ちょっと先走って、LᴬTEXでレポートを書いてみましょう。

```
\documentclass{jlreq}
\begin{document}

\title{数学レポート}
\author{ピエール・ド・フェルマー}
\maketitle

\section{はじめに}

このレポートでは、3以上の整数 $n$ について、
\[ x^n + y^n = z^n \]
を満たす正の整数の組 $(x, y, z)$ は存在しないことを示す。

\section{証明}

残念ながらスペースが足りない。

\end{document}
```

ここで使われているLᴬTEXのコマ
ンドの意味や数式の書き方は次章以降
で説明します。

2.6　エラーが起きたなら

　本書に出ている数行の例でも、あるいはもっと長い雛形でも、とにかく確実に
タイプセットできる例を出発点として、一つずつ新しい技を覚えましょう。
　初めのうちは、一つ命令を追加したらすぐタイプセットしてみることをお勧め
します。そうすれば、どこでエラーが起きたのか、自ずとわかります。

▶ 命令の綴りを間違えた場合

　\（または ¥）で始まる命令の綴りを間違えた場合、エラーメッセージが現れ、入力待ちの状態になります。

　メッセージ ! Undefined control sequence. は、未定義（undefined）の命令（control sequence、制御綴）が使われているという意味です。

　次の l.2 は 2 行目（line 2）を意味し、\bigin（¥bigin）のところにエラーがあると言っています。要するに、\begin と入力すべきところを \bigin と誤入力してしまったのです。

　ここで次の処理が選べます。

- そのまま Enter キーを押せば、エラーを無視して処理を続行します。うまくいけばエラー箇所以外の処理ができるかもしれません（この場合は無理そうです）。

- x（エックス）を入力して Enter キーを押せば、LaTeX による処理を中断します。x は <u>ex</u>it（終了）の意味です[※5]。

- 左上の「File」メニューの下の赤い ⊗ ボタンをクリックすると、処理を中断します。

　ここではエラーの原因は明らかなので、処理を中断し、\bigin を \begin に直して再度タイプセットします。

※5　間違えてquitのつもりでqを打つと、エラーを表示せずに続行するquietモードになってしまいます。

▶ タイプセットの方法を間違えた場合

次のエラーが起こった例をご覧ください。

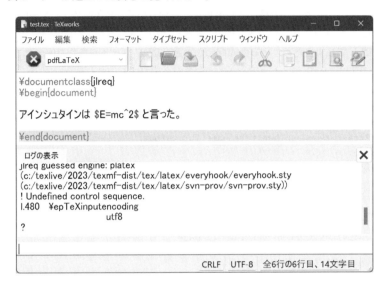

\epTeXinputencoding という、自分では書いていない命令に対するエラーが起こりました。こういう場合は、どこか設定がおかしなことになっていないか注意深く確かめましょう。よく見ると、左上の赤い ⊗ ボタンの右が「pdfLaTeX」となっています。pdfLaTeX は日本語に対応していません。

x（エックス）を入力して Enter キーを押すか、左上の「File」メニューの下の赤い ⊗ ボタンをクリックして処理を中断し、タイプセットの方法を「pdfLaTeX」から「LuaLaTeX」「pLaTeX（ptex2pdf）」「upLaTeX（ptex2pdf）」のどれかに変えて、タイプセットし直します。

「pLaTeX（ptex2pdf）」とすべきところが「pdfLaTeX」になっていたとき、処理内容によっては、次のようなエラーが出ることもあります。

```
! LaTeX Error: This file needs format `pLaTeX2e'
               but this is `LaTeX2e'.

See the LaTeX manual or LaTeX Companion for explanation.
Type  H <return>  for immediate help.
 ...

l.14 \NeedsTeXFormat{pLaTeX2e}

?
```

「pLaTeX（ptex2pdf）」に直してタイプセットし直せば成功します。

▶ PDFファイルがロックされてしまったときのエラー

TₑXworks や TeXShop は、LᴬTₑX ソースを書き直してタイプセット結果を確認して、という多頻度の繰り返しを想定しているので、PDF ファイルの開き方に関して配慮がされています。PDF ビューアーによっては、PDF ファイルをロックしてしまうため、いったん閉じないと、PDF ファイルを作り直せません。特に Windows の Acrobat Reader は注意が必要です。

PDF ファイルがロックされているときには、LuaLᴬTₑX でタイプセットして

```
! I can't write on file `test.pdf'.
Please type another file name for output:
```

と聞かれたまま待たれることや、ptex2pdf -l test を実行して次のように「failed」(失敗しました)と言われることがあります。

```
(前略)
Output written on test.dvi (1 page, 508 bytes).
Transcript written on test.log.
test.dvi -> test.pdf

dvipdfmx:fatal: Unable to open "test.pdf".

No output PDF file written.
ptex2pdf processing of test failed.
```

これらの場合、test.pdf を開いているアプリを一度閉じて、応答に対して Enter キーを押して反応したり、再度タイプセットを行ったりしてみましょう。

▶ 不明なエラーが出たときは

もし原因不明のエラーが出て、対処法がわからないときは、まずエラーメッセージを Google などで検索してみましょう。最近は ChatGPT などの対話型 AI に聞くという手もあります。

それでもわからない場合は、質問用掲示板(394 ページ)でお尋ねください。

もっとも、「インストールしたけれど動きません。どうしたらいいですか」といった漠然とした質問では、だれも答えられません。例えば「Windows 11 に入れた TₑX Live 2023 で、TₑXworks に次のように入力して[タイプセット]ボタンを押すと、次のようなエラーメッセージが出ます」といった具体的な質問であれば、どなたかが答えてくださるでしょう。

肝心なのは、エラーが再現できる材料をすべて示すことです。ただ、もし何百行もあるファイルでエラーが起こっても、それを全部送る必要はなく、本質的でない部分を少しずつ削って短くし、これ以上短くするとエラーが出なくなる(あるいは別のエラーが出る)ところまで短くしてみましょう。これがいわゆる「エラーの再現する最小例」[6] です。厳密に「最小」である必要はありませんが、こ

※6 MWE (minimal working example) ともいいます。

のようにエラーを保ったままファイルを切り詰めることで、エラーの原因が自ず
と明らかになることが多々あります。なお、質問サイトにファイルをアップロー
ドする場合、明かしたくない個人情報などは削っておきましょう。

2.7 texdocの使い方

TeX Live のマニュアルは「texdoc」というコマンドで読めます。例えば jlreq
の詳しい使い方を知りたければ、ターミナルで次のように打ち込みます[7]。

```
texdoc jlreq
```

もし英語版が出たら `texdoc jlreq-ja` としてください。「jlreq」という日本
語のマニュアルが画面に現れるはずです。[8]。こういったマニュアルの参照箇所
を、本書では texdoc jlreq のような記号で示しています。

texdoc はオンラインでも見ることができます（https://texdoc.org）。

※7 Windowsなら、⊞＋Ⓡ
を押して出てくる「ファイル名を
指定して実行」という窓に対し
て、「texdoc jlreq」と打っ
ても、同様のことができます。

※8 texdocコマンドのより詳
しい使い方は355 ページをご
覧ください。

◆ **文字コード**　　　　　　　　　　　　　　　　　　　　　COLUMN

　日本語ファイルの文字コード（エンコーディング）には、JIS（ISO-2022-JP）、シフト
JIS（SJIS）、日本語 EUC、UTF-8 などがあります。Windows の「メモ帳」では「ANSI」と
表示されるものがシフト JIS（厳密には、Microsoft がシフト JIS を拡張した「コードペー
ジ 932」）です。「メモ帳」では長らく「ANSI」がデフォルトでしたが、今は UTF-8（BOM
なし）がデフォルトになりました。

　シフト JIS は、古くから Windows や Mac で使われてきましたが、機種依存性があ
り、しばしば文字化けの原因となってきました。pLaTeX や upLaTeX では起動オプション
-kanji=sjisを与えるとシフト JIS ファイルが処理できます。

　これから作成するファイルはできるだけ UTF-8 に統一しましょう。Windows 版の
pLaTeX や upLaTeX は文字コードを自動判断してくれますが、UTF-8 のほうがたくさんの欧
文の文字が扱えます。

　UTF-8 ファイルの先頭に BOM（byte order mark）と呼ばれる 3 バイトのバイト列（EF
BB BF）が付くことがあります。特に Windows では BOM が付くことが多く、逆に BOM
なし UTF-8 を「UTF-8N」ということがあります。BOM はファイルの文字コードの自動判
断のためにしばしば使われます。しかし、Windows 以外では BOM を付けないほうが正
統とされ、スクリプトやシステムファイルに BOM が付いていると誤動作することもあり
ます。

第3章
LᴬTᴇX の基本

LᴬTᴇX には、昔から使われているレガシーな LᴬTᴇX（pLᴬTᴇX など）と、新しいモダンな LᴬTᴇX（LuaLᴬTᴇX など）とがあります。この章で扱う基本では、両方の違いはごくわずかですので、まとめて説明することにします。

3.1 LᴬTᴇXの入力・処理の例

pLᴬTᴇX、upLᴬTᴇX、LuaLᴬTᴇX のどれにも対応する新しいドキュメントクラス jlreq を使った文書の例です（ドキュメントクラスについては後で詳しく説明します）。jlreq が使えない古いシステムの場合は jsarticle に直してください。

エディタで次のようなテキストファイルを作成します。ファイル名の拡張子は tex とします。ここではファイル名を test.tex とでもしておきましょう[※1]。

```
\documentclass{jlreq}
\begin{document}

「何人ものニュートンがいた（There were several Newtons）」
と言ったのは，科学史家ハイルブロンである．同様にコーヘンは
「ニュートンはつねに二つの貌を持っていた
（Newton was always ambivalent）」と語っている．

近代物理学史上でもっとも傑出しもっとも影響の大きな人物が
ニュートンであることは，誰しも頷くことであろう．
しかしハイルブロンやコーヘンの言うように，
ニュートンは様々な，ときには相矛盾した顔を持ち，
その影響もまた時代とともに大きく変っていった．

\end{document}
```

保存したら、pLᴬTᴇX または upLᴬTᴇX または LuaLᴬTᴇX で処理し、できた PDF ファイルを画面に表示します[※2]。TᴇXworks や TeXShop のような TᴇX 専用テキストエディタを使えば 1 クリックでできますが、コマンドの場合は次のように打ち込みます：

```
ptex2pdf -l test       （pLᴬTᴇX の場合）
ptex2pdf -l -u test    （upLᴬTᴇX の場合）
lualatex test          （LuaLᴬTᴇX の場合）
```

※1　一般に、ファイル名は半角英数字に限るのが安全です。ファイル名に全角文字・スペース・記号類が含まれると、うまくいかないことがあります。ファイルを保存する際の文字コード（エンコーディング）は UTF-8 が推奨です（Windows版 pLᴬTᴇX、upLᴬTᴇX は文字コードを自動判断します）。LuaLᴬTᴇX は UTF-8 専用です。

※　\ は Windows の和文フォントでは ¥ と表示されます（14 ページのコラム「逆斜線か円印か」参照）。

※2　手順の詳細は第2章をご覧ください。

次のように表示できたでしょうか。

> 「何人ものニュートンがいた（There were several Newtons）」と言ったのは，科学史家ハイルブロンである．同様にコーヘンは「ニュートンはつねに二つの貌を持っていた（Newton was always ambivalent）」と語っている．
>
> 　近代物理学史上でもっとも傑出しもっとも影響の大きな人物がニュートンであることは，誰しも頷くことであろう．しかしハイルブロンやコーヘンの言うように，ニュートンは様々な，ときには相矛盾した顔を持ち，その影響もまた時代とともに大きく変っていった．

山本義隆『熱学思想の史的展開』（現代数学社、1987年）より

上の入力例のように、途中で適当に Enter キー（「リターン」キー）で改行するのが、昔からの LATEX 流の方法です[3]。LATEX では、ほとんどの改行は無視されるだけです。ただ、改行を 2 回続けて打つと（つまり、空行があると）、段落の区切りになります。

※3　行を画面の幅より短くする流儀は、Git などでバージョン管理する際に差分が見やすくなるという利点があります。

段落の頭は自動的に 1 文字だけ下がりますので、全角スペースは入れないでください。

バックスラッシュ（逆斜線）\ で始まる文字列は、\ も含めて、いわゆる半角文字で入力します[4]。Windows では、フォントによっては \ が ¥ と表示されるので注意を要します（14 ページのコラム「逆斜線か円印か」参照）。本文の英語の部分も半角文字で入力しますが、日本語の句読点や括弧は全角文字を使います。

※4　Windowsなら半角/全角キーで直接入力の状態に切り替えて入力するのが安全です。

PDF ファイルに埋め込まれる英語のフォント（欧文フォント）は、上の例（\documentclass{jlreq} で始まる）の場合、Latin Modern というフォント（Computer Modern フォントを拡張したもの）で、本書で使っている New Computer Modern とほぼ同じものです。これを変える方法は第 12 章をご覧ください。また、日本語のフォント（和文フォント）は、TEX Live 2020 以降では、本書と同じ原ノ味フォント（Adobe の源ノ明朝＋源ノ角ゴシックを再編成したもの）になっているはずです。より古い TEX Live では IPAex フォントです。これを変える方法は第 13 章をご覧ください。いずれにしても、すべてのフォントが PDF ファイルに埋め込まれます。

3.2　最低限のルール

文書ファイルを作る際に、とりあえず次のルールさえ知っていれば、ベタの文書なら間違いなく作れます。個々のルールについてはあとで詳しく述べます。

■ 文書ファイル名の最後に .tex を付けます（例：main.tex）。ファイル名に日本語や空白、記号類を含めると、うまく動かないことがあります。英語のアルファベット・数字・アンダーバー（_）に限るのが安全です。

■ 最初の行（ドキュメントクラスの指定）の書き方は、とりあえず

```
\documentclass{jlreq}
```

と書いておけば、pLaTeX でも upLaTeX でも LuaLaTeX でも大丈夫です。特にLuaLaTeX を使う場合は、この 1 行だけで完璧ですが、pLaTeX か upLaTeX を使う場合は、今は次のようにすることが推奨されています[※5]。

```
\RequirePackage{plautopatch}
\documentclass[dvipdfmx]{jlreq}
```

■ 次に、「これから文書が始まるよ」という意味の次の命令を書きます。

```
\begin{document}
```

■ 文書の最後には、次の命令を書きます。

```
\end{document}
```

■ これらの命令はすべて半角のバックスラッシュ（逆斜線）\ で始まりますが、Windows では、フォントによってはバックスラッシュは円印 ¥ として表示されます（14 ページのコラム「逆斜線か円印か」参照）。

■ 入力しやすいように、適当に Enter キーで改行してかまいません。ただし、Enter キーを 2 回続けて打つ（空の行を作る）と、そこが段落の区切りになります。段落の頭は、自動的に全角 1 文字分の字下げ（インデント）になります。字下げしたくない段落は、頭に \noindent を付けます：

```
\noindent  この段落は字下げしたくない。
```

■ 半角文字の # $ % & _ { } ^ ~ \ の 10 文字は、LaTeX では特別な意味を持っているので、そのままではうまく出力できません。とりあえず全角文字を使ってください。

参考 上記の特殊文字 10 文字のうち最初の 7 文字は \# \$ \% \& _ \{ \} のように頭に \ を付ければ出力できます。次の 2 文字は \^{} \~{} で出力できます。最後の \ は \textbackslash というコマンドで出力できます。

参考 < > | の 3 文字はレガシー LaTeX（pLaTeX など）で文字化けすることがあります。モダン LaTeX なら大丈夫です[※6]。

参考 特殊文字も含めてそのまま等幅文字で出力する方法は 35 ページをご覧ください。

以下では、LaTeX のルールをさらに詳しく説明します。

※5 plautopatch の行を省略しても、現状ではほぼ大丈夫ですが、海外のパッケージを pLaTeX や upLaTeX で使う際に生じるトラブルを予防する上で、推奨されています。詳しくは 60 ページをご覧ください。[dvipdfmx] については次の節で説明します。

※6 レガシー LaTeX でも T1 エンコーディングに設定すれば文字化けが防げます。詳しくは第12章をご覧ください。

3.3　ドキュメントクラス

　LATEX の文書ファイルの冒頭の `\documentclass{...}` のような行は、ド
キュメント（文書）のクラス（種類）を指定するものです。この波括弧 `{ }` の
中に入れる標準的なドキュメントクラス名を挙げておきます：

用途	欧文	和文 ((u)pLATEX 用)	和文 (LuaLATEX 用)	和文 (新)
論文・レポート	article	jsarticle	ltjsarticle	
長い報告書	report	jsreport	ltjsreport	jlreq
本	book	jsbook	ltjsbook	

　article は、論文やレポートなど、いくつかの節（section）からなる文書で
す。report と book は、長い報告書や書籍など、いくつかの章（chapter）から
なる文書です。article と report は用紙の片面に印刷、book は用紙の両面に
印刷することを想定したデザインになっています。

　これらを日本語化した pLATEX、upLATEX 用のものが jsarticle、jsreport、
jsbook で、その LuaLATEX 用のものが ltjsarticle、ltjsreport、ltjsbook
です。js は Japan(ese) Standard の意味で、lt は Lua の l と TEX の t
です[7]。

　縦書きにも対応した新しいドキュメントクラス jlreq については次ページの
コラムもご覧ください。

　これら以外にも、たくさんのドキュメントクラスが、出版社や学会により提供
されています。論文を投稿する場合は、投稿先によって指定されたドキュメント
クラスを使うことが求められます。論文のテンプレートが提供されているはずで
すので、それを編集する形で書き始めるのが無難です。

　`\documentclass[dvipdfmx]{jlreq}` のような角括弧 `[ ]` の中は、ドキュ
メントクラスのオプションといいます。特に dvipdfmx というオプション
は、pLATEX、upLATEX で PDF 出力に dvipdfmx を使う場合に付けます[8]。
LuaLATEX の場合は付けないでください。

　これ以外のオプションについては、ドキュメントクラスによって書き方が違い
ます。

▶ フォントサイズ

　デフォルトの欧文フォントサイズは 10 ポイントです。欧文フォントサイズを
例えば 12 ポイントに指定するには、jlreq では

```
\documentclass[fontsize=12pt]{jlreq}
```

※7　jsarticle、jsbook が
現れる以前は、jarticle、
jreport、jbook、およ
びその縦書き版 tarticle、
treport、tbook というドキュ
メントクラスが広く使われてい
ました。これらは現在はほとん
ど使われていないと思われます
ので、本書では扱いません。な
お、ujarticle、ujreport、
ujbook、utarticle、
utreport、utbook はこれ
らをupLATEX対応にしたもの、
ltjarticle、ltjreport、
ltjbook、ltjtarticle、
ltjtreport、ltjtbook はこ
れらをLuaLATEX対応にしたも
のです。

※8　TEX Live 2020以降の新
しい pLATEX、upLATEX では、
dvipdfmx オプションを付
けないと、PDF 出力ではな
く PostScript 出力のための
dvips オプションが付いたもの
として処理されます。今のとこ
ろグラフィックを含まない文書
では出力に違いはないようです
が、将来的に違いが出るかもし
れません。

それ以外のものでは fontsize= は不要で

```
\documentclass[12pt]{ltjsarticle}
```

のように指定します。

(lt)jsarticle などでは欧文フォントサイズの約 0.9247 倍※9 の大きさの和
文フォントが使われます。同様なことを jlreq でするためには

```
\documentclass[fontsize=12pt,jafontscale=0.9247]{jlreq}
```

のように指定します。なお、jlreq はどんなフォントサイズも指定できますが、
それ以外のドキュメントクラスは、飛び飛びの値しか指定できません。

※9 理由は52ページをご覧く
ださい。

◆ jlreqドキュメントクラス

COLUMN

jlreq は、阿部紀行さんが作られた新しいドキュメントクラスです。W3C（World Wide
Web Consortium）の「日本語組版処理の要件」（https://www.w3.org/TR/jlreq/）にほぼ
準拠しているのが特徴です。pLaTeX、upLaTeX、LuaLaTeX に対応しています（自動で判断
します）。たいへん優れたものですので、新しいプロジェクトではぜひ利用をご検討くだ
さい。特に縦書きの場合は最有力の候補です。本書でもこれを使っています。

ドキュメントクラスのオプションの与え方は jsarticle などと違います。本文フォン
トサイズは、和文も欧文もデフォルトで 10 pt ですが、jsarticleなどと違って欧文・和
文について独立に設定でき、小数も含めて値に制限がないのが便利なところです。

▷ tate	縦書き
▷ book	本
▷ report	報告書
▷ paper=b5j	用紙サイズ（デフォルトa4paper）
▷ fontsize=10.5pt	本文の欧文フォントサイズを10.5ptにする（デフォルト10pt）
▷ jafontsize=13Q	本文の和文フォントサイズを 13Q にする（デフォルト fontsizeと同じ）
▷ hanging_punctuation	ぶら下げ組

フォントサイズを DTP ポイント（$\frac{1}{72}$ インチ）で指定する場合は単位を pt ではなく
bp（ビッグポイント）にします。

ほかにoneside、twoside、onecolumn、twocolumn、titlepage、notitlepage、
draft、final、openright、openany、leqno、fleqn といった jsarticle などと共
通のオプションも使えます。詳しくは、263 ページ以降や、マニュアル（ texdoc jlreq）を
ご覧ください。

2021-11-05 版から、JIS B 列の用紙サイズは b4j、b5j のように変更されました。単に
b4 などとすると ISO B 列になります。

▶ 用紙サイズ

　欧文用ドキュメントクラスでは一般にレター判（8.5インチ × 11インチ）、和文用ドキュメントクラスでは A4 判がデフォルトです。これを例えば A5 判にするには、jlreq では

```
\documentclass[paper=a5paper]{jlreq}
```

それ以外では

```
\documentclass[a5paper]{ltjsarticle}
```

のように指定します。一般に b5paper と指定すると、欧文用ドキュメントクラスでは ISO B5 判、和文用ドキュメントクラスでは JIS B5 判になります。jlreq では ISO B5 判は b5paper、JIS B5 判は b5j と指定します。レター判は letterpaper です。jlreq は {横, 縦} の長さでも指定できます。本書は

```
\documentclass[paper={182mm,230mm}]{jlreq}
```

と指定しています。

　pLATEX、upLATEX で使う js… ドキュメントクラスは、デフォルト（A4 判）以外の用紙サイズを指定したら、必ず papersize というオプションも指定する必要があります。jlreq では次節のように bxpapersize パッケージを使います。LuaLATEX はどちらも不要です。

　これ以外に、js… ドキュメントクラスを upLATEX で使うには uplatex というオプションも必要です。

　\documentclass は一つしか指定できません。オプションはコンマで区切ってまとめて指定します。例えば upLATEX で jsarticle を使って A5 判の用紙に欧文 9 ポイントで出力するには

```
\RequirePackage{plautopatch}
\documentclass[dvipdfmx,uplatex,a5paper,papersize,9pt]{jsarticle}
```

同じことを LuaLATEX と jlreq でするには

```
\documentclass[paper=a5paper,fontsize=9pt,jafontscale=0.9247]{jlreq}
```

となります。

　さらに詳しいオプションについては第 14 章をご覧ください。

3.4 プリアンブル

LATEX 文書ファイルの \documentclass[...]{...} と \begin{document} の間にさらに細かい指定を書くことができます。この部分のことをプリアンブル（preamble、前口上）といいます。

jlreq など papersize オプションのないドキュメントクラスを A4 判以外の用紙サイズに設定して pLATEX、upLATEX で使う際には、プリアンブルに

```
\usepackage{bxpapersize}
```

と書いておきます。例えば (u)pLATEX で A5 判の用紙に出力するなら、

```
\RequirePackage{plautopatch}
\documentclass[dvipdfmx,paper=a5paper]{jlreq}
\usepackage{bxpapersize}
\begin{document}
  （本文）
\end{document}
```

のように書きます。

ページ番号を振りたくないときは、プリアンブルに \pagestyle{empty} と書きます。

文書全体についてのフォント指定もプリアンブルで行います。

たとえば欧文や数式を Times 系のフォントにするには

```
\usepackage{newtx} または \usepackage{newtxtext,newtxmath}
```

とします。また、欧文や数式を Palatino 系のフォントにするには

```
\usepackage{newpx} または \usepackage{newpxtext,newpxmath}
```

とします。フォント指定の詳細は第 12 章、第 13 章をご覧ください。

3.5 文書の構造

文書は、タイトル、著者名、章の見出し、節（セクション）の見出し、段落、… のような構造を持っています。LATEX で文書ファイル中に書き込むのは、このような文書の構造です。これに対して、いわゆるワープロソフトは、文書の構造とレイアウト（文字サイズや書体）とが明確に分かれていません。LATEX の作者 Leslie Lamport は、ワープロソフト等による視覚デザイン（visual design）に対して、LATEX の文書作成方式を論理デザイン（logical design）と呼んでいます。

> 参考　Web ページを制作するための HTML についても、同じことが言えます。HTML で表すのは文書の構造です。これを実際のレイアウトに結びつけるのは、CSS（スタイルシート）です。LATEX では、CSS に相当するものがドキュメントクラス

やパッケージファイルです。

> **参考** 現在の多くのワープロソフトでは、スタイル指定により文書の構造とレイアウトを対応づけることができます。しかし、スタイルから逸脱することが簡単にできてしまうため、よほど注意しないと不統一なレイアウトになってしまいます。

例えば次の文書を考えましょう。

1　序章

1.1　チャーチルのメモ

　1940 年，潰滅の危機に瀕した英国の宰相の座についたウィンストン・チャーチルは，政府各部局の長に次のようなメモを送った．

　　われわれの職務を遂行するには大量の書類を読まねばならぬ．その書類のほとんどすべてが長すぎる．時間が無駄だし，要点をみつけるのに手間がかかる．

　　同僚諸兄とその部下の方々に，報告書をもっと短くするようにご配意ねがいたい．

木下是雄『理科系の作文技術』中公新書 624（中央公論社、1981）

この文書で「1　序章」は原文では章の見出しですが、ここでは 節（セクション）の見出しにしています。「1.1　チャーチルのメモ」は小 節（サブセクション）の見出しにしています。また、この文書は三つの段落から成りますが、最後の二つの段落は、地の文章ではなく、引用した文章です。

※10　ドキュメントクラスはお好きなものに変更してかまいません。

LATEX に入力する文書ファイルでは、これらを次のように表現します[※10]。

```
\documentclass{ltjsarticle}
\begin{document}

\section{序章}

\subsection{チャーチルのメモ}

1940年，潰滅の危機に瀕した英国の宰相の座についたウィンストン・
チャーチルは，政府各部局の長に次のようなメモを送った．

\begin{quotation}
　われわれの職務を遂行するには大量の書類を読まねばならぬ．
　その書類のほとんどすべてが長すぎる．時間が無駄だし，
　要点をみつけるのに手間がかかる．

　同僚諸兄とその部下の方々に，
　報告書をもっと短くするようにご配意ねがいたい．
\end{quotation}

\end{document}
```

> 参考　上の入力例では \begin{quotation} と \end{quotation} の間の行の頭に半角空白が二つずつ入っていますが、これは入れなくてもかまいません。LATEX では行頭・行末の半角空白を無視しますので、入れても入れなくても同じことです。単に \begin と \end の対応を見やすくするために、このように字下げする習慣があるだけです。実際には LATEX 対応のエディタが自動的にこのような字下げをしてくれます。LATEX 対応でないエディタなら、強いて字下げする必要はありません。いずれにしても、全角空白は入れないでください。

この例では、文書の構造を記述するために、次の命令が使われています。

- ▷ \section{何々}　　　　セクション（節）の見出し
- ▷ \subsection{何々}　　　サブセクション（小節）の見出し
- ▷ \begin{quotation}　　　引用の始め
- ▷ \end{quotation}　　　　引用の終わり

このほかに必要に応じて次のような命令で文書の構造を表します。

- ▷ \part{何々}　　　　　第何部という部見出し
- ▷ \chapter{何々}　　　　章見出し（book、reportを含む名前のドキュメントクラス、あるいは jlreq に book、report オプションを付けた場合）
- ▷ \subsubsection{何々}　サブサブセクション（小々節）の見出し
- ▷ \paragraph{何々}　　　パラグラフ（段落）の見出し
- ▷ \subparagraph{何々}　サブパラグラフ（小段落）の見出し
- ▷ \begin{quote}　　　　　短い引用の始め（上記 quotation 環境と違って段落の頭を下げない）
- ▷ \end{quote}　　　　　　短い引用の終わり

段落も文書の構造の一つです。段落の区切りは空行によって表されます。

> 参考　同じ命令を使っても、ドキュメントクラスによって、結果のレイアウトが異なります。例えば (lt)jsarticle では引用（quote や quotation）の前後に半行分の空きが入りますが、jlreq では入りません。jlreq でも半行分の空きを入れるには、プリアンブルに次のように書いておきます。

```
\jlreqsetup{quote_beforeafter_space=0.5\baselineskip}
```

3.6　タイトルと概要

◆ ────────────────────────────── ◆

タイトルを出力するためには次の四つの命令を使います。

- ▷ \title{何々}　　文書名の指定

- ▷ \author{何々}　著者名の指定
- ▷ \date{何々}　　日付の指定（省略すると今日の日付になる）
- ▷ \maketitle　　文書名・著者名・日付の出力

例えば次のようにします。

```
\documentclass{jlreq}
\begin{document}

\title{理科系の作文技術}
\author{木下　是雄}
\date{1981年9月25日}
\maketitle

\section{序章}

\subsection{チャーチルのメモ}

1940年，潰滅の危機に瀕した英国の……

\end{document}
```

結果は次のようになります。

理科系の作文技術

木下　是雄

1981 年 9 月 25 日

1　序章

1.1　チャーチルのメモ

　1940 年，潰滅の危機に瀕した英国の……

　\title、\author、\date は \maketitle の前ならどこにあってもかまいませんし、この三つの順序もどれが先でもかまいません。実際にタイトルを出力するのは \maketitle です。

　タイトル、著者名、日付が長いときは、\\ で区切るとそこで改行します。

　\title{非常に長いタイトルを　\\　二行に分ける是非について}

```
\author{寿限無寿限無五劫のすりきれ \\ 海砂利水魚の水行末}
\date{2023年7月8日投稿 \\ 2023年9月10日受理}
```

　また、著者が複数いるときは、次のように \and で区切ります。\and の直後に必ず半角空白を入れてください。\and の直前の半角空白はあってもなくても同じです。

```
\author{アルファ \and ベーテ \and ガモフ}
```

　タイトルや著者名に脚注を付けるときは \thanks という命令で

```
\author{湯川秀樹\thanks{京都大} \and 朝永振一郎\thanks{東教大}}
```

のようにします。なぜ \thanks かというと、研究費を援助してくれた機関を著者名の脚注で書くのが慣わしになっているからです。

　次のように著者名の途中に \\ で改行を入れることもできます。

```
\author{湯川秀樹 \\ 京都大 \and 朝永振一郎 \\ 東教大}
```

　\date 指定を省略すれば、文書ファイルを LaTeX で処理した日付を出力します。

　((lt)js)article、jlreq クラスのデフォルトでは、タイトルは本文第 1 ページの上部に出力されます。もしタイトルのページを独立に 1 ページとりたいなら、

```
\documentclass[titlepage]{jlreq}
```

のようにドキュメントクラスのオプションとして titlepage を指定します。

　また、\maketitle の直後に \begin{abstract} と \end{abstract} で囲んで論文の要約（概要）を書いておけば、タイトルと本文の間に出力されます（titlepage オプションを指定した場合は独立のページに出力されます）。

3.7　打ち込んだ通りに出力する方法

　半角文字の # $ % & _ { } \ ^ ~ は、そのままではうまく出力できません。笑顔のつもりで (^_^) などと書けばエラーになってしまいます。また、改行は無視され、半角のスペースは何個並べても 1 個分のスペースしか空きません（これらのルールについてはあとで詳しく述べます）。

　ちゃんとしたルールを学ぶ前に、とりあえず入力画面の通りに出力する方法を書いておきます。

次のように \begin{verbatim}、\end{verbatim} で囲んだ部分は、入力画
面の通りに出力されます。この "verbatim"（ヴァーベイティム）[11] は「文字通
りに」という意味の英語です。

```
\documentclass{jlreq}
\begin{document}

メールで使われる記号類
\begin{verbatim}
   :-)      元祖スマイル
   ^^;      冷や汗
\end{verbatim}

\end{document}
```

これを出力すると次のようになります。

> メールで使われる記号類
>
>   :-)　　　元祖スマイル
>   ^^;　　　冷や汗

半角文字は幅一定の typewriter 書体になりますが、半角文字と全角文字の
幅の比は一般に 1 : 2 ではありません。

> **参考**　フォントのサイズを変えるか（第 12 章）、あるいは \scalebox（第 7 章）を使っ
> て横方向に変形すれば、Typewriter のような全角のちょうど半分の幅の文字がで
> きます。しかし、鞘・全角・**倍角**などという文字指定は昔のワープロじみて
> いて LATEX らしくないので好まれません。

この verbatim はコンピュータのプログラムを出力するときに便利です。

これは行単位でしたが、文字単位なら \verb|...| という書き方を使いま
す。例えば (^_^) と出力したいなら \verb|(^_^)| と書きます。区切りは
縦棒 | に限らず、両側が同じなら \verb/(^_^)/ でも \verb"(^_^)" でも
\verb@(^_^)@ でもかまいません。出力したい部分に含まれない文字でサンド
イッチします。

\begin{verbatim*} … \end{verbatim*} や \verb*|...| のように ⋆ 印
を付けると、半角空白が ␣ という文字で出力されます。

verb・verbatim の中は、半角文字ばかりなら改行されませんが、全角文字が
あるとその前後で改行される可能性があります。

なお、\chapter{...} や \section{...} のような \何々{...} 型の命令の
{ } の中では \verb 命令はたいてい使えないので、特殊文字の出力はほかの方

法によらなければなりません（67 ページ）。これはあとで出る \何々 [...] 型の命令の [ ] の中でも同様です。

3.8 改行の扱い

ここでいう改 行とは、Enter キーを打つことです。

▶ **改行は無視される（行末が和文文字の場合）**

InDesign などの DTP ソフトと違って、LaTeX は通常は改行を無視するので、LaTeX 用の入力ファイルには、ポエムのように改行をふんだんに入れる人が多いようです。そのほうが、Git などのバージョン管理システム（306 ページ）で変更点がよくわかって便利です。

ただし、空の行（何も入力していない行、Enter だけの行）があると、LaTeX はそこを段落の区切りと解釈します。

つまり、Enter キーを 1 度だけ打っても LaTeX はそれを無視しますが、2 度続けて Enter を打てば、空行ができるので、そこで段落が改まり、通常の設定では次の行の頭に 1 文字分の空白（字下げ、インデント）が入ります（全角下がり）。

以下の例でこの点をよく理解してください。

入力 | 改行は
改行は
無視されます。

出力 | 改行は無視されます。

入力 | 空行があると

← この行には何も入力せず Enter キーだけ押す

段落が改まります。

出力 | 空行があると
段落が改まります。

▶ **改行は空白になる（行末が欧文文字の場合）**

入力ファイルの改行は（空の行でない限り）無視されると書きましたが、これは和文入力の場合だけです。もっと詳しく言うと、行の最後の文字が和文の文字（かな・漢字など、いわゆる全角文字）であれば、その直後に打った Enter キーは無視されます。

参考 和文文字の後に半角空白をいくつか打ってから Enter キーを打っても、その半角文字と Enter はまとめて無視されます。

ところが、行の最後の文字が半角文字（欧文の文字）であれば、その直後に

打った Enter キーは、半角空白と同じ意味になります。

　ちょっとややこしそうですが、実際に欧文を入力してみればごく自然なルールであることがわかります。

　次の例では半角文字 a の直後の Enter が空白になります。

入力
```
Here's a
good example.
```

出力
Here's a good example.

　なお、欧文の場合でも、空行（何も入力していない行）があると、LATEX はそこを段落の区切りと解釈します。

3.9　注釈

　欧文では改行は空白になりますが、場合によっては改行を単に無視してほしいときもあります。このようなときは、最後の文字の直後に % を書きます。

入力
```
Supercalifragilistic%
expialidocious!
```

出力
Supercalifragilisticexpialidocious!

　この % は、その行のそれ以降を LATEX に無視させる特殊な命令です。この文字から後は改行文字 Enter を含めてすべて無視されますので、コメント（注釈）を書くのに便利です。

入力
```
% 2023/07/08 思いついた小説の書き出し
吾輩は
% 犬である。
猫である。% 2023/09/10 上の行と置き換える
```

出力
吾輩は猫である。

　この場合、最後の文字の直後に % を書かないと、余分な空白が入ってしまいます（␣ は半角空白）。

入力
```
吾輩は␣%ええっと何にしようかな
猫である。
```

出力
吾輩は 猫である。

3.10 空白の扱い

　空白（スペース）には全角空白と半角空白があります。本書では、まぎらわしい場合には半角空白を ␣ と表記しています。

　エディタの画面上では半角空白 2 個 ␣␣ と全角空白 1 個とは区別がつきにくいのですが、LaTeX にとってはこれらの意味はまったく違います。

　全角空白を並べれば、単にその個数分の全角空白が出力されるだけです。

　半角空白 ␣ は、欧文の単語間のスペース（欧文フォントによって違いますが全角の 1/4 から 1/3 程度の空白）を出力しますが、ページの右端を揃えるためにかなり伸び縮みします。また、半角空白は何個並べても 1 個分の空白しか出力しません。

入力	`Fill␣in␣the␣(␣␣␣␣␣␣)'s.`
出力	Fill in the ( )'s.

半角空白をいくつも出力するためには \ で区切ります。

入力	`Fill␣in␣the␣(␣\␣\␣\␣\␣\␣)'s.`
出力	Fill in the (　　　)'s.　　　← 括弧内は半角の空白 6 個分

　途中で改行されると困るときは ~（波印、チルダ）を使います。~ は半角空白 ␣ と同じ幅の空白を出力する命令ですが、~ で空けた空白では改行が起こりません[12]。

入力	`Fill␣in␣the␣(~~~~~~)'s.`
出力	Fill in the (　　　)'s.　　　← 括弧内は半角の空白 6 個分

> **参考** ただし、あまり長いものに対して途中の改行を禁止すると、LaTeX が最適な改行位置を見つけられないことがあります。このようなときは次のいずれかの警告メッセージを出力します。
>
> ```
> Underfull \hbox   語と語の間が空きすぎになってしまった
> Overfull \hbox    少し右端がはみ出してしまった
> ```
>
> このようなときは、字句を修正するのが手っ取り早い方法です。より詳しくは第 16 章で扱います。

　なお、行頭・行末の半角空白 ␣ は何個あっても無視されます。

入力	`␣␣␣␣␣␣これは␣␣␣␣␣␣` `␣␣␣␣␣␣例です。␣␣␣␣`
出力	これは例です。

[12] 標準的な JIS キーボードでは、シフトキーを押しながら「へ」を叩くと ~ が出ます。

3.11　地の文と命令

LᴬTEX の入力ファイルには、地の文と組版命令とが混ざっています。

組版命令にはいろいろありますし、自前の命令を作ることもできます。

LᴬTEX という組文字を出力する命令は \LaTeX です。このような命令は、一般に \LaTeX␣ のように、直後に半角空白 ␣ を付けて使うのが安全です。この半角空白は、命令と地の文の区切りの意味しか持ちません。空白が出力されるわけではありません。

入力　| この本は \LaTeX　で書きました。
　　　　地の文　　命令　　　　地の文

出力　| この本は LᴬTEX で書きました。

もし半角空白を入れずに "この本は\LaTeXで書きました" と書くと、

この本は \LaTeXで書きました。
地の文　　　　命令（こんな命令はない）

```
! Undefined control sequence.
l.4 この本は\LaTeXで書きました
                                。
?
```

と解釈されてしまい、右のようなエラー（誤り）になります。

エラーにしないためには、次のいずれかの書き方をします。

この本は \LaTeX␣で書きました。	← 半角空白を付ける
この本は \LaTeX で書きました。	← 改行する
この本は \LaTeX{}で書きました。	← {} を付ける
この本は{\LaTeX}で書きました。	← {...} で囲む

例外として、命令の前後の文字が（半角・全角を問わず）句読点・括弧の類（いわゆる約物）であれば、半角空白や {} は省略してもかまいません。例えば

\LaTeX、がんばれ！

のように書いてもエラーになりません。

なお、\LaTeX␣ の半角空白 ␣ は区切りの意味しか持ちませんので、

\LaTeX␣is␣awesome!　　　→　LᴬTEXis awesome!

のように書いても、上記の通りスペースは出力されません。スペースを増やしても同じです。

\LaTeX␣␣␣␣␣␣␣is␣awesome!　→　LᴬTEXis awesome!

こういうときは、スペースを入れる命令 \␣ を使うか、{} で区切るかします。

\LaTeX\␣is␣awesome!　　　→　LᴬTEX is awesome!
\LaTeX{}␣is␣awesome!　　　→　LᴬTEX is awesome!
{\LaTeX}␣is␣awesome!　　　→　LᴬTEX is awesome!

3.12 区切りのいらない命令

ドル記号 $ は LaTeX では数式モードの区切りという特別な意味を持っています。「29 ドル」という意味で $29 と書きたいときは、\ を付けて \$29 と書きます。

同様に、# % & _ { } の6文字も、\# \% \& _ \{ \} のように頭に \ を付ければ、# % & _ { } のように出力できます。

これらも \ で始まるので LaTeX の命令の一種ですが、\ にアルファベットでない記号・数字が付いてできた命令は、\LaTeX のような命令と少し違った性質をもちます。

- これらの命令は \ の後ろに1文字しかつきません。例えば \$ という命令はありますが \$# や \$foo という命令はありえません。

- \$ のような命令は、\$␣29 のように空白で区切る必要はありません。単に \$29 のように書きます。もし \$␣29 のように空白を付ければ、$ 29 のように実際に空白が出力されてしまいます。

3.13 特殊文字

モダン LaTeX（LuaLaTeX や X⅁LaTeX）は Unicode に対応していますので、© や £ や æ のような特殊文字はそのまま入力できます。レガシー LaTeX でも比較的新しいもの（2018 年 4 月以降）なら、かなりの特殊文字に対応しています（ファイルの文字コードは UTF-8 にする必要があります）[13]。

これらの文字も含め、LaTeX ではいろいろな文字や記号をバックスラッシュ（\）で始まる命令で入力できます。その一部を以下に列挙します。他の命令については、第5章、第6章、付録 E をご覧ください。

※13　2018 年以前のレガシー LaTeX でも、プリアンブルに \usepackage[utf8]{inputenc} と書いておけば、かなりの特殊文字が使えるようになります。

入力	出力	入力	出力	入力	出力	入力	出力
\\#	#	\\copyright	©	\\L	Ł	``\\`	" '
\\$	$	\\pounds	£	\\ss	ß	'\\''	' "
\\%	%	\\oe	œ	?`	¿	-	-
\\&	&	\\OE	Œ	!`	¡	--	–
_	_	\\ae	æ	\\i	ı	---	—
\\{	{	\\AE	Æ	\\j	ȷ	\\textregistered	®
\\}	}	\\aa	å	`	'	\\texttrademark	™
\\S	§	\\AA	Å	'	'	\\textasciitilde	~
\\P	¶	\\o	ø	``	"	\\TeX	TEX
\\dag	†	\\O	Ø	''	"	\\LaTeX	LATEX
\\ddag	‡	\\l	ł	*	*	\\LaTeXe	LATEX 2ε

ただし、例えば Ångstrøm を \AAngstr\om と書いたのでは、LᴬTEX は
「\AAngstr という命令はない」「\om という命令はない」というエラーになりま
す。区切りの波括弧 {} を使って

{\AA}ngstr{\o}m または \AA{}ngstr\o{}m

※14 第11章で述べる BɪʙTEX
文献データベースでは最初の
{\AA}ngstr{\o}m という書
き方が推奨です。

と書くか、半角スペースで \AA␣ngstr\o␣m のように区切ってください[14]。\&
のような記号で終わる命令は、区切りは不要です(半角スペースで区切ると、半
角スペースがそのまま出力されます)。

記号類は \& などと書く代わりに全角(和文)文字を使ってもかまいません
(デザインは少し違います)。

半角 (Latin Modern Roman)	#	$	%	&	_	{	}	§	£
全角 (源ノ明朝体)	＃	＄	％	＆	＿	｛	｝	§	£

※15 $ でサンドイッチした部
分は数式モードになります。数
式中で $a*x$ のように演算記号
として使われるので、欧文小文
字の高さの半分くらいのところ
に出ます。

星印 * を入力すると * のように上寄りに出力されますが、$*$ のように $ で
サンドイッチすると * のように中央に出ます[15]。\textasteriskcentered と
いうコマンドでも * が出力できます(付録 E 参照)。

"---" は — のような欧文用のエムダッシュ(通常 1 em の長さのダッシュ。
52 ページ参照)を出力する命令です。これは文中で間を置いて読むべきところ
——例えば説明的な部分の区切り——に使われます:

Remember, even if you win the rat race—you're still a rat.

> 参考 和文では「——」のような倍角ダッシュを使います。ただ、ダッシュ記号 —
> (U+2015 HORIZONTAL BAR)を二つ並べた「——」は、フォントによっては
> 切れ目が目立ちます。対策については 70 ページをご覧ください。

以上のほかに、特殊文字ではありませんが、今日の日付を出力する命令 \today は便利です。これは \date を省略したときの \maketitle と同様に、年月日を出力します。

> **参考** \today で出力される年の形式は、jsarticle や jlreq などではデフォルトで「2023 年 11 月 15 日」のような西暦になりますが、\和暦 と宣言しておけば「令和 5 年 11 月 15 日」のような和暦になります。

数式モードを使えばもっといろいろな記号が出力できます。数式モードについては第 5 章をご覧ください。

> **参考** コンピュータプログラムでは c_str のようなアンダーバー入りの名前をよく使います。これを \texttt{c_str} と書くとレガシー LaTeX のデフォルトでは c_str のようになり、アンダーバーだけタイプライタ体になりません。\verb|c_str| と書くか、\usepackage[T1]{fontenc} とプリアンブルに書いて T1 エンコーディングに切り替えれば解決できます。モダン LaTeX ではこのような問題は生じませんので T1 エンコーディングにしないでください（第 12 章）。

3.14 アクセント類

以下は欧文で使用する種々のアクセント類を出力する命令です[※16]。

入力	出力	入力	出力	入力	出力	入力	出力
\`{o}	ò	\~{o}	õ	\v{o}	ǒ	\d{o}	ọ
\'{o}	ó	\={o}	ō	\H{o}	ő	\b{o}	ọ
\^{o}	ô	\.{o}	ȯ	\t{oo}	o͡o	\r{a}	å
\"{o}	ö	\u{o}	ŏ	\c{c}	ç	\k{a}	ą

使用例をいくつか挙げておきます。

入力	出力	入力	出力
Schr\"{o}dinger	Schrödinger	Pok\'{e}mon	Pokémon
al-Khw\={a}rizm\={\i}	al-Khwārizmī	Erd\H{o}s	Erdős

> **参考** \ にアルファベット以外の記号の付く命令では { } がなくても大丈夫です。例えば Schrödinger は Schr\"odinger でもかまいません。

数式モードを使えば、もっといろいろなアクセントが出力できます。数式モードについては第 5 章をご覧ください。

> ※16 これらもモダン LaTeX なら UTF-8 で書き込んで直接処理できます。レガシー LaTeX でも新しいものはほぼ同様に出力できます。詳細は第 12 章をご覧ください。

> ※ セディーユ（セディーラ）\c は、T1、OT1 エンコーディングでは任意の文字に付けられますが、TU エンコーディングの Latin Modern フォントでは特定の文字にしか付かないようです。

3.15　書体を変える命令

先に述べたように、LATEX ではなるべく文書の構造を指定する命令だけを使い、書体や文字サイズを直接指定する命令は避けるべきなのですが、とりあえずワープロ代わりに使いたいときもあるでしょうから、書体や文字サイズを変える方法も説明しておきます。

▶ 和文書体

和文書体については第 13 章で詳しく説明しますが、とりあえず**ゴシック体**に変える命令 \textgt{...} だけ挙げておきます。

入力	\textgt{ゴシック体}は見出しなどに使う。
出力	**ゴシック体**は見出しなどに使う。

参考　\textbf{...} でもゴシック体になることがあります。\textbf は本来は太字（boldface）にする命令で、本文に明朝体を使っていれば**明朝体の太字**になるのが合理的ですが、当時の PostScript プリンタに和文 2 書体（明朝体・ゴシック体）しかなかったのでゴシック体で代用したという経緯があります。現在では \textbf の和文に対する効果は設定に依存するので、ゴシック体を使いたいなら \textgt のほうがいいでしょう。なお、欧文のサンセリフ体にするコマンド \textsf でも（設定によりますが）和文がゴシック体になります。LATEX の和文を多書体にする otf パッケージについては 251 ページをご覧ください。

▶ 欧文書体

欧文書体については第 12 章で詳しく説明しますが、LATEX でよく使われる 7 書体について、簡単な指定方法を挙げておきます。

\textrm{Roman}	Roman	本文（デフォルト）
\textbf{Boldface}	**Boldface**	見出し
\textit{Italic}	*Italic*	強調、書名
\textsl{Slanted}	*Slanted*	*Italic* の代用
\textsf{Sans Serif}	Sans Serif	見出し
\texttt{Typewriter}	Typewriter	コンピュータの入力例
\textsc{Small Caps}	SMALL CAPS	見出し

参考　\textit{...} の代わりに \emph{...} という命令も使えます。こちらのほうがLATEX の論理デザインの考え方に合っています。\emph による強調の設定については 253 ページをご覧ください。

3.16 文字サイズを変える命令

文字の大きさについても第 12 章で説明しますが、よく使われるのは、次のように標準からの相対的な大きさを指定するコマンドです。欧文フォントが 10 ポイントの場合の実サイズとともに挙げておきます。

\tiny	5 ポイント	見本 Sample
\scriptsize	7 ポイント	見本 Sample
\footnotesize	8 ポイント	見本 Sample
\small	9 ポイント	見本 Sample
\normalsize	10 ポイント（標準）	見本 Sample
\large	12 ポイント	見本 Sample
\Large	14.4 ポイント	見本 Sample
\LARGE	17.28 ポイント	見本 Sample
\huge	20.74 ポイント	見本 Sample
\Huge	24.88 ポイント	見本 Sample

このうち \normalsize は標準の大きさなので特に指定する必要はありません。

これらの命令は、{\small␣小さな文字} のように、命令の後に区切りの半角空白を入れ、適用範囲を { } で囲みます。

入力
```
\LaTeX␣で{\Large␣大きな}文字を出す。
\textgt{\large␣大きいゴシック体}、
{\large\textgt{これも同じ}}
```

出力
LaTeX で大きな文字を出す。**大きいゴシック体、これも同じ**

参考 段落や別行数式全体に \large 等を適用する際には、その段落の終わり（空行）で \large が生きているかどうかで段落全体の行送りが変わります。次の例をご研究ください。

```
前の段落……。
                              ← 段落の区切り
{\LARGE 文字だけ大きくしたい段落……。}
                              ← 段落の区切り
{\LARGE 文字も行送りも大きくしたい段落……。
                              ← 段落の区切り
}
```

ただ、空行のあとに閉じ中括弧だけあるのは見落としやすいので、空行と同じ効果のある \par（段落 paragraph の意）という命令をよく使います。

```
{\LARGE 文字も行送りも大きくしたい段落……。\par}
```

3.17 環境

\begin{何々} ... \end{何々} のような対になった命令を環境（environment）といいます。例えば \begin{quote} ... \end{quote} なら quote 環境といいます。環境の内側は一種の別天地で、いろいろな設定が環境の外側と異なります。例えば quote 環境なら左マージン（左余白）が周囲より広くなります。

quote 以外によく使う環境は次の三つです。

▷ **flushleft 環境**　左寄せ
▷ **flushright 環境**　右寄せ
▷ **center 環境**　センタリング（中央揃え）

これらの環境の途中で改行するには \\ を使います。

例えば次のように出力したいとしましょう。

2023 年 10 月 10 日

読者各位

東京都新宿区市谷左内町 21-13
（株）技術評論社

セミナーのご案内

拝啓　時下ますますご清祥のこととお慶び申し上げます。平素は格別のお引き立てに預かり、厚く御礼申し上げます。

さて、このたび弊社では……。

まずは略儀ながら書中をもってご案内申し上げます。

敬具

記

1. 日 時　2023 年 11 月 2 日（木）午後 3 時
2. 場 所　技術評論社 2 階セミナールーム

※　地図を同封いたしました。

このように出力するには、次のように入力します（ドキュメントクラスは適宜変更してください）。

```
\documentclass[12pt]{ltjsarticle}
\begin{document}

\begin{flushright}
  2023年10月10日
\end{flushright}

\begin{flushleft}
  読者各位
\end{flushleft}

\begin{flushright}
  東京都新宿区市谷左内町21-13 \\
  （株）技術評論社
\end{flushright}

\begin{center}
  \LARGE セミナーのご案内
\end{center}

\noindent
拝啓　時下ますますご清祥のこととお慶び申し上げます。
平素は格別のお引き立てに預かり、厚く御礼申し上げます。

さて、このたび弊社では……。

まずは略儀ながら書中をもってご案内申し上げます。

\begin{flushright}
  敬具
\end{flushright}

\begin{center}
  記
\end{center}

\begin{quote}
  1．日 時　　2023年11月2日（木）午後3時 \\
  2．場 所　　技術評論社2階セミナールーム
\end{quote}

※　地図を同封いたしました。

\end{document}
```

> 参考　(lt)js… ドキュメントクラスでは center などの前後に半行分の空きが入りま
> すが、jlreq では入りません。必要なら、後ほど説明する \vspace を使って
> \vspace{0.5\baselineskip} のように空きを入れてください。quote の前後
> の空きについては 33 ページをご覧ください。

環境の中で書体や文字サイズを変えても、環境の外には影響が及びません。

入力

```
ここは環境の外。
\begin{quote}
  ここは環境の中。ここで\small 文字サイズを変えても…
\end{quote}
環境の外では元の文字サイズに戻る。
```

出力

ここは環境の外。

　　　ここは環境の中。ここで文字サイズを変えても…

環境の外では元の文字サイズに戻る。

3.18　箇条書き

環境の例として、いろいろな箇条書きの方法を説明します。

💎 itemize環境

頭に ● などの記号を付けた箇条書きです。

入力	出力

`\LaTeX には`
`\begin{itemize}`
`\item 記号付き箇条書き`
`\item 番号付き箇条書き`
`\item 見出し付き箇条書き`
`\end{itemize}`
`の機能がある。`
	LaTeX には
	
	● 記号付き箇条書き
	● 番号付き箇条書き
	● 見出し付き箇条書き
	
	の機能がある。

入れ子にすると、標準の設定では次のように記号が変わります。

入力	出力

`\begin{itemize}`
`\item 第1レベルの箇条書き`
`  \begin{itemize}`
`  \item 第2レベルの箇条書き`
`    \begin{itemize}`
`    \item 第3レベルの箇条書き`
`      \begin{itemize}`
`      \item 第4レベルの箇条書き`
`      \end{itemize}`
`    \end{itemize}`
`  \end{itemize}`
`\end{itemize}`
	● 第1レベルの箇条書き
	　　– 第2レベルの箇条書き
	　　　＊第3レベルの箇条書き
	　　　　・第4レベルの箇条書き

各項目の頭に付く ● などの記号は、クラスファイルの中で定めています。第

1〜4 レベルの記号を出力する命令はそれぞれ \labelitemi、\labelitemii、\labelitemiii、\labelitemiv です。たとえば第 1 レベルの ● (\textbullet または $\bullet$) が大きすぎるので和文の「・」(中黒_{なかぐろ}) に替えたいなら、

```
\renewcommand{\labelitemi}{・}
```

とします。

> 参考 \item[★] のようにすると、そこだけ項目の記号が変えられます。

◉ enumerate環境

頭に番号を付けた箇条書きです。

入力	出力
```\LaTeX には \begin{enumerate} \item 記号付き箇条書き \item 番号付き箇条書き \item 見出し付き箇条書き \end{enumerate} の機能がある。```	LaTeX には 1. 記号付き箇条書き 2. 番号付き箇条書き 3. 見出し付き箇条書き の機能がある。

入れ子にすると、標準の設定では次のように番号の付け方が変わります。

入力	出力

``\begin{enumerate}
\item 第1レベルの箇条書き
  \begin{enumerate}
  \item 第2レベルの箇条書き
    \begin{enumerate}
    \item 第3レベルの箇条書き
      \begin{enumerate}
      \item 第4レベルの箇条書き
      \end{enumerate}
    \end{enumerate}
  \end{enumerate}
\end{enumerate}```
	1. 第 1 レベルの箇条書き
	
	  (a) 第 2 レベルの箇条書き
	
	    i. 第 3 レベルの箇条書き
	
	     A. 第 4 レベルの箇条書き

番号の付け方はクラスファイルの中で定めています。第 1〜4 レベルの番号を出力する命令はそれぞれ \labelenumi、\labelenumii、\labelenumiii、\labelenumiv です。たとえば第 1 レベルの番号の後のピリオドを取るには

```
\renewcommand{\labelenumi}{\theenumi}
```

とします。ただ、特に jlreq ではこれでは番号のあとのスペースがなくなってしまうので、

```
\renewcommand{\labelenumi}{\theenumi\ \ }
```

のように適当なスペースを入れてください（以下も同じです）。番号に括弧を付けるには、

```
\renewcommand{\labelenumi}{(\theenumi)}
```

とします。ローマ数字（i、ii、...）にするには、

```
\renewcommand{\theenumi}{\roman{enumi}}
```

とします。この \roman を \arabic、\alph、\Alph、\Roman にすれば、それぞれ算用数字（最初の状態）、英小文字（a、b、...）、英大文字（A、B、...）、ローマ数字大文字（I、II、...）となります。

> **参考** 第 1 レベルの番号は 1.、2.、3.、... と続きますが、特定の項目で箇条の見出しを変えるには \item の次に見出しを [ ] で囲んで書きます。そこでは番号は増えません。たとえば \item、\item[1a.]、\item の 3 項目があれば、番号は 1.、1a.、2. となります。

※17　古い enumerate パッケージを置き換えるものです。

> **参考** enumitem パッケージ[※17]（ texdoc enumitem）を読み込めば、番号の付け方や字下げ・空きの量が簡単に変えられるようになります。例えば \begin{enumerate}[label=例 \arabic*] とすれば、番号の付け方が「例 1」「例 2」...となります。オプション [label=...] の \arabic* などは、すぐ上で述べた算用数字などを表す命令に * を付けたものです。

● description環境

左寄せ太字で見出しを付けた箇条書きです。たとえば

第 7 回 LATEX 勉強会の開催について（案内）

　下記のとおり行いますので、万障お繰り合わせの上、ご参集ください。

記

日時　2023 年 11 月 2 日 午後 3 時
場所　当社 2 階会議室
用意するもの　技術評論社『LATEX 美文書作成入門』（特に第 3 章をよく読んでおいてください）

以上

のように出力するには、

```
\begin{center}
  \large 第7回\LaTeX 勉強会の開催について（案内）
\end{center}

下記のとおり行いますので、
万障お繰り合わせの上、ご参集ください。
\begin{center} 記 \end{center}
\begin{description}
\item[日時] 2023年11月2日 午後3時
\item[場所] 当社2階会議室
\item[用意するもの] 技術評論社『\LaTeX 美文書作成入門』
  （特に第3章をよく読んでおいてください）
\end{description}
\begin{flushright} 以上 \end{flushright}
```

のように、\begin{description} … \end{description} を使います。それ
ぞれの箇条の頭には \item[見出し] を付けます。

　見出しの直後で改行したい場合は、単に強制改行 \\ を入れてもうまくいきま
せん。次のように \mbox{} という見えない箱を入れるとうまくいきます。

```
\begin{description}
\item[日時] \mbox{} \\
  2023年11月2日 午後3時
\item[場所] \mbox{} \\
  当社2階会議室
\end{description}
```

参考　これら以外に汎用の \begin{list}{}{} … \end{list} という環境があります。
最初の空の {} には、必要に応じて \item で出力されるものを指定します。2番
目の空の {} には、必要に応じて \setlength\leftmargin{3\zw} のような組
版上の設定を書き込みます。

3.19　長さの単位

　LaTeX で使える長さの単位には次のものがあります。最後の四つは pLaTeX、
upLaTeX だけで使えます。LuaLaTeX の日本語対応（LuaTeX-ja）では zw、zh
の代わりに \zw、\zh というマクロが定義されています[※18]。

cm	センチメートル（$1\,cm = 10\,mm$）
mm	ミリメートル
in	インチ（$1\,in = 2.54\,cm$）
pt	ポイント（$72.27\,pt = 1\,in$）
pc	パイカ（$1\,pc = 12\,pt$）
bp	ビッグポイント（$72\,bp = 1\,in$）、DTP ポイント
sp	スケールドポイント（$65536\,sp = 1\,pt$）

※18　jlreq ドキュメントクラスをpLaTeX、upLaTeXで使えば、zw、zh を意味する \zw、\zh というマクロが定義されます。つまり、jlreq を使う限り、どのエンジンでも \zw、\zhで大丈夫です。

em	現在の欧文フォントサイズの公称値（例えば 10 pt フォントなら 1 em = 10 pt、元来は "M" の幅）
ex	現在の欧文フォントの "x" の高さ（公称値）
zw	(u)pLATEX のみ。現在の和文フォントのボディの幅（ベタ組み時の字送り量）
zh	(u)pLATEX のみ。使わないほうがいい（元来は現在の和文フォントの高さ）
Q	(u)pLATEX のみ。級（1 Q = 0.25 mm）
H	(u)pLATEX のみ。歯（1 H = 0.25 mm）

印刷関係ではポイント（point、pt、ポ）という単位をよく使います。ポイントの定義は国によって若干の違いがありますが、LATEX では 1 ポイントを $1/_{72.27}$ インチと定義しています。日本産業規格[19]（JIS）の 1 ポイント = 0.3514 mm と実質的に同じです。DTP ソフトや Word などでは 1 ポイントを $1/_{72}$ インチ（LATEX でいうビッグポイント、bp）としています。

※19　旧称は日本工業規格

写植機で使われてきた級数（歯数）は和製の単位で、1 級（Q）= 1 歯（H）= 0.25 mm です。1 mm の $1/_4$（quarter）だから Q というのです。文字の大きさには級を、送りの指定には歯を使う習慣になっています。

欧文の書籍では 10 ポイントの文字を使うことが多く、LATEX でも欧文 10 ポイントが標準となっています。この 10 ポイントというのは、活版印刷では活字の上下幅、つまり詰めものをしないで活字を詰めたときの行送り量です。コンピュータのフォントではどの長さが 10 ポイントかはっきりしないのですが、LATEX 標準の Computer Modern Roman 体（およびこれを拡張した Latin Modern Roman 体）の 10 ポイント（cmr10、lmr10）では、括弧 ( ) の上下幅がちょうど 10 ポイントになっています（ベースラインから上 7.5 pt、下 2.5 pt）。また、たまたま cmr10・lmr10 の数字 2 文字分の幅も 10 ポイントです（cmr9・lmr9 の数字 2 文字分の幅は 9 ポイントではありません）。

一方、級数で指定していたころの和文の書籍では本文 13 Q が多かったので、10 ポイントの欧文に合わせる和文の文字として、jsarticle 等では 13 Q（約 9.247 ポイント）を選びました。つまり、jsarticle 等では 1 zw は約 9.247 pt です[20]。jlreq では jafontscale=0.9247 とすれば jsarticle と同じ比率になります（デフォルトは jafontscale=1）

zw が全角の幅（width）であるのに対して、zh は元来は全角の高さ（height）ですが、歴史的な理由により、伝統的な pTEX の和文フォントメトリックでは 1 zh は 1 zw よりわずかに小さい値になっています（ほぼ 1 zw = 1.05 zh）。現在では 1 zh の値は特に意味がないので使わないほうがいいでしょう。なお、otf パッケージや LuaTEX-ja のフォントメトリックなど、新しいものでは正方形（正確に 1 zw = 1 zh）になっています。

※20　正確に計算すると 9.2471... となるはずですが、実はさらに古い jarticle のころは欧文 10 pt に和文 9.62216 pt を合わせており（この数値の根拠は不明です）、jsarticle はそのころのフォントを 0.961 倍して約 13 Q にしていたので、結果的に 9.62216 × 0.961 = 9.2468... になっていました。この程度の違いは誤差のうちなので、9.247 でも 9.25 でもかまいません。本書は 9.2 にしています。

3.20 空白を出力する命令

以下で長さと書いた部分には 1zw^{※21} や 12.3mm など LaTeX で使える単位を付けた数を書き込みます。

※21 LuaLaTeXの日本語対応版では 1zw ではなく 1\zw とする必要があります。

左右にスペースを入れるには次のどちらかの命令を使います。

▷ \hspace{長さ}　行頭・行末では出力されません。

▷ \hspace*{長さ}　行頭・行末でも出力されます。\hspace*{1zw} は全角空白を一つ入れるのと同じことです。

行頭・行末で \hspace{...} が出力されないことを図示すると次のようになります。

あ！\hspace{1zw}雨　→　

段落間などにスペースを入れるには次のどちらかの命令を使います。

▷ \vspace{長さ}　ページ頭・ページ末では出力されません。段落間に余分のスペースを入れるときによく使います。

▷ \vspace*{長さ}　ページ頭・ページ末でも出力されます。図を貼り込むスペースを空けるときなどに使います。

たとえば 0.5 行分のアキを入れるには \vspace{0.5\baselineskip} とします。

3.21 脚注と欄外への書き込み

このページの下¹⁾ にあるような脚注を出力するには、\footnote{...} という命令を使って、次のように書きます。

このページの下 \footnote{これが脚注です。}␣にあるような脚注……

本書では \footnote{...} の直後に上の例のように半角空白 ␣ を入れるか、あるいは

このページの下 \footnote{これが脚注です。}\
にあるような脚注

のように行末に \ を入れる方式をお勧めしています。行末の \ は半角空白と同じ意味になります。行末に \ を入れないと、その直前が全角文字なので、空白は出力されません。

---

1) これが脚注です。

欧文では、文の途中の \footnote は

```
Gee\footnote{Note.}␣whiz.
```

のように単語に密着し、後ろは空白 ␣ または改行にします。コンマやピリオド
のような記号がある場合は、

```
Gee␣whiz.\footnote{Note.}␣Foo␣bar.
```

のようにします。

　和文の場合は

```
かくかく \footnote{脚注。}。しかじか。
```

のように句読点の直前に \footnote を入れるのが一般的です。

欄外への書き込み　　また、例えば \marginpar{欄外への書き込み} と書くと、その行の横の欄
外にこのように「欄外への書き込み」と出力されます。\marginpar は欄外
（margin）に出力される段落（paragraph）の意です。

　欄外への書き込みが出力される位置は次の通りです。

- 奇数ページ・偶数ページのデザインが同じ jarticle、jsarticle などのド
  キュメントクラスでは右欄外に出力されます。

- 奇数ページ・偶数ページのデザインが異なる jbook、jsbook などでは外側
  の欄外（右側ページは右欄外、左側ページは左欄外）に出力されます。

- 2 段組では近いほうの欄外（左段なら左欄外、右段なら右欄外）に出力され
  ます。

\reversemarginpar という命令で標準位置の逆側に出力するようになりま
す。元に戻すには \normalmarginpar とします。

　どちら側の欄外に出力されるかによって文言を変えることができます。例えば

```
\marginpar[左です]{右です}
```

と書けば、右欄外の場合は「右です」、左欄外の場合は「左です」と出力され
ます。

3.22　罫線の類

　LATEX 標準の下線・枠線などを引く機能を挙げておきます。より複雑な効果
は、第 7 章や付録 D を参照してください。

- \underline{...} で下線が引けます。例えばほげ（\underline{ほげ}）

となります。LaTeX 標準の下線は途中で改行ができません。別の方法については 289 ページをご覧ください。

- \hrulefill で水平の罫線が引けます。例えば

_____

のようになります。

- \dotfill で水平の点線が引けます。例えば

....

のようになります。

- \fbox{...} で囲み枠が描けます。例えば \fbox{ABC} で ABC となります。

- \framebox[w]{...} で幅 w の囲み枠が描けます。例えば \framebox[2cm]{ABC} で ABC となります。同様に \framebox[2cm][l]{ABC} で左揃え ABC 、\framebox[2cm][r]{ABC} で右揃え ABC となります。

- \rule[d]{w}{h} で中身の詰まった長方形が描けます。w は幅、h は下端からの高さで、オプションの d はベースラインから下端までの距離です。d、w、h を調節して任意の太さの縦罫・横罫が引けます。しばしば $w = 0$ にして見えない縦罫の支柱を作り、行送りを微調整するのに使われます。

> **参考** \fbox や \framebox の枠と中身の隙間は \fboxsep という長さで決まります。この長さはデフォルトでは 3 pt ですが、例えば \setlength{\fboxsep}{0mm} とすれば ほげ のように隙間がなくなります。

> **参考** \fbox や \framebox の枠の太さは \fboxrule という長さで決まります。この長さはデフォルトでは 0.4 pt です。例えば \setlength{\fboxrule}{0.8pt} とすれば ほげ のように太くなります。

3.23 いろいろな LaTeX

ここでは元祖 LaTeX、pdfLaTeX、pLaTeX、upLaTeX、X∃LaTeX、LuaLaTeX の違いについてまとめておきます。

◉ 元祖 LaTeX、pdfLaTeX

コマンド latex で起動するのが元祖 LaTeX、pdflatex で起動するのが pdfLaTeX です。これらは欧文専用のもので、日本語を扱うには不向きですが、欧文論文誌ではこれら、特に pdfLaTeX を想定していることがほとんどです。

欧文誌に投稿する場合は、pLATEX などではなく pdfLATEX を使うことが必要です[22]。

なお、現在では、latex も pdflatex も、中身は同じものです（両方とも pdftex という実体へのシンボリックリンクです）。latex というコマンド名で起動すれば dvi を出力し、pdflatex というコマンド名で起動すれば PDF を出力します。

※22 うっかり全角文字が入っていたりすると、pLATEX では大丈夫なのに pdfLATEX ではエラーになることがあります。テストは必ず pdfLATEX で行いましょう。

◆ pLATEX、upLATEX

第 1 章でも述べましたが、従来から広く用いられている日本語版 LATEX が pLATEX で、その日本語部分を Unicode 対応にしたものが upLATEX です（欧文は Unicode 対応していません）。pLATEX と比べて利点しかないのですが、古いドキュメントクラス（学会の和文誌用など）が upLATEX に対応していないので、まだ pLATEX を置き換えるに至っていません。現在は pLATEX も upLATEX も実体は同じですが、platex、uplatex のどちらのコマンド名で起動したかによって動作が変わります。

pLATEX と違って、upLATEX は次のように Unicode 和文文字がそのまま使えます。

```
\documentclass{jlreq}
\begin{document}

森鷗外と内田百閒が髙島屋で🐶を作った。
①②③ⅠⅡⅢ㈱カナ
Pokémon

\end{document}
```

jlreq ドキュメントクラスなら pLATEX、upLATEX、LuaLATEX に対応していますし、jsarticle など既存のドキュメントクラスも、[uplatex] オプションを付ければ upLATEX で使えます。あるいは [autodetect-engine] オプションを付けておけば、pLATEX か upLATEX かを自動判定します[23]。

一部の文字は、全角扱いにするか欧文文字扱いにするかの指定が必要です（197 ページ参照）。

※23 jlreq ドキュメントクラスの半角カナの組み方はまだ少しおかしいところがあるようです。本書は jlreq で組んでいます（第13章）。

◆ XƎLATEX

XƎLATEX（XeLaTeX）は、LuaLATEX より先に開発された Unicode 対応の LATEX で、（Lua が使えない点を除けば）LuaLATEX とほぼ同等の機能を持つものです。

日本語にも配慮されていて、例えば

```
\documentclass{article}
\usepackage{fontspec}
```

```
\setmainfont{SourceHanSerif-Regular}
        [BoldFont=SourceHanSerif-Bold]
\setsansfont{SourceHanSans-Medium}
        [BoldFont=SourceHanSans-Bold]
\XeTeXlinebreaklocale "ja"
\XeTeXlinebreakskip=0em plus 0.1em minus 0.01em
\setlength{\parindent}{1em}
```

とするだけで、源ノ明朝・源ノ角ゴシックが対応する文字すべてを扱うことが
できます。これで LuaLᴬTEX（LuaTEX-ja）より高速に日中韓欧の混植ができ、
Web 上での PDF 生成などに便利です。

　より jsarticle などに近い和文組版をするには、八登崇之さんの BX ドキュ
メントクラスを使います。

```
\documentclass[xelatex,ja=standard]{bxjsarticle}
\begin{document}

\jachar{①}も\jachar{🐑}も使えます。

\end{document}
```

　和文の特殊文字は、間違って欧文として処理され、文字抜けが生じることがあ
ります。その場合は、上の例のように、1 文字ごとに \jachar{...} で囲んで
ください（BXjscls 1.1a 以降）。

　bxjsarticle のところは bxjsbook、bxjsreport、bxjsslide にできます。
和文フォントはデフォルトが原ノ味フォントです[24]。これ以外のフォントを指
定する場合は、

```
\documentclass[xelatex,ja=standard,jafont=ms]{bxjsarticle}
```

のように jafont= に続けて指定します。ms で MS 明朝・MS ゴシック、
hiragino-pron でヒラギノ ProN になります。

🌐 LuaLᴬTEX

　Lua は軽量スクリプト言語の一つです。LuaTEX、LuaLᴬTEX には Lua 処理系
が組み込まれていて、\directlua という命令を使って呼び出すことができま
す。例えば

```
$\sqrt{2} = \directlua{tex.print(math.sqrt(2))}$
```

と書けば $\sqrt{2} = 1.4142135623731$ と出力されますし、

```
\directlua{
  for i = 1, 100 do tex.print("羊が" .. i .. "匹\\par") end
}
```

※24 BXjsclsバージョン2.0未
満ではデフォルトがIPAexフォ
ントでした。

と書けば「羊が1匹」「羊が2匹」……と延々と出力されます[25]。

　このような機能を使って LuaLATEX で (u)pLATEX と同等以上の日本語組版を実現しようというのが LuaTEX-ja パッケージです。すでに説明したドキュメントクラス ltjsarticle や jlreq を使えば LuaTEX-ja パッケージが読み込まれ、(u)pLATEX とほぼ互換になりますが、全角幅を1とする単位 zw は \zw のようにバックスラッシュが必要です。また、(u)pLATEX で和文文字どうしの空き量を指定する \kanjiskip、和文文字・欧文文字間の空き量を指定する \xkanjiskip の指定は \setlength を使って行いましたが、LuaTEX-ja では設定は例えば \ltjsetparameter{kanjiskip=0pt plus 1\zw}、利用は例えば \hspace{\ltjgetparameter{kanjiskip}} のように行います。

　LuaLATEX は、TEX Live に同梱されているフォント以外に、システムのフォント（Mac であれば (/System)/Library/Fonts 以下と ~/Library/Fonts 以下）を自由に使えます。これ以外のフォントを使うには、付録 B の書き方を使えば、TEXMFLOCAL/fonts/truetype または TEXMFLOCAL/fonts/opentype の中に置くかシンボリックリンクしておきます。

第4章
パッケージと自前の命令

◆ ◆ ◆ ◆ ◆ ◆ ◆ ◆ ◆ ◆ ◆ ◆ ◆ ◆ ◆ ◆ ◆ ◆ ◆ ◆

TeX には自前の命令（マクロ）を作る機能があります。LaTeX は、このマクロ機能を使って TeX を拡張したものです。この機能を使えば LaTeX をさらに拡張することができます。

自前の命令は文書ファイルに直接書き込むこともできますが、パッケージ化して別ファイルに保存しておくこともできます。LaTeX には開発者たちによって作られたたくさんのパッケージが付属しています。

ここでは、既存のパッケージの利用のしかたと、自分で命令やパッケージを作る方法を説明します。

4.1　パッケージ

パッケージとは、LaTeX の機能を拡張するためのしくみです。

例えば、ルビ（振り仮名）を振りたいとしましょう。LaTeX にはルビを振る命令がありませんので、何らかの方法で LaTeX を拡張しなければなりません。こんなときに使うものがパッケージです。

ルビを振る命令はいろいろなパッケージで定義されていますが、ここでは八登崇之さん作の pxrubrica というパッケージを使うことにします。そのためには、文書ファイルのプリアンブル（\documentclass{...} と \begin{document} の間の部分）に次のように書きます。

```
\usepackage{pxrubrica}
```

こうしておけば、ルビを振る命令 \ruby が使えるようになります。

入力
```
\documentclass{jlreq}
\usepackage{pxrubrica}
\begin{document}

\ruby{尤度}{ゆう|ど}は\ruby{犬}{いぬ}度ではない。

\end{document}
```

出力　尤度は犬度ではない。

\usepackage{pxrubrica} と書くと、LaTeX は pxrubrica.sty というファイルを読み込んで、その中にある命令の定義を取り込みます。つまり、パッケージ pxrubrica の実体は pxrubrica.sty という名前のファイルです。もしこのファイルがパソコンの中にないと、次のようなエラーメッセージが出力されます。

```
! LaTeX Error: File `pxrubrica.sty' not found.

Type X to quit or <RETURN> to proceed,
or enter new name. (Default extension: sty)

Enter file name:
```

このようなエラーが出るのは pxrubrica の綴りを間違えたか、あるいは実際に pxrubrica.sty というファイルが入っていないのでしょう（TeX Live が正しくインストールされているなら入っているはずです）。

なお、pxrubrica パッケージの場合は特に必要ありませんが、海外で作られたパッケージを日本の pLaTeX、upLaTeX で使う場合、不都合が生じることがあります。知られている不都合については、plautopatch というパッケージでパッチ（修正）をあてることができます。このパッケージの使い方は特殊で、\documentclass{...} の**前**、つまりファイルの先頭に \RequirePackage{plautopatch} と書きます。つまり、

```
\RequirePackage{plautopatch}          ← (u)pLaTeX だけ
\documentclass[dvipdfmx,...]{...}     ← dvipdfmx は (u)pLaTeX だけ
…
```

のようにします。(u)pLaTeX では、ドキュメントクラスの dvipdfmx オプションも含めて、この書き方が今は推奨されています（LuaLaTeX ではどちらも不要です）。

> 参考　ターミナルに kpsewhich pxrubrica.sty と打ち込むと、インストールされた場所がわかります。こういったファイルの配置については付録 B でまとめて説明します。

> 参考　ルビを振るためのパッケージは、pxrubrica 以外に、LuaLaTeX（LuaTeX-ja）用の luatexja-ruby パッケージがよく使われています。詳しくは 247 ページをご覧ください。

パッケージファイルには、新しい命令や環境の定義などが書き込まれています。以下では、このような新しい命令や環境を作るための方法を順を追って解説します。

4.2 簡単な命令の作り方

LaTeX で用紙の左右中央に

記

と書くには、

    \begin{center} 記 \end{center}

と書きます。

　この入力を簡単にするため、\記 という自前の命令を作ってみましょう。このような命令は別ファイルに書き溜めておくのが普通ですが、ここではとりあえず、文書ファイルの中でその命令を使いたいところより前（例えばプリアンブル）に、次のように \記 の定義を書いておきます。

    \newcommand{\記}{\begin{center} 記 \end{center}}

　この \newcommand という命令は、新しい（new）命令（command）を作るための命令です。上のようにファイルに書いておけば、それ以後 \記 と書けば、\begin{center} 記 \end{center} と書くのとまったく同じ意味になります。

　LaTeX の命令のことを一般にコマンド（command）あるいは制御綴（control sequence）、あるいはもう少し広い文脈でマクロ（macro）[※1] ということがあります。

　念のため、このマクロ定義を含む完全な例を挙げておきます。ここで

    \begin{description} … \end{description}

は見出し付きの個条書きを出力する命令で、各 \item[...] が見出しになります（第 3 章）。

```
\documentclass{jlreq}
\newcommand{\記}{\begin{center} 記 \end{center}}
\begin{document}

次の要領で会議を行います。

\記

\begin{description}
\item[日時] 2023年10月24日 午後3時
\item[場所] 第2会議室
\end{description}

\end{document}
```

※1 macroinstruction を縮めてできたコンピュータ用語で、一般に「複数の命令に展開されるような一つの命令」という意味です。実は LaTeX 自体が TeX の上に巨大なマクロで構築されたシステムです。

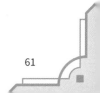

これを LaTeX で処理して出力すると、次のようになります。

次の要領で会議を行います。

記

日時　2023 年 10 月 24 日 午後 3 時
場所　第 2 会議室

もう一つ例を挙げましょう。小さい字で弊社と何度も書く必要があるなら、次のように \弊社 という命令を作っておきます。

```
\newcommand{\弊社}{{\small 弊社}}
```

右側の波括弧は二重にしなければなりません。単に

```
\newcommand{\弊社}{\small 弊社}
```

としたなら、\弊社 と書けば \small 弊社 と書いたのと同じことになり、\small を閉じ込める括弧がないので、これ以降、文書の最後まで小さい字になってしまいます。

また、この命令を使う際に、

```
\弊社では、……
```

と書いたのでは、\弊社では という命令が未定義であるというエラーになりますので、

- \弊社␣では　　　← 半角空白で区切る（半角空白は出力されない）
- \弊社{}では　　　← {} で区切る
- {\弊社}では　　　← {} で囲む

のどれかの書き方をします。

> 参考　\弊社 のような命令が入力ファイルの行の最後にきたときは、区切りの半角空白や波括弧は不要です。単に
>
> ```
> このたび \弊社
> では……
> ```
>
> としてかまいません。行末に余分な半角空白があっても無視されますので、テキストエディタで一括置換する際には \弊社␣ のように半角空白を入れておくといいでしょう。

4.3　パッケージを作る

　マクロがいくつかできたら、自分用のパッケージに登録しておきましょう。

　テキストエディタを使って、例えば mymacro.sty という名前のファイルを作ります。名前は何でもかまいませんが、拡張子は sty にしておきます。これに自分が作った命令をいくつでも並べて書き込んでおきます。例えば次のようにします。

```
\newcommand{\弊社}{{\small 弊社}}
\newcommand{\記}{\begin{center} 記 \end{center}}
```

　この mymacro.sty はとりあえず、LATEX で処理したい *.tex ファイルと同じフォルダに置いておけばいいでしょう。

　個々の文書ファイルでは、次のようにプリアンブルの \usepackage 命令でこのパッケージを読み込んで使います。

```
\documentclass{jlreq}
\usepackage{mymacro}
\begin{document}

次の要領で会議を行います。
\記
\begin{description}
\item[日時] 2023年10月24日　午後3時
\item[場所] \弊社　第2会議室
\end{description}

\end{document}
```

　このような命令が充実すればするほど、タイピングの量やレイアウトを考える必要が減り、文書の論理構成に集中できます。

　文書ファイル中に

```
\begin{center} 記 \end{center}
```

と書けば、ワープロソフトと同様に、文書のレイアウトを指定していることになります。これに対して、\記 と書けば、そこから文書の「記」という要素が始まるという文書の構造を示したことになります。

　あとで mymacro.sty をいじれば、「記」を大きめのゴシック体にしたり、直前の行から何 cm か離したりすることができます。

　なお、読み込むパッケージが複数ある場合は、

```
\usepackage{mymacro}
\usepackage{ourmacro}
```

のようにしても、

\usepackage{mymacro,ourmacro}

のように並べてもかまいません[2]。

※2　ただし、同じ名前のマクロが定義されている場合などは、パッケージを読み込む順番によって効果が異なったりエラーになったりすることがあります。

4.4　命令の名前の付け方

命令の名前は、\FooBar のような英字でも、\命令 のような漢字でも、両者の混合でもかまいません[3]。大文字と小文字は区別されますので、\foo と \FOO はまったく別の名前です。

\foo_bar や \a4 のような記号・数字を含む命令は通常は作れません。

例外として、句読点・括弧などの記号類や数字1文字だけからなる命令は、作ることができます。例えば \3 という命令は作れます。しかし、\33 や \3K や \K3 は（通常の方法では）作れません。

\foo や \命令 のようなアルファベットや漢字の命令では、直後の半角空白は区切りの役割をするだけですが、\3 のような数字・記号1文字の命令では、直後の半角空白は空白として出力されます。

同じ名前の命令がすでに存在する場合は、\newcommand は使えません。例えば

\newcommand{\c}{constant}

などとすれば、\c という命令はすでに存在する（43ページ）ので、次のようなエラーメッセージが画面に出ます。

※3　実際には、その命令の機能を類推できるような名前を付けましょう。

```
! LaTeX Error: Command \c already defined.
               Or name \end... illegal, see p.192 of the manual.

See the LaTeX manual or LaTeX Companion for explanation.
Type  H <return>  for immediate help.
 ...

l.3 \newcommand{\c}{constant}

?
```

※4　ほかに "the manual"（Lamport の LaTeX マニュアル）の192ページを見よなどの説明が出ていますが、見たところであまり意味はありません。

l.3 はファイルの3行目にエラーがあるという意味です[4]。最後の ? に対して Enter キーを打てば処理を続行し、x Enter を打てば処理を中断します。

すでに存在する命令の定義を変更（上書き）するには、\newcommand の代わりに \renewcommand という命令を使います。自分で作った命令でも LaTeX で定義されている命令でも、定義を変更することができます。

　英語の命令は、すでに LaTeX で定義されている場合があるので、自前の命令の名前としては日本語を使うのも一つの手です。一般的な日本語用ドキュメントクラスで定義済みの日本語名の命令は、\西暦 と \和暦（および \if西暦、\西暦 true、\西暦 false など）くらいのものです。

> **参考** \providecommand は、古い定義を優先します。
>
> 　　　　\providecommand{\foo}{bar}
>
> のように使います。

> **参考** 古い定義があるかどうかをチェックせず新しい定義をする TeX の命令として
>
> 　　　　\def\foo{bar}
>
> があります（LaTeX でなく TeX の命令だという理由で嫌う人もいます）。この場合は \foo の部分は波括弧で囲みません。\def を使わずに同じことをするには、
>
> 　　　　\providecommand{\foo}{}
> 　　　　\renewcommand{\foo}{bar}
>
> とすればよいでしょう。

> **参考** これらの従来からのコマンドに加え、2020 年に新しいコマンド
>
> - \NewDocumentCommand、
> - \RenewDocumentCommand、
> - \ProvideDocumentCommand、
> - \DeclareDocumentCommand
>
> などが LaTeX に組み込まれました（ texdoc xparse）。最後のものは \def と同様にチェックせずコマンドを作ります。

4.5　自前の環境

　\begin{quote} … \end{quote} のような、\begin で始まり \end で終わる命令を、環境（environment）といいます（第 3 章）。

　自前の環境を作る命令 \newenvironment も用意されています。これは

　　　\newenvironment{なになに}{かくかく}{しかじか}

の形で使います。これで

　　　\begin{なになに}　→　{かくかく
　　　\end{なになに}　　→　しかじか}

という意味になります。

　もう少し実用的な例として、先ほど作った \記 という命令の拡張版を作ってみましょう。

```
\newenvironment{記}
  {\begin{center} 記 \end{center}\begin{description}}
  {\end{description}}
```

こう宣言しておくと、そのあとでは

```
\begin{記} = {\begin{center} 記 \end{center}\begin{description}
\end{記} = \end{description}}
```

という等式が成り立ちます。

　これで

```
\begin{記}
\item[日時] 2023年10月24日  午後3時
\item[場所] 第2会議室
\end{記}
```

とすれば、この章の 4.2 節の例と同じことになります。

　なお、すでに存在する命令と同じ名前の環境は作れません。先ほどの例で \newcommand{\記}{...} と命令を作っていれば、 \newenvironment{記}{...}{...} とはできません。すでにある定義を上書きしたい場合は、 \newenvironment の代わりに \renewenvironment という命令を使います。

> 参考　これらの従来からのコマンドに加え、\DeclareDocumentEnvironment などの新しいコマンドが 2020 年に LaTeX に組み込まれました（ texdoc xparse）。

4.6　引数をとるマクロ

　ゴシック体でほげほげと出力するには、\textgt{ほげほげ} と書きました。このような命令の直後の { } で包んだ部分を、その命令の引数（argument）といいます。上の例ではほげほげが \textgt の引数です。引数を付けて使う命令のことを「引数をとる命令」といいます。

　引数をとる命令も \newcommand や \renewcommand で作れます。例えば小さいゴシックで出力する命令 \sg を作ってみましょう。

```
\newcommand{\sg}[1]{\textgt{\small #1}}
```

使うときは \sg{ほげほげ} のようにします。

　もう一つの例として、　ア　　のように、小さいゴシックを幅 1 cm の長方形で囲む命令 \f{...} を作ってみましょう。これは試験問題の空欄を作るのに使えそうです。

```
\newcommand{\f}[1]{\framebox[1cm]{\textgt{\small #1}}}
```

ここで使った \framebox[1cm]{何々} は、幅 1 cm の枠で囲んで「何々」を
出力する命令です。

これで

大化の改新は \f{ア} 年である　→　大化の改新は 　ア　 年である

となります。

このように、引数をとるマクロは

```
\newcommand{\命令の名前}[引数の個数]{定義内容}
```

の形式で定義します。マクロの定義の中の #1 が引数で置き換えられます。引数
がいくつもあるときは、#1 が第 1 の引数、#2 が第 2 の引数、……に置き換えら
れます。引数は 9 個まで使えます。

次の例を解読してください。

入力
```
\newcommand{\謎}[2]{#2の#1は#1#2}
\謎{子}{猫}、\謎{親}{犬}。
```
出力　猫の子は子猫、犬の親は親犬。

最初の引数をオプションにすることもできます。例えば 369 ページで定義す
る \keytop{...} というマクロは、

```
\newcommand{\keytop}[2][12]{......}
```

のように定義され、引数は 2 個ですが、[12] を付けているので、最初の引数は
オプションになり、無指定では 12 を与えたことと同じ意味になります。つまり、
\keytop{A} は \keytop[12]{A} と同じ意味になります。

4.7　マクロの引数の制約

\newcommand でも \newenvironment でも同じことができる場合、どちらを
使うのがよいでしょうか。例えば

```
\newcommand{\sg}[1]{\textgt{\small #1}}
これは \sg{ほげほげ}です。
```

とするのと

```
\newenvironment{sg}{\gtfamily\small}{}
これは \begin{sg}ほげほげ \end{sg}です。
```

とするのとでは同じことのように見えます。

　しかし、マクロの引数の中では \verb など一部の命令が使えないという制約があります。先ほどの \sg マクロで

```
\sg{冷汗 \verb|(^_^;)|}
```

としようとするとエラーが出てしまいます。一方、環境のほうは

```
\begin{sg}冷汗 \verb|(^_^;)|\end{sg}
```

としても大丈夫です。

　\section など既存のマクロの引数の中でも \verb は使えません。目的がタイプライタ体で出力するだけなら、代わりに \texttt{...} が使えます。

> **参考**　\verb|\TeX| の代わりに \texttt{\TeX} としてもうまくいきません。\texttt{\textbackslash TeX} とするか、あるいは 16 進で \texttt{\symbol{"5C} TeX} とします。

> **参考**　lrbox 環境を併用すれば \verb をマクロ引数の中で使えます。ただし、大きさも箱に入れた時点で決まってしまいますので、次の例のように \section 中で使うなら \Large にしておく必要があります。
>
> ```
> \newsavebox{\mybox}    % \myboxという箱を作る
> \begin{lrbox}{\mybox} % その箱に \Large\verb|\TeX| を入れる
>   \Large\verb|\TeX|
> \end{lrbox}
> \section{\usebox{\mybox} コマンドについて}
> ```

> **参考**　どんなマクロの引数にも \verb が使えないというわけではなく、jsarticle などの脚注 \footnote{...} の中では \verb が使えるように工夫してあります。

> **参考**　\usepackage{url} とすれば、ほとんど \verb と同じ働きをする \url という命令が使えます。これならマクロの引数の中でもたいてい使えるので便利です。ただ、\section など、目次出力を伴うマクロの引数に \url を使うと "\url used in a moving argument." というエラーになります。この理由は \verb が使えないこととは少し違い、\section{\protect\url{\foo_bar} について} のように \protect を付ければ使えるようになります。あるいは、\section[http://example.com]{\url{http://example.com}} のように、\section のオプション引数に目次用の内容を別に指定するという手もあります。

4.8　ちょっと便利なマクロ

◆━━━━━━━━━━━━━━━━━━━━━━━━━━━━━━━◆

　いくつかの便利な小物マクロを挙げておきます。これらの命令は LaTeX ではなく裸の TeX や plain TeX の知識を使っています。詳しくは *The TeXbook*[5] をご参照ください。

※5　Donald E. Knuth, *The TeXbook* (Addison-Wesley, 1986). 邦訳：斎藤信男監修、鷺谷好輝訳『[改訂新版] TeXブック』(アスキー、1992)。

▶ 時候のあいさつ

　次の命令 \挨拶 は「拝啓　陽春の候、ますますご清栄のこととお喜び申し上げます」のような挨拶をその月に合わせて出力します。\month には LaTeX で処理した月（1〜12）が入ります。\ifcase は数値 0、1、2、… によって条件分岐する命令です。拝啓の直後は全角空白です。

```
\newcommand{\挨拶}{\noindent 拝啓　\ifcase\month\or
    厳寒\or 春寒\or 早春\or 陽春\or 新緑\or 向暑\or
    猛暑\or 残暑\or 初秋\or 仲秋\or 晩秋\or 初冬\fi
    の候、ますますご清栄のこととお喜び申し上げます。}
```

▶ 曜日

　今日は \曜␣曜日です と書くと、「今日は金曜日です」のように、LaTeX で処理した日の曜日を出力します。Zeller の公式[6] というものを使っています。

※6　奥村著『[改訂新版] C言語による標準アルゴリズム事典』（技術評論社、2018 年）参照

```
\newcount\tmpx
\newcount\tmpy
\newcommand{\曜}{{%
    \tmpx=\year
    \tmpy=\month
    \ifnum \tmpy<3
      \advance \tmpx by -1
      \advance \tmpy by 12
    \fi
    \multiply \tmpy by 13
    \advance \tmpy by 8
    \divide \tmpy by 5
    \advance \tmpy by \tmpx
    \divide \tmpx by 4
    \advance \tmpy by \tmpx
    \divide \tmpx by 25
    \advance \tmpy by -\tmpx
    \divide \tmpx by 4
    \advance \tmpy by \tmpx
    \advance \tmpy by \day
    \tmpx=\tmpy
    \divide \tmpy by 7
    \multiply \tmpy by 7
    \advance \tmpx by -\tmpy
    \ifcase \tmpx 日\or 月\or 火\or 水\or 木\or 金\or 土\fi}}
```

　もともと \year には現在の年、\month には現在の月、\day には現在の日が入っています。\newcount で新しいカウンター（整数型の変数）\tmpx、\tmpy を作って、それに対して、代入（=）、比較（\ifnum）、足し算（\advance）、掛け算（\multiply）、割り算（\divide）をし、最後に \ifcase で \tmpx の値に応じて曜日を出力します。

▶ 倍角ダッシュ

半角のマイナスを "--" のように二つ連続して入力すると – のような欧文の
エヌダッシュができます。また、"---" のように三つ連続して入力すると — の
ような欧文のエムダッシュになります。和文の──のような倍角ダッシュ（2 倍
ダーシ）は「―」（U+2015 HORIZONTAL BAR）を二つ並べてもできますが、
フォントによっては隙間ができます。次のようにすれば隙間ができません[7]。

※7　(u)pLATEX 以外の日本語
ドキュメントクラスでは zw は
\zw と書く必要があります。

```
\def\――{―\kern-.5zw―\kern-.5zw―}
```

これで 海 \――山 とすると「海──山」となります。

> **参考** 厳密にいうと、― のような記号は 1 文字のマクロ \― しか作ることができませ
> ん。したがって、この \―― は \― までがマクロです。その次の ― は、マクロ
> \― には必ず ― が伴うという意味です。上のようなマクロ定義をして \― を使
> おうとすると、
>
> 　　! Use of \― doesn't match its definition.
>
> というエラーメッセージが出ます。なお、このような後続文字を伴うマクロは
> \newcommand ではなく \def で作ります。

▶ 用語

教科書などで、例えばこれこれこういう概念を内積と呼ぶ、というように、新
しく出た用語を目立たせるためにフォントを変えることがあります。そのような
ときに、\textsf{内積} としたり \textbf{内積} としたりすると、統一がと
れなくなり、LATEX の論理デザインの考え方からも外れます。

こんなときは、\term というマクロを定義しましょう。

```
\newcommand{\term}[1]{{\sffamily #1}}
```

これで \term{内積} と書けば内積と表示されます。後でもっと目立つフォント
にしたくなれば

```
\newcommand{\term}[1]{{\sffamily\bfseries #1}}
```

のように書き換えます。

このような用語を索引に出力するために、\index{内積} という命令が自動的
に入るようにすると便利です（第 10 章）。

```
\newcommand{\term}[1]{{\sffamily\bfseries #1}\index{#1}}
```

しかしこれでは読み方が入らないので索引を五十音順に並べるのが面倒です。そ
んなときには、オプション引数をとるマクロにすればいいのですが、オプション

がある場合とない場合を区別するのに工夫が必要です。いろいろな工夫が考えられますが、例えば

```
\newcommand*{\term}[2][]{%
  {\sffamily\bfseries #2}%
  \ifx\relax#1\relax\index{#2}\else\index{#1@#2}\fi}
```

とすれば、\term[ないせき]{内積} のようにオプションで読み方を入れられます。読み方が不要な場合は \term{ターム} または \term[]{ターム} のようにオプションなしで使います。

> 参考　上で使った \relax は「何もしない命令」で、\ifx は次の二つを比較する命令です。最初の引数 #1 が空であれば \ifx の条件が成立し、そうでなければ成立しません。

▶ 内積

LaTeX の作者 Lamport が論理デザインの例として挙げているものです。A と B の内積は例えば (A, B) で表しますが、

```
\newcommand{\ip}[2]{(#1,#2)}
```

と定義しておけば $\ip{A}{B}$ と書くことができます。これだけではタイピングの節約になりませんが、後で内積を $\langle A|B \rangle$ という記号で表すことに変更した場合、本文はそのままで、マクロの定義を

```
\newcommand{\ip}[2]{\langle #1 | #2\rangle}
```

に変えるだけで済みます。

4.9　（どこまで）マクロを使うべきか

　プログラミングが好きな人は、自分でいろいろなマクロを作ったり、既存のマクロを改良したりするのが楽しくなります（そのための情報源については付録 F をご覧ください）。

　しかし、本や論文は著者一人で作るものではなく、少なくとも編集者との共同作業です。特に論文やシリーズ本については、論文誌やシリーズ全体で体裁の統一がとれなければなりません。マクロを駆使して見栄えを「改良」した原稿が入稿されると、編集者はたいへん苦労することになります。

　最近では、LaTeX で書いた原稿でも、別形式に変換してデータベース化し、そ

こから PDF や HTML を自動生成する論文誌が増えました。書籍でも EPUB に変換して電子書籍にすることが増えました。そうした変換の支障になるのが「自前のマクロ」です。

マクロを使うときは、編集者や共著者との意思疎通が必要です。

4.10　新しいL3マクロ

LaTeX 2_ε の次のバージョンの LaTeX3 が開発されていたのですが、ユーザーに大きな影響を与える変更はしない、ということで落ち着いたようです。その代わりに、LaTeX3 プロジェクトで expl3 という名前で開発されていた実験的な "L3" プログラミング層が、2020 年 2 月 2 日（20200202！）に LaTeX 本体に取り込まれ、\ExplSyntaxOn というコマンドで L3 シンタックスになり、\ExplSyntaxOff で元に戻るという方式になりました。また、xparse という名前で開発されていた \NewDocumentCommand などの新しいマクロ定義コマンドも本体に取り込まれました。つまり、LaTeX3 プロジェクトの成果は、直接ユーザーに影響を与える形ではなく、LaTeX 開発者たちの新しいツールとして生かされたというわけです。

現在の LaTeX 本体（latex.ltx）を見ると、従来の書き方と新しい書き方とが混在していることがわかります。jlreq ドキュメントクラスなどはほぼ全体が新しい書き方になっています。

LaTeX で本や論文を書く一般ユーザーが新しい書き方を覚える必要はありませんが、LaTeX 開発者の方は、マニュアル（ texdoc interface3）などを参考にして、ぜひ挑戦してください。

参考までに、新しい書き方で FizzBuzz[8] を書いておきます：

※8　1〜100の整数について、3 の倍数なら Fizz、5 の倍数なら Buzz、両方の倍数なら FizzBuzz、それ以外なら数そのものを書く問題です。

```
\ExplSyntaxOn
\int_step_inline:nn { 100 } {
  \int_compare:nNnTF { \int_mod:nn { #1 } { 15 } } = { 0 } {
    FizzBuzz \par
  }{
    \int_compare:nNnTF { \int_mod:nn { #1 } { 3 } } = { 0 } {
      Fizz \par
    }{
      \int_compare:nNnTF { \int_mod:nn { #1 } { 5 } } = { 0 } {
        Buzz \par
      }{
        #1 \par
      }
    }
  }
}
\ExplSyntaxOff
```

第5章
数式の基本

LaTeX の数式記法は、今や Microsoft や Apple のオフィスソフトや、Web ページ（MathJax や KaTeX）、Markdown 文書など、あらゆるところで使われています。

この章では、LaTeX の標準機能による数式の書き方を説明し、次の章では、amsmath パッケージによる高度な数式の書き方を説明します。

5.1　数式の基本

例えば

> アインシュタインは $E = mc^2$ と言った。

と出力するには、LaTeX では[1]

```
\documentclass{jlreq}
\begin{document}

アインシュタインは $E=mc^2$ と言った。

\end{document}
```

と書きます。この $ （ドル記号）でサンドイッチされた部分が数式です[2]。

E や m や c のようなアルファベットが、数式中では E や m や c のような数式用フォント（イタリック体）で出力されます。また、^ （山印）に続く文字が「上付き文字」（superscript）になります。^ （山印）は通常の JIS キーボードでは「へ」のキーで入力できます。

数式にはもう一種類あります。

> アインシュタインは
> $$E = mc^2$$
> と言った。

※1　ドキュメントクラスは jlreq に限らずお好きなものをお使いください。

※2　$...$ の代わりに \(...\) も使えます。

のような別行立ての数式、あるいは別行数式（displayed formula、display math）と呼ばれるものです。これは

```
\documentclass{jlreq}
\begin{document}

アインシュタインは
\[ E=mc^2 \]
と言った。

\end{document}
```

のように、\[... \]でサンドイッチします[3]。

※3 LaTeX以前のTeXでは別行数式を$$...$$でサンドイッチしました。今のLaTeXでも（推奨されていませんが）この記法も使えます。また、MathJaxなどではデフォルトでこの記法が使われています。

別行立ての数式に対して、最初の例のような本文内の数式を「インライン数式」（inline math）と呼ぶことがあります。

これだけわかっていれば、あとはいろいろな記号の書き方を覚えるだけです。

5.2　数式用のフォント

デフォルトの本文欧文フォントは、レガシー LaTeX では Computer Modern、モダン LaTeX では Latin Modern です。しかし、デフォルトの数式フォントはどちらも Computer Modern です。lmodern パッケージを読み込めば、どちらも Latin Modern になります。jlreq ドキュメントクラスは内部で lmodern を読み込みますが、それ以外のドキュメントクラスでも、できれば

```
\usepackage{lmodern}
```

として Latin Modern にしておきましょう。

モダン LaTeX なら、unicode-math パッケージを

```
\usepackage{unicode-math}
```

として読み込めば、数式関係がさらに強力になります。これだけで数式も Latin Modern になるので、lmodern の読み込みは不要です。さらに強力にしたいなら、fontsetup パッケージを

```
\usepackage[olddefault]{fontsetup}        ← あるいは [default]
```

として読み込めば、Latin Modern より強力な New Computer Modern が本文にも数式にも使われます（236ページ）。この中で unicode-math も読み込まれますので、これ1行で大丈夫です。

いろいろな数式用フォントの使い方と出力例は第12章をご覧ください。

5.3 数式の書き方の詳細

数式モードでは、次の例のように、半角空白を入れても出力は変わりません[※4]。

$a + (- b) = a - b$ → $a + (-b) = a - b$
$a+(-b)=a-b$ → $a + (-b) = a - b$

$\$ \ldots \$$ で出力される数式用イタリック体は本文用イタリック体とは微妙に異なることがあります。特に文字間の間隔が違います。本文のイタリック体の代わりに数式モードを使うと次のようにおかしなことになります。

(正) `\textit{difference}` → *difference*
(正) `$\mathit{difference}$` → $\mathit{difference}$
(誤) `$difference$` → $difference$

本文中の数式と本文との間に半角空白を入れるかどうかは、好みの問題です。ただし、約物（句読点や括弧類）との間には空白を入れません。以下では半角空白をわかりやすいように ␣ で表しています。

方程式`$f(x)=0$`の解 → 方程式 $f(x) = 0$ の解
方程式␣`$f(x)=0$`␣の解 → 方程式 $f(x) = 0$ の解
「`$f(x)=0$`、`$g(x)=0$`」の解 → 「$f(x) = 0$、$g(x) = 0$」の解

> **参考** 半角空白を入れなくても、本文と数式との間には `\xkanjiskip` というグルー（伸縮可能なスペース）が入ります。このグルーの量は設定によりますが、通常は全角の 1/4 程度です（四分アキ）。一方、半角空白のスペースは欧文フォントによりますが、全角の 1/3 前後が一般的です。

次のような例では、コンマの使い分けは微妙です。

(全角本文) 解は␣`$x=1$`，`$2$`である． → 解は $x = 1$, 2 である．
(半角本文) 解は␣`$x=1$`，`$2$`である． → 解は $x = 1$, 2 である．
(半角数式) 解は␣`$x=1,2$`␣である． → 解は $x = 1,2$ である．

列挙のためのコンマは本文に属すると考えれば、本文と同じ全角コンマが自然です[※5]。しかし、句読点は直前の文字と同じ書体のものを使うというルールもあり（このルール自体が問題ですが）、それに従えば 2 番目の書き方になります。3 番目の書き方は "$x = 1,2$" のような列挙全体が一つの数式であるという立場です。

> **参考** 数式と本文で異なるフォントを使う場合は、`$x=1$`，2 と書くと、1 と 2 の書体が違ってしまいます。どのようなフォントを使うことになるかわからない場合は、なるべく `$x=1$`，2 のような書き方は避けるのが安全です。

> **参考** `$x=1$`，`$2$` や `$x=1$`，`$2$` と書くと、コンマの直後で行が改まることがあり、読みにくくなります。このようなときは、
>
> 解は `$x=1$,\nobreak $2$` である （全角コンマの場合）
> 解は `$x=1$,~$2$` である （半角コンマの場合）

※4 半角空白の入れ方にかかわらず、プラスやマイナスの記号が単項演算子、2 項演算子のどちらで使われているかを LaTeX が判断して出力スペース量が決まります。

※5 全角コンマの後の空白を取るにはコンマの直後に `\<` と書き込みます（289 ページ）。

のようにすると、コンマのあとで行が改まりません。\nobreak は行分割をさせ
ない命令です。波線 ~ は行分割しない半角空白です。

座標や集合の要素を区切るときには、数式中のコンマを使います。

```
$(x, y)$          →  (x, y)
$\{ 0, 1 \}$      →  {0, 1}
```

数式中では、 (x,y) のように詰めて書いても、コンマの後ろに少しア
キが入ります。同じ理由で、大きい数値の 3 桁ごとにコンマを入れようとし
て $1,234$ と書くと 1,234 のようにコンマの後ろに余計なアキが入ります。
$1{,}234$ とすれば 1,234 のようにアキが入りません。もっとも、数式中の数
値にコンマは不要かもしれません[6]。

$a+b=c$ のような数式中でも、＋ や ＝ などの記号の直後で改行が起こり得ま
す。改行したくない場合は ${a+b=c}$ のように波括弧でグループ化します。

※6　コンマを小数点とする国
もヨーロッパには多いので、3
桁ごとに区切るには、狭いス
ペース \, を使って 1\,234 と
書くという手もあります（1 234
のように表示されます）。

5.4　上付き文字、下付き文字

累乗（一般に上付き文字）x^2 は x^2 と書きます。

けれども、x^{10} と出力するつもりで x^10 と書くと $x^1 0$ となってしまいま
す。ここは x^{10} と書かなければなりません。このグループ化の { } は忘
れやすいので、たとえ指数が 1 文字でも x^{2} と書く癖をつけるのもよいで
しょう。

また、a_n のような添字（一般に下付き文字）を付けるには a_n のように書き
ます。これも添字が 2 文字以上なら a_{ij} のように { } が必要です。

いくつかの複雑な例を挙げておきます[7]：

※7　\mathrm は数式用文字
をイタリック体でなく立体にす
る命令です。\hphantom は幅
だけを確保して何も出力しな
い命令です。

```
$2^{2^{2^2}}$                        →  2^{2^{2^2}}
$a^{k_{ij}}$                         →  a^{k_{ij}}
$\mathrm{^{137m}Ba}$                 →  ^{137m}Ba
$^{137}_{\hphantom{0}55}\mathrm{Cs}$ →  ^{137}_{55}Cs
$R^{\rho}{}_{\sigma\mu\nu}$          →  R^ρ_{σμν}
$R^{\rho}_{\hphantom{\rho}\sigma\mu\nu}$ →  R^ρ_{σμν}
```

参考　mathtools パッケージを使えば $\prescript{137}{55}{\mathrm{Cs}}$ で
$^{137}_{55}$Cs が出力できます。mathtools については第 6 章でも説明します。

参考　tensor パッケージを使えば $\tensor{R}{^{\rho}_{\sigma\mu\nu}}$ また
は $R\indices{^{\rho}_{\sigma\mu\nu}}$ で $R^\rho_{\sigma\mu\nu}$ が出力できます。同様
に $\tensor*[^{137}_{55}]{\mathrm{Cs}}{}$ で $^{137}_{55}$Cs が出力できます。

参考　\mathrm は立体（upright）にする命令ですが、必ずしもローマン体とは限らな
いので、あまり良い名前の付け方ではありません。unicode-math では \mathup
という名前も用意されています（93 ページ）。

5.5 別行立ての数式

すでに説明したように、\[... \] で囲めば別行立ての数式になります。

無指定では、別行立ての数式は行の中央に置かれます。左端から一定の距離に置くには、ドキュメントクラスのオプションに fleqn を指定します。つまり、文書ファイルの最初の行を

```
\documentclass[fleqn]{...}
```

のようにします。左端からの距離を全角 2 文字分（2zw）にするには、さらに

```
\setlength{\mathindent}{2zw}        ← LuaLATEX なら 2\zw
```

のように指定します（LuaLATEX の日本語対応ドキュメントクラスでは 2\zw と書きます）。

数式番号を付けるには、\[\] の代わりに equation 環境を使って

```
別行立ての数式とは、
\begin{equation}
  y = ax^2 + bx + c
\end{equation}
のようなものである。
```

のように書きます。右端に数式番号が

$$y = ax^2 + bx + c \tag{1}$$

のように自動的に出力されます。章に分かれた本（jsbook や、book オプションを付けた jlreq ドキュメントクラス）の場合は、第 5 章の最初の数式なら

$$y = ax^2 + bx + c \tag{5.1}$$

のようになります。

数式番号は標準では右側に付きます。左側に付けたいなら

```
\documentclass[leqno]{...}
```

のように、ドキュメントクラスのオプションに leqno を指定します。

5.6　和・積分

和の記号 $\sum$ を出力する命令は \sum です。

$$\sum_{k=1}^{n} a_k = a_1 + a_2 + a_3 + \cdots + a_n$$

と出力するには

```
\[ \sum_{k=1}^n a_k = a_1 + a_2 + a_3 + \cdots + a_n \]
```

と書きます。この `_{k=1}` や `^n` は上下の添字を付ける命令と同じですが、$\sum$ のような特殊な記号については、別行立ての数式として使ったときに限り、添字は記号の上下に付きます。上限・下限は片方だけでも、まったく付けないでもかまいません。

同じ \sum でも、本文中で

```
和 $\sum_{k=1}^n a_k$ を求めよ。
```

と書くと、

和 $\sum_{k=1}^{n} a_k$ を求めよ。

のように上下限の付き方が変わります。本文中で $\displaystyle\sum_{k=1}^{n} a_k$ のように別行立て数式のような和記号を使いたいときは、

```
$\displaystyle \sum_{k=1}^n a_k$
```

のように \displaystyle という命令を使います。逆に、別行立ての数式で本文中のような記号 $\sum_{k=1}^{n}$ にするには、

```
\[ \textstyle \sum_{k=1}^n a_k \]
```

のように \textstyle という命令を使います。

\displaystyle、\textstyle を使うと、和記号・積分記号・分数の大きさ、添字の位置などが変わります。大きさを変えないで添字の付き方だけを変えたいなら \limits、\nolimits を使います:

```
\[ \textstyle\sum_{k=1}^n \]          →   ∑
\[ \textstyle\sum\limits_{k=1}^n \]   →   ∑
\[ \sum\nolimits_{k=1}^n \]           →   ∑
```

積分記号 $\int$ は \int という命令で出力します。これも、和記号と同様に、下限・上限を `_` `^` で指定します。例えば \int_0^1 は、別行立て数式では $\int_0^1$、本文中

では $\int_0^1$ のようになります。$\int_{a_i}^{a_{i+1}}$ のような場合は `$\int_{a_i}^{a_{i+1}}$` のように { } によるグループ化が必要です。

> **参考** 数式を拡大・縮小するには `{\huge $\int f(x)dx$}` のように数式の外側で指定します。ただ、標準の数式フォントでは和記号や積分記号が拡大・縮小されず、バランスが悪くなります。この場合はプリアンブルに `\usepackage{exscale}` と書き込みます。モダン LaTeX なら `\usepackage{unicode-math}` で記号のサイズが自由に指定できるようになります。

> **参考** 積分記号が斜めになるのが嫌なら、例えば New Computer Modern なら `\usepackage[upint,default]{fontsetup}` などとします（236 ページ）。

5.7　分数

分数（fraction）を書く命令は `\frac{分子}{分母}` です。

例えば `\[ y=\frac{1+x}{1-x} \]` と書けば

$$y = \frac{1+x}{1-x}$$

と出力されます。本文中で `$y=\frac{1+x}{1-x}$` と書けば $y = \frac{1+x}{1-x}$ のように小さめの字になります。しかしこれは `$y=(1+x)/(1-x)$` と書いて $y = (1+x)/(1-x)$ のようにするほうが良いスタイルであるとされています。同様な理由で、分子・分母の中の分数、行列の中の分数も、小さめになります。どうしても $y = \frac{1+x}{1-x}$ のように大きい分数を本文中で使いたいときは、

```
$\displaystyle y=\frac{1+x}{1-x}$
```

のように書きます。逆に、別行立ての数式を本文中の数式の形式にするには `\textstyle` を使います。

なお、第 6 章で説明する `amsmath` パッケージには、大きい分数を出力する `\dfrac`、小さい分数を出力する `\tfrac` が定義されていますので、そちらを使うほうが便利です。

5.8　字間や高さの微調整

数式中の字間は多くの場合 LaTeX が正しく判断してくれます。例えば `$x-y$` と書いたときと `$-y$` と書いたときでは − と y の間隔は違うのが正しいのですが、LaTeX はちゃんとこれを判断してくれます。しかし、LaTeX の判断には限界があります。例えば `$f(x,y)dxdy$` と書くと $f(x,y)dxdy$ となってしまい、意味の上での区切りがわかりにくくなります。このようなとき $f(x,y)\,dx\,dy$ のよ

うに若干の空きを入れるには $f(x,y)\,dx\,dy$ のように \, を適宜挿入します。同様に、\sqrt{2}x より \sqrt{2}\,x と書くほうがよいかもしれません。

$\sqrt{2}x$ 　→　 $\sqrt{2}x$
$\sqrt{2}\,x$ 　→　 $\sqrt{2}\,x$

　数式中に強制的にスペースを入れる命令は \, 以外にもいろいろあります。まず \quad は、本文に 10 ポイントの文字を使っているなら 10 ポイントのアキを入れる命令です。本文に小さな文字を使っているならそれに応じて \quad の長さも変わります[※8]。\quad は数式中でも本文中でも使えます。

　この \quad のほかに、次の命令があります。

※8　日本の活版印刷屋さんが使っていた全角単位の込め物「クワタ」はこの quad が語源です。

\qquad	\quad の 2 倍
\,	\quad の $^3/_{18}$ ほど
\>	\quad の $^4/_{18}$ ほど（数式モードのみ）
\;	\quad の $^5/_{18}$ ほど（数式モードのみ）
\!	\quad の $-\,^3/_{18}$ ほど（数式モードのみ）

上で「ほど」と書いたのは、状況に応じて若干伸び縮みするからです。\> は足し算の + の両側の空き、\; は等号 = の両側の空きに相当します。この最後の \! は負の空き、つまり後戻りを意味します。これ以外に数式中で \␣ とすると、本文の半角スペース ␣ 相当の空きが入ります（\quad の $^1/_3 \sim ^1/_4$）。

　\, などの空白は、$i\,j$ のように使ったときと $a_{i\,j}$ のように添字の中で使ったときとで、長さが変わります。

　2 重積分 $\iint$ は、単純に \int\int と書くと $\int\int$ のように積分記号の間隔が広くなりすぎます。\! を 2〜3 個はさめばうまくいきます。ただし、これらは第 6 章で説明する amsmath パッケージで定義されている \iint という命令を使うほうが簡単です。3 重積分 \iiint なども同様です。newtxmath、newpxmath パッケージでも \iint、\iiint などが定義されています。

　文字の高さも微調整するとよい場合があります。例えば

$\sqrt{g} + \sqrt{h}$

と書くと $\sqrt{g} + \sqrt{h}$ のように根号（ルート）の高さが不揃いになりますので、\mathstrut という命令を使って

$\sqrt{\mathstrut g} + \sqrt{\mathstrut h}$

とすると $\sqrt{\mathstrut g} + \sqrt{\mathstrut h}$ のように多少ましになりますが、フォントによってはこれでも不揃いになります。106 ページでさらに凝った方法を説明します。

> **参考**　\mathstrut は数式用の支柱（strut）で、上下サイズが数式中の括弧 “(” と同じ（10 pt の Computer Modern フォントではベースラインから上 7.5 pt、下 2.5 pt）で幅がゼロの、見えない文字です。

> 参考 もう少し高い支柱として \strut があります。\strut は上下幅が行送り
> （\baselineskip）に等しい支柱で、ベースラインから上が 70 ％、下が 30 ％の割
> 合になっています。

> 参考 別の考え方として、*gh* と同じ高さ・深さを持ち、幅がゼロの垂直な支柱 \vphantom
> {gh} を挿入して
>
> `$\sqrt{\vphantom{gh}g} + \sqrt{\vphantom{gh}h}$`
>
> とする方法があります。同様な命令として、*x* と同じ幅を持ち、高さ・深さがゼロ
> の水平な支柱 \hphantom{x}、*x* と同じ幅・高さ・深さを持つ空白
> があります。

5.9 式の参照

LaTeX は数式に自動的に番号をつけてくれますが、書き手は数式を番号でなく
適当な名前で管理するほうが便利です。例えば

$$E = mc^2 \tag{12}$$

という数式があったとします。この数式の番号は (12) ですが、追加・削除した
り順番を変えたりすると番号は変わってしまいます。そこで、この数式に例えば
eq:Einstein という名前をつけて、この名前で管理すると便利です。それには
\label という命令を使って、

```
\begin{equation}
  E = mc^2 \label{eq:Einstein}
\end{equation}
```

と書いておきます。この数式番号を参照したいときには、命令 \ref を使いま
す。また、数式のページを参照したいときには、命令 \pageref を使います。
例えば

```
\pageref{eq:Einstein} ページの式 (\ref{eq:Einstein}) によれば...
```

とすれば "81 ページの式 (12) によれば …" のように出力されます。参照する側
とされる側のどちらが先にあってもかまいません。

ただし、このような参照機能を用いる際には、文書ファイルを LaTeX で少な
くとも 2 回処理することが必要です。例えば foo.tex というファイルなら、
LaTeX は 1 回目の実行で補助ファイル foo.aux に参照表を書き出し、2 回目の
実行で foo.aux から参照番号を拾い出します。なお、1 回目の処理の際には

```
LaTeX Warning: Label(s) may have changed. Rerun to get
cross-references right.
```

という警告が表示されます。1回の処理だけでは参照番号の代わりに **??** という太字の疑問符が出力されます。詳細は 10.1 節もご覧ください。

5.10　括弧類

括弧類（区切り記号、delimiters）には次のような種類があります。
まず、左右の区別があるものです。

入力	出力	入力	出力	入力	出力
(x)	(x)	\{ x \}	$\{x\}$	\lceil x \rceil	$\lceil x \rceil$
[x]	$[x]$	\lfloor x \rfloor	$\lfloor x \rfloor$	\langle x \rangle	$\langle x\rangle$

次は左右の区別のないものです。

入力	出力	入力	出力	入力	出力
/	$/$	\uparrow	$\uparrow$	\updownarrow	$\updownarrow$
\backslash	$\backslash$	\Uparrow	$\Uparrow$	\Updownarrow	$\Updownarrow$
|	$\|$	\downarrow	$\downarrow$		
\\|	$\\|$	\Downarrow	$\Downarrow$		

　これらを少し大きくするには、前に \big を付けます。ただし、左括弧の類は \bigl、右括弧の類は \bigr とするほうがバランスがよくなります。また、2項関係を表す記号を大きくするには \bigm を付けます。

```
$\bigl| |x| + |y| \bigr|$                          ||x| + |y||
$\bigl\lfloor \sqrt{X} \bigr\rfloor$               ⌊√X⌋
$\bigl\{ a_k \bigm| k \in \{1,2,3\} \bigr\}$
                                        {a_k | k ∈ {1,2,3}}
$\bigl( x - f(x) \bigr)
        \big/ \bigl( x + f(x) \bigr)$
                                        (x − f(x))/(x + f(x))
```

　\big より大きくするには \Big、\bigg、\Bigg をつけます。\Bigl、\biggl、\Biggl、\Bigr、\biggr、\Biggr、\Bigm、\biggm、\Biggm も同様です。

```
$( \bigl( \Bigl( \biggl( \Bigg($        (((((
```

　次のように \left、\right を使えば、区切り記号の大きさが自動的に選ばれます。

```
$\left( x \right)$                      (x)
$\left( x^2 \right)$                    (x²)
\[ \left( \frac{A}{B} \right) \]        (A/B)
```

\left と \right は必ずペアで使います。片方だけ括弧を付けたいときは、

$\left(x^2 \right.$　　　　　　　$\left(x^2 \right.$

のように、もう片方はピリオド（.）にします。この場合のピリオドは出力されません。

途中の記号を外側に合わせて拡大するには \middle を使います[9]。

\[\left(\frac{A}{B} \middle/ \frac{C}{D} \right) \]　　　$\left(\frac{A}{B} \middle/ \frac{C}{D} \right)$

※9　非常に古いシステム（ε-TEX拡張されていないもの）では使えません。

5.11　ギリシャ文字

数式モードで使うギリシャ文字です。

小文字は英語名の前に \ を付けるだけです。ただし o（omicron）だけは英語のオーとそっくりですから特に用意されていません[10]。

※10　モダン LaTeX で使う unicode-math なら、本物のUnicodeの o（\omicron）が使えます。

入力	出力	入力	出力	入力	出力	入力	出力
\alpha	α	\eta	η	\nu	ν	\tau	τ
\beta	β	\theta	θ	\xi	ξ	\upsilon	υ
\gamma	γ	\iota	ι	o	o	\phi	ϕ
\delta	δ	\kappa	κ	\pi	π	\chi	χ
\epsilon	ϵ	\lambda	λ	\rho	ρ	\psi	ψ
\zeta	ζ	\mu	μ	\sigma	σ	\omega	ω

一部のギリシャ文字（小文字）には変体文字が用意されています。

入力	出力	入力	出力	入力	出力
\varepsilon	ε	\varpi	ϖ	\varsigma	ς
\vartheta	ϑ	\varrho	ϱ	\varphi	φ

大文字は、次の 11 通り以外は英語のアルファベットの大文字とそっくりですので用意されていません[11]。

※11　これも unicode-math なら本物の Unicode の A（\Alpha）、B（\Beta）などが使えます。立体・イタリック体の切り替えも簡単にできます。

入力	出力	入力	出力	入力	出力	入力	出力
\Gamma	Γ	\Lambda	Λ	\Sigma	Σ	\Psi	Ψ
\Delta	Δ	\Xi	Ξ	\Upsilon	Υ	\Omega	Ω
\Theta	Θ	\Pi	Π	\Phi	Φ		

数式中のギリシャ文字は、習慣に従って、小文字だけ斜体になります。大文字も斜体にしたいときは、第 6 章の amsmath パッケージを使って、例えば

\varDelta と書けば $\varDelta$ が出ます。

モダン LaTeX なら

```
\usepackage[math-style=ISO,bold-style=ISO]{unicode-math}
```

でギリシャ文字は小文字も大文字もイタリック体になります。また、オプションにかかわらず、\symup、\symit で立体・イタリック体が切り替えられます。詳細は 93 ページをご覧ください。

> 参考 レガシー LaTeX では、別の方法として、$\varDelta$ は \mathnormal{\Delta} または \mathit{\Delta} でも出せます。

> 参考 逆に、小文字を立体にしたいときは、一部の文字についてはマクロが定義されています（383 ページ。例：\textmu で μ）。もっと広範囲に立体を使いたいなら \usepackage{upgreek} として \up... という命令を使います。例えば μ の立体は $\upmu$（μ）です。

> 参考 SI 単位系で 10^{-6} を意味する μ を使うには、古くは SIunits パッケージ、新しいものでは siunitx パッケージがあります[※12]。後者で単独の μ を出すには $\si{\micro}$ と書きます。

> 参考 本格的にギリシャ語を書くなら babel パッケージ（202 ページ）を使うか、あるいは XeLaTeX か LuaLaTeX を使います（第 12 章参照）。

※12 (u)pLaTeX の場合は plautopatch を併用してください（60ページ）。

5.12 筆記体

大文字の筆記体は数式モードで \mathcal という命令で書きます。標準では次のようなフォントになります。

```
$\mathcal{ABCDEFGHIJKLMNOPQRSTUVWXYZ}$
```
→ $\mathcal{ABCDEFGHIJKLMNOPQRSTUVWXYZ}$

もしプリアンブルに \usepackage{eucal} と書けば

$ABCDEFGHIJKLMNOPQRSTUVWXYZ$

のようになります[※13]。

※13 eucal を読み込めば、元の \mathcal の定義は \CMcal という命令で保存されます。また、unicode-math では \symcal、\symscr が使えます。

> 参考 物理でハミルトニアンやラグランジアンを $\mathscr{H}$ や $\mathscr{L}$ のようにかっこよく書くには、\usepackage{mathrsfs} とプリアンブルに書いておき、$\mathscr{H}$ とします。このフォントは RSFS（Ralph Smith's Formal Script）といいます。
>
> $\mathscr{ABCDEFGHIJKLMNOPQRSTUVWXYZ}$

> 参考 RSFS がちょっと大胆すぎると感じられるなら、\usepackage{rsfso} として $\mathcal{H}$ すれば $\mathscr{H}$ のように少しおとなしくなります。
>
> $ABCDEFGHIJKLMNOPQRSTUVWXYZ$

> 参考　仮にこれら 4 通りを混在させたければ、それぞれ
>
> ```
> {\usefont{OMS}{cmsy}{m}{n} H}    →    H
> {\usefont{U}{eus}{m}{n} H}       →    H
> {\usefont{U}{rsfs}{m}{n} H}      →    H
> {\usefont{U}{rsfso}{m}{n} H}     →    H
> ```
>
> のようにして使い分けられます。

5.13　2項演算子

　足し算、引き算の記号の仲間です。おのおの単独で用いたり、$\pm a$（`$\pm a$`）のように単項演算子として用いたりすることもできます。

入力	出力	入力	出力	入力	出力	入力	出力
+	$+$	\circ	$\circ$	\vee	$\vee$	\oplus	$\oplus$
-	$-$	\bullet	$\bullet$	\wedge	$\wedge$	\ominus	$\ominus$
\pm	$\pm$	\cdot	$\cdot$	\setminus	$\setminus$	\otimes	$\otimes$
\mp	$\mp$	\cap	$\cap$	\wr	$\wr$	\oslash	$\oslash$
\times	$\times$	\cup	$\cup$	\diamond	$\diamond$	\odot	$\odot$
\div	$\div$	\uplus	$\uplus$	\bigtriangleup	$\bigtriangleup$	\bigcirc	$\bigcirc$
\star	$*$	\sqcap	$\sqcap$	\bigtriangledown	$\bigtriangledown$	\dagger	$\dagger$
\ast	$*$	\sqcup	$\sqcup$	\triangleleft	$\triangleleft$	\ddagger	$\ddagger$
\star	$\star$			\triangleright	$\triangleright$	\amalg	$\amalg$

> 参考　これ以外の 2 項演算子を作るには \mathbin という命令を使います。例えば a \mathbin{\%} b とすれば $a \% b$ となります。単に `$a \% b$` とすれば $a\%b$ のように詰まってしまいます。

> 参考　よく II（\amalg）を独立の記号 ⫫ の代わりに使っているのを見ます。モダン LaTeX なら New Computer Modern（236 ページ）のような網羅的な数学記号を備えたフォントで ⫫（U+2AEB）と直接書き込むことができます。レガシー LaTeX なら cmll パッケージ（または newtxmath か newpxmath）で \Perp で出ます。あるいは手抜きですが \perp\!\!\!\!\perp のようにして作れます。

5.14　関係演算子

　等号 $=$、不等号 $<$、$>$ の仲間です。

　まず、左向きと右向きのあるものです。

入力	出力	入力	出力	入力	出力	入力	出力
<	<	>	>	\subset	⊂	\supset	⊃
\le、\leq	≤	\ge、\geq	≥	\subseteq	⊆	\supseteq	⊇
\prec	≺	\succ	≻	\sqsubseteq	⊑	\sqsupseteq	⊒
\preceq	⪯	\succeq	⪰	\vdash	⊢	\dashv	⊣
\ll	≪	\gg	≫	\in	∈	\ni	∋
				\notin	∉		

参考　等号付き不等号は海外では ≤、≥ を使うところが多いので、LaTeX の \le、\ge もそうなっています。後述の AMSFonts を使えば ≦ ($\leqq$)、≧ ($\geqq$) が出力できますが、やや < と = の間が空いてしまい、日本人好みでないかもしれません。≧、≦ のように出力する命令 \GEQQ、\LEQQ は次のようにして作れます（okumacro パッケージに含まれています）。

```
\newcommand{\LEQQ}{\mathrel{\mathpalette\gl@align<}}
\newcommand{\GEQQ}{\mathrel{\mathpalette\gl@align>}}
\newcommand{\gl@align}[2]{%
    \lower.6ex\vbox{\baselineskip\z@skip\lineskip\z@
        \ialign{$\m@th#1\hfil##\hfil$\crcr#2\crcr=\crcr}}}
```

どうしても「全角文字」のデザインが良い場合は、日本語用の LaTeX で

```
\newcommand{\LEQQ}{\mathrel{≦}}
```

とする手もあります。いずれにしても、論文誌に LaTeX 原稿（LaTeX ソース）で投稿する際には、ちょっとした見栄えの改良のために自前のマクロを使うと、論文誌全体で見栄えの統一がとれなくなるばかりか、LaTeX から別システムに変換している場合にエラーになりかねません。

参考　モダン LaTeX で unicode-math パッケージを使えば、数式中の「≦」（U+2266）は全角文字ではなく \leqq と同じ意味になります。

次は左向きと右向きのないものです。

入力	出力	入力	出力	入力	出力	入力	出力
=	=	\sim	∼	\propto	∝	\parallel	∥
\equiv	≡	\simeq	≃	\models	⊨	\bowtie	⋈
\neq	≠	\asymp	≍	\perp	⊥	\smile	⌣
\doteq	≐	\approx	≈	\mid			\frown	⌢
		\cong	≅	:	:		

≑ などの記号は AMSFonts（第 6 章）を使います。

斜線を重ねるには \not を冠します。

入力	出力
$x \not\equiv y$	$x \not\equiv y$

$\not{D}$ のように文字の上に斜線を引くには \not ではうまくいきません。

```
\newcommand{\Slash}[1]{{\ooalign{\hfil/\hfil\crcr$#1$}}}
```

というマクロ定義をしておけば $\Slash{D}$ で $\not{D}$ になります。また、slashed パッケージを \usepackage して \slashed{D} としても同様になります。\iff のような長い関係演算子は centernot パッケージで \centernot \iff とします。

参考　自分で関係演算子を作るには、先の $\geqq$、$\leqq$ の例のように、\mathrel{記号} とします。関係演算子の前後には \; と同じ幅の空白が入ります。

$\{ x \mid x \leq 1 \}$ 　　　　$\to$　$\{x \mid x \leq 1\}$
$\{ x \mathrel{|} x \leq 1 \}$ 　$\to$　$\{x \mid x \leq 1\}$

これを $\{ x | x \leq 1 \}$ とすると $\{x|x \leq 1\}$ のようにバランスが悪くなります。同様に、条件付き確率 $p(x \mid \theta)$ も \mid を使うべきですが、簡単な場合は $p(x|\theta)$ と書いてスペースを節約することも広く行われています。

参考　類似の例に KL ダイバージェンスがあります。$D_{\mathrm{KL}}(P || Q)$ では $D_{\mathrm{KL}}(P||Q)$ のように詰まってしまいます。\mid\mid で $D_{\mathrm{KL}}(P \mid\mid Q)$、\parallel で $D_{\mathrm{KL}}(P \parallel Q)$、\mathrel{\|} で $D_{\mathrm{KL}}(P \| Q)$ となります。

参考　$a \neq b$ ではなく $a \mathrel{\reflectbox{$\neq$}} b$ のようにするには、

$a \mathrel{\reflectbox{$\neq$}} b$

とするのが一つの手です（要 graphicx パッケージ）。

参考　\mid を少し大きくしたい場合は \bigm\mid ではなく \bigm| とします。両側のスペースも入ります。

参考　残念ながら \mid などは括弧に合わせて大きくなりません：

```
\[ \left\{ x \mid x \leq \frac{1}{2} \right\} \]
```
$\to$　$\left\{x \mid x \leq \frac{1}{2}\right\}$

一方で、\middle| とすれば括弧に合わせて大きくなりますが、両側に \; と同じ幅の空白が入りません。これを解決する方法の一つは、

```
\newcommand{\relmiddle}[1]{\mathrel{}\middle#1\mathrel{}}
```

と定義しておき、

```
\[ \left\{ x \relmiddle| x \leq \frac{1}{2} \right\} \]
```
$\to$　$\left\{x \relmiddle| x \leq \frac{1}{2}\right\}$

とします。

参考　コロン : も数式の中では関係演算子扱いになり、両側に \; 相当の空白が入ります。このような空白を取るには {:} のように波括弧で囲みます。次のような場合に適切な空白を入れる \colon というコマンドもあります。

$f : A \to B$ 　　　$\to$　$f : A \to B$
$f{:}\ A \to B$ 　$\to$　$f\colon A \to B$
$f\colon A \to B$ 　$\to$　$f\colon A \to B$

5.15　矢印

矢印は、括弧類（82ページ）で挙げたもの以外に、次のものがあります。

入力	出力	入力	出力
\leftarrow (\gets)	←	\longleftarrow	⟵
\Leftarrow	⇐	\Longleftarrow	⟸
\rightarrow (\to)	→	\longrightarrow	⟶
\Rightarrow	⇒	\Longrightarrow	⟹
\leftrightarrow	↔	\longleftrightarrow	⟷
\Leftrightarrow	⇔	\Longleftrightarrow	⟺
\mapsto	↦	\longmapsto	⟼
\hookleftarrow	↩	\hookrightarrow	↪
\leftharpoonup	↼	\rightharpoonup	⇀
\leftharpoondown	↽	\rightharpoondown	⇁

なお、\iff も \Longleftrightarrow と同じ記号 ⟺ を出力しますが、両側のアキは \iff のほうが広くなります。

> **参考** 同じことが \Longrightarrow と amsmath パッケージの \implies、\Longleftarrow と amsmath パッケージの \impliedby についても言えます。

入力	出力	入力	出力	入力	出力
\nearrow	↗	\swarrow	↙	\rightleftharpoons	⇌
\searrow	↘	\nwarrow	↖		

5.16　雑記号

空集合の記号 ∅（\emptyset）はギリシャ文字 φ（\phi）で代用することがありますが、LaTeX の標準はゼロを串刺しにしたような記号です[※14]。

※14　次章で説明する amssymb では \varnothing（∅）が定義されています。

入力	出力	入力	出力	入力	出力
\aleph	ℵ	\prime	′	\neg (\lnot)	¬
\hbar	ℏ	\emptyset	∅	\flat	♭
\imath	ı	\nabla	∇	\natural	♮
\jmath	ȷ	\surd	√	\sharp	♯
\ell	ℓ	\top	⊤	\clubsuit	♣
\wp	℘	\bot	⊥	\diamondsuit	♢
\Re	ℜ	\angle	∠	\heartsuit	♡
\Im	ℑ	\triangle	△	\spadesuit	♠
\partial	∂	\forall	∀		
\infty	∞	\exists	∃		

5.17　mathcompで定義されている文字

旧 textcomp パッケージで定義されていた記号（383 ページ）を数式モードで出すための mathcomp パッケージによる記号です。デフォルトのフォントは Computer Modern Roman ですが、例えば \usepackage[ppl]{mathcomp} とすれば、Palatino（ppl）フォントになります。\tcdigitoldstyle はオールドスタイルの数字を出力する命令です。

入力	出力	入力	出力
\tcohm	Ω	\tcmu	μ
\tcdegree	°	\tccelsius	℃
\tcperthousand	‰	\tcpertenthousand	‱
\tcdigitoldstyle{0}	o	\tcdigitoldstyle{9}	9

参考　45° を昔は 45° と書いていましたが、今はテキストモードでは \textdegree、数式モードでは mathcomp の \tcdegree を使うべきです。なお、℃ は単位記号ですので、数字との間に若干のスペース \, を入れるのが正しいとされています。

```
45\textdegree      →  45°
$45\tcdegree$      →  45°
45\,\textcelsius   →  45℃
$45\,\tccelsius$   →  45℃
```

5.18　大きな記号

和・積分の類です。

入力	出力	入力	出力	入力	出力
\sum	∑	\bigcap	⋂	\bigodot	⊙
\prod	∏	\bigcup	⋃	\bigotimes	⊗
\coprod	∐	\bigsqcup	⊔	\bigoplus	⊕
\int	∫	\bigvee	⋁	\biguplus	⊎
\oint	∮	\bigwedge	⋀		

5.19　log型関数とmod

log のような関数はイタリック体ではなくアップライト体（立体）で書きます。$\log x$ と出力するつもりで `$log x$` と書くと $logx$ のような見苦しい出力になってしまいます。正しくは \log という命令を使って `$\log x$` と書きます。

この類の関数はまだまだあります。

入力	出力	入力	出力	入力	出力
\arccos	arccos	\dim	dim	\log	log
\arcsin	arcsin	\exp	exp	\max	max
\arctan	arctan	\gcd	gcd	\min	min
\arg	arg	\hom	hom	\Pr	Pr
\cos	cos	\inf	inf	\sec	sec
\cosh	cosh	\ker	ker	\sin	sin
\cot	cot	\lg	lg	\sinh	sinh
\coth	coth	\lim	lim	\sup	sup
\csc	csc	\liminf	lim inf	\tan	tan
\deg	deg	\limsup	lim sup	\tanh	tanh
\det	det	\ln	ln		

これらの演算子のうち上限・下限をとるものは ^ と _ で指定します。

入力	出力
`$\lim_{x \to \infty} f(x)$`	$\lim_{x \to \infty} f(x)$
`\[ \lim_{x \to \infty} f(x) \]`	$\displaystyle \lim_{x \to \infty} f(x)$

第 6 章（107 ページ）でこの類の追加と、これに類似の命令を新たに作る方法

を説明します。

log 型関数と似たものに次の 2 種類の mod があります。\bmod は 2 項 (binary) 演算子の mod です。\pmod は括弧付き (parenthesized) の mod です。

入力	出力
`$m \bmod n$`	$m \bmod n$
`$a \equiv b \pmod{n}$`	$a \equiv b \pmod{n}$

5.20 上下に付けるもの

数式モードだけで使えるアクセントです。

入力	出力	入力	出力	入力	出力
`\hat{a}`	$\hat{a}$	`\grave{a}`	$\grave{a}$	`\dot{a}`	$\dot{a}$
`\check{a}`	$\check{a}$	`\tilde{a}`	$\tilde{a}$	`\ddot{a}`	$\ddot{a}$
`\breve{a}`	$\breve{a}$	`\bar{a}`	$\bar{a}$	`\mathring{a}`	$\mathring{a}$
`\acute{a}`	$\acute{a}$	`\vec{a}`	$\vec{a}$		

i、j にアクセントを付けるときは、$\imath$ (\imath)、$\jmath$ (\jmath) を使って、例えば $\tilde{\imath}$ (`$\tilde{\imath}$`) のようにします。

次は、伸縮自在の上下の棒です。

入力	出力	入力	出力
`\overline{x+y}`	$\overline{x+y}$	`\overbrace{x+y}`	$\overbrace{x+y}$
`\underline{x+y}`	$\underline{x+y}$	`\underbrace{x+y}`	$\underbrace{x+y}$
`\widehat{xyz}`	$\widehat{xyz}$	`\overrightarrow{\mathrm{OA}}`	$\overrightarrow{\mathrm{OA}}$
`\widetilde{xyz}`	$\widetilde{xyz}$	`\overleftarrow{\mathrm{OA}}`	$\overleftarrow{\mathrm{OA}}$

以上のうち \widehat、\widetilde はある程度しか伸びません。

これらは重ねたり入れ子にしたりできます。

\overbrace、\underbrace は和記号と同じような添字の付き方をします。

入力	出力
`\overbrace{a + \cdots + z}^{26}`	$\overbrace{a + \cdots + z}^{26}$
`\underbrace{a + \cdots + z}_{26}`	$\underbrace{a + \cdots + z}_{26}$

記号の上に式を乗せるには \stackrel{上に乗る式}{記号} とします。できあがった記号は関係演算子として扱われます。

入力	出力	入力	出力
`\stackrel{f}{\to}`	$\stackrel{f}{\to}$	`\stackrel{\mathrm{def}}{=}`	$\stackrel{\mathrm{def}}{=}$

ここで `\mathrm` は書体を立体（ローマン体）に変える命令です（次節）。

5.21　数式の書体（一般の場合）

数式中でも次のように書体を変えられます。

入力	出力	入力	出力
`x + \mathrm{const}`	$x + \mathrm{const}$	`H(x)`	$H(x)$
`x\,\mathrm{cm}^2`	$x\,\mathrm{cm}^2$	`\mathrm{H}(x)`	$\mathrm{H}(x)$
`x_\mathrm{max}`	x_{max}	`\mathcal{H}(x)`	$\mathcal{H}(x)$
`\mathbf{x}`	$\mathbf{x}$	`\mathsf{H}(x)`	$\mathsf{H}(x)$
`\mathit{diff}(x)`	$\mathit{diff}(x)$	`\mathtt{H}(x)`	$\mathtt{H}(x)$

diff のような 1 語となったものは `$\mathit{diff}$` とします。もし単に `$diff(x)$` とすれば $diff(x)$ のような見苦しい出力になってしまいます（これは $d \times i \times f \times f(x)$ と解釈されるためです）。

数式モード中で通常の立体（ローマン体）の欧文を出すには、一般に `\mathrm` を使います。例えば `$\mathrm{Pr}(x)$` で $\mathrm{Pr}(x)$ となります[※15]。これは数式中にテキストを挿入するためのものではないので、`\mathrm{for all}` と書いてもスペースが入りません。`\mathrm{for\ all}` あるいは `\textrm{for all}` と書くという手もありますが、amsmath パッケージの `\text` がお薦めです（104 ページ）。これは数式中に日本語を書き込むときにも使えます。

※15　$\mathrm{Pr}(x)$ は `$\Pr(x)$` でも出せます。

> 参考　レガシーな LaTeX では数式フォントが 16 通りしか使えなかったので、しばしば "Too many math alphabets …" というエラーが出ました。対策として、和文フォントを数式用に登録しないオプション disablejfam が用意されました：
>
> ```
> \documentclass[disablejfam]{...}
> ```
>
> それでも焼け石に水で、本書旧版でも苦労しました。モダンな LaTeX なら数式フォントは 256 通りまで使えますので問題ありません（pLaTeX、upLaTeX も 256 に拡張されました）。なお、luatexja はオプション disablejfam を指定するとメモリが節約できます。いずれにしても、数式中のテキストは amsmath の `\text` 命令を用いるのが推奨です。

レガシー LaTeX では数式中の太字（ボールド体）はけっこう面倒です。`\mathbf{A}` とすると $\mathbf{A}$ のように立体の太字になってしまいますし、記号やギリシャ文字の小文字は太くなりません。$\boldsymbol{A}$ のようなイタリック体の太字にするには bm（<u>b</u>old<u>m</u>ath）パッケージを使います。プリアンブルに

```
\usepackage{bm}
```

と書いておけば \bm というコマンドが使えるようになります。例えば α（太字
の \alpha）なら \bm{\alpha}、∇（太字の \nabla）なら \bm{\nabla} のよ
うにして出力します。また、同じ太字を何度も使うなら、

```
\bmdefine{\balpha}{\alpha}
```

のように定義すれば \balpha で α が出るようになります。

```
\bmdefine{\boldA}{A}
\bmdefine{\boldB}{B}
\bmdefine{\bnabla}{\nabla}
\[ \boldB = \bnabla \times \boldA \]
```

$$\mathbf{B} = \nabla \times \mathbf{A}$$

newtxmath や mathpazo 等の数式フォントを変更するパッケージと併用する
場合、\usepackage{bm} はそれらのパッケージの後に書きます。

> **参考** 太字の命令は amsmath パッケージ（第6章）でも \boldsymbol{...} という命
> 令が用意されています。太字フォントが存在しない場合、\bm は重ね打ち（poor
> man's bold）にしますが、\boldsymbol は太くなりません。amsmath パッケー
> ジでは重ね打ちは \pmb{...} という別命令となっています。newtxmath などで
> はすべての文字の \boldsymbol が存在します。

5.22　数式の書体 (unicode-math)

　モダン LaTeX でよく使われる unicode-math（232 ページ参照）では、数
式フォント指定に従来の \math.. などに加えて \sym.. というコマンド
が用意されています。例えば fit と書くと、テキストと見な
され、フォントによっては fit のようにリガチャが適用されてしまいま
す。\mathrm{f}\mathrm{i}\mathrm{t} と書いても同じことです。一方、
$\symup{fit}$ と書けば、fit のように三つの文字の積と見なされます。

　次の例は New Computer Modern フォントで \sym.. を使った結果です。
フォントによって微妙に違う結果になります。対応する \math.. もありますの
で、ひとつながりの語ならそちらをお使いください[16]。

```
\symup{xyzXYZ123\theta\Theta}      →   xyzXYZ123θΘ
\symit{xyzXYZ123\theta\Theta}      →   xyzXYZ123θΘ
\symsfup{xyzXYZ123\theta\Theta}    →   xyzXYZ123θΘ
\symsfit{xyzXYZ123\theta\Theta}    →   xyzXYZ123θΘ
\symtt{xyzXYZ123\theta\Theta}      →   xyzXYZ123θΘ
\symcal{xyzXYZ123\theta\Theta}     →   xyzXYZ123θΘ
\symscr{xyzXYZ123\theta\Theta}     →   xyzXYZ123θΘ
\symbb{xyzXYZ123\theta\Theta}      →   xyzXYZ123θΘ
\symfrak{xyzXYZ123\theta\Theta}    →   xyzXYZ123θΘ
\symbfup{xyzXYZ123\theta\Theta}    →   xyzXYZ123θΘ
```

※16 \symcal と \symscr
は通常は同じですが、フォント
によっては別の字形を割り当
てることもできます。詳しくは
texdoc unicode-math をご覧く
ださい。

```
\symbfit{xyzXYZ123\theta\Theta}        →   xyzXYZ123θΘ
\symbfsfup{xyzXYZ123\theta\Theta}      →   xyzXYZ123θΘ
\symbfsfit{xyzXYZ123\theta\Theta}      →   xyzXYZ123θΘ
\symbfcal{xyzXYZ123\theta\Theta}       →   xyzXYZ123θΘ
\symbfscr{xyzXYZ123\theta\Theta}       →   xyzXYZ123θΘ
\symbffrak{xyzXYZ123\theta\Theta}      →   xyzXYZ123θΘ
```

$xX\theta\Theta$ と書けば $xX\theta\Theta$ のようにギリシャ大文字だけ立体ですが、unicode-math 読み込み時のオプション math-style=ISO ですべてイタリック体になります。また、単に $\symbf{xX\theta\Theta}$ と書けば **xXθΘ** のようにギリシャ小文字以外は立体になりますが、bold-style=ISO ですべてイタリック体になります。つまり、

```
\usepackage[math-style=ISO,bold-style=ISO]{unicode-math}
```

とすれば、すべてイタリック体がデフォルトになります。このほうが合理的に思えます。

5.23　ISO/JISの数式組版規則

昔からの数式の組版規則では、

- 数字は立体にする（*3.14* でなく 3.14）
- 複数文字からなる名前は立体にする（*sin x* でなく $\sin x$）
- 単位記号は立体にする（*3m* でなく 3 m）

というルールになっています。また、$\sin x$ の $\sin$ と x の間や、3 m の 3 と m の間には、少しだけ空きを入れます。ただし、$\sin(a+b)$ のように括弧が来る場合は空けません。LATEX では `$\sin x$`、`$\sin(a + b)$` などと書けば自動的に適当な空きになります。3 m のほうは `3\,m` または `$3\,\mathrm{m}$` のように手で `\,`（改行できない狭めのスペース）を入れる必要があります。

例として、『岩波数学辞典』第 3 版（1985 年）や、全編 LATEX で組まれた第 4 版（2007 年）では、事象 E の確率 $P(E)$、事象 ε の起こる確率 $\Pr(\varepsilon)$ のような書き方がしてあります。例外として、ユニタリ群 $U(n)$ に対して特殊ユニタリ群 $SU(n)$ のように、複数文字でも群や体の名前はイタリックになっています。$GF(n)$、$Spin(n)$（`$\mathit{Spin}(n)$`）も同様です。

しかし、ISO や JIS の流儀では、1 文字でも演算子や定数は立体にします。例えば微分は dx でなく $\mathrm{d}x$（`$\mathrm{d}x$`）のように書きます。また、自然対数の底などの定数も、こちらの流儀では e や π ではなく e = 2.718⋯、π = 3.14⋯ のように立てて書きます[17]。

※17　さらに言えば、ISOの正式の書き方では小数点はコンマですので、e = 2,718⋯ が正しいことになります（ただし英語圏で広く使われているピリオドも許容されています）。

> **参考** g は重力加速度で、それ以外は g と書くという人もいますが、根拠はなさそうで
> す。両者は単なるデザインの差で、Latin Modern Italic は g、Times Italic は
> g（`{\usefont{T1}{ptm}{m}{it} g}`）のデザインです。前者をオープンテール
> （シングルストーリー）、後者をループテール（ダブルストーリー）あるいは俗
> に「眼鏡の g」と呼びます。newtxmath は後者ですが、`\varg` で前者が出力でき
> ます。

> **参考** 余談ですが、リットルを ℓ（`$\ell$`）と書くのは昔話で、今は L と書きます（SI
> 単位としては L でも l でもいいのですが、1 と間違えないように、日本の教科書
> では L としています）。

5.24 プログラムやアルゴリズムの組版

　プログラムの組版は verbatim 環境を使うのが最も簡単です。verbatim だけ
では左寄せになるので、さらに quote で囲むか、あるいは jsverb パッケージの
verbatim を使います。後者の場合、`\setlength\verbatimleftmargin{3zw}`
などのようにして左マージンを設定できます。なお、Tab コードは半角空白 1 個
分として扱われますので、あらかじめ適当な個数の空白に置換しておきます。

```
\begin{quote}
\setlength{\baselineskip}{12pt}
\begin{verbatim}
sum1 = sum2 = 0;
for (k = 1; k <= 10; k++) {
    sum1 += k;   sum2 += k * k;
}
\end{verbatim}
\end{quote}
```

　行送り（`\baselineskip`）を 12 ポイントにしたのは、和文の本文の行送り
（15〜16 ポイント）では行間が空きすぎになってしまうからです。

　Pascal 類似の言語で少し凝って、例えば

> **function** *BaseOfLn*: real;
> **var** *n*: integer;
> 　　*e*, *a*, *prev*: real;
> **begin**
> 　*e* := 0; *a* := 1; *n* := 1;
> 　**repeat**
> 　　*prev* := *e*; *e* := *e* + *a*; *a* := *a*/*n*; *n* := *n* + 1
> 　**until** *e* = *prev*;
> 　*BaseOfLn* := *e*
> **end**;

のように組版するには、次のようにします。

```
\begin{quote}
  \baselineskip=12pt
  \sfcode`;=3000
  \newcommand{\q}{\hspace*{1em}}
  \textbf{function} \textit{BaseOfLn}: real; \\
  \textbf{var} $n$: integer; \\
  \hphantom\textbf{var} $e$, $a$, \textit{prev}: real; \\
  \textbf{begin} \\
  \q $e := 0$; $a:= 1$; $n := 1$; \\
  \q \textbf{repeat} \\
  \q\q $\mathit{prev}:=e$; $e:=e+a$; $a:=a/n$; $n:=n+1$ \\
  \q \textbf{until} $e = \mathit{prev}$; \\
  \q $\mathit{BaseOfLn} := e$ \\
  \textbf{end};
\end{quote}
```

以下は上の説明です。

- \sfcode はスペースファクタを変える命令で、これを増すとその文字の後ろの空きが増えます。ここでは “;” のスペースファクタを “.” と同じにして、その後ろのアキを少し増します。
- 1em だけ空ける命令 \hspace*{1em} を \q と定義しました。
- イタリック体にしたい一続きの語は、本文中では \textit{prev}、数式中では \mathit{prev} とします。
- \hphantom{何々} は “何々” の幅の空白を出力する命令です。

5.25　array環境

　array 環境は、第 8 章の tabular 環境とほぼ同じものですが、tabular 環境が本文中で使うのに対して、array 環境は数式中で使うというところが違います。

```
\[ \begin{array}{lcr}
   abc & abc & abc \\
   x   & y   & z
  \end{array} \]
```

$$
\begin{array}{lcr}
abc & abc & abc \\
x & y & z
\end{array}
$$

　このように、\begin{array} に続く波括弧 { } の中に、各列の揃え方を並べます。中央揃えは c、左揃えは l、右揃えは r です。array 環境の本体では、各列は & で区切り、各行は \\ で区切ります。

　従来の LaTeX では、この array 環境に装飾を施して行列の類を出力していました。例えば \left(… \right) で囲めば、括弧付きの行列になります。

```
\[ A = \left(
    \begin{array}{@{\,}cccc@{\,}}
      a_{11} & a_{12} & \ldots & a_{1n} \\
      a_{21} & a_{22} & \ldots & a_{2n} \\
      \vdots & \vdots & \ddots & \vdots \\
      a_{m1} & a_{m2} & \ldots & a_{mn}
    \end{array}
  \right) \]
```

$$A = \begin{pmatrix} a_{11} & a_{12} & \dots & a_{1n} \\ a_{21} & a_{22} & \dots & a_{2n} \\ \vdots & \vdots & \ddots & \vdots \\ a_{m1} & a_{m2} & \dots & a_{mn} \end{pmatrix}$$

行指定を {cccc} でなく {@{\,}cccc@{\,}} としたのは、括弧と中身の間の空きを調節するためのトリックです。@{} でいったん余分な空白を除いてから、\, でほんの少し空白を入れ直しています。

第 6 章で述べる amsmath パッケージを使えば、もっと素直に行列が書けます。

ただ、array 環境は次のように行列の中に罫線を引くときに便利です。縦罫線は |、横罫線は \hline です。

```
\[ A = \left(
    \begin{array}{@{\,}c|ccc@{\,}}
      a_{11} & 0      & \ldots & 0       \\ \hline
      0      & a_{22} & \ldots & a_{2n} \\
      \vdots & \vdots & \ddots & \vdots \\
      0      & a_{m2} & \ldots & a_{mn}
    \end{array}
  \right) \]
```

$$A = \left(\begin{array}{c|ccc} a_{11} & 0 & \dots & 0 \\ \hline 0 & a_{22} & \dots & a_{2n} \\ \vdots & \vdots & \ddots & \vdots \\ 0 & a_{m2} & \dots & a_{mn} \end{array} \right)$$

5.26 数式の技巧

分数を $\frac{1}{4}$ でなく $\frac{1}{4}$ にするには次のようにします[18]。

※18 Donald E. Knuth, *TUG-boat*, 6(1): 36; *The TeXbook*, Exercise 11.6.

```
\newcommand{\FRAC}[2]{\leavevmode\kern.1em
  \raise.5ex\hbox{\the\scriptfont0 #1}\kern-.1em
  /\kern-.15em\lower.25ex\hbox{\the\scriptfont0 #2}}
```

これで $\FRAC{1}{4}$ と書けば $\frac{1}{4}$ と出力できます。

数学でよく n-dimensional のような書き方をしますが、

```
$n$-dimensional
```

と書くと dimensional の中で行分割（ハイフネーション）できません。これはハイフンを含む単語ではハイフンのある箇所でしか行分割しない約束になっているからです。ちょっとしたトリックとして

```
$n$-\hspace{0pt}dimensional
```

と書くとうまくいきます。この技法は (joint-)\hspace{0pt}distribution のような場合にも応用できます。

　非常に長い数式をどうしても 1 行に収めたいときは、graphicx パッケージの \resizebox コマンドが使えます（128 ページ）。また、*Physical Review* のように 2 段組で長い数式だけ左右の段にわたって入れるには、REVTeX パッケージを使うか、あるいは multicol パッケージを使ってとりあえず次のようにすることで可能です。

```
\begin{multicols}{2}
  本文
\end{multicols}
\noindent\rule[10pt]{0.5\linewidth}{.4pt}
\begin{equation}
  左右の段にわたる数式
\end{equation}
\begin{flushright}
  \rule{0.5\linewidth}{.4pt}
\end{flushright}
\begin{multicols}{2}
  残りの本文
\end{multicols}
```

第6章
高度な数式

◆ ◆

米国数学会（American Mathematical Society）が開発した amsmath パッケージと AMSFonts を使った高度な数式の書き方を説明します。

6.1　amsmath と AMSFonts

Leslie Lamport が LaTeX を作っているとき、米国数学会（American Mathematical Society）は Michael Spivak による $\mathcal{AMS}$-TeX という数学論文記述に特化したマクロパッケージの開発を後押ししていました。$\mathcal{AMS}$-TeX の数式記述能力はすばらしいものでしたが、世の中ではより使いやすい LaTeX が主流になってきて、LaTeX の枠内で $\mathcal{AMS}$-TeX の数式記述能力を使いたいという要望が高まりました。そこで、LaTeX 3 プロジェクトチームの Frank Mittelbach と Rainer Schöpf が中心になって、$\mathcal{AMS}$-LaTeX が開発されました。

$\mathcal{AMS}$-LaTeX のバージョン 1.1 までは amstex.sty というファイルが核となっていました。これはまだ $\mathcal{AMS}$-TeX 時代のしがらみをとどめており、LaTeX の流儀と一致しない部分がありました。しかし、$\mathcal{AMS}$-LaTeX 1.2 で内容が一新され、LaTeX 2_ε の枠内で使えるようになりました。また、後述の AMSFonts パッケージとの役割分担も見直され、フォント関係の命令は AMSFonts に移りました。1999 年 12 月の $\mathcal{AMS}$-LaTeX 2.0 からは "$\mathcal{AMS}$-LaTeX = amsmath パッケージ ＋ 米国数学会用クラスファイル群" という性格がますますはっきりするようになりました。

AMSFonts は米国数学会が開発した数式用フォントで、

msam、msbm	Math Symbols A/B Medium-weight
eurm、eurb	Euler Roman Medium-weight/Bold
eusm、eusb	Euler Script Medium-weight/Bold
euex	Euler-compatible Extension
eufm、eufb	Euler Fraktur Medium-weight/Bold
wncyr 等	Cyrillic（Washington 大学で開発）

などから成ります。中心となるのは記号類（msam、msbm）です。Fraktur（フラクトゥール）は旧ドイツ文字（$\mathfrak{ABC}$...）、Cyrillic はキリル文字（ロシア文字など）です。euex を除く Euler（オイラー）フォントは著名なフォントデザイナー Hermann Zapf によるもので

す。Euler フォントの数式（230 ページ）は、Knuth の有名な教科書 *Concrete Mathematics* のほか、結城 浩さんの『数学ガール』シリーズに使われています。

　高度な数式を使う LaTeX 文書では、amsmath と AMSFonts が標準的に使われます。AMSFonts を使うためのパッケージは amssymb ですので、プリアンブルには

※1　PostScript Type 1フォントを使うためのオプション psamsfonts は、AMSFonts v3では不要になりました。

```
\usepackage{amsmath,amssymb}
```

と書いておきます[※1]。モダン LaTeX では、unicode-math を使うならこれらはほぼ必要ありませんが、使う場合は unicode-math の前にこれを読み込みます。

> **参考** amsmath の若干の不具合を修正して仕様を拡張する mathtools パッケージがあります。これは内部で amsmath を読み込みますので、
>
> ```
> \usepackage{mathtools,amssymb}
> ```
>
> と書いておいてもいいでしょう。

> **参考** 新 TX/PX フォントは amsmath を内部で読み込みますし、数式は独自のものを使いますので amsfonts を読み込む必要はありません。

　AMSFonts に含まれるいろいろな数学記号を表の形であげておきます。

　まず、2 項演算子には次のものがあります。

入力	出力	入力	出力	入力	出力
\boxdot	⊡	\Cap	⋒	\circleddash	⊖
\boxplus	⊞	\curlywedge	⋏	\divideontimes	⋇
\boxtimes	⊠	\curlyvee	⋎	\lessdot	⋖
\centerdot	·	\leftthreetimes	⋋	\gtrdot	⋗
\boxminus	⊟	\rightthreetimes	⋌	\ltimes	⋉
\veebar	⊻	\dotplus	∔	\rtimes	⋊
\barwedge	⊼	\intercal	⊺	\smallsetminus	∖
\doublebarwedge	⩞	\circledcirc	⊚		
\Cup	⋓	\circledast	⊛		

次は関係演算子です。

入力	出力	入力	出力
\circlearrowright	↻	\rightsquigarrow	⇝
\circlearrowleft	↺	\leftrightsquigarrow	↭
\rightleftharpoons	⇌	\looparrowleft	↫
\leftrightharpoons	⇋	\looparrowright	↬
\Vdash	⊩	\circeq	≗
\Vvdash	⊪	\succsim	≿
\vDash	⊨	\gtrsim	≳
\twoheadrightarrow	↠	\gtrapprox	⪆
\twoheadleftarrow	↞	\multimap	⊸
\leftleftarrows	⇇	\therefore	∴
\rightrightarrows	⇉	\because	∵
\upuparrows	⇈	\doteqdot	≑
\downdownarrows	⇊	\triangleq	≜
\upharpoonright	↾	\precsim	≾
\downharpoonright	⇂	\lesssim	≲
\upharpoonleft	↿	\lessapprox	⪅
\downharpoonleft	⇃	\eqslantless	⪕
\rightarrowtail	↣	\eqslantgtr	⪖
\leftarrowtail	↢	\curlyeqprec	⋞
\leftrightarrows	⇆	\curlyeqsucc	⋟
\rightleftarrows	⇄		
\Lsh	↰		
\Rsh	↱		

関係演算子の続きです。

入力	出力	入力	出力
\preccurlyeq	≼	\lesseqgtr	⋚
\leqq	≦	\gtreqless	⋛
\leqslant	⩽	\lesseqqgtr	⪋
\lessgtr	≶	\gtreqqless	⪌
\risingdotseq	≓	\Rrightarrow	⇛
\fallingdotseq	≒	\Lleftarrow	⇚
\succcurlyeq	≽	\varpropto	∝
\geqq	≧	\smallsmile	⌣
\geqslant	⩾	\smallfrown	⌢
\gtrless	≷	\Subset	⋐
\sqsubset	⊏	\Supset	⋑
\sqsupset	⊐	\subseteqq	⫅
\vartriangleright	▷	\supseteqq	⫆
\vartriangleleft	◁	\bumpeq	≏
\trianglerighteq	⊵	\Bumpeq	≎
\trianglelefteq	⊴	\lll	⋘
\between	≬	\ggg	⋙
\blacktriangleright	▶	\pitchfork	⋔
\blacktriangleleft	◀	\backsim	∽
\vartriangle	△	\backsimeq	⋍
\eqcirc	≖		

参考　このいくつかについては以前は latexsym というパッケージで提供されていました（字形が微妙に違います）。今は amsmath に統一するほうがよさそうです。

参考　≧、≦ を ≥、≤ のようにする方法については86ページをご覧ください。

さらに関係演算子です。

入力	出力	入力	出力	入力	出力
\lvertneqq	⪇	\precnapprox	⪹	\nvDash	⊭
\gvertneqq	⪈	\succnapprox	⪺	\nVDash	⊯
\nleq	≰	\lnapprox	⪉	\ntrianglerighteq	⋭
\ngeq	≱	\gnapprox	⪊	\ntriangtelefteq	⋬
\nless	≮	\nsim	≁	\ntriangleleft	⋪
\ngtr	≯	\ncong	≇	\ntriangleright	⋫
\nprec	⊀	\varsubsetneq	⊊	\nleftarrow	↚
\nsucc	⊁	\varsupsetneq	⊋	\nrightarrow	↛
\lneqq	≨	\nsubseteqq	⊈	\nLeftarrow	⇍
\gneqq	≩	\nsupseteqq	⊉	\nRightarrow	⇏
\nleqslant	⪇	\subsetneqq	⊊	\nLeftrightarrow	⇎
\ngeqslant	⪈	\supsetneqq	⊋	\nleftrightarrow	↮
\lneq	⪇	\varsubsetneqq	⊊	\eqsim	≂
\gneq	⪈	\varsupsetneqq	⊋	\shortmid	∣
\npreceq	⋠	\subsetneq	⊊	\shortparallel	∥
\nsucceq	⋡	\supsetneq	⊋	\thicksim	∼
\precnsim	⋨	\nsubseteq	⊈	\thickapprox	≈
\succnsim	⋩	\nsupseteq	⊉	\approxeq	≊
\lnsim	⋦	\nparallel	∦	\succapprox	⪸
\gnsim	⋧	\nmid	∤	\precapprox	⪷
\nleqq	≰	\nshortmid	∤	\curvearrowleft	↶
\ngeqq	≱	\nshortparallel	∦	\curvearrowright	↷
\precneqq	⪵	\nvdash	⊬	\backepsilon	϶
\succneqq	⪶	\nVdash	⊮		

その他の記号です。

入力	出力	入力	出力	入力	出力
\square	□	\measuredangle	∡	\mho	℧
\blacksquare	■	\sphericalangle	∢	\eth	ð
\lozenge	◊	\circledS	Ⓢ	\beth	ℶ
\blacklozenge	◆	\complement	∁	\gimel	ℷ
\backprime	‵	\diagup	╱	\daleth	ℸ
\bigstar	★	\diagdown	╲	\digamma	Ϝ
\blacktriangledown	▼	\varnothing	∅	\varkappa	ϰ
\blacktriangle	▲	\nexists	∄	\Bbbk	𝕜
\triangledown	▽	\Finv	Ⅎ	\hslash	ℏ
\angle	∠	\Game	⅁	\hbar	ℏ

> 参考　\varnothing は \emptyset（∅）の別字形です。Unicode のコードポイント
> は U+2205（EMPTY SET）一つしかないので、unicode-math では同じ字形
> になってしまいます（New Computer Modern では fontsetup を読み込む際
> にオプション varnothing を与えれば字形が切り替わります）。上の表では
> {\usefont{U}{msb}{m}{n}\symbol{"3F}} として無理矢理 ∅ を出しました。
> \hslash と \hbar についても同じことがいえます。

ギリシャ文字の斜体です。

入力	出力	入力	出力	入力	出力
\varGamma	Γ	\varXi	Ξ	\varPhi	Φ
\varDelta	Δ	\varPi	Π	\varPsi	Ψ
\varTheta	Θ	\varSigma	Σ	\varOmega	Ω
\varLambda	Λ	\varUpsilon	Υ		

> 参考　unicode-math（93 ページ）では \varTheta が Θ になるようです。unicode-
> math では数式中のイタリック文字は $\symit{0}$ のように書きます。

6.2　いろいろな記号

▶ 旧ドイツ文字（Fraktur）

$\mathfrak{ABC}$ は $\mathfrak{ABC}$ のようにして出力します。

▶ 黒板太文字（blackboard bold）

$\mathbb{ABC}$ は $\mathbb{ABC}$ のようにして出力します。

▶ 文脈に応じてサイズが変わるテキスト

\text は数式中にテキストをはさむのに使います。\mbox と違って、文脈に
応じてフォントのサイズが変わります。

```
$A_{\text{max}} = \text{some constant}$
```
$$\rightarrow \quad A_{\max} = \text{some constant}$$

> 参考　\text は amstext パッケージで定義されています。通常は amsmath が amstext
> を読み込みますが、amsmath を使わない場合も \usepackage{amstext} してお
> くと便利です。

▶ 賢い点々

数式中の点々（... の類）は、通常は \dots と書くだけで、後続の記号から種
類を判断してくれることになっています。

```
$a_1, a_2, \dots, a_n$          →   a₁, a₂, …, aₙ
$a_1 + a_2 + \dots + a_n$       →   a₁ + a₂ + ⋯ + aₙ
$a_1 a_2 \dots a_n$             →   a₁a₂ … aₙ
$\int \dots \int$              →   ∫ … ∫
```

最後の例は後述の \idotsint を使うほうがいいでしょう。後続の記号がない場合や、うまくいかない場合は、次のような命令で区別します[※2]。

```
$a_1, \dotsc$          →   a₁, …     (commas)
$a_1 + \dotsb$         →   a₁ + ⋯     (binary operators/relations)
$a_1 \dotsm$           →   a₁ ⋯       (multiplications)
$\int \dotsi$          →   ∫…        (integrals)
```

※2 これらは標準の LaTeX で用意されている \ldots、\cdots 命令に代わるもので、前後の空白が微妙に調節されています。

▶ 長さが自由に伸びる矢印

両側に矢印の付いたもの以外は amsmath なしでも使えます[※3]。

```
$\overrightarrow{A}$           →   →A
$\overleftarrow{A}$            →   ←A
$\overleftrightarrow{A}$       →   ↔A
$\underrightarrow{A}$          →   A→
$\underleftarrow{A}$           →   A←
$\underleftrightarrow{A}$      →   A↔
```

※3 矢印の形や位置はフォント設定によって微妙に変わります。unicode-math や New Computer Modern では位置が微妙にずれますが、\underrightarrow{{}A} などとすれば修正できるようです。

矢印と文字の間を離したいときは $\overleftrightarrow{\mathstrut x}$ のように \mathstrut を補ってください。

▶ いくらでも伸びる矢印

\xrightarrow、\xleftarrow は文字の付いた自由に伸びる矢印です。$\xrightarrow{xyz}$ とすると $\xrightarrow{xyz}$、$\xrightarrow[abc]{xyz}$ とすると $\xrightarrow[abc]{xyz}$ のようになります。

```
入力  \[ \text{foo.tex} \xrightarrow{\text{platex}} \text{foo.dvi}
        \xrightarrow{\text{dvipdfmx}} \text{foo.pdf} \]
```

出力
$$\text{foo.tex} \xrightarrow{\text{platex}} \text{foo.dvi} \xrightarrow{\text{dvipdfmx}} \text{foo.pdf}$$

▶ 数式用アクセント

$\Hat{\Hat{A}}$ のように複数付いても、$\hat{\hat{A}}$ のように正しい位置に付きます。

入力	出力	入力	出力	入力	出力	入力	出力
\Hat{A}	$\hat{A}$	\Check{A}	$\check{A}$	\Tilde{A}	$\tilde{A}$	\Acute{A}	$\acute{A}$
\Grave{A}	$\grave{A}$	\Dot{A}	$\dot{A}$	\Ddot{A}	$\ddot{A}$	\Breve{A}	$\breve{A}$
\Bar{A}	$\bar{A}$	\Vec{A}	$\vec{A}$				

　一般の飾りを上に付けたい場合、例えば $\overset{\circ}{A}$ は \overset{\circ}{A} とします。

▶ 上につく点

　次の最初の二つは amsmath を使わなくても出力できます。

入力	出力	入力	出力	入力	出力	入力	出力
\dot{x}	$\dot{x}$	\ddot{x}	$\ddot{x}$	\dddot{x}	$\dddot{x}$	\ddddot{x}	$\ddddot{x}$

▶ 多重積分記号

　\int\int とすると間が空きすぎてしまいます。

入力	出力	入力	出力	入力	出力	入力	出力
\iint	$\iint$	\iiint	$\iiint$	\iiiint	$\iiiint$	\idotsint	$\int\cdots\int$

▶ 数式中の空白

　数式中の空白は \mspace という命令を使って \mspace{5mu} のようにして空けます。mu という単位（math units）は em（文字サイズの公称値、52 ページ参照）の 1/18 です。負の値でもかまいません。

▶ \smash

　\smash{...} は高さ、深さをゼロにつぶす命令ですが、amsmath パッケージではさらに \smash[t]{...} や \smash[b]{...} でそれぞれ高さ、深さだけをゼロにできます。次の例では y のルートだけ下に伸びすぎるのを防ぐために使っています。

```
$\sqrt{x} + \sqrt{y}$              →  √x̄ + √ȳ
$\sqrt{x} + \sqrt{\smash[b]{y}}$   →  √x̄ + √ȳ
```

高さ・深さを揃えるための数式用の支柱 \mathstrut については 80 ページで述べましたが、これを \smash[b] と組み合わせると便利です。

```
\newcommand{\ssqrt}[1]{\sqrt{\smash[b]{\mathstrut #1}}}
$\ssqrt{g} + \ssqrt{h}$           →  √ḡ + √h̄
```

▶ 演算子

LaTeX 標準の log 型関数（90 ページ）に加えて、次の演算子が追加されています。

入力	出力	入力	出力	入力	出力
`\injlim`	$\mathrm{inj\,lim}$	`\varinjlim`	$\varinjlim$	`\varliminf`	$\varliminf$
`\projlim`	$\mathrm{proj\,lim}$	`\varprojlim`	$\varprojlim$	`\varlimsup`	$\varlimsup$

　この類の命令（マクロ）をさらに追加することもできます。例えば $\cosec x$ と書いて $\cosec x$ と出力したければ、プリアンブルに次のように書きます。

　　`\DeclareMathOperator{\cosec}{cosec}`

また、

　　`\DeclareMathOperator*{\argmax}{arg\,max}`

のように ＊ を付ければ、 `\[ \argmax_\theta \]` で $\underset{\theta}{\arg\max}$ のように、別行立て数式中で真下・真上に下限・上限が付きます。

　マクロ定義ができない場合は `\operatorname` または `\operatorname*` を使います。

```
\operatorname{cosec} x           →   cosec x
\operatorname*{arg\,min}_x f(x)  →   arg min f(x)
                                          x
```

　これで見つからない数学記号があれば、TeX Live に同梱されている一覧表（ texdoc symbols、 texdoc mdsymbol など）をご覧ください。

6.3　行列

amsmath パッケージによる行列には、次のものがあります。

入力	出力
`\begin{matrix}  a & b \\ c & d \end{matrix}`	$\begin{matrix} a & b \\ c & d \end{matrix}$
`\begin{pmatrix} a & b \\ c & d \end{pmatrix}`	$\begin{pmatrix} a & b \\ c & d \end{pmatrix}$
`\begin{bmatrix} a & b \\ c & d \end{bmatrix}`	$\begin{bmatrix} a & b \\ c & d \end{bmatrix}$
`\begin{Bmatrix} a & b \\ c & d \end{Bmatrix}`	$\begin{Bmatrix} a & b \\ c & d \end{Bmatrix}$
`\begin{vmatrix} a & b \\ c & d \end{vmatrix}`	$\begin{vmatrix} a & b \\ c & d \end{vmatrix}$
`\begin{Vmatrix} a & b \\ c & d \end{Vmatrix}`	$\begin{Vmatrix} a & b \\ c & d \end{Vmatrix}$

行列の列の区切りは &、行の区切りは \\ です。

次の例で \hdotsfor{列数} は複数列にわたる点々です。

入力
```
\begin{equation}
  A = \begin{pmatrix}
        a_{11} & \dots & a_{1n} \\
        \hdotsfor{3}            \\
        a_{m1} & \dots & a_{mn}
      \end{pmatrix}
\end{equation}
```

出力

$$A = \begin{pmatrix} a_{11} & \dots & a_{1n} \\ \hdotsfor{3} \\ a_{m1} & \dots & a_{mn} \end{pmatrix} \tag{6.1}$$

本文中の小さめの行列は smallmatrix を使って

```
$\bigl( \begin{smallmatrix} a & b \\ c & d
                        \end{smallmatrix} \bigr)$
```

のように書くと $\left(\begin{smallmatrix} a & b \\ c & d \end{smallmatrix}\right)$ のようになります。

場合分けは cases 環境を使います。これも行列の仲間です。

入力
```
\begin{equation}
  \lvert x \rvert = \begin{cases}
                        x & \text{$x \ge 0$ のとき} \\
                       -x & \text{それ以外のとき}
                    \end{cases}
\end{equation}
```

出力

$$|x| = \begin{cases} x & x \ge 0 \text{ のとき} \\ -x & \text{それ以外のとき} \end{cases} \tag{6.2}$$

　数式番号を場合ごとに振るには、cases パッケージの numcases 環境を使います。より複雑な行列を扱うための nicematrix パッケージがあります。

6.4　分数

▶ \tfrac、\dfrac

　LaTeX の分数の命令 \frac{a}{b} は、本文中ではテキストスタイルの $\frac{a}{b}$、別行立て数式中ではディスプレイスタイルの $\dfrac{a}{b}$ になります。amsmath パッケージでは、これに加えて、

\tfrac{a}{b}　　　つねにテキストスタイルの $\frac{a}{b}$

\dfrac{a}{b}　　　つねにディスプレイスタイルの $\dfrac{a}{b}$

が追加されています。

▶ 連分数

　次の例のような連分数（continued fraction）は \cfrac 命令を使うとバランスよく出力できます。

入力
```
\begin{equation}
  b_0 + \cfrac{c_1}{b_1 +
        \cfrac{c_2}{b_2 +
        \cfrac{c_3}{b_3 +
        \cfrac{c_4}{b_4 + \cdots}}}}
\end{equation}
```

出力

$$b_0 + \cfrac{c_1}{b_1 + \cfrac{c_2}{b_2 + \cfrac{c_3}{b_3 + \cfrac{c_4}{b_4 + \cdots}}}} \tag{6.3}$$

\cfrac[l]、\cfrac[r] のようなオプションを付けると、分子がそれぞれ左寄せ、右寄せになります。

> 参考　\cfrac では分子の高さを一定にするために \strut という命令を使っています。これは上下幅が行送り（\baselineskip）に等しい支柱で、ベースラインから上が 70％、下が 30％の割合になっています。欧文の場合は行送りが 12 ポイント程度なので、これでちょうどいいのですが、和文の場合は行送りを 15〜17 ポイント程度にするので、ちょっと空きすぎになってしまいます。js シリーズのドキュメントクラスでは、別行立て数式の中では \baselineskip が欧文並みに狭くなるようにしてあります。あるいは、80 ページで書いたように、\strut の代わりに \mathstrut を使う手もあります。

ちなみに、連分数は次のような書き方もします。

入力
```
\begin{equation}
  b_0 + \frac{c_1}{b_1 + {}} \,
      \frac{c_2}{b_2 + {}} \,
      \frac{c_3}{b_3 + {}} \,
      \frac{c_4}{b_4 + {}} \, \dotsb
\end{equation}
```

出力
$$b_0 + \frac{c_1}{b_1 +}\ \frac{c_2}{b_2 +}\ \frac{c_3}{b_3 +}\ \frac{c_4}{b_4 +}\ ... \tag{6.4}$$

※ \genfrac についてはすぐあとの「一般の分数」のところに解説があります。

入力
```
\begin{equation}
  b_0 + \frac{c_1}{b_1} {\genfrac{}{}{0pt}{}{}{+}}
      \frac{c_2}{b_2} {\genfrac{}{}{0pt}{}{}{+}}
      \frac{c_3}{b_3} {\genfrac{}{}{0pt}{}{}{+}}
      \frac{c_4}{b_4} {\genfrac{}{}{0pt}{}{}{+ \dotsb}}
\end{equation}
```

出力
$$b_0 + \frac{c_1}{b_1} + \frac{c_2}{b_2} + \frac{c_3}{b_3} + \frac{c_4}{b_4} + \cdots \tag{6.5}$$

▶ 2項係数

2項係数は、\binom{a}{b} と書けば、本文中では $\binom{a}{b}$ のようなテキストスタイル、別行立て数式中では $\binom{a}{b}$ のようなディスプレイスタイルで出力されます。必ずテキストスタイルで出力する \tbinom、必ずディスプレイスタイルで出力する \dbinom もあります。

▶ 一般の分数

分数や 2 項係数を含む一般の分数を出力する命令は

\genfrac{左括弧}{右括弧}{棒の太さ}{スタイル}{分子}{分母}

です。「棒の太さ」は何も書き込まなければ通常の分数の棒になりますが、棒を

出力したくないときは `0pt` と書き込みます。「スタイル」は通常は何も書き込みませんが、0 から 3 までの数字を書き込むと次のような特定のスタイルで出力することを意味します。

```
0 …… \displaystyle        （別行立て数式のスタイル）
1 …… \textstyle           （本文中の数式のスタイル）
2 …… \scriptstyle         （添字のスタイル）
3 …… \scriptscriptstyle   （添字の添字のスタイル）
```

たとえば

```
$\genfrac{}{}{}{}{a}{b}$              →  a/b
$\genfrac{\{}{\}}{0pt}{}{i}{j\,k}$   →  {i / jk}
```

のようになります。括弧が片側にしかない場合は逆側はピリオド（.）にします。

```
$\genfrac{.}{\}}{0pt}{}{a}{b}$       →  a/b}
```

6.5　別行立ての数式

数式番号の付いた別行立ての数式を出力するには equation 環境を使います（これは標準の LaTeX と同じです）。

入力
```
\begin{equation}
  E = mc^2
\end{equation}
```

出力
$$E = mc^2 \tag{6.6}$$

数式番号が不要な場合は equation* 環境を使います（\[... \] も使えます）。

入力
```
\begin{equation*}
  E = mc^2
\end{equation*}
```

出力
$$E = mc^2$$

標準的でない数式番号は \tag で付けます。たとえば (*) という番号を付けるには \tag{$*$} とします[4]。

入力
```
\begin{equation}
  E = mc^2 \tag{$*$}
\end{equation}
```

※4 `$*$` は本来は数式モードの掛け算の記号ですので、正しい使い方ではないかもしれません。これが気になるなら \textasteriskcentered を使いましょう。

出力

$$E = mc^2 \tag{$*$}$$

\tag{...} の中身は本文用フォントで組まれます。数式番号に括弧を付けない場合は \tag*{...} とします。

複数の数式を並べるには gather 環境を使います。数式の区切り（改行）は \\ です。最後の行には \\ を付けません。

入力
```
\begin{gather}
  (a + b)^2 = a^2 + 2ab + b^2                    \\
  (a - b)^2 = a^2 - 2ab + b^2            \notag \\
  (a + b)^3 = a^3 + 3a^2b + 3ab^2 + b^3
\end{gather}
```

出力

$$(a + b)^2 = a^2 + 2ab + b^2 \tag{6.7}$$
$$(a - b)^2 = a^2 - 2ab + b^2$$
$$(a + b)^3 = a^3 + 3a^2b + 3ab^2 + b^3 \tag{6.8}$$

各行に数式番号が付きますが、番号を付けたくない行は、最後（\\ の直前）に \notag と書いておきます（ほかの数式環境でも同様です）。

gather の代わりに gather* とすると、全部の行に数式番号が付きません。環境名に * を付けると番号が付かないのは、ほかの数式環境も同様です。

改行の命令 \\ をたとえば \\[-3pt] に変えると、改行の幅が通常より 3 ポイント小さくなります。和文（行送り 15〜17 ポイント）と欧文（行送り 12〜13 ポイント）の一般的な行送りの違いを考えれば、和文の中の数式は改行を \\[-3pt] 程度にするほうがいいかもしれません（ほかの数式環境も同様です）。

align 環境は & で位置を揃えることができます。各行に番号が付きます。番号の不要な行には \notag を使います。

入力
```
\begin{align}
  \sinh^{-1} x &= \log(x + \sqrt{x^2 + 1}) \notag \\
               &= x - x^3\!/6 + 3x^5\!/40 + \dotsb
\end{align}
```

出力

$$\begin{aligned}
\sinh^{-1} x &= \log(x + \sqrt{x^2 + 1}) \\
&= x - x^3/6 + 3x^5/40 + \cdots
\end{aligned} \tag{6.9}$$

どの行にも番号が不要なら align* 環境を使います。

位置を揃えた複数行の数式全体の中央に番号を振るには、split 環境または aligned 環境で位置を揃え、全体をほかの数式環境の中に入れて番号を振ります。

入力
```
\begin{equation}
  \begin{split}
    \sinh^{-1} x &= \log(x + \sqrt{x^2 + 1}) \\
                 &= x - x^3\!/6 + 3x^5\!/40 + \dotsb
  \end{split}
\end{equation}
```

出力

$$\sinh^{-1} x = \log(x + \sqrt{x^2 + 1})$$
$$= x - x^3/6 + 3x^5/40 + \cdots \tag{6.10}$$

上の例で数式番号を出力したのは equation 環境のほうです。split 自身は数式番号を出力しません（split* はありません）。

aligned も split とほぼ同じ用途に使えますが、こちらはより柔軟性に富み、枠 \fbox に入れたり、オプション [t] や [b] を付けて揃え位置を上下に動かしたりできますので、箇条書きの番号と揃えるときにも便利です。

入力
```
\begin{enumerate}
\item
  \fbox{$
    \begin{aligned}[t]
      H &= - \sum p_i \log_2 p_i \\
        &=   \sum p_i \log_2 (1/p_i)
    \end{aligned}$}
\end{enumerate}
```

出力

1. $$\boxed{\begin{aligned} H &= -\sum p_i \log_2 p_i \\ &= \sum p_i \log_2(1/p_i) \end{aligned}}$$

align 環境の類は各行に複数の & があってもかまいません。各行の偶数番目の & は式を区切るために使います。

入力
```
\begin{align*}
  \sin A &= y/r & \cos A &= x/r & \tan A &= y/x \\
  \cot A &= x/y & \sec A &= r/x & \csc A &= r/y
\end{align*}
```

出力

$$\sin A = y/r \qquad \cos A = x/r \qquad \tan A = y/x$$
$$\cot A = x/y \qquad \sec A = r/x \qquad \csc A = r/y$$

参考　LaTeX 2.09 時代からの遺物の eqnarray 環境は不完全なので、amsmath パッケージではそれに代わるいくつかの命令を補っています。その代表がこの align 環境です。& の位置で桁揃えします。eqnarray 環境と比べて & は揃える記号（この場合 =）の前だけに入れます。

数式どうしの間隔を自分で制御するには alignat{数式の個数} を使います。

「数式の個数」とは各列の数式の個数（偶数番目の & の個数 ＋ 1）の最大値です。これは次のようなときに便利です。

入力
```
\begin{alignat}{2}
  (a+b)^2 &= a^2+2ab+b^2 & \qquad & \text{展開する} \\
          &= a(a+2b)+b^2 &        & \text{$a$ でくくる}
\end{alignat}
```

出力
$$(a+b)^2 = a^2 + 2ab + b^2 \qquad 展開する \tag{6.11}$$
$$= a(a+2b) + b^2 \qquad a\ でくくる \tag{6.12}$$

途中に文章を割り込ませるには \intertext を使います。

入力
```
\begin{align}
  s_1 &= a_1, \\
  s_2 &= a_1 + a_2, \\
\intertext{一般に}
  s_n &= a_1 + a_2 + \cdots + a_n
\end{align}
```

出力
$$s_1 = a_1, \tag{6.13}$$
$$s_2 = a_1 + a_2, \tag{6.14}$$

一般に

$$s_n = a_1 + a_2 + \cdots + a_n \tag{6.15}$$

揃え位置のない複数行にわたる一つの数式は multline 環境で書きます。

入力
```
\begin{multline}
  a + b + c + d + e + f + g + h + i + j + k \\
    + l + m + n + o + p + q + r + s + t + u + v \\
    + w + x + y + z + \alpha + \beta + \gamma + \delta
\end{multline}
```

出力
$$a + b + c + d + e + f + g + h + i + j + k$$
$$+ l + m + n + o + p + q + r + s + t + u + v$$
$$+ w + x + y + z + \alpha + \beta + \gamma + \delta \tag{6.16}$$

最初の行は左に寄り、最後の行は右に寄ります。それ以外の行は標準では左右中央に並びます（fleqn オプションを付ければ左端から一定距離に並びます）が、強制的に右に寄せたい行は \shoveright{...}、左に寄せたい行は \shoveleft{...} で囲みます（囲む範囲は改行 \\ の直前までです）。

　左右に寄る場合、\multlinegap だけ余白が空きます。これは標準で 10 pt ですが、\setlength{\multlinegap}{20pt} のようにして変えられます。

　数式中の \\ では改ページしません。改ページを許すには \\ の直前に

`\displaybreak[0]` と書いておきます。この `[0]` を `[1]`、`[2]`、`[3]` と変更すると改ページのしやすさが次第に増し、`\displaybreak[4]` では必ず改ページします。単に `\displaybreak` と書けば `\displaybreak[4]` と同じ意味になります。

すべての `\\` について同じ改ページのしやすさを設定するには、プリアンブルに `\allowdisplaybreaks[1]` などと書いておきます。`\allowdisplaybreaks` のオプションのパラメータの値は 0 から 4 までで、0 では改ページせず、4 に近づくほど改ページしやすくなります。この場合、改ページしたくない改行は `\\*` で表します。

数式番号は、通常は (章.番号) の形式になりますが、これをたとえば (節.番号) にするには `\numberwithin{equation}{section}` と書いておきます。また、(2.5a)、(2.5b) のように副番号にしたい部分は `\begin{subequations}`、`\end{subequations}` で囲んでおきます。

たとえば `\label{Einstein}` というラベルを貼った数式を参照する際に、LaTeX では

式~(\ref{Einstein}) では……

のように書きますが、amsmath パッケージでは

式~\eqref{Einstein} では……

という命令も用意されています。`\eqref` のほうが括弧やイタリック補正が組み込まれていて便利です。

◆ jlreq開発裏話　　by 阿部紀行

本コラムは jlreq ドキュメントクラスを開発された阿部紀行さん（東京大学）からご寄稿いただきました。

　pLATEX に付属するドキュメントクラスは日本語文書には適さない出力を行うという問題点が長らく認識されていました。この問題を解決するために、本書の著者でもある奥村氏は新ドキュメントクラスを作成しました。このドキュメントクラスにより日本語 LATEX ユーザも気軽に「美文書」の作成が行えるようになり、今に至るまで広く使われています。

　ただし、この新ドキュメントクラスは横書き専用だったため、縦書き文書に対する問題は残ったままでした。そこで、縦書きでも「美文書」が作成できるようなドキュメントクラスを作ろうと思い立ちました。しかし、私は組版に関しては一切の素人ですし、普段書くものも横書きのものばかりです。そんな私が何も考えずに作成してはまともなものを作ることは難しかったでしょう。そこで、W3C から公開されていた「日本語組版処理の要件」（以下 JLReq）に基づいて作ることにしました。要は権威にすがろうとしたわけです。JLReq 自身は素晴らしく、私のような素人でも書いてあるとおりの実装を行うことでまともな見た目の出力を得ることができました。このようにしてできあがったのが jlreq クラスです。

　せっかく新しく作成するのですから、過去のしがらみにはとらわれず近代的な LATEX の機能を取り込もうと思いました。特に、LuaTEX-ja が可能にする細かな組版制御は、JLReq の要求する挙動の実現には不可欠でした。そのため、最初は縦書きのみ（名前も tjlreq でした）、LuaLATEX 専用のドキュメントクラスとして作成しました。しかし、主に個人的な利便性のため、横書きの機能をつけ pLATEX にも対応させ今の形のものができあがりました。

　さて、当たり前ではありますが望ましい組版結果がただ一つということはありえません。それにあわせて JLReq でも複数の選択肢が用意されている箇所が多くあります。実装としてはそれらをすべて実現できるようにするのが望ましいことは明らかです。そのために、jlreq クラスではそれらの選択をクラスオプションや \jlreqsetup 命令などで指定できるようにしてあります。特に別行見出しに関してはかなり複雑な制御が要求されているため、jlreq クラスでも大がかりな仕掛けを用意することになりました。このような経緯で、多くの場所がカスタマイズできるドキュメントクラスができあがりました。すると、私が想定していなかった形ではあるのですが、この点が利点と見なされて利用されるようになっていきました。ついには本書のように本格的に紹介していただける本が登場するまでになったのは単純にうれしいことです。

　利用していただいている皆様のおかげで、jlreq クラスはかなり成熟してきたように思います。しかし、まだまだ「美文書作成」には望ましくない点があるかもしれませんし、単純なバグも入っているかと思います。お気づきの点があれば https://www.github.com/abenori/jlreq までお知らせいただければ幸いです。

第7章
グラフィック

LATEX 文書の中に、PDF・JPEG・PNG 形式の図表や写真を挿入できます。

昔（最終産物が PostScript だったころ）は、LATEX に挿入する図といえば EPS 形式が定番でしたが、今（最終産物が PDF の時代）では、EPS を取り込むためには LATEX から Ghostscript などのヘルパーツールを呼び出して PDF に変換してから LATEX 文書に取り込むので、遅いばかりでなく、トラブルの原因になります。EPS はあらかじめ PDF に変換しておくほうが確実です。

逆に、LATEX で組んだ文書や数式などを、ほかのソフト（InDesign など）に PDF 形式で挿入することもできます。

文字を変形したり、文字や背景に色を付けたりする方法も、この章で扱います。

7.1 LATEX と図

LATEX または関連ツールで図を描く方法はいろいろあります。

- LATEX 標準の picture 環境（今はお薦めしません）
- pict2e パッケージの picture 環境（ texdoc pict2e）
- PostScript ベースの PSTricks というパッケージ群（ texdoc pstricks、最終産物が PDF となった今はお薦めしません）
- TikZ（今は一番人気があります。本書付録 D）
- 大熊一弘さんの emath パッケージ（TEX Live には入っていません）
- KETpic、KETCindy（後者は Cinderella 利用。マニュアルは texmf-dist/doc/support/ketcindy 以下に多数）
- METAPOST（ texdoc metapost）
- Asymptote（ texdoc asymptote）

これら以外に、藤田眞作さんによる化学構造式描画ツール XMTEX（キュムテック、http://xymtex.com）などがあります。これらは（KETCindy を除き）どれもコマンド（文字による命令）で図を描くので、敷居が高いと感じられるかもしれません。

より簡単な方法として、Adobe Illustrator、Affinity Designer、オープンソースの Inkscape などの描画ソフト、PowerPoint や Keynote などのスライド作成ソフト、Excel や Numbers などの表計算ソフト、R、Python、Graphviz、gnuplot などのツールを使って図を描き、PDF 形式で保存し、LaTeX 文書に挿入することができます。複雑な表も Excel で組んで PDF で保存すれば、同様に挿入できます（Excel の図表が美しいかどうかは別問題として）。

デジカメで撮影した写真やスキャン画像、「ペイント」や GIMP、Photoshop などで描いた画像は、JPEG や PNG 形式のままで挿入できます。

7.2　LaTeXでの図の読み込み方

LaTeX でグラフィックを扱うためには、プリアンブルで次のように graphicx パッケージ[※1] を読み込み、本文中では \includegraphics コマンドを使って図を挿入します。

```
\RequirePackage{plautopatch}        ← LuaLaTeX では不要
\documentclass[ドライバ名,...]{ドキュメントクラス名}
\usepackage{graphicx}
\begin{document}
……本文……
\includegraphics[オプション]{ファイル名}
……本文……
\end{document}
```

このドライバ名のところには、pLaTeX、upLaTeX の場合は dvipdfmx を必ず指定します[※2]。pdfLaTeX、XeLaTeX、LuaLaTeX の場合は何も指定しません（dvipdfmx とは指定しないでください）。

ファイル名には *.jpg、*.png、*.pdf のようなファイル名が入ります。トラブルを避けるため、ファイル名は半角英数字をお薦めします。

[オプション] には [width=5cm] のような挿入枠の大きさ指定などを入れます（後で詳しく説明します）。

graphicx パッケージを使えば、図を取り込むための \includegraphics 以外にも、図や文字を回転・拡大・縮小する命令が使えるようになります（後述）。

> 参考　\usepackage[draft]{graphicx} のように draft オプションを付ければ、グラフィック部分が外枠だけの表示になります。

※1　graphicxの綴りにご注意ください。昔 graphics というパッケージがあったのですが、それが拡張 (extend) されて、名前の最後が x になりました。

※2　本書執筆時点の現状では、dvipdfmx を指定しないと、dvips が選択され、うまく動作しません。また、dvipdfmx 指定を \usepackage{graphicx} の側だけに付ければ、今のところ正常に動作しますが、LaTeX の L3 バックエンドが dvips 用になってしまいます。

7.3 \includegraphicsの詳細

例えば

```
\includegraphics[width=3cm]{tiger.pdf}
```

とすると tiger.pdf という画像を 3 cm 幅で取り込んでその場所に出力します。画像は一つの大きな文字のように扱われますので、必要に応じて center 環境などに入れておきます。

　画像ファイルは通常は文書ファイルと同じフォルダに置いておきますが、例えばサブフォルダ sub1、sub2 の中の図も探させたい場合は、プリアンブルに

```
\graphicspath{{sub1/}{sub2/}}
```

と書いておきます。そのほか、LaTeX の入力ファイルを見つけられるところなら、どこに図を置いてもかまいません。

　次のようにパスを指定することもできます。

```
\includegraphics[width=5cm]{C:/pictures/flowers.jpg}
```

パスの区切りは Windows でも / を使います。

　\includegraphics は次のオプションを理解します。

- オプション width は幅を指定する命令です。上の例では画像を幅 5 cm にスケール（拡大または縮小）して出力します。

- height で高さを指定することもできます。

  ```
  \includegraphics[height=3cm]{...}
  ```

  totalheight で「高さ＋深さ」が指定できます。図を回転した場合はこちらのほうが便利です。

- width と height を同時に指定すると縦横比が変わります。keepaspectratio も指定すると、縦横比を変えずに、指定した幅と高さに収まるように拡大縮小します。

  ```
  \includegraphics[width=3cm,height=3cm,keepaspectratio]{...}
  ```

- scale=0.8 で画像のサイズが 0.8 倍になります。元の画像に 10 pt で書いた文字が footnotesize（8 pt）になるように取り込みたいといったときに便利です。

- EPS ファイルの場合、hiresbb オプションを付けると、小数点以下を含む

バウンディングボックス情報を使います。詳しくは 7.6 節をご覧ください。

- clip はクリッピングする、つまり描画領域（バウンディングボックス）の外側を描かないという指定です。描画領域の外側に余分なものが描かれている EPS ファイルなどを取り込むと、周囲の文章が侵蝕されますので、clip は指定しておくのが安全です。

- trim=x_1 y_1 x_2 y_2 で左 x_1、下 y_1、右 x_2、上 y_2 単位だけ図を切り詰めます。単位は 1/72 インチです。例えば図の下部 1 インチを切り詰めたいときは trim=0 72 0 0 とします。

- viewport=x_1 y_1 x_2 y_2 で、元の図の左下隅を原点とする左下隅 (x_1, y_1)、右上隅 (x_2, y_2) の長方形の領域を出力します。単位は 1/72 インチです。例えば図の左下隅 1 インチ角だけ使いたいなら viewport=0 0 72 72 とします。

- angle=30 で画像が 30° 回転します。origin オプションで回転の中心を指定します。詳細は \rotatebox の解説（127 ページ）をご覧ください。90°回転して幅 5 cm に収めたい場合は、高さ（height）を 5 cm に指定しなければなりません。

- draft オプションで画像の枠とファイル名だけを表示します。

- interpolate はビットマップ画像のビューアによる補間を指定します。2017 年に追加されたオプションです。

- page=... は複数ページの PDF ファイルのページ数を指定します。2017 年に追加されたオプションです。

- pagebox=... も 2017 年に追加されたオプションです。右辺は mediabox、cropbox、bleedbox、trimbox、artbox のどれか一つです。PDF ファイルのバウンディングボックスに相当する箱を選びます（詳細は後述）。

- alt={文字情報} は 2021 年に追加されたオプションです。HTML への変換の際に使われることなどを想定しています。

参考 　現在の LaTeX 関連ツールの出力する PDF バージョンは 1.5 に設定されており、それ以上のバージョン（例えば 1.6）の PDF ファイルをインクルードすると警告が出ます。例えば dvipdfmx は次のような警告を出します。

```
** WARNING ** PDF version of input file more recent than in
output file.
** WARNING ** Use "-V" switch to change output PDF version.
```

この場合、インクルードする PDF ファイルのバージョンを 1.5 に下げるか、あるいは逆に出力 PDF ファイルのバージョンを図に合わせて例えば 1.6 に上げます。

後者の方法としては、八登崇之さんの bxpdfver パッケージを使ってプリアンブルに \usepackage[1.6]{bxpdfver} と書くのが簡単です。

> 参考 昔の LaTeX は拡張子 bb のバウンディングボックスファイルや拡張子 xbb の拡張バウンディングボックスファイルを使うことがありました。今はこれらのファイルは不要ですし、かえって誤動作の元になりますので、もし古いものが残っていたら消しておくほうが安全です。

7.4　おもな画像ファイル形式

　画像は、拡大するとギザギザ（ジャギー）が目立つラスター（ビットマップ・ピクセル）画像と、そうでないベクター（ベクトル）画像とに大別されます。ラスター画像はさらに圧縮方法（可逆か非可逆か）で分類されます。スクリーンショットやセル画などノイズが目立ちやすいピクセル画像では、可逆圧縮が推奨です。さらに、印刷所でカラー印刷してもらうためには、CMYK 対応かどうかが決め手になります（129 ページ以下）。

EPS　EPS（Encapsulated PostScript）は、PostScript 形式の一種です。ベクター・ラスター、RGB・CMYK すべてに対応しています。PostScript や EPS は今はほとんど使われませんが、歴史的には重要なので、あとで少し詳しく解説します。

PDF　PDF（Portable Document Format）は、PostScript 形式に代わって広く用いられているファイル形式です。ベクター・ラスター、RGB・CMYK すべてに対応しています。これについても、あとで詳しく解説します。

JPEG　ジェーペグと読みます。拡張子は jpg または jpeg です。写真などのフル階調のカラーまたはグレースケールのピクセル画像用です。非可逆圧縮のため、スクリーンショットの類ではノイズが目立ちます。RGB が一般的ですが、CMYK の JPEG もあり、LaTeX でも扱えます。

PNG　ピングとも読みます。可逆圧縮のため JPEG のようなノイズが入らず、スクリーンショットなどの保存に最適です。RGB やグレースケールに対応しますが、残念ながら CMYK には対応しません[※3]。本格的なカラー印刷用には、Photoshop などで CMYK に変換してから色を調整し、PDF などで保存します。機械的な変換でよければ 129 ページ以下に方法を説明しています。

※3　このため印刷業界では PNG は普及しておらず、TIFF や Photoshop 形式（PSD）のほうが一般的です。

SVG　SVG（Scalable Vector Graphics）は比較的新しいベクター形式の画像フォーマットです。直接 LaTeX 文書には読み込めません（後述）。

7.5　PostScriptとは

コンピュータで扱う画像には、ベクター形式とビットマップ形式（ラスター形式）があります。後者はピクセルという正方形の集まりで構成した画像で、たいへんわかりやすいのですが、前者は「滑らかな画像」「数式で表した画像」などと説明されるものの、なかなか理解しづらいので、ここではベクター形式の代表格にあたる PostScript 形式について説明します。

PostScript 言語[4] は業界標準のページ記述言語（ページ上の文字や図形の配置を記述するための一種のプログラミング言語）です。この言語の命令を書き込んだファイルが PostScript ファイルです。以下では PostScript を略して PS と書くことにします。

以下に簡単な PS ファイルの例を示します（右側は説明です）。これは　のような図形を記述したものです。

※4　PostScript は Adobe Systems Incorporated（日本法人はアドビシステムズ㈱）の登録商標です。正しくは名詞ではなく形容詞ですので、PostScript言語、PostScriptプリンタなどのように使わなければなりません。

```
%!PS                    PSファイルはこの4文字で始まる
10 10 moveto            点 (10, 10) に移動する
30 10 lineto            点 (30, 10) まで線分を引く
20 20 10 0 180 arc      中心 (20, 20)、半径 10、角度 0°〜180° の円弧を引く
closepath               パスを閉じる
stroke                  実際に線を描く
showpage                ページ全体を出力
```

このように、PS ファイルの基本はテキストファイルです。簡単な命令をいくつか覚えれば手で書くこともできます。長さの単位は 1/72 インチです。

このテキストファイルを例えば test.ps という名前で保存し、Ghostscript などの PS（互換）ソフトで開けば、先ほどの絵のような出力が画面で確認できます。また、PS（互換）プリンタに送れば、紙に出力されます。

参考　PS ファイルは %!PS または %!PS-Adobe-3.0 のような行で始める約束になっていますが、実際には、PS 言語は、TeX と同様、% で始まる行をコメント（注釈）として扱います（つまり無視します）。保存の際には頭に BOM が付かないようにします。

7.6　EPSとは

EPS（Encapsulated PostScript、カプセル化された PostScript）とは、一つの図だけを含む限定された PostScript 形式のことです。

EPS ファイル（EPSF）は次のような行で始まります。

```
%!PS-Adobe-3.0 EPSF-3.0
```

これ以降は、若干のコメント（% で始まる行）と、PS 言語による図形の表現が続きます。

一般の PS ファイルは複数のページを含み得ますが、EPS ファイルにはページという概念がありません。また、EPS ファイルの先頭付近には「バウンディングボックス」情報が必ず付きます。バウンディングボックスとは図の外枠のことで、EPS ファイルの先頭付近に

```
%%BoundingBox: 12 202 571 776
```

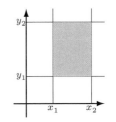

%%BoundingBox: $x_1\ y_1\ x_2\ y_2$

のような形式で書かれています。これは図の左下隅の座標が $(12, 202)$、右上隅の座標が $(571, 776)$ であることを表します（単位は $1/72$ インチ）。

数式で書けば、%%BoundingBox: $x_1\ y_1\ x_2\ y_2$ とは、$x_1 \leq x \leq x_2$、$y_1 \leq y \leq y_2$ の長方形領域のことです。ただし x_1、y_1、x_2、y_2 はすべて整数でなければなりません。

EPS ファイルによっては、通常のバウンディングボックス情報以外に、

```
%%HiResBoundingBox: 12.3456 201.789 570.6895 776.1234
```

のような小数点以下を含むバウンディングボックス情報を持っていることがあります。通常 LaTeX はこちらを無視しますが、こちらを読むようにするには、

```
\usepackage[hiresbb]{graphicx}
```

あるいは個々の図を読み込むところで

```
\includegraphics[hiresbb,width=5cm]{sample.eps}
```

のように hiresbb オプションを付けます。

LaTeX は EPS ファイルの中の図を解釈することはありません。単にバウンディングボックス情報だけを見て、確保する大きさを決めます。

LaTeX の最終産物が PostScript であった時代は、EPS ファイルはそのまま PostScript ファイルに埋め込めるので、好都合でした。ところが、今は最終産物として PDF ファイルを求められますので、EPS ファイルは PDF に変換してから最終産物の PDF に埋め込みます。LaTeX は EPS → PDF 変換のために、次に述べる Ghostscript というツールを呼び出して使います。この変換は LaTeX による処理を遅くする原因ですし、変換のトラブル（例えば正しいフォントが埋め込まれない）も起こり得ます。そのため、今は可能ならグラフィックは EPS ではなく PDF で用意することが勧められています。

例外として、METAPOST の出力する簡単な EPS ファイル（いわゆる purified EPS、拡張子 mps）は TeX で処理できます。EPS を purified EPS に変換する purifyeps というコマンドがあります[5]。

※5 purifyeps は Perl スクリプトで、pstoedit と mpost（METAPOST）を呼び出して使います。この過程で結局 Ghostscript も使われます。

7.7　Ghostscript

Ghostscript（ゴーストスクリプト）は、オープンソースの PS 言語のインタープリタ、つまり PS 言語で書かれた図形を画面表示したり、一般のプリンタに出力したりするソフトです。別の言い方をすれば、Ghostscript は PostScript 互換のソフトウェア RIP（リップ）（ラスタライザ）です。RIP とは Raster Image Processor の意で、PostScript データをラスター画像にする装置またはソフトです。Ghostscript は、PDF のラスタライズや、PostScript から PDF への変換もできます。

LaTeX は EPS 形式の図を出力するために Ghostscript を使っています。

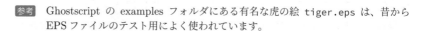

参考　Ghostscript の examples フォルダにある有名な虎の絵 tiger.eps は、昔から EPS ファイルのテスト用によく使われています。

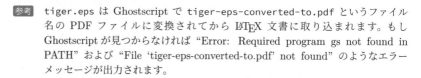

参考　tiger.eps は Ghostscript で tiger-eps-converted-to.pdf というファイル名の PDF ファイルに変換されてから LaTeX 文書に取り込まれます。もし Ghostscript が見つからなければ "Error: Required program gs not found in PATH" および "File 'tiger-eps-converted-to.pdf' not found" のようなエラーメッセージが出力されます。

Ghostscriptの虎のサンプル画像 (tiger.eps)。元はカラーですが、これはグレースケールに変換したものです。

7.8　PDFとは

PDF（Portable Document Format）は、PostScript と同じ Adobe Systems が開発したものですが、今では ISO 32000 として標準化されているオープンな文書フォーマットです。PostScript の進化形ともいえるもので、インターネットでの情報交換から印刷所への入稿まで、広く使われています。Adobe から無償で配布されている Acrobat Reader[6] をはじめ、多くの PDF 閲覧ソフトがあります。Mac では「プレビュー」という標準ツールで PDF が閲覧できます。Web ブラウザも PDF を開けるものが増えました。

PDF にすればどんな環境でも同じ出力ができるというのが理想ですが、現実にはフォント環境が異なれば出力も異なってしまいます。これを避けるために、PDF には、使用した文字のフォントデータを埋め込むことができます。

※6　より高機能な商品Acrobat Proもあります。

▶ PDFのバージョン

PDF には 1.0、1.1、1.2、…、1.7 のバージョンがあり、それぞれ Adobe Acrobat のバージョン 1、2、3、…、8 以降に対応しています。PDF 1.7 は 2008 年に ISO 標準になりました[7]。ISO は 2017 年に PDF 2.0 を策定しています。

印刷でトラブルが生じないように PDF に制限を与えたものが PDF/X（ISO 15930）です。例えば PDF/X-1a:2001（ISO 15930-1:2001）は PDF 1.3 ベースですが、色は CMYK と特色、フォントは必ず埋め込むなどの制約を課してい

※7　ISO 32000-1, Document management – Portable document format – Part 1: PDF 1.7

ます。より新しい PDF/X-4（ISO 15930-7:2008, ISO/FDIS 15930-7）以降では透明効果も使えます。PDF/X はファイルサイズが大きくなりますので、インターネットでの文書配布には向きません。

▶ PDFのボックス情報

PDF ファイルはバイナリファイルですが、基本情報はテキストエディタで見ることができます。EPS ファイルのバウンディングボックスに当たる情報は

```
/MediaBox [0 0 612 792]
/CropBox [0 0 320 240]
```

のように複数含むことができます。この場合、MediaBox がページ全体で、CropBox が図版のバウンディングボックスを指していると考えられます。

PDF 1.3 からはもっと細かく指定できるようになり、MediaBox はトンボを含めた全領域、BleedBox は断ち代を含めた領域、TrimBox は版面、ArtBox は図版のバウンディングボックスに相当するものという具合に使い分けできます。

現在の graphicx パッケージでは、バウンディングボックスとして CropBox が使われます。ほとんどの場合はこれでいいのですが、特に Adobe Illustrator で作成した図版で、LaTeX 文書にインクルードした際に余白が広すぎる場合は、\includegraphics に [pagebox=artbox] オプションを付けて ArtBox の方を使うようにしてください。

それでも LaTeX に挿入して余白が広すぎる場合は、TeX Live の pdfcrop というコマンドを使います。ターミナルから例えば

```
pdfcrop hoge.pdf
```

と打ち込めば、余白を切り落とした hoge-crop.pdf というファイルができます。pdfcrop --help で詳しい説明が出ます。

あるいは、Adobe Acrobat で開いて「トリミングツール」でトリミングする手もあります。同様なことが Mac の「プレビュー」でもできます。ただし、トリミングした外側の部分は表示されないだけですので、非公開の情報が含まれる場合は、別の手段でオブジェクトを削除しないといけません。

▶ PS・EPS→PDFの変換

PS・EPS ファイルを PDF に変換するための定番ソフトは Adobe Acrobat またはそれに含まれる Distiller です。

Mac（macOS Sonoma 以前）では pstopdf（/usr/bin/pstopdf）コマンドで PS・EPS ファイルを PDF に変換できました[8]。

Ghostscript 付属の ps2pdf コマンドでも PS・EPS を PDF に変換できます。EPS に特化したコマンドとして、epstopdf という Perl スクリプトがあります。これはバウンディングボックスの左下隅を $(0,0)$ に合わせてから Ghostscript を

※8 さらに昔のMacではPS・EPSファイルをダブルクリックしただけでPDFに変換して「プレビュー」で開けました。

125

呼び出します。EPS のバウンディングボックス情報を保ちたいときは、ps2pdf を使うか、Distiller なら「EPS ファイルのページサイズ変更とアートワークの中央配置」をオフにして使います。

7.9　SVGとは

SVG（Scalable Vector Graphics）は XML ベースの新しいベクター形式の画像フォーマットです。最近のブラウザは SVG 画像に対応しています。Adobe Illustrator やオープンソースの Inkscape[9] などのドローツールで作成できるほか、R や Python も SVG 形式の出力をサポートしています。中身はテキストファイルですので手で書くこともできます。例えば

※9　2020年5月には待望のMacネイティブ版が出ました。

```
<svg xmlns="http://www.w3.org/2000/svg" version="1.1"
     width="50" height="50" style="font-size:16px">
  <circle cx="25" cy="25" r="22" fill="#CCCCCC"
          stroke="black" stroke-width="2" />
  <text x="25" y="30" text-anchor="middle">まる</text>
</svg>
```

と書いたテキストファイルを maru.svg という名前で保存し、ブラウザで開けば、欄外のように表示されます。

※10　librsvg の rsvg-convert というコマンドでもSVGをPDFやPNGに変換できます。librsvg はMacのHomebrewでも簡単にインストールできます。

LaTeX で使うには、あらかじめ Inkscape などのツールで PDF に変換するのが簡単です[10]。Inkscape には「PDF+LaTeX: Omit text in PDF, and create LaTeX file」という保存方法があり、SVG からテキストを除いたものを maru.pdf、テキスト部分を LaTeX 形式で maru.pdf_tex というファイル名で出力します。これらを統合して出力するには、プリアンブルで svg パッケージを読み込んでおき、図を出したいところに \includesvg{maru} と書きます。Inkscape が inkscape コマンドで呼び出せるように設定[11] された環境では、LaTeX を --shell-escape オプション付きで起動すれば、変換まで自動でしてくれます（ texdoc svg）。

※11　例えばMacでは/Applications/Inkscape.app/Contents/MacOS をPATHに加えます。

逆に、LaTeX で書いた数式を SVG にするには、127 ページのコラムで紹介する TeX2img が便利です。あるいは、dvi ファイルを経由して dvisvgm で SVG にするか、PDF にしてから Poppler の pdftocairo や MuPDF の mutool のようなツールで SVG にします。MathJax 経由で LaTeX 表記の数式を SVG に出力することもできます。Wikipedia はサーバ側で数式を SVG に変換して表示しているようです。

7.10 文字列の変形

graphicx パッケージを使うと、\includegraphics 以外にも、いろいろな
コマンドが使えるようになります。特に便利な文字列の変形のコマンド群を挙げ
ておきます。

▶ \rotatebox[オプション]{角度}{文字列}
文字列を回転します。

文字を \rotatebox{45}{傾けて}書けます。　→　文字を 傾けて 書けます。

◆ TeX2img

寺田侑祐さん（Windows 版は阿部紀行さん）作の TeX2img は、LaTeX 出力を画像にす
るためのツールです。PDF、EPS、PNG、SVG、EMF など多様な画像形式をサポートして
います。LaTeX で出力した数式を別のソフト（DTP ソフト、ワープロソフト、プレゼン
ソフトなど）や Web ページに貼り付けるのに便利です。Mac 版、Windows 版それぞれに
GUI 版、CUI（コマンドライン）版があります。TeX2img 配布サイト https://tex2img.tech
からダウンロードできます。TeX Live などの TeX システム（Ghostscript を含む）がイン
ストールされている必要があります。

使い方は、LaTeX ソースを貼り付けて「画像生成」ボタンを押すだけです。

画像形式の変換（例えば PDF → SVG）にも使えます。

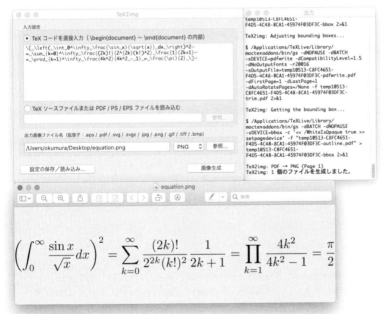

　　オプション [origin=c] を指定すると文字列の中心が回転の中心になります。
[origin=tr] なら文字列の右上隅が回転の中心になります。origin 指定で使
えるのは lrctbB（それぞれ左、右、中、上、下、ベースライン）とその 2 文字
の組合せです。回転の中心は [x=3mm,y=2mm] のように座標で指定することも
できます。回転の単位は無指定では度ですが、[units=6.2832] でラジアンに
なります。

▶ \scalebox{倍率}[縦の倍率]{文字列}

　　文字列を拡大縮小します。オプションの縦の倍率を指定しなければ、縦も横も
等しい倍率で拡大縮小します。

　　半角ｶﾅは \scalebox{0.5}[1]{カナ} のように書けます。

　　倍角ダッシュ──は \scalebox{2}[1]{―} と書けます。

　　次のようにして漢字を合成するときにも使えます。

```
\newcommand{\LRkanji}[2]{%
  \scalebox{0.5}[1]{\makebox[2zw]{#1\hspace{-0.1zw}#2}}}
```

　森 \LRkanji{區}{鳥}外　　→　森鷗外
　飛 \LRkanji{馬}{單}山脈　　→　飛驒山脈

▶ \reflectbox{文字列}

　　文字列を溈又刹嶪します。\scalebox{-1}[1]{文字列} と同じことです。

▶ \resizebox{幅}{高さ}{文字列}

　　文字列を指定の幅・高さに拡大縮小します。\resizebox* のように * を付け
ると、「高さ」が「高さ＋深さ」になります。幅と高さを同じ倍率で拡大縮小する
には、一方の長さだけ指定して、もう一方を！とします。元々の幅は \width、
高さは \height と書きます。

　　長い数式をページに押し込むのにも使えます。次の例では、数式の幅を行長
（\columnwidth）の 0.9 倍にしています。

```
\resizebox{0.9\columnwidth}{!}{$\displaystyle
  \kappa = \kappa_1 + \kappa_2 + \frac{...}{D}$}
```

$$\kappa = \kappa_1 + \kappa_2 + \frac{T\{\sigma_1\sigma_2(\sigma_1 + \sigma_2)(\alpha_1 - \alpha_2)^2 - (N_1 - N_2)(B_2^2\sigma_1\sigma_2)[(\sigma_1 + \sigma_2)(N_1 - N_2) - 2\sigma_1\sigma_2(R_1 + R_2)(\alpha_1 - \alpha_2)]\}}{D}$$

　　次の例はトトロの世界にしかない「七国山病㤠」のような字を作っています：

```
七国山病\hspace{-0.4zw}\resizebox*{-0.8zw}{1zw}{\UTF{961D}}%
\hspace{-0.1zw}\raisebox{0.76zw}{\resizebox*{0.7zw}{-1zw}{完}}
```

7.11　色モデルとその変換

　パソコンの画面の色は、光の3原色の赤・緑・青（Red、Green、Blue、合わせて RGB と呼ぶ）で作られています。これに対して、印刷で使うプロセスカラーは、シアン・マゼンタ・黄・黒（Cyan、Magenta、Yellow、blacK、合わせて CMYK と呼ぶ）を使います[12]。原理的には CMY だけでいいはずですが、この3色を混ぜて完全な黒にするのは難しいだけでなく、黒は文字色に使われ、CMY の黒では版が少しでもずれると文字が読みにくくなるので、黒だけは特別扱いします。図版では「より黒い黒」を出すために K に CMY を被せることもあります。これ以外にも、特定の色を正確に出したいときは、特色（スポットカラー）を使うことがあります。

　RGB といっても、広く使われている sRGB 以外に、より広い色域の Adobe RGB など、数種類の色モデルがあります。デジカメのカラー印刷用データには Adobe RGB を使うべきですが、それでも CMYK の色域とは完全に一致せず、変換は単純ではありません。RGB データをそのまま入稿できる仕組みが整い始めていますが、今のところ、印刷所に入稿する際には、CMYK 対応ソフトで色合いを調整し、CMYK 形式（モノクロならグレースケール形式）で保存するのが安全です。CMYK が扱えるソフトには、Adobe 社の Photoshop（ラスター画像用）や Illustrator（ベクター画像用）などがあります。GIMP[13]は Separate+ プラグインにより CMYK が扱えましたが、GIMP 3 では本体に CMYK 対応が入るようです。

　機械的な変換でよければ、ImageMagick[14] の画像変換コマンド magick（convert）[15] が便利です。PNG 画像をグレースケールや CMYK に変換するためのいくつかの例を示します：

```
magick foo.png -colorspace Gray foo-gray.png
magick foo.png -colorspace Gray EPDF:foo-gray.pdf
magick foo.png -colorspace CMYK EPDF:foo-cmyk.pdf
```

PDF 変換時の EPDF: という指定は、いわゆる Encapsulated PDF（MediaBox が用紙全体ではなく画像だけを指す PDF）にするためのものです。ImageMagick で扱えるのはラスター画像だけで、ベクター画像の色変換は Adobe Illustrator などを使うことになります。

参考　一括処理するには、シェルに bash や zsh を使っているなら次のようにすればいいでしょう。

```
for x in *.png
do
    magick $x -colorspace CMYK EPDF:${x%.png}-cmyk.pdf
done
```

${x%.png} はファイル名から .png を除いた部分です。${x%.*} とすればすべ

※12 CMYKのKはblacKの略（日本ならKuroの略）と覚えるのが便利ですが、実際にはKey plateから来たものです。印刷用語ではスミ（墨）といいます。なお、学校で習う「色の3原色」または「絵の具の3原色」は赤・黄・青でしたが、実際には光の3原色の補色のシアン・マゼンタ・黄を使うほうが、広い範囲の色が表せます。

※13 https://www.gimp.org

※14 ImageMagick は標準的なツールなので、多くの Linux ディストリビューションや Cygwin に含まれています。Windows版やMac版は https://imagemagick.org からダウンロードできます（Mac ならHomebrewで入れるのが簡単です）。

※15 ImageMagickの画像変換コマンドは長らくconvertという名前でしたが、バージョン7からはmagickというコマンド名が標準で用いられています（Windows以外ではconvertもまだ使えるようです）。

ての拡張子を除けます。

> 参考　最近はグレースケールの紙版と RGB の電子版を同時に出版するといったことが増えました。その場合、元画像 `*.png` は RGB で作り、上のようにして `*-gray.png` を生成しておき、インクルードする際に `\includegraphics[...]{fig\col.png}` のように書けば、プリアンブルで `\newcommand{\col}{-gray}` と定義すればグレースケール版、`\newcommand{\col}{}` とすれば RGB 版ができきます。

　なお、パソコンの画面と違って、一般的な印刷では薄い色を網点で表現します。網の密度は線数（lpi、lines per inch）という単位で表します。画面上で黒に見えても、CMYK データとしては 100％に満たない K に CMY が混じった色になっていて、黒インクだけで印刷すると網かけ状態になってしまうことがあります。Adobe Acrobat Pro の「印刷工程」→「出力プレビュー」で調べて $C : M : Y : K = 75 : 68 : 67 : 90$ のようになっている場合は、色モデルをグレースケールに直し、黒が $C : M : Y : K = 0 : 0 : 0 : 100$（いわゆるスミベタ）になっていることを確かめます。

> 参考　Ghostscript で `gs -o - -sDEVICE=ink_cov` PDF ファイル名 とすると、ページごとに CMYK のインクの比率が表示されます。`ink_cov` を `inkcov` とすれば CMYK のピクセルの比率が表示されます。例えば黒だけ使ったはずのページが
>
> ```
> Page 1
>  0.00178   0.00148   0.00151   0.00828 CMYK OK
> ```
>
> のように表示された場合、RGB になってしまっていると考えられます。

7.12　色の指定

　`\includegraphics` で埋め込んだグラフィックの色や色モデルは LaTeX 側では変更することができませんが[※16]、LaTeX で出力する文字や図形には自由に色が付けられます。そのために使われる標準的なパッケージが xcolor です。

```
\usepackage[cmyk]{xcolor}  % または [rgb] または [gray]
```

のようにオプションを付けて色モデルを固定することもできますが、文書中で `\selectcolormodel{cmyk}` のようにするほうが柔軟な指定ができます[※17]。

> 参考　`\usepackage[cmyk]{xcolor}` などのように xcolor のオプションで色モデルを固定すると、現状では tabularray パッケージが読み込む ninecolors パッケージの色モデル rgb:Hsb と衝突してエラーになるようです。

※16 transparent パッケージで透明度を変えることはできます。

※17 確実にグレースケールな場合は cmyk でなく gray 指定のほうが安全です。RGB 変換された場合に cmyk の K100より gray の黒のほうが黒いことがあり得るようです。

文字色の指定は次のようにします。

- グレースケールの指定は

  ```
  {\color[gray]{0.5} 文字}　または
  \textcolor[gray]{0.5}{文字}
  ```

  のようにします。数値は 0〜1 で、0 が黒、1 が白です。

- カラーの印刷物なら CMYK で指定します。例えばシアン 0.75、マゼンタ 0、黄 0.65、黒 0 で作る色（CUD 推奨配色の緑色）で文字を書く場合は

  ```
  {\color[cmyk]{0.75,0,0.65,0} 文字}　または
  \textcolor[cmyk]{0.75,0,0.65,0}{文字}
  ```

  のように書きます。

- ディスプレイに表示する色は RGB 値で

  ```
  {\color[rgb]{0.2,0.6,0.4} 文字}　または
  \textcolor[rgb]{0.2,0.6,0.4}{文字}
  ```

  のように指定します。あるいは、HTML にならった記法

  ```
  {\color[HTML]{35A16B} 文字}　または
  \textcolor[HTML]{35A16B}{文字}
  ```

  も使えます。

成分の割合で指定するのは面倒ですので、いくつかの色名が定義されています。どんなドライバでも次の色は使えます：

※ 色見本がカバーのそでにあります。

RGB 系	red $(1,0,0)$　green $(0,1,0)$　blue $(0,0,1)$
	brown $(.75,.5,.25)$　lime $(.75,1,0)$　orange $(1,.5,0)$
	pink $(1,.75,.75)$　purple $(.75,0,.25)$　teal $(0,.5,.5)$
	violet $(.5,0,.5)$
CMYK 系	cyan $(1,0,0,0)$　magenta $(0,1,0,0)$
	yellow $(0,0,1,0)$　olive $(0,0,1,.5)$
gray 系	black (0)　darkgray $(.25)$　gray $(.5)$
	lightgray $(.75)$　white (1)

さらに、black!20 で黒 20 ％（薄い灰色）、red!30!yellow で赤 30 ％・黄 70 ％（赤みがかった黄）といった指定ができます[18]。

xcolor パッケージに dvipsnames オプションを付けた場合は、さらに次ページの表の色（CMYK 系）が指定できます。

※18　色モデルを指定していない場合、red を先に書くと RGB ですが、同じ色でも yellow!70!red と書けば CMYK になります。

名前	C	M	Y	K	名前	C	M	Y	K
GreenYellow	0.15	0	0.69	0	Yellow	0	0	1	0
Goldenrod	0	0.10	0.84	0	Dandelion	0	0.29	0.84	0
Apricot	0	0.32	0.52	0	Peach	0	0.50	0.70	0
Melon	0	0.46	0.50	0	YellowOrange	0	0.42	1	0
Orange	0	0.61	0.87	0	BurntOrange	0	0.51	1	0
Bittersweet	0	0.75	1	0.24	RedOrange	0	0.77	0.87	0
Mahogany	0	0.85	0.87	0.35	Maroon	0	0.87	0.68	0.32
BrickRed	0	0.89	0.94	0.28	Red	0	1	1	0
OrangeRed	0	1	0.50	0	RubineRed	0	1	0.13	0
WildStrawberry	0	0.96	0.39	0	Salmon	0	0.53	0.38	0
CarnationPink	0	0.63	0	0	Magenta	0	1	0	0
VioletRed	0	0.81	0	0	Rhodamine	0	0.82	0	0
Mulberry	0.34	0.90	0	0.02	RedViolet	0.07	0.90	0	0.34
Fuchsia	0.47	0.91	0	0.08	Lavender	0	0.48	0	0
Thistle	0.12	0.59	0	0	Orchid	0.32	0.64	0	0
DarkOrchid	0.40	0.80	0.20	0	Purple	0.45	0.86	0	0
Plum	0.50	1	0	0	Violet	0.79	0.88	0	0
RoyalPurple	0.75	0.90	0	0	BlueViolet	0.86	0.91	0	0.04
Periwinkle	0.57	0.55	0	0	CadetBlue	0.62	0.57	0.23	0
CornflowerBlue	0.65	0.13	0	0	MidnightBlue	0.98	0.13	0	0.43
NavyBlue	0.94	0.54	0	0	RoyalBlue	1	0.50	0	0
Blue	1	1	0	0	Cerulean	0.94	0.11	0	0
Cyan	1	0	0	0	ProcessBlue	0.96	0	0	0
SkyBlue	0.62	0	0.12	0	Turquoise	0.85	0	0.20	0
TealBlue	0.86	0	0.34	0.02	Aquamarine	0.82	0	0.30	0
BlueGreen	0.85	0	0.33	0	Emerald	1	0	0.50	0
JungleGreen	0.99	0	0.52	0	SeaGreen	0.69	0	0.50	0
Green	1	0	1	0	ForestGreen	0.91	0	0.88	0.12
PineGreen	0.92	0	0.59	0.25	LimeGreen	0.50	0	1	0
YellowGreen	0.44	0	0.74	0	SpringGreen	0.26	0	0.76	0
OliveGreen	0.64	0	0.95	0.40	RawSienna	0	0.72	1	0.45
Sepia	0	0.83	1	0.70	Brown	0	0.81	1	0.60
Tan	0.14	0.42	0.56	0	Gray	0	0	0	0.50
Black	0	0	0	1	White	0	0	0	0

※ 色見本がカバーのそでにあ
ります。

これら以外の色に名前をつけたい場合は次のようにします。

```
\definecolor{色の名前}{gray}{x}
\definecolor{色の名前}{rgb}{r,g,b}
\definecolor{色の名前}{cmyk}{c,m,y,k}
```

イタリック体で書いた部分は 0〜1 の値です。グレーレベル（gray）で指定する
場合、$x = 0$ が黒、$x = 1$ が白です。例えば lightgray、cream という色名を
定義するには次のようにします。

```
\definecolor{lightgray}{gray}{0.75}
\definecolor{cream}{cmyk}{0,0,0.3,0}
```

次のコマンドはいずれも ... の部分の文字色を変えます。

```
{\color{色の名前} ...}          \textcolor{色の名前}{...}
{\color[gray]{x} ...}          \textcolor[gray]{x}{...}
{\color[rgb]{r,g,b} ...}       \textcolor[rgb]{r,g,b}{...}
{\color[cmyk]{c,m,y,k} ...}    \textcolor[cmyk]{c,m,y,k}{...}
```

\pagecolor{色の名前} でページの背景色が変わります。\color 命令同様、グレーレベルや RGB、CMYK の数値でも指定できます。別の色を指定するまで変わったままですので、元の白に戻すには \pagecolor{white} とします。

\colorbox{色名}{...} で文字の背景に色を付けられます。色は数値でも指定できます。

\colorbox[gray]{0.8}{灰色の背景}　→　灰色の背景

\fcolorbox{色名 1}{色名 2}{...} で、色名 1 の枠、色名 2 の背景で文字が書けます。色は数値でも指定できます。

\fcolorbox[gray]{0}{0.8}{黒枠、灰色の背景}　→　黒枠、灰色の背景

従来は TEX で小さな点を並べて網掛けすることもありましたが、今はこのように灰色の背景を使うほうがきれいな網掛けができます。

7.13　枠囲み

枠で囲む方法はいろいろありますが、ここでは最新・最強の tcolorbox パッケージをご紹介します（ texdoc tcolorbox）。このパッケージの特徴は、枠囲みの途中で改ページできることと、たくさんのオプションにより多様な枠が描けることです。

```
\usepackage{tcolorbox}
```

として使います（内部で pgf、graphicx、xcolor などを読み込みます）。

枠囲みは \begin{tcolorbox} ... \end{tcolorbox} で行います。次の例のように、いろいろなオプションを指定することができます。

```
\begin{tcolorbox}[colframe=black!50,colback=white,
        colbacktitle=black!50,coltitle=white,
        fonttitle=\bfseries\sffamily,title=粋な枠]
  わくわくする枠
\end{tcolorbox}
```

粋な枠

わくわくする枠

　もっとも、日本ではもっとシンプルな枠が好まれるようです。次の例は単純な箱を定義しています。

```
\usepackage{tcolorbox}
\tcbuselibrary{skins}

\newtcolorbox{mysimplebox}[1]{%
  colframe=black, colback=white,
  coltitle=black, colbacktitle=white,
  boxrule=0.8pt, arc=0mm,
  fonttitle=\sffamily\bfseries,
  enhanced,
  attach boxed title to top left={xshift=10mm,yshift=-3mm},
  boxed title style={frame hidden},
  title=#1}

\begin{mysimplebox}{解答群}
  わくわくする解答
\end{mysimplebox}
```

──── **解答群** ────────────────────────

わくわくする解答

───────────────────────────────────

参考　枠囲みの途中で改ページさせたい場合には、プリアンブルで次のようにオプションライブラリも指定します。

```
\usepackage[breakable]{tcolorbox}
```

または

```
\usepackage{tcolorbox}
\tcbuselibrary{breakable}
```

そして、途中で改ページを許したい tcolorbox 環境のオプションにも breakable を指定します。

```
\begin{tcolorbox}[breakable,colorframe=...
```

第8章
表組み

表組みのための LaTeX 標準の仕組みは tabular 環境です。複雑な
データを手で tabular 環境の形に書き直すのは面倒ですが、データ
タを扱うツールの多くに自動で変換する仕組みが備わっています
（Python の pandas の to_latex()、R の xtable など）。あとはこれ
を見栄え良く修正するだけです。

LaTeX 標準の表組みを改善・拡張するものとして、array、
tabularx、booktabs、longtable などのパッケージがありました
が、今はこれらを統合して強力にした tabularray パッケージ（tblr
環境、longtblr 環境）がお薦めです。

8.1　表組みの基本

LaTeX には、通常のテキスト内で作表する tabular 環境、数式モードで作表
する array 環境があります。

まずは tabular 環境の基本として、罫線のない表を書いてみましょう。

品名	単価（円）	個数
りんご	100	5
みかん	50	10

このように出力するには、次のように入力します。

```
\documentclass{jlreq}
\begin{document}

\begin{center}
  \begin{tabular}{lrr}
    品名 & 単価（円）& 個数 \\
    りんご & 100 & 5 \\
    みかん & 50 & 10
  \end{tabular}
\end{center}

\end{document}
```

\begin{center} … \end{center} は中身を左右中央に置く命令で、表組み

と直接の関係はありません。その内側の \begin{tabular} … \end{tabular}
が表そのものを出力する命令です。この命令は

```
\begin{tabular}{列指定}
  表本体
\end{tabular}
```

の形で使います。

　列指定は

- ▷ l　左寄せ (left)
- ▷ c　中央 (center)
- ▷ r　右寄せ (right)

を列の数だけ並べます。先ほどの \begin{tabular}{lrr} では列指定は lrr
でしたので、1 列目は左寄せ、2 列目と 3 列目は右寄せになりました。

　表本体では、列の区切りは &、行の区切りは \\ です。表の最下行の終わりに
は \\ は付けません（後述の \bottomrule や \hline が付く場合は例外です）。

参考　表は、一つの大きい文字として扱われます。したがって、上の例で、もし
\begin{center}、\end{center} がなかったら、表は別行立てにならず、

品名	単価（円）	個数
りんご	100	5
みかん	50	10

のように本文の中に入り込んでしまいます（青色の
長方形（アミ）は見やすいように付けたものです）。

参考　ここでは表を center 環境に入れましたが、flushleft 環境（左寄せ）や
flushright 環境（右寄せ）にすると、tabular 環境の両側にほんの少し余分な
スペースが入っているのがわかります。この余分なスペースを消すには、たとえ
ば列指定が {lrr} なら {@{}lrr@{}} のように、列指定の両側に @{} という命
令を入れます。@{何か} は表の両側や列間に 何か を挿入するためのものですが、
@{} のように中身を空にすることで、本来入るはずの表の両側のスペースを消し
ています。

8.2　LaTeX標準の罫線

　横罫線を引くには \hline という命令を使います。プリアンブルで読み込ん
でいる array パッケージは、必須ではありませんが、LaTeX 標準の罫線を微妙
に改善します。(u)pLaTeX では array パッケージなど欧文用パッケージとの整
合性をよくするため、念のため 1 行目を入れておきます。

```
\RequirePackage{plautopatch}        ← (u)pLaTeX だけ
\documentclass{...}
\usepackage{array}                  ← 表組みを改善する（なくてもよい）
\begin{document}
```

```
\begin{center}
  \begin{tabular}{lrr} \hline
    品名 & 単価（円）& 個数 \\ \hline
    りんご & 100 & 5 \\
    みかん &  50 & 10 \\ \hline
  \end{tabular}
\end{center}

\end{document}
```

品名	単価（円）	個数
りんご	100	5
みかん	50	10

　列指定の文字列（この場合 `lrr`）の中に縦棒（`|`）を入れると、次のように縦罫線が引けます。

```
\begin{tabular}{|l|r|r|} \hline
  品名 & 単価（円）& 個数 \\ \hline
  りんご & 100 & 5 \\
  みかん &  50 & 10 \\ \hline
\end{tabular}
```

品名	単価（円）	個数
りんご	100	5
みかん	50	10

　`\hline\hline` と続けて書くと二重の横罫線になります。また、列指定の中で `||` と書くと二重の縦罫線になります。

　次のように `\cline{欄番号-欄番号}` で部分的に罫線が引けます。

```
\begin{tabular}{|ccc|} \hline
  こ & れ & は \\ \cline{2-3}
  迷 & 路 & で \\ \cline{1-1} \cline{3-3}
  し & ょ & う \\ \hline
\end{tabular}
```

こ	れ	は
迷	路	で
し	ょ	う

8.3　tabularrayパッケージ

　プリアンブルに `\usepackage{tabularray}` と書けば、今まで tabular と書いていたところが `tblr` の4文字で済みます。tabular の子音文字だけ並べたものですが、top-bottom-left-right の略でもあるとのことです[1]。

　今まで述べた使い方については、tabular でも tblr でも変わりません。

```
\begin{tblr}{|l|r|r|} \hline
  品名 & 単価（円）& 個数 \\ \hline
  りんご & 100 & 5 \\
  みかん &  50 & 10 \\ \hline
\end{tblr}
```

品名	単価（円）	個数
りんご	100	5
みかん	50	10

> ※1 tblr 環境は数式中でも使えますので、本文中は tabular 環境、数式中は array 環境と使い分ける必要はありません。

　tabular と比べて tblr のほうがセルの上下余白が2ポイントほど広くなります。このサイズは `\SetTblrInner{rowsep=0pt}` のように制御できます。

8.4　表の制御

tabular も tblr も、各行の最後の \\ の後に [長さ] を付けると、その長さ
だけ行送りが増えます。負の長さなら行送りが減ります。

```
\begin{tblr}{|l|r|r|} \hline
   品名 & 単価（円）& 個数 \\ \hline
   りんご & 100 &   5 \\[-5pt]
   みかん &  50 & 10 \\ \hline
\end{tblr}
```

品名	単価（円）	個数
りんご	100	5
みかん	50	10

tblr では \SetTblrInner コマンドでそれ以降の表のスタイルを変更できま
す。例えば

```
\SetTblrInner{rowsep=0pt,colsep=5pt,stretch=0.8}
```

のように使います。個々のパラメータの意味は次の通りです。

キー	規定値	意味
rowsep	2pt	行の上下のアキ（0pt にすればほぼ tabular と同じ）
colsep	6pt	列の左右のアキ
stretch	1	行送り（相対値）
abovesep	2pt	行の上のアキ
belowsep	2pt	行の下のアキ
leftsep	6pt	列の左のアキ
rightsep	6pt	列の右のアキ
baseline	m	表全体のベースライン位置（t: トップ、T: 1 行目、m: 中央、b: 底、B: 最終行）

参考　上の表は \begin{tblr}{llX} として書きました。X は可変幅の列指定です
（tabularx パッケージで導入された書き方で、tabularray でも採用されま
した）。

参考　上の表は \hline の代わりに \toprule、\midrule、\bottomrule というコマ
ンドで罫線を引いています。これらのコマンドを使うためには、プリアンブルに
\UseTblrLibrary{booktabs} と書いておきます。このように 3 通りの罫線を
使って美しい表組みをするスタイルは booktabs パッケージで導入されました。
ちなみに、booktabs の著者は、罫線は横罫線に限るべきと主張されています。
実際、英語圏の表組みでは、縦罫線はあまり使いません。

8.5　セル結合

　tblr 環境は Excel のセル結合に相当することが簡単にできます[※2]。例えば \SetCell[r=2,c=3]{c} でそのセルを左上とする 2 行 3 列が結合されて、中身が中央揃え（{c}）になります。結合によって隠れたセルの内容は、表示されません。オプション引数 [ ] を省略すれば、1 個のセルの中身の揃え方だけ変えられます。例えば

※2 Excelのセル結合はデータの構造を乱してCSVファイルに変換できなくする嫌われ者ですが、紙の上の表組みではしばしば必須です。

請求書		
品名	数量	金額
基礎からわかる情報リテラシー	1	1628 円
C 言語による標準アルゴリズム事典	1	2750 円

のように出力するには

```
\begin{center}
  \begin{tblr}{|l|r|r|} \hline
    \SetCell[c=3]{c} 請求書          &     &               \\ \hline
    \SetCell{c} 品名              & 数量 & \SetCell{c} 金額 \\ \hline
    基礎からわかる情報リテラシー       &   1 & 1628 円 \\ \hline
    C 言語による標準アルゴリズム事典 &   1 & 2750 円 \\ \hline
  \end{tblr}
\end{center}
```

と入力します。

8.6　色のついた表

　LaTeX で色を扱うには xcolor パッケージを使います。

```
\usepackage{xcolor}
```

xcolor が読み込まれていれば、tabularray パッケージはさらに ninecolors パッケージも読み込みますので、ninecolors で定義された色名も使えます。特にグレースケールの色名 gray1（黒に近い）〜gray9（白に近い）は便利です。
　セルごとに色をつけるには \SetCell を使います。文字色 fg、背景色 bg を別に指定できます。

```
\begin{tblr}{|c|c|} \hline
  \SetCell{bg=gray9} 左上 & 右上 \\ \hline
  左下 & \SetCell{fg=white,bg=black} 右下 \\ \hline
\end{tblr}
```

左上	右上
左下	右下

偶数行と奇数行で色を変えることもできます。次の例は 1 行目だけ特別扱いしています。

```
\SetTblrInner{
  row{odd}={bg=gray9},
  row{1}={fg=white,bg=black}
}
\begin{tblr}{|c|} \hline
  第1の行 \\ \hline
  第2の行 \\ \hline
  第3の行 \\ \hline
  第4の行 \\ \hline
  第5の行 \\ \hline
\end{tblr}
```

| 第 1 の行 |
| 第 2 の行 |
| 第 3 の行 |
| 第 4 の行 |
| 第 5 の行 |

tcolorbox パッケージの枠囲み \tcbox{...} を使えば、tabular/tblr 環境の枠に飾りをつけることができます。

```
\tcbox[left=0mm,right=0mm,top=0mm,bottom=0mm,boxsep=0mm,
  toptitle=0.5mm,bottomtitle=0.5mm,colframe=gray5,
  fonttitle=\bfseries\sffamily,center title,title=果物一覧]{%
\begin{tblr}{colspec={lrr},vlines={gray5}}
  品名 & 単価（円）& 個数 \\ \hline[gray5]
  りんご & 100 &  5 \\
  みかん &  50 & 10 \\
\end{tblr}}
```

果物一覧		
品名	単価（円）	個数
りんご	100	5
みかん	50	10

8.7　ページをまたぐ表

tblr 環境は一つの大きな文字と同等に扱われますので、ページをまたぐことはできません。ページをまたぐ表を作るためには longtblr 環境を使います。

```
\begin{longtblr}[caption={名簿}]{colspec={|l|l|},rowhead=1} \hline
  名前 & 住所 \\ \hline
  技評太郎 & 東京都新宿区市谷左内町21-13 \\
  ……     & ……                        \\
  ……     & ……                 \\ \hline
\end{longtblr}
```

rowhead で指定した先頭行数は各ページの表の頭に出力します。

"Continued on next page" や "(Continued)" と出るのを日本語にするには

```
\DefTblrTemplate{contfoot-text}{normal}{次ページに続く}
```

```
\SetTblrTemplate{contfoot-text}{normal}
\DefTblrTemplate{conthead-text}{normal}{（続き）}
\SetTblrTemplate{conthead-text}{normal}
```

と定義しておきます。

8.8　表組みのテクニック

　セルに複数行を入れるには `{1行目 \\ 2行目 \\ 3行目}` のようにします。この場合、列を左右中央揃えにする `{|c|c|c|}` のような指示以外に、上下中央揃えにする指示 `m` も必要です。これらは `Q[c,m]` のようにまとめます。

　次の例ではさらに左上セルに対角線を `\diagbox` で引いています。そのため、プリアンブルに `\UseTblrLibrary{diagbox}` と書いておきます。

実際＼予測	$-$	$+$
$-$	真陰性（TN）	偽陽性（FP）
$+$	偽陰性（FN）	真陽性（TP）

```
\begin{tblr}{|Q[c,m]|Q[c,m]|Q[c,m]|} \hline
  \diagbox{実際}{予測} & $-$ & $+$ \\ \hline
  $-$ & {真陰性 \\ (TN)} & {偽陽性 \\ (FP)} \\ \hline
  $+$ & {偽陰性 \\ (FN)} & {真陽性 \\ (TP)} \\ \hline
\end{tblr}
```

　次の表のように小数点で桁揃えしたいときや微妙な文字間・行間の調整をしたいときがあります。

T (deg)	t (sec)	X_n
10^{12}	0	0.496
3×10^{11}	0.001129	0.488*
1.3×10^9	98*	0.15

　このようなときには、`\phantom{何々}` と書くと「何々」と同サイズの空白が出力されることを使うのが簡単です。また、`\rlap{何々}` とすれば右に向かって「何々」と出力してからその幅だけ左に戻るので、あたかも「何々」を出力しなかったような列揃えになります。

　次の入力例は、`\phantom{0}` と入力する代わりに ~ で数字の幅の空白が出力

できるように ~ を \renewcommand で再定義しています。center 環境内での
再定義ですので、center 環境を抜け出したら ~ の定義は元に戻ります。

```
\begin{center}
  \renewcommand{~}{\phantom{0}}
  \begin{tblr}{rll}  \toprule
    \SetCell{c} $T$ (deg) & \SetCell{c} $t$ (sec)
                         & \SetCell{c} $X_n$ \\ \midrule
    $           10^{12}$ & ~0        & 0.496           \\[-4pt]
    $ 3 \times 10^{11}$ & ~0.001129 & 0.488\rlap{*} \\[-4pt]
    $1.3 \times 10^{9~}$ & 98*       & 0.15    \\ \bottomrule
  \end{tblr}
\end{center}
```

> 参考　\\[-4pt] はその行間を標準より 4 pt 狭くする命令です。欧文用のクラスファイ
> ルを使う場合は行間を狭くする必要はほとんどありませんが、和文用のクラス
> ファイルでは行間が広く設定してあるので、このような数表を組むと行間が広く
> なりがちです。3～4 pt 狭くするとよい感じになることがあります。

> 参考　小数点で揃える別の方法として、列指定を r@{.}l のようにする方法もあります。
> つまり小数点より前と後を別の列にするわけです。@{何々} は列間に何々が入る
> ことを意味します。ただし、3.14 と書く代わりに 3&14 と書かなければなりま
> せん。

※3 *TUGboat*, **44** (2023),
No. 1, https://doi.org/10.473
97/tb/44-1/tb136duck-tabul
array

最後に数独の例を挙げておきます[※3]。

```
\begin{tblr}{%
    columns={.5cm,colsep=0pt},
    rows={.5cm,rowsep=0pt},
    cells={c,m},hlines,vlines,stretch=0,
    hline{1,4,7,Z}={wd=1.2pt},
    vline{1,4,7,Z}={wd=1.2pt}}
  1& &6& & &5&4& &  \\
   & &9&1& &8& &5&  \\
  7&5& &9& & &1& &3 \\
   & & &5& & &3& &9 \\
  2& & & &4& & & &1 \\
  8& &4& & &9& &  \\
  5& &7& & &3& &2&6 \\
   &6& & &8& &1&5& &  \\
   & &3&2& & &9& &7
\end{tblr}
```

1		6			5	4		
		9	1		8		5	
7	5		9			1		3
			5			3		9
2				4				1
8		4			9			
5		7			3		2	6
	6			8		1	5	
		3	2			9		7

図・表の配置

LᴬTᴇX には自動で図・表を配置する figure 環境、table 環境があります。この機能を強化した float パッケージを使えば、より柔軟な図・表の配置ができ、図・表に似た「プログラムリスト」などの新しい環境を簡単に作ることもできます。

9.1　図の自動配置

図を自動配置するには figure 環境を使います。例えば[※1]

```
図 \ref{fig:2ji}は関数 $y = x^2$ のグラフである。
\begin{figure}
  \centering
  \includegraphics[width=5cm]{2ji.pdf}
  \caption{関数 $y = x^2$ のグラフ}
  \label{fig:2ji}
\end{figure}%
このグラフは下に凸である。
```

と書くと、LᴬTᴇX は \begin{figure} … \end{figure}% の部分をとりあえず無視して

> 図**??**は関数 $y = x^2$ のグラフである。このグラフは下に凸である。

と出力します（図の番号がとりあえず **??** になっています）。そして、そのページの上か下の余ったところに図を出力し、図のすぐ下に

> 図1　関数 $y = x^2$ のグラフ

のようにキャプション（図見出し）を出力します。もしそのページに収まらないなら、次ページ以降に回します。

> 参考　jlreq ドキュメントクラスではキャプションはゴシック体で出力されます。これを通常の書体に戻すには、プリアンブルに次のように書いておきます。

※1 \end{figure} の後の % にご注意ください。このように日本語の段落の途中に figure 環境を入れる場合、% を付けないと、余分な空白が入ってしまいます。なるべく figure 環境（や後述の table 環境）は段落と段落の間に書き込むことをお勧めします。そうすればこの % は不要です（あってもかまいません）。

```
\jlreqsetup{caption_font=\normalfont,
            caption_label_font=\normalfont}
```

\label{...} と \ref{...} の中身は、単なる符丁(ラベル)ですので、何でもかまいませんが、両方に同じ文字列を書いておきます。

「図??は……」のように、本文中で図の番号が ?? になっていますが、これは LaTeX をもう一度実行すると、

> 図1は関数 $y = x^2$ のグラフである。このグラフは下に凸である。

のように正しい番号に置き換わります。

\label、\ref、および LaTeX を2度実行することの背後の仕組みについては 10.1 節をご覧ください。

> 参考　figure 環境の中身を中央揃えする際には、center 環境を使うと少し余分なスペースが上下に入るので、上の例のように \centering 命令を使うほうがいいでしょう。

\begin{figure}[htbp] のように \begin{figure} の直後に [ ] で囲んだ文字を書くことによって、図の出力の可能な位置を指定できます。これらの文字の意味は次の通りです。

- ▷ t　ページ上端 (top) に図を出力します
- ▷ b　ページ下端 (bottom) に図を出力します
- ▷ p　単独ページ (page) に図を出力します
- ▷ h　できればその位置 (here) に図を出力します
- ▷ H　必ずその位置 (Here) に図を出力します (要:floatパッケージ)

何も指定しなければ [tbp] すなわちページ上端、ページ下端、単独ページに出力できることになります。htbp を並べる順序に意味はありません。[b!] のようにすると、より強い指定になります。

H は、プリアンブルに \usepackage{float} と書かないと使えません[※2]。H を指定すると、ほかのオプションは指定できません。

※2　floatは昔のhereパッケージを置き換えるものです。

> 参考　図の番号は自動的に、例えば「図5」のように付きますが、これを「Fig. 5」にするには、プリアンブルに
>
> 　　　\renewcommand{\figurename}{Fig.~}
>
> と書いておきます。~ は改行しないスペースです。(lt)jsarticle 等ではドキュメントクラスオプションに english を与えても英語になります。

\caption{...} は図の説明を出力する命令ですが、これを使って図目次を自

動的に作成することもできます。図目次を作成するには、図目次を出力したい位置に \listoffigures と書きます。

図目次を作成する場合は、

```
\caption[短い説明]{長い説明}
```

のように2通りの説明（キャプション）を付けることができます。長い説明は図の下に、短い説明は図目次に出力されます。短い説明がないときは、長い説明が図目次にも使われます[*3]。目次については10.3節もご覧ください。

> **参考** 和文用の LaTeX ではページ下端の図は脚注の上に入りますが、欧文用の LaTeX の標準では逆になります。和文流にしたい場合は
>
> ```
> \usepackage[bottom]{footmisc}
> ```
>
> または
>
> ```
> \usepackage{stfloats}
> \fnbelowfloat
> ```
>
> とします。両者の出力は異なります。

> [*3] キャプションの中に、目次への移動に対応していない「脆弱 (fragile) な」マクロが使われていると、目次を出力しない場合でも、エラーを起こすことがあります。例えば \url というマクロを使った場合、"\url used in a moving argument." というメッセージが出てエラーになります。そのマクロの前に \protect を付けて保護するか、あるいはマクロを使わない短い説明を付けます。

9.2　表の自動配置

表の自動配置には table 環境を使います。figure 環境と同様に、自動的に適当な位置に配置され、「表1」「表2」… といった番号が付きます。

table 環境の使い方は figure 環境の場合とまったく同じです。ただ、表の場合は \caption を上に配置するのが一般的です。

```
魔方陣
\begin{table}
  \centering
  \caption[3次の魔方陣]{3次の魔方陣の例。
    縦・横・斜めの和がいずれも15である。}
  \label{mahou}
  \setlength{\tabcolsep}{5pt}
  \begin{tabular}{|c|c|c|} \hline
    2 & 9 & 4 \\ \hline
    7 & 5 & 3 \\ \hline
    6 & 1 & 8 \\ \hline
  \end{tabular}
\end{table}%
では縦・横・斜めの和が等しい。
```

> **参考** 表の番号は自動的に、例えば「表5」のように付きますが、これを「Table 5」にするには、

```
\renewcommand{\tablename}{Table\ }
```

とプリアンブルに書いておきます。(lt)jsarticle 等ではドキュメントクラスに
english オプションを与えても英語になります。

> **参考** ドキュメントクラスによっては表のキャプションと表本体がくっつきすぎてしま
> うことがあります。その場合は
>
> ```
> \setlength{\belowcaptionskip}{5mm}
> ```
>
> のようにしてキャプションの下の間隔を調節します。

9.3　左右に並べる配置

独立な図を左右に並べるには、次のように minipage 環境を使うのが簡単で
す。ここで \columnwidth は版面の幅（段組の場合は段の幅）です。版面の幅
の 0.4 倍の小さなページ minipage を作って左右に並べています。minipage の
中では \columnwidth は minipage の幅になります。

```
\begin{figure}
  \centering
  \begin{minipage}{0.4\columnwidth}
    \centering
    \includegraphics[width=\columnwidth]{hidari.pdf}
    \caption{左の図}
    \label{fig:hidari}
  \end{minipage}
  \begin{minipage}{0.4\columnwidth}
    \centering
    \includegraphics[width=\columnwidth]{migi.pdf}
    \caption{右の図}
    \label{fig:migi}
  \end{minipage}
\end{figure}
```

次のように出力されます。

図 1　左の図　　　　　　図 2　右の図

関連した複数の図を並べるには subcaption パッケージを使うのが便利で
す[4]。プリアンブルに

※4 subcaption は従来の
subfigure、subfigを置き換え
る新しいパッケージです。

```
\usepackage{subcaption}
```

と書いておき、

```
\begin{figure}
  \centering
  \begin{subfigure}{0.4\columnwidth}
    \centering
    \includegraphics[width=\columnwidth]{hidari.pdf}
    \caption{左の図}
    \label{fig:hidari}
  \end{subfigure}
  \begin{subfigure}{0.4\columnwidth}
    \centering
    \includegraphics[width=\columnwidth]{migi.pdf}
    \caption{右の図}
    \label{fig:migi}
  \end{subfigure}
  \caption{左右の図}
  \label{fig:hidarimigi}
\end{figure}
```

とすれば次のように出力されます。

(a) 左の図　　　　　　　(b) 右の図

図 3: 左右の図

　この場合、\ref{fig:hidari}、\ref{fig:migi}、\ref{fig:hidarimigi}
で出力されるものはそれぞれ 3a、3b、3 となります。

　ご覧のようにそのままでは図がくっついてしまいますので、これがまずい場合
は \subfigure 間に例えば \hspace{5mm} のように適当な水平方向のスペース
を入れます。

9.4　図・表が思い通りの位置に出ないとき

　図・表がうまく配置できないとき、LATEX は「Too many unprocessed floats」
（未処理の図や表が多すぎる）というエラーを出すことがあります。このときは、
figure や table に H オプションを付けて、出力する場所を具体的に指定し
ます。

　\clearpage という命令を文書中の適当な場所に書き込むと、順番待ちの図や
表をそこですべて出力して改ページします。

　\clearpage では、そこで改ページされてしまいます。ちょうどそのページ
が終わったところで \clearpage を実行したい場合は、afterpage というパッ
ケージを読み込んでおき、本文の要所要所に \afterpage{\clearpage} と書
きます。

　「あと 5 ミリこのページが大きければ……」というときには、

```
\enlargethispage{5mm}
```

という命令をそのページのどこかに入れておきます（あくまでも緊急用です）。

> **参考** LaTeX で図・表の配置を制御するパラメータには \topnumber、\topfraction、\bottomnumber、\bottomfraction、\totalnumber、\textfraction、\floatpagefraction があります。

9.5　回り込みと欄外への配置

▶ wrapfig、wrapfig2、mawarikomi

　図や表のまわりに文章を回り込ませるためのパッケージはいくつかありますが、ここでは wrapfig パッケージとその改良版 wrapfig2 について説明します（\usepackage{wrapfig2}）。

　\begin{wrapfigure}[行数]{lまたはr}{幅} で図を配置します（表の場合は wrapfigure の代わりに wraptable 環境が用意されています）。l で左、r で右に図が配置されます[※5]。

```
\begin{wrapfigure}{r}{8zw}
  \vspace*{-\intextsep}
  \includegraphics[width=8zw]{tiger.pdf}
\end{wrapfigure}
```

　このように右に虎の絵が……

　このように右に虎の絵が出て、文章が回り込みます。行数は指定しなくても自動で計算してくれます。文章と図との水平距離は \columnsep（段組のときの段間のアキ）と同じになります。日本語のドキュメントクラスでは段間のアキは全角の整数倍になっているはずですので、図の幅も全角の整数倍にしておくほうが本文の余計な伸び縮みが起きないでよいでしょう。また、垂直方向には \intextsep（図と本文の垂直方向のアキ、標準で $12\,\mathrm{pt} \pm 2\,\mathrm{pt}$）だけアキが入りますので、段落の切れ目に置いた場合、上の例のように \intextsep だけ戻るとほぼ段落の上端と一致します。

　回り込みの位置でちょうどページが分割されたときはうまくいきません。また、箇条書きなどの環境と重なるとうまくいきません。

　wrapfig、wrapfig2 は箇条書きなどのリスト環境中ではうまく働きません。このようなときは、大熊一弘さんの emath[※6]（emathMw.sty）で定義されている mawarikomi 環境が便利です。詳しい使い方は emath のドキュメントに書か

※5　これ以外に、i で見開き内側、o で外側に配置されます。また、大文字 L R I O にすると、自動的にうまい位置に移動してくれます（あまりうまくいきません）。

※6　http://emath.s40.xrea.com

れています。

> 参考 wrapfig は float パッケージの後に読み込んでください。wrapfig2 は amsmath パッケージの前に読み込んでください。

▶ 欄外への配置

\marginpar を用いれば欄外に図が配置できます。この右側に虎の絵が出ているはずですが、これは

```
\marginpar{\vbox to 0.88zw{%
    \includegraphics[width=5zw]{tiger.pdf}\vss}}
```

のようにしたものです（LuaLaTeX の場合は zw を \zw とします）。ただ単に \marginpar の中に入れれば、その行のベースラインと図の下端が揃いますが、上のようにすることで行の上端に揃えることができます[7]。0.88 zw は漢字のベースラインから上の部分の高さの一般的な値です。

> ※7 ただし、図の収まる場所がないときは、"LaTeX Warning: Marginpar on page 1 moved." の警告がでて、場所が動きます。

　段落の形は任意にすることができます。\parshape=n i_1 l_1 i_2 l_2 … i_n l_n という形式の命令を段落の頭に入れれば、段落の最初の行のインデント i_1、行の長さ l_1、2 番目の行のインデント i_2、行の長さ l_2、…という具合に各行の開始位置と長さを任意に指定できます。n が段落の行数より小さければ、n 番目の指定が繰り返されます。ここでは \parshape=8 0zw 32zw 0zw 31zw 0zw 30zw 0zw 30zw 0zw 31zw 0zw 32zw 0zw 33zw 0zw \linewidth のように指定しました。最後のペア 0zw \linewidth は残りの行を通常の位置と幅で出力するために必要です。図の挿入は、上端と右端を揃えるために

```
\marginpar{\vbox to 0.88zw{\hbox to 5zw{\hss
    \includegraphics[width=10zw]{tiger.pdf}}\vss}}%
```

のようにしました（図の背景は除きました）。

第**10**章
相互参照・リンク・目次・索引

LATEX で作る文書では、\label、\ref、\pageref という命令を使うと、章・節・図・表・式などの番号・ページが参照できます。参照先へ容易に飛ぶためのハイパーリンクの仕組みもあります。また、自動的に目次を付けることができます。さらに、索引に載せたい語句に \index という命令を付けておけば、MakeIndex（または mendex、upmendex、xindy、xindex）というソフトを併用することにより索引を自動的に作ることができます。

10.1 相互参照

相互参照とは、「5.3 節を参照されたい」とか「結果は 123 ページの図 10.5 のようになった」のように、ページ・章・節・図・表・数式などの番号を入れることです。

LATEX を使えばこの相互参照が簡単にできます。まず、参照したい番号を出力する命令の直後に、次のようにしてラベル（名札）を貼っておきます。

入力
```
\section{文書処理とコンピュータ}
\label{bunsho}

\subsection{\LaTeX による文書処理}
\label{labun}
```

出力
5 文書処理とコンピュータ

5.1 LATEX による文書処理

ご覧のように \label{...} は出力には直接影響しません。しかし、これで「文書処理とコンピュータ」というセクションには bunsho というラベルが貼られ、「LATEX による文書処理」というサブセクションには labun というラベルが貼られます。

ラベルは \label{bunsho} のような半角文字でも \label{文書} のような全角文字でもかまいません。ただしラベル中で半角の \ { } の 3 文字は使えません。同じラベルを 2 か所に貼ることはできません。大文字と小文字は区別されます（foo と Foo は別のラベルと見なされます）。

　ラベル名としては、章のラベルは ch:bunsho、節のラベルは sec:LaTeX、図のラベルは fig:zu、式のラベルは eq:Euler のように系統的に命名するとよいでしょう。

　さて、先ほどの例では「LaTeX による文書処理」という節に labun というラベルを貼りましたが、その前でもあとでも、この「LaTeX による文書処理」という節を参照したいところがあれば、次のようにします。

入力　\ref{labun}節（\pageref{labun}ページ）を参照されたい。

出力　5.1 節（123 ページ）を参照されたい。

　つまり、labun というラベルを貼った節番号を出力したいところには \ref{labun} と書き込み、ページ番号を出力したいところには \pageref{labun} と書き込みます。

　\ref や \pageref を使ったときは、LaTeX を 1 回実行しただけでは正しい出力が得られません。

　LaTeX の 1 回目の実行では、次のような警告メッセージが画面に現れます。

```
LaTeX Warning: Reference `labun' on page 1 undefined on
input line 8.
LaTeX Warning: There were undefined references.
LaTeX Warning: Label(s) may have changed. Rerun to get
cross-references right.
```

　つまり「相互参照を正しくするためにもう一度実行してください」ということです。この段階では、節番号・ページのところが伏せ字（"??"）になって出力されます。

　通常は 2 回目の LaTeX の実行で警告が出なくなります。しかし、2 回目の実行で "??" を正しい番号に置き換えたために、肝心のページ番号がずれてしまうことがないとは限りません。また、1 回目の実行のあとで文書ファイルに手を加えたときも、ページ番号が合わなくなります。これらの場合には伏せ字にはなりませんが、完全につじつまが合うまで

```
LaTeX Warning: Label(s) may have changed. Rerun to get
cross-references right.
```

※1 latexmk や llmk というツール（360ページ、364ページ）を使えば自動的に適切な回数だけ実行を繰り返すことができます。これらのツールでは、既定の最大実行回数は 5 回と制限されています。154ページのコラムも参照のこと。

という警告メッセージが出ます。この警告メッセージが出なくなるまで実行を繰り返します[※1]。

　また、2 回目以降の実行でも

```
LaTeX Warning: There were undefined references.
```

の警告が出るときは、\ref や \pageref に対応する \label がない場合です。

参考　LaTeX が例えば `ronbun.tex` というファイルを処理すると、`ronbun.tex` に含まれる `\label` の情報を `ronbun.aux` というファイル（aux ファイル）に

```
\newlabel{labun}{{5.1}{123}}
```

のような形式で書き出します。また、LaTeX は文書ファイルの `\begin{document}` を処理する際に aux ファイルがあればそれを読み込みます。1 回目の実行では aux ファイルがまだないので、

```
No file ronbun.aux.
```

のようなメッセージを画面に出力します。2 回目の実行では aux ファイルがあるはずですので、それを読み込み、内容を記憶しておきます。そして、本文中に `\ref{labun}` と書いてあれば LaTeX はそれを 5.1 に置き換え、`\pageref{labun}` と書いてあればそれを 123 に置き換えます。

参考　番号付き箇条書き（enumerate 環境）で `\label` を使うと、その箇条の番号にラベルが付きます。これは enumerate 環境の中にさらに enumerate 環境があっても正しく動作し、例えば 1 の (a) に `\label` を付ければ、それを `\ref` したとき 1a のような出力になります。

参考　脚注番号を参照するには `\footnote{\label{...}...}` のように脚注の中にラベルを入れます。

10.2　ハイパーリンク

　米国 Los Alamos National Laboratory 発祥の有名なプレプリントサーバ arXiv（https://arxiv.org、現在は Cornell University 内）では LaTeX を使ったプレプリントを蓄積していますが、その相互参照を容易にするために、HyperTeX という仕組みが開発されました（https://arxiv.org/hypertex/）。これは当時 World Wide Web で使われ始めたハイパーリンクの仕組みを LaTeX に持ち込んだものです。

　まず、プリアンブルのできるだけ後のほうで hyperref パッケージを読み込みます[2]。本書の電子版では、おおよそ次のように設定しています。

```
\usepackage[colorlinks=true,allcolors=blue]{hyperref}
```

紙版を出力するときは、次のようにしてリンクを消しています。

```
\usepackage[hidelinks=true]{hyperref}
```

これで、例えば

```
Hyper\TeX は \href{https://arxiv.org}{arXiv} で開発された。
```

のように書けば、その部分がリンクになります。

　hyperref パッケージで使える主な命令をまとめておきます。

※2　いろいろなコマンドを書き換えるので、できるだけあとで指定しないと、ほかのパッケージの影響を受けてしまいます。

- \url{URL} は <a href="URL">URL</a> に相当し、リンクを作ります。標準ではモノスペースフォントになりますが、\urlstyle{same} で周囲と同じフォントになります。
- \href{URL}{テキスト} は <a href="URL">テキスト</a> に相当し、リンクを作ります。
- \hyperref[ラベル]{テキスト} はラベルの示す文書内の位置へのリンクを作ります。飛び先のラベルは \label{ラベル} のように設定します。ラベルは任意の文字列です。

💎 PDFのしおりと文書情報

hyperref パッケージを使えば PDF にしおり（bookmarks）・文書情報を付けることもできます※3。

※3　PDFメタデータの著者名やキーワードはセミコロンで区切るのが正式のようですが、実際にはいろいろな流儀が行われており、そもそも意味のある情報が入っていないことも多いようです。

```
\usepackage[bookmarks=true,bookmarksnumbered=true,
  pdftitle={［改訂第9版］LaTeX美文書作成入門}, % タイトル
  pdfauthor={奥村 晴彦; 黒木 裕介}, % 著者
  pdfkeywords={LaTeX; 美文書}, % キーワード
  pdflang=ja-JP % 言語
]{hyperref}
```

ただし、pLaTeX、upLaTeX では日本語や一部の文字が化けます。これを避けるために開発されたのが pxjahyper パッケージです。これは、プリアンブルで hyperref の後に読み込みます：

```
\usepackage[...]{hyperref}
\usepackage{pxjahyper}
```

しおりには \section{...} などで指定した見出しが入ります。

◆ 相互参照はいつでも解決（収束）するか？　　　　　　　　COLUMN

LaTeX Warning: Label(s) may have changed. … という警告が出なくなるには、最大何回 LaTeX を実行する必要があるでしょうか。以下の人工的な例では、（編集しない限り）何回実行しても警告が出続けます。

```
\documentclass{jlreq}
\pagenumbering{roman}
\setlength{\textwidth}{21\zw}
\setlength{\textheight}{1\baselineskip}
\begin{document}
\setcounter{page}{999}
fooラベル (\pageref{foo}ページ) は、
タイプセット\label{foo}ごとにページを行ったり来たりして収束しません。
\end{document}
```

10.3 目次

LaTeX で目次を出力するのはとても簡単です。目次を出力したい場所（例えば序文の後）に `\tableofcontents` と書いておくだけです。

同様に、`\listoffigures`、`\listoftables` という命令で図目次、表目次ができます。

ただし、これらの目次を出力するためには、10.1 節で述べたのと同様な理由で、文書ファイルを LaTeX で少なくとも 2 回処理しなければなりません。

> **参考** 目次にどのレベルまでの見出しを出力するかはドキュメントクラスによって決まっていますが、変更は簡単です。出力するレベルを `\section` までにするには
>
> >   \setcounter{tocdepth}{1}
>
> `\subsection` までにするには
>
> >   \setcounter{tocdepth}{2}
>
> とプリアンブルに書いておきます。

> **参考** `\tableofcontents` という命令を含む文書ファイル foo.tex があったとします。これを LaTeX で処理すると foo.toc というファイルが作られます。このファイルには章や節の番号、名前、ページ数が書き込まれます。1 度目の処理を開始した時点ではまだ foo.toc ができていませんので、
>
> > ```
> > No file foo.toc.
> > ```
>
> のようなメッセージが画面に出ます。目次本体は出力されませんが、foo.toc という目次ファイルが作られます。2 度目の処理をすると、この foo.toc を読み込んで目次を出力します（目次のためにページ数がずれて、もう一度処理しないと正しい目次にならないことがあります）。図目次では lof、表目次では lot という拡張子のファイルができます。そのほかの事情は `\tableofcontents` と同じです。toc, lof, lot ファイルを直接エディタに読み込んで修正することもできます。もうこれ以上 LaTeX にこれらの目次ファイルを書き換えてほしくないなら、文書ファイルのプリアンブルに `\nofiles` と書いておきます。

> **参考** `\chapter{結論}` とすると「第 8 章 結論」のように見出しに章の番号が付きますが、`\chapter*{結論}` のように ＊ を付けると、章の番号が付かず、単に「結論」という見出しになります。このような ＊ 付きの見出し命令は、目次出力もしません。番号のない章を目次出力したいなら、
>
> >   \chapter*{結論}
> >   \addcontentsline{toc}{chapter}{結論}
>
> あるいは
>
> >   \chapter*{結論}
> >   \addcontentsline{toc}{chapter}{\numberline{}結論}
>
> のように書いておきます。後者は目次の章番号の入る分だけ字下げします。序文や後記の類は、この方法ではなく、`\frontmatter`、`\backmatter` という命令を使うほうが便利です（第 17 章）。

10.4　索引とMakeIndex、mendex、upmendex

本書の巻末には索引がついています。このような索引を用意するには、昔はまず本文を組んでから、重要な語句を拾いだしてカードに書き、それを五十音順に並べ換えていました。これはたいへんな作業で、よく間違いが起こりました。

MakeIndex というソフトと LaTeX を組み合わせて使えば、文書ファイル中で索引に載せたい語に \index という命令を付けておくだけで、自動的に索引が作れます。

MakeIndex を日本語化したものが mendex、それを Unicode 対応にしたものが upmendex です。以下ではおもに upmendex を使った索引の作り方を説明します。

> **参考** mendex の文字コードは -E、-J、-S、-U でそれぞれ EUC-JP、JIS（ISO-2022-JP）、シフト JIS、UTF-8 になります。upmendex は UTF-8 だけです。mendex -U にしても、例えば「Pokémon」の「é」がエラーになります。upmendex なら正しく e ＜ é ＜ f の順にソートされます。

10.5　索引の作り方

例えば次のような文章を考えましょう。

> ピッツィカートすべき個所の指定は、楽譜の上では pizz と書かれ、またもとどおりに弓でひく箇所に、イタリア語で arco（弓）と書くことになっています。

近衛秀麿『オーケストラを聞く人へ』（音楽之友社、1970 年、37 ページ）［個所と箇所の混在は原文ママ］

この中で「ピッツィカート」「pizz」「弓」「arco」の四つの語を索引に載せたいとしましょう。それには \index{...} という命令を使います。この命令は、半角アルファベットや平仮名・片仮名だけの索引語は

```
\index{pizz}
```

のように \index{索引語} の形で使います。漢字を含む索引語は

```
\index{ゆみ@弓}
```

のように \index{よみかた@索引語} の形で使います。

さらに、文書ファイルのプリアンブルに

```
\usepackage{makeidx}
```

```
\makeindex
```

と書いておきます。また、索引を出力したい場所（たいていは文書の最後、
\end{document} の前あたり）に \printindex と書いておきます。

先ほどの例に索引語の指定などを書き加えると次のようになります[4]。

```
\documentclass{...}
\usepackage{makeidx}
\makeindex
\begin{document}

ピッツィカート\index{ピッツィカート}すべき個所の指定は、
楽譜の上ではpizz\index{pizz}と書かれ、
またもとどおりに弓\index{ゆみ@弓}でひく箇所に、
イタリア語でarco\index{arco}（弓）と書くことになっています。

\printindex

\end{document}
```

この文書ファイルを ongaku.tex という名前で保存し、まず LaTeX で通常通
りに処理します。すると、ongaku.tex と同じフォルダに ongaku.idx という
ファイルができます（これは \makeindex コマンドの仕業です。\usepackage
{makeidx} や \printindex はこの段階では特に意味を持ちません）。

次に upmendex でこの ongaku.idx ファイルを処理します。コマンドなら

```
 upmendex ongaku.idx
```

のように打ち込むことになります。

これで upmendex は ongaku.idx をアルファベット・50 音順に並べ替え、
ongaku.ind というファイルに出力します。

最後に、もう一度 LaTeX で処理すると、\printindex コマンドが ongaku.ind
を読み込んで、その場所に索引が挿入されます。

印刷してみると、この場合は 2 ページ目に索引が次のように出ます（実際は 2
段組になります）。

索引

arco, 1

pizz, 1

ピッツィカート, 1

弓, 1

※4 \index は基本的には索引語の直後に付けます。しかし、日本語では索引語の途中で改ページされることもありえますので、索引語の最初の文字の直後に付けるという考え方もできます。

間延びしているように見えますが、これは索引語の数が極端に少ないからです。実際には「あ」で始まる語が続き、少しスペースが空いてから「い」で始まる語が続く、という具合になり、同じ文字で始まる語は通常通りの行間で出力されます[5]。

以上で基本的な操作法は終わりです。以下では、スペースの部分を変えたり、索引語とページ番号の間のコンマ（,）をスペースにしたり点々（....）にしたり、複雑な索引項目を作ったりする方法を説明します。

> 参考　索引語のフォント指定も含めたマクロ \term を定義しておくと便利です（70ページ）。

※5　upmendexに -g オプションを与えれば「あ行」「か行」……のようにまとめられます。

10.6　索引スタイルを変えるには

何も指定しなければ、索引には「ピッツィカート, 1」のように索引語とページ番号の間にコンマ（,）が入ります。これをスペースや点々にするには、索引スタイルファイル（拡張子が ist の index style ファイル）にそのための命令を書き込んでおきます。この ist ファイルは、文書ファイルと同じフォルダに入れておき、upmendex の -s オプションで指定します。

例えば項目語とページ番号の間に 10 ポイントほどの空白（\quad）[6] を入れるには、次のような 3 行からなる索引スタイルファイルを作ります（索引スタイルファイル中では \ は二つ重ねます）。

※6　\quad は 10 ポイントの空白を入れる命令です（10 ポイントの欧文フォント使用時）。

```
delim_0 "\\quad "
delim_1 "\\quad "
delim_2 "\\quad "
```

これを例えば myindex.ist という名前で保存します。そして、upmendex の起動時にこのファイルを指定します。具体的には、ターミナル（コマンドプロンプト等）に

```
upmendex -s myindex.ist ongaku.idx
```

のように打ち込みます。

前述の "\\quad␣" の代わりに "\\quad\\hfill␣" にすればページ番号部分が右寄せになりますし、␣\\dotfill\\␣ にすれば項目語とページ番号との間を点々（....）で埋めます。

> 参考　索引は通常「その他記号（S）」「英語などのラテン文字（L）」「日本語（J）」の順で並びますが、この順序を変えるには索引スタイルファイルに例えば次のように書き込みます。

```
character_order "JLS"
```

> **参考** upmendex -l -s myindex.ist ongaku.idx のように -l オプションを付けれ
> ば、単語間の半角スペースを無視して並べ替えます。

10.7　索引作成の仕組み

　前節の例の文書ファイル ongaku.tex を LaTeX で処理すると、ongaku.idx
という idx ファイルができます。このファイルには、入力ファイル中の各
\index{...} を \indexentry{...}{ページ数} という形に変えたものが、入
力ファイルに現れる順に並べて書き込まれます。具体的には次のようになってい
るはずです。

```
\indexentry{ピッツィカート}{1}
\indexentry{pizz}{1}
\indexentry{ゆみ@弓}{1}
\indexentry{arco}{1}
```

　各行の最後の {1} がページ数です。ここではみな 1 ページになりましたが、
実際には 37 ページにある語なら {37} となります。

　以上は LaTeX に備わっている機能で、MakeIndex や mendex とは関係ありま
せん。

　MakeIndex や mendex は、ongaku.tex ではなくこの ongaku.idx を読ん
で、項目をアルファベット順（または五十音順）に並べ、重複を除いて、次のよ
うな ongaku.ind という ind ファイルを作ります。

```
\begin{theindex}

  \item arco, 1

  \indexspace

  \item pizz, 1

  \indexspace

  \item ピッツィカート, 1

  \indexspace

  \item 弓, 1

\end{theindex}
```

　また、ongaku.ilg という ilg ファイル（index log ファイル）にエラーメッ

セージなどを書き込みます。

　索引項目を微調整したいときは、ongaku.ind ファイルをエディタで読み込んで編集します。例えば縦方向の余分な空白を削りたいなら \indexspace を削除します。また、例えば Knuth という語が 12 ページと 34 ページで使われているなら

```
\item Knuth, 12, 34
```

と書き込まれているはずですが、必要に応じて、例えば

```
\item {Knuth, Donald Ervin（高徳納）}, 12, 34
```

※7　編集箇所は sed スクリプトにでもしておけば改版時に便利です。

のように編集してもかまいません[7]。

　さらに、索引の出力スタイルそのものを変えたいなら、クラスファイルの

```
\newenvironment{\theindex}{......}
```

の部分を書き換えます（第 15 章）。

10.8　入れ子になった索引語

入れ子になった索引語は

```
\index{1段目!2段目}
\index{1段目!2段目!3段目}
```

のように！で区切って書きます。3 段階まで入れ子にできます。

　例えば 6 ページに「情報」、188 ページに「情報の配列」、189 ページに「情報の選択」という語があるとします。これらを索引に載せるには、次のようにします。

```
  6 ページ … \index{じょうほう@情報}
188 ページ … \index{じょうほう@情報!のはいれつ@---の配列}
189 ページ … \index{じょうほう@情報!のせんたく@---の選択}
```

結果は

情報, 6

　　—の選択, 189

　　—の配列, 188

のようになります。

> 参考 実際は和文の文脈では欧文のエムダッシュ「—」は変ですので、和文の倍角ダッシュ「——」（70 ページ）にするのがいいでしょう。

> 参考 第 2、3 レベルの索引語の字下げは \subitem、\subsubitem を例えば次のように再定義することで調節できます。

```
\makeatletter
\renewcommand{\subitem}{\@idxitem \hspace*{1zw}}
\renewcommand{\subsubitem}{\@idxitem \hspace*{2zw}}
\makeatother
```

10.9　範囲

範囲の指定は |(と |) で行います。

例えば foo という語がある範囲にわたって使われるとき、その範囲の最初に

```
\index{foo|(}
```

と書き、最後に

```
\index{foo|)}
```

と書いておくと、索引には "25–28" のようにその範囲が出力されます。

もし \index{foo|(} があって \index{foo|)} がないと、Warning: Unmatched range opening operator '(' のような警告メッセージが出て、索引には 25– ではなく単に 25 とだけ出力されます。25– のように最初のページだけ出力する方法は 162 ページをご覧ください。

10.10　ページ数なしの索引語

索引にページ数を出力せずに「選択, → 情報の選択」のように「どこどこを見よ」ということだけ出力したい索引語は、

```
\index{せんたく@選択|see{情報の選択}}
```

のように書いておきます。

> 参考 (lt)jsarticle などでは「→ 情報の選択」のように矢印になりますが、英語ベースのドキュメントクラスでは「see 情報の選択」のように英語になります。「→」

にするには、文書ファイルの適当な箇所（\printindex 命令より前ならどこでも）に

```
\renewcommand{\seename}{→}
```

と書いておきます。

参考　\index{せんたく@選択|see{情報の選択}} を複数の箇所に書くと「選択, → 情報の選択, → 情報の選択」のような出力になってしまいます。参照名ではなくページ番号を出力することにすれば、この問題が回避できます。例えば「→ 情報の選択」ではなくページ番号をイタリック体で出力するには、makeidx.sty での \see の定義を次のように上書きするといいでしょう。

```
\renewcommand*{\see}[2]{\textit{#2}}
```

参考　see 以外に seealso というコマンドも追加されました。これも英語のドキュメントクラスでは *see also* となります。「→」に変えるには

```
\renewcommand{\alsoname}{→}
```

とします。

参考　本書では次のように定義しています：

```
\renewcommand{\seename}{$\rightarrow$}
\renewcommand{\alsoname}{\\ \hfill $\rightsquigarrow$}
```

10.11　ページ番号の書体

　例えば foo という語が 15、18、35 ページに出現するけれども 18 ページが特に重要なのでこれだけボールド体で **18** としたいときは、ボールド体にしたい 18 ページにあたる文書ファイルの場所に

```
\index{foo|textbf}
```

のように \index の引数の最後に |textbf を付けておきます。また、**18–20** のように範囲指定と組み合わせたいときは、範囲の最初に

```
\index{foo|(textbf}
```

最後に

```
\index{foo|)}
```

とします。イタリック体（\textit）にしたい場合なども同様です。

　同様に、foo という語が 25 ページから何ページにもわたって現われるとき、25– のように最初のページだけ出力するには、

```
\newcommand{\ff}[1]{#1--}
```

のようなマクロ定義をしておき、\index{foo|ff} のように使うといいで
しょう。

10.12 \index命令の詳細

\index の引数（波括弧 {...} の中身）には波括弧以外のものなら \ でも %
でもたいていの文字が書けます。ただし、波括弧は { と } の対応がとれていな
いといけません。また、@、|、!、" の4文字は特別な意味を持ちます。改行は
半角スペースの意味になります。

半角スペース ␣ は個数も含めて意味を持ちますので、

```
\index{foo␣bar}、\index{foo␣␣bar}、
\index{foo␣bar␣}、\index{␣foo␣bar}
```

は、みな違う語句と見なされます。ただし、mendex 起動時に -c オプションを
付けると、余分な空白を無視してくれます。

また、例えば "TEXbook"（\TeX{}book）という語を索引に載せたいとしま
しょう。索引中では texbook の位置に出力したいのですが、実際に出力するに
は \TeX{}book と書かなければなりませんので、文書ファイルには

```
Knuth の \TeX{}book\index{texbook@\TeX{}book} を参照されたい。
```

のように書き込みます。

さらに、TEX についての本を書く場合は、次のことに気をつけなければなり
ません。

まず、\ 印で始まる "\TeX" という命令自体を索引の T の位置に載せたいと
きは、

```
\TeX と出力するには \verb|\TeX|\index{tex@\verb+\TeX+} と書く。
```

のように書き込みます。| は特別な意味を持っていますので、上の例の
\verb+\TeX+ を \verb|\TeX| とすると、mendex のエラーになります。

そこで、

索引語中の @ | ! { } " \ の7文字は、頭に " を付ける

というルールを守ると安全です。つまり、例えば索引の @cite の位置に \@cite
と出力したければ

```
\index{"@cite@\verb+"\"@cite+}
```

のようにすれば安全です。

参考　さらに索引をカスタマイズするために、本書では ind ファイルを Ruby スクリプトで処理しています。一連の手順は Makefile に書いておき、"make" 一発で PDF ができるようにしています。make については 309 ページのコラムを参照してください。

第11章
文献の参照と文献データベース

　本などで読んだことについて書くときは、原文を引用する・しないにかかわらず、出典を明記するのが、読者へのサービスであると同時に著者への礼儀です。これを怠ると、法的にも道義的にも責任を問われかねません。

　文献の参照・引用のしかたを学ぶことは、たいへん大切なことで、大学で習うレポート・論文の書き方の大きな部分を占めています。

　ここでは、文献の参照法から ((u)p)BıBTEX、BıBTEXu の使い方、文献データベースの構築法を解説します。最後に、biblatex と biber を使った新しい方法を紹介します。

11.1　文献の参照

　文献の参照法は、いろいろな流儀がありますが、基本的には、本であれば著者名・書名・出版者（出版社名）・出版年を挙げます。

　横書きの文書での文献の参照の仕方は、木下是雄『理科系の作文技術』[※1] の 9.4 節に簡潔にまとめられています。また、欧文文献の参照については van Leunen の *A Handbook for Scholars*[※2] に非常に詳しく書いてあります。LATEX の参考文献の扱い方は主にこの本によっています。ちなみに van Leunen は数学にも詳しい英語学者で、TEX の作者 Knuth の講義録『クヌース先生のドキュメント纂法』[※3] にもゲスト講師として登場しています。

　Van Leunen が推奨する方式では、参考文献リストは文書の最後に、通し番号をつけて並べます。そして、本文中では

> Van Leunen の *A Handbook for Scholars* [3] によれば……．
> Van Leunen [3] によれば……．
> ……である [3–5, 7]．

などのように、参照すべき文献の番号を [ ] で囲んで付けます（最後の例は文献番号 3、4、5、7 の文献を参照すべきことを表します）。この [3] などは括弧書きに過ぎず、

> [3] によれば……

のように名詞として使うのは正しくありません（実際にはあまり守られていませ

※1　木下是雄『理科系の作文技術』中公新書 624（中央公論社、1981）

※2　Mary-Claire van Leunen. *A Handbook for Scholars*. Alfred A. Knopf, 1978; Oxford University Press, 1992.

※3　Donald E. Knuth, Tracy Larrabee, and Paul M. Roberts. *Mathematical Writing*. MAA Notes No. 14. The Mathematical Association of America, 1989; 有澤 誠 訳『クヌース先生のドキュメント纂法』（共立出版、1989）

んが）。

　文書の最後につける文献リストは、本文で出現する順に並べることもよくあります が、Van Leunen の流儀では、第 1 著者の姓のアルファベット順に並べます。第1著者の姓が同じなら、名のアルファベット順に並べます。第1著者が同じなら、第2著者の姓、名、……、と比較していき、著者がまったく同じなら、文書のタイトルのアルファベット順に並べます。アルファベット順とは、アポストロフィを無視し、ハイフンをスペースと見なし、スペース、A、B、…、Z の順に並べることです。文書のタイトルの最初の冠詞（a、the）は無視します。

　また、有名な *The Chicago Manual of Style*[※4] の流儀では、本文中には（Knuth 1991）のように著者名と出版年を並べます。同じ年のものがいくつもあるときは 1983a、1983b などとします。この流儀の利点は、文献の加除があっても参照番号を振り直す必要が（ほとんど）ないことでしたが、現在では LaTeX などのシステムが自動的に参照番号を振ってくれますので、ありがたみが薄れました。文献が推測しやすいという利点はありますが、参照文献が多いと逆にうるさく感じます。変形として、[Knu 91] のような短い形もよく使われます。

　分野によっては、参考文献は脚注に書きます。この場合、同じ文献を続けて参照するときは *ibid.*（「同所」の意味のラテン語）と書きます。

　日本では、SIST（科学技術情報流通技術基準、https://jipsti.jst.go.jp/sist/）で参照文献の書き方が提案されています[※5]。

　実際には、論文を投稿する学術誌ごとに文献の参照のしかたが決まっていますので、それに従わなければなりません。

　さて、LaTeX では、参考文献は次の 3 通りの扱い方があります。

- 文献リストも参照番号付けも人間が行う方法
- 文献リストは人間が作り、参照番号をコンピュータに付けさせる方法
- 文献データベースに基づいてすべてをコンピュータ化する方法

各方法を以下の節で順に説明します。

11.2　すべて人間が行う方法

　LaTeX で文献リストを出力するには thebibliography 環境というものを使います。例えば

※4　*The Chicago Manual of Style*, 17th edition, University of Chicago Press, 2017. オンライン版もあります。

※5　JSTのSIST事業は2011年度末に終了しました。SIST のURLは現在は国立国会図書館WARPのアーカイブにリダイレクトされます。

参考文献

[1] 木下是雄『理科系の作文技術』中公新書 624（中央公論社、1981）

[2] Mary-Claire van Leunen. *A Handbook for Scholars*. Alfred A. Knopf, 1978.

のような文献リストを出力するには、

```
\begin{thebibliography}{9}
\item
   木下是雄『理科系の作文技術』
   中公新書 624（中央公論社、1981）
\item
   Mary-Claire van Leunen.
   \textit{A Handbook for Scholars}.
   Alfred A. Knopf, 1978.
\end{thebibliography}
```

のように入力します。

上の例で \begin{thebibliography}{9} の "9" は参考文献に付ける番号が1 桁以内であることを表します。2 桁以内なら "99"、3 桁以内なら "999" などとします。なお、この部分は番号部分の幅を定める参考にするだけですから、"999" の代わりに "123" と書いても全く同じことです。不明のときは "9999" のように長めにしておきます。

番号をもし [1]、[2]、[2a]、[3]、… のように付けたいときは、

```
\begin{thebibliography}{9a}
  \item ...
  \item ...
  \item[{[2a]}] ...
  \item ...
\end{thebibliography}
```

のようにします。

この参考文献リストは、通常は文書の最後（または各章の最後）に付けます。本文中で参照するときは、この方法では

```
Knuth~[2] によれば……であることが知られている~[3--5, 7].
```

のように自分で番号を付けます（行分割しない空白 ~ を使います）。

参考 thebibliography 環境中では \frenchspacing（291 ページ）に設定されているので、センテンス間のスペースと単語間のスペースが同じになります。文献リストには *Phys. Rev. Lett.* のような略称が多用されるので、このほうが都合がい

いのです。どうしても少し広いスペースにしたいときは、

> … van Leunen. \newblock \textit{A Handbook …

のように、半角スペースに続けて \newblock という命令を入れます。

> 参考 ここでは欧文用（いわゆる半角）の括弧や句読点で統一しましたが、和文用（いわゆる全角）で統一することもできます。両者を比べてみてください。
>
> > 欧文用：木下 [1] と Knuth [2] は……である [3–5, 7]。
> > 和文用：木下［1］と Knuth［2］は……である［3–5, 7］。
>
> 括弧の左側で行分割が起きないほうが望ましいので、欧文括弧の左側は行分割しない空白 ~ にします。
>
> > 誤：Knuth[2]␣showed␣that␣...
> > 正：Knuth~[2]␣showed␣that␣...
>
> 和文括弧の場合は "木下 \nobreak ［1］" のようにすれば行分割しなくなります。

> 参考 参照番号を「木下 1) は……」のように上ツキにする場合があります。これは、
>
> > 木下$^{1)}$ は……
>
> のようにすればとりあえず出力できます（左側の空白が気になる場合は \kern0pt$^{1)}$ とします）。文献リストの番号も \item[$^{1)}$] でとりあえず上ツキになります。この点については 11.4 節（171 ページ）で別の方法を解説します。

11.3　半分人間が行う方法

　参考文献リストは人間が作り、参照番号はコンピュータに付けさせる方法です。

　まず、先ほどと同様な文献リストを作るのですが、ここでは \item の代わりに \bibitem という命令を使います。\bibitem の直後には { } で囲んで適当な参照名を付けておきます。

```
\begin{thebibliography}{9}
\bibitem{木是}
  木下是雄『理科系の作文技術』
  中公新書 624（中央公論社、1981）
\bibitem{leu}
  Mary-Claire van Leunen.
  \textit{A Handbook for Scholars}.
  Alfred A. Knopf, 1978.
\end{thebibliography}
```

　上の例では、木下是雄の本には "木是" という参照名を、van Leunen の本には "leu" という参照名を付けました。これは覚えやすいものなら何でもかまいません。例えば "leu-handbook" や "木下：作技" や "木下81" のような付け

方も考えられます。参照名の中に空白やコンマを含めることはできません。大文字・小文字は区別されますので、leu と Leu は違う本のことになってしまいます（しかし後述の B<small>IB</small>T_EX は参照名の大文字・小文字を無視しますので、leu と Leu のような紛らわしい名前は付けないほうがよいでしょう）。

　こうして文献リストを作っておき、本文中で文献を参照するときは番号ではなく参照名を使います。例えば

> 木下 [1] や van Leunen [2] は……

と出力するには、

```
木下~\cite{木是} や van Leunen~\cite{leu} は……
```

とします（行分割をしない空白 ~ を使います）。こうすれば、参考文献が加除されたり順序が変わったりすると、参照番号も自動的に変わります。

　ただし、このように \cite と \bibitem を使った相互参照のある文書を処理するには、L^AT_EX を少なくとも 2 回実行しなければなりません。

　最初に L^AT_EX で処理すると、次のような警告（warning）が出ます。

```
LaTeX Warning: Citation `木是' on page 1 undefined on input
line 8.
LaTeX Warning: Citation `leu' on page 1 undefined on input
line 9.
LaTeX Warning: There were undefined references.
LaTeX Warning: Label(s) may have changed. Rerun to get
cross-references right.
```

　つまり「相互参照を正しくするために再実行しろ」というわけです。試しにこの段階でプレビューしてみると、参照番号が出力されるべきところが [?] のような伏せ字になっています。

　そこでもう一度同じようにしてこのファイルを L^AT_EX で処理すると、今度は警告メッセージが出ませんし、正しく番号が出力されます。

　次回からは、文献と番号の対応が変化しなければ、文書ファイルを編集しても、L^AT_EX での処理は 1 回でかまいません。

> 参考　L^AT_EX は文書ファイル（foo.tex とします）を 1 パスで処理しますので、最初 \cite{何々} に出会ったときにはまだ番号がわかりません。文書ファイル末尾の文献リストを処理して初めて "木是" が [1] で "leu" が [2] だとわかるので、その情報を foo.aux という aux ファイルに出力します。次に L^AT_EX で foo.tex を処理する際に、この foo.aux を読み込み、そこに書かれた情報をもとにして、\cite{木是} を [1] に置き換えます。

なお、例えば

> ……であるといわれている [1, 2].

のように複数の文献を参照するには、

> ……であるといわれている~\cite{木是,leu}.

のように半角コンマ（,）で区切ります。
　また、例えば

> 木下 [1, 161–167 ページ] や van Leunen [2, pp. 9–44] によると……

のようにページ数などの補助情報を付けるには、

> 木下~\cite[161--167ページ]{木是} や
> van Leunen~\cite[pp.\,9--44]{leu} によると……

のように \cite[補助情報]{参照名} の要領で書きます。
　文献リストは通し番号以外に好きな「番号」を付けることができます。例えば

> **参考文献**
>
> [Leu78]　Mary-Claire van Leunen. *A Handbook for Scholars*. Alfred A. Knopf, 1978.
> [木下 81]　木下是雄『理科系の作文技術』中公新書 624（中央公論社、1981）

のように出力するには、

```
\begin{thebibliography}{木下 99}
  \bibitem[Leu78]{leu}
    Mary-Claire van Leunen.
    \textit{A Handbook for Scholars}.
    Alfred A. Knopf, 1978.
  \bibitem[木下 81]{kino}
    木下是雄『理科系の作文技術』
    中公新書 624（中央公論社、1981）
\end{thebibliography}
```

とします。ここで \begin{thebibliography}{木下 99} の "木下 99" は最も
長い文献の「番号」です（長すぎてもかまいません）。

11.4 citeパッケージ

　連続した文献を引用すると [1, 2, 3] のようになってしまいます。これを [1–3] のようにするには cite というパッケージを使います。つまり、文書ファイルのプリアンブルに

```
\usepackage{cite}
```

と書いておきます。

　本文中の引用番号を、梅棹[3] のように上ツキにするには、cite に superscript（または super）オプションを付けます。つまり、

```
\usepackage[superscript]{cite}
```

のようにします。梅棹[3)] のように括弧を付ける一つの手は

```
\renewcommand\citeform[1]{#1)}
```

とすることです。ただしこれでは番号が複数あるときに梅棹[3), 4)] のようになります。梅棹[3, 4)] のようにするには

```
\makeatletter
  \renewcommand\@citess[1]{\textsuperscript{#1)}}
\makeatother
```

のように \@citess というコマンドを再定義します。

> 参考　この \@citess のように @ を含むコマンドは LaTeX の内部コマンドです。文書ファイル中で @ 付きのコマンドを再定義するには \makeatletter と \makeatother でサンドイッチする必要があります。パッケージファイル中では \makeat... は不要です。このすぐあとに出てくる \@biblabel も同様です。

　\cite[161 ページ]{木是} のように補助情報が付く場合は、superscript オプションを付けても上付きになりません。

> 参考　約物は標準では欧文用になりますので、和文用にするには例えば次のように再定義します。\inhibitglue は全角文字間の余分なグルー（スペース）を抑制する命令です。
>
> ```
> \usepackage{cite}
> \renewcommand{\citeleft}{\inhibitglue [}    ← 左括弧を全角 [に
> \renewcommand{\citeright}{]} \inhibitglue}    ← 右括弧を全角]に
> \renewcommand{\citemid}{、 }  ← 引用番号と補助情報の区切りを全角コンマに
> \renewcommand{\citepunct}{、\inhibitglue}
>                           ← 引用番号間の区切りを全角コンマに
> ```

参考 cite パッケージは本文中での引用番号を変えるだけです。参考文献リストの番号の付き方を変えるには \@biblabel を再定義します。例えば標準の [12] のような欧文括弧を［12］のような和文括弧にするには、次のようにします。

```
\renewcommand\@biblabel[1]{\inhibitglue [#1] \inhibitglue}
```

上ツキの 12) のような形式にするには

```
\renewcommand\@biblabel[1]{\textsuperscript{#1)}}
```

です。

11.5　文献処理の全自動化

LaTeX と組み合わせて文献データベースから自動的に参考文献リストを作るための BibTeX というツール（Oren Patashnik さん作、コマンド名 bibtex）があります。これを松井正一さんが日本語化されたのが JBibTeX です。これに基づいて日本語 TeX 開発コミュニティが pBibTeX（コマンド名 pbibtex）および Unicode 対応の upBibTeX（コマンド名 upbibtex）の開発を続けています。現在の pbibtex は upbibtex と統合されています[6]。オリジナルの BibTeX も、8 ビット版の BibTeX8 を経て、Unicode 対応の BibTeXu（コマンド名 bibtexu）が 2009 年に作られ、これが 2022 年に日本語 TeX 開発コミュニティの田中琢爾さんらによって日本語にも対応する形に改良されました。現在は upBibTeX と BibTeXu は日本語についてはほぼ互換[7]ですが、今後は BibTeXu が使われると期待されます。

以下では、特に区別する必要がなければ ((u)p)BibTeX(u) を単に BibTeX と書くことにします。

詳しくは順を追って説明しますが、処理の流れは

① LaTeX を実行する（参照情報を aux ファイルに書き出す）
② BibTeX を実行する（bbl ファイルを作る）
③ LaTeX を実行する（bbl ファイルを取り込む）
④ LaTeX を実行する（相互参照の解決をする）

のようになります。

原稿を手直しするたびにこれだけの回数実行しなければならないわけではありません。これ以降は、文献リストに加除がないなら、LaTeX を 1 回だけ実行すれば十分です。

※6　Unix 系 OS においては pbibtex は upbibtex のシンボリックリンクです。

※7　ただし BibTeXu は UTF-8 固定です。upBibTeX のような --kanji= オプションはありません。

11.6　文献データベース概論

　昔は文献カードを作るのが研究者の仕事の一つでした。カード作りの考え方については梅棹忠夫『知的生産の技術』※8 が古典的な名著です。

※8　梅棹忠夫『知的生産の技術』岩波新書青版722（岩波書店、1969年）

　しかし今やノートパソコンを図書館に持ち込んでノートをとる時代、さらに進んで論文はほとんど「e ジャーナル」になってパソコンで読める時代です。参考にしたい文献を見つけたらその場で自分用の文献データベースに登録しましょう。文献専用のデータベース・ソフトもいろいろ作られていますが、テキストエディタでテキストファイルに書き込む程度でも十分です。

　文献データベースファイル（bib ファイル）のファイル名は拡張子を bib にします。これは文献（bibliography）の綴りから取った名前です。例えば butsuri.bib、suugaku.bib などというテキストファイルに、文献カードに書くような内容を書き込みます。具体的には、次のような流儀で @book{ } の中に参照名、著者名、書名、出版社名、出版年などを書いておくのが BibTEX の流儀です。欄を並べる順番は自由です。

```
@book{leunen,                              ← leunen が参照名
    author = "Mary-Claire van Leunen",     ← 著者名
    title = "A Handbook for Scholars",     ← 書名
    publisher = "Alfred A. Knopf",         ← 出版社
    year = 1978,                           ← 出版年
    memo = "何でもメモっておける" }

@book{木下:作技,
    yomi = "Koreo Kinoshita",              ← 読みは名・姓の順で統一
    author = "木下 是雄",
    title = "理科系の作文技術",
    series = "中公新書 624",
    publisher = "中央公論社",
    year = 1981 }
```

11.7　BibTEX の実行例

　BibTEX 形式の詳しい解説は後回しにして、すぐ上の例（BibTEX 形式の *A Handbook for Scholars* と『理科系の作文技術』の書誌情報）を書き込んだファイル myrefs.bib を用意しましょう。

　本文の文書ファイルは次のようにしておきます。ファイル名は test.tex とでもしておきましょう。

```
\documentclass{...}
\begin{document}

文献を参照する方法については van Leunen~\cite{leunen}、
```

木下~\cite[pp.\,161--167]{木下:作技} が参考になろう。

```
\bibliographystyle{jplain}
\bibliography{myrefs}

\end{document}
```

\bibliographystyle{jplain} は、いくつかある日本語用の文献スタイル
ファイルのうち最も標準的な jplain.bst（欧文用の plain.bst に相当）に
従って文献リストを作ることを意味します。

\bibliography{myrefs} は文献データベースファイルの名前が myrefs.
bib であるという宣言です。この文献データベースには、本文で参照（\cite）
しないものがたくさん入っていてもかまいません。文献データベースファイルは
複数あってもかまいません。その際は、

```
\bibliography{myrefs1,myrefs2}
```

のようにコンマで区切って並べます（コンマの後に空白を入れてはいけません）。
これで LaTeX を実行すると、次のような警告メッセージが出ます。

```
No file test.aux.
LaTeX Warning: Citation `leunen' on page 1 undefined on input
line 4.
LaTeX Warning: Citation `木下:作技' on page 1 undefined on input
line 5.
No file test.bbl.
LaTeX Warning: There were undefined references.
```

ここで aux ファイル test.aux をエディタで読んでみると、次のようになっ
ていることがわかります（説明に関係のない行は省いています）。

```
\citation{leunen}
\citation{木下:作技}
\bibstyle{jplain}
\bibdata{myrefs}
```

この段階で仮に出力すると、次のように参照番号が伏せ字になります。

　　文献を参照する方法については van Leunen [?]、木下 [?, pp. 161–167] が参考に
　なろう。

この段階ではまだ文献リストは出力されません。

さて、いよいよ BibTeX を起動しましょう。ターミナル（コマンドプロンプト
など）で、

```
upbibtex test
```

と打ち込んで upBibTeX で test.aux を処理します（必要に応じて例えば

upbibtex --kanji=sjis のようなオプションを付けます）。すると、次のよう
な bbl ファイル test.bbl ができます。

```
\begin{thebibliography}{1}

\bibitem{木下:作技}
木下是雄.
\newblock 理科系の作文技術.
\newblock 中公新書624. 中央公論社, 1981.

\bibitem{leunen}
Mary-Claire van Leunen.
\newblock {\em A Handbook for Scholars}.
\newblock Alfred A. Knopf, New York, 1978.

\end{thebibliography}
```

参考　ここで使われている {\em ...} は \emph{...} の古い書き方で、イタリック体
にする命令です。また、\newblock はセンテンス間スペースと単語間スペース
の幅の差にあたる量だけ余分にスペースを空ける命令です。thebibliography
環境中では \frenchspacing（291 ページ）に設定されているので、センテン
ス間スペースは単語間スペースと同じになります。これを LATEX のデフォルト
（\nonfrenchspacing）にする働きを持っています。これが余計なお世話だと思
う場合は

```
\renewcommand{\newblock}{}
```

で \newblock の定義を空にすればいいでしょう。

　これと同時に test.blg という blg ファイル（BIBTEX のログファイル）が
できます。これには upBIBTEX の実行に関するメッセージが収められています。
　ここで 2 度目の LATEX を起動します。すると、先ほどと同様の警告

```
LaTeX Warning: Citation `leunen' on page 1 undefined on input
line 4.
LaTeX Warning: Citation `木下:作技' on page 1 undefined on input
line 5.
LaTeX Warning: There were undefined references.
```

に加えて、新たな警告

```
LaTeX Warning: Label(s) may have changed. Rerun to get
cross-references right.
```

が表示されます。これは「相互参照を正しくするために再実行せよ」と言ってき
ているわけです。仮にこの警告を無視して出力してみると、文献リストは出ます
が、本文の参照番号は伏せ字 [?] のままです。
　もし文献リスト中でさらにほかの文献を \cite しているならここでもう一度
upBIBTEX を起動しなければなりません。

ついでに test.aux も調べてみると、さっきより少し増えています。

```
\citation{leunen}
\citation{木下:作技}
\bibstyle{jplain}
\bibdata{myrefs}
\bibcite{木下:作技}{1}
\bibcite{leunen}{2}
```

そこで、もう一度 LaTeX を実行します。今度は警告は出ません。出力してみましょう。今度は完全な文献リストと参照番号が入ります。

文献を参照する方法については van Leunen [2]、木下 [1, pp. 161–167] が参考になろう。

参考文献

[1] 木下是雄. 理科系の作文技術. 中公新書 624. 中央公論社, 1981.

[2] Mary-Claire van Leunen. *A Handbook for Scholars.* Alfred A. Knopf, New York, 1978.

LaTeX の原稿（ソース）ファイルごと投稿する場合は、\bibliographystyle{jplain}、\bibliography{myrefs} の行を最終段階でコメントアウト[※9] し、bbl ファイル（この例では test.bbl）を本文に埋め込んでおけば、間違いが生じにくくなります。

　文献データベースに何千件のデータがあっても、文献リストには実際に参照（\cite）したものしか現れません。文献リストは、著者の姓・名のアルファベット順に並びます。木下（Kinoshita）は van Leunen（V で始まる）よりアルファベット順で若いので、文献リストでは先にきました。

> **参考** 著者名がなければ編集者（editor）や、場合によっては団体名（organization）で代用されます。これら（著者名の類）が和文の場合は、yomi 欄に読みをローマ字またはひらがなで書いておけば、その順に並びます。このどれもなければ、key 欄に並べ替えのキーとなるものを書き込んでおけば、その順に並びます。これら（著者名の類）が同じであれば、次に出版年（year）の順に並びます。出版年も同じであれば、タイトルの順に並びます。なお、これは plain や jplain スタイルの話です。alpha や jalpha スタイルなどラベルのつくものについては、まずラベル順に並びます。unsrt や junsrt では並べ替えしません。

日本人の著者名は

```
yomi = "きのした これお",
```

のように、ひらがなで書いてもかまいません。こうすれば、まず欧文の著者名が

※9 コメントアウトとは行の頭に % 印を付けてその行を無効にすることです。

アルファベット順に並び、その後ろに和文の著者名が五十音順に並びます。上の例では、文献リストでの順序が逆になり、木下先生の本が [2] になります。

読み（yomi）欄は、ローマ字書きなら名・姓の順、かな書きなら姓・名の順に書きます（各項目の詳しい書き方は 178 ページ以降をご覧ください）。

なお、本文中のどこかに \nocite{参照名} と書けば、本文中には何も出力しませんが、文献リストにはその参照名の文献が載ります。さらに、\nocite{*} とすると、すべての文献を \nocite したのと同じ効果を持ちます。つまり、文献データベースにある文献がすべて文献リストに載ります。

11.8　文献スタイルファイル

LATEX 文書中に \bibliographystyle{jplain} という命令があると、(u)pBIBTEX は jplain.bst という文献スタイルファイル（bst ファイル）の記述にしたがって書誌情報を出力します。

TEX Live には次の日本語用文献スタイルファイルが含まれています。

jabbrv.bst	著者名を "木下." や "M.-C. van Leunen" のように縮めて出力します。
jalpha.bst	ラベルが [Kin81] や [vL78] のような形式になります。
jipsj.bst	情報処理学会の欧文誌用です。
jname.bst	[Kin81] 木下：理科系の作文技術……の形式で出力します。
jorsj.bst	日本オペレーションズリサーチ学会の論文誌（和文・欧文）用です。
jplain.bst	Van Leunen の本に沿った最も標準的なスタイルです。
junsrt.bst	アルファベット（五十音）順に並べ換えず、本文で参照した順に並べます。日本語の読みがわからないときにも便利です。
tieice.bst	電子情報通信学会論文誌用です（現在の形式とは違いがあるかもしれません）。
tipsj.bst	情報処理学会論文誌・情報処理学会誌用です。

TEX Live にはこれら日本語用の bst ファイルのほか、欧文用のものが数百個含まれています。このうち plain.bst、abbrv.bst、alpha.bst、unsrt.bst は、頭に j の付いた日本語版に対応するものです。plainnat.bst、unsrtnat.bst などは natbib パッケージと合わせて使うためのものです。

特に指定がなければ (j)plain または著者名順に並べ替えをしない (j)unsrt の類を使えばよいでしょう。

bst ファイルはテキストファイルですので、気に入らなければいくらでも編集

できます（編集したものはオリジナルと混同しないようにファイル名を変えてください）。

11.9　文献データベースの詳細

　論文のランディングページ（アブストラクトや本文 PDF へのリンクを載せた Web ページ）の多くは、BibTeX 形式の書誌情報を載せていますので、それをコピペして並べるだけで文献データベースファイル（bib ファイル）ができます。BibTeX 以外の形式で公開されていても、BibTeX 形式に変換するツールがあるはずです。例えば PubMed は形式で文献情報を公開していますが、"PMID to BibTeX converter" というサイトに PMID を打ち込めば BibTeX 形式に変換してくれます。Google Scholar なら、設定の文献情報マネージャで「BibTeX への文献取り込みリンクを表示する」を選んでおけば、BibTeX 形式の書誌情報が簡単に取得できるようになります。

　以下では、BibTeX 形式のデータを自前で作る方法を詳しく解説します。

　まず、その文献が本なら、

```
@book{TeXbook,
  author = "Donald E. Knuth",
  title = "The {\TeX}book",
  publisher = "Addison-Wesley",
  address = "Reading, Massachusetts",
  year = 1984 }
```

のように記述します。最後の 1984 の後にもコンマ（,）を付けてかまいません。TeX のようなロゴや特殊文字は { } で囲んでおくほうが安全です。

　左端の @book、author などの語は大文字でも小文字でもかまいません。author、title などの欄はどんな順序で並べてもかまいません。

　参照名（上の例では TeXbook）は大文字・小文字を区別します。参照名には高木:整数論、高木–整数論、TeX入門、梅棹69 のように、コンマ以外の半角文字・記号が混じってもかまいません。

　イコール（=）の前後や左端のスペースは入れなくてもかまいません。あとで述べるように、文献データには必須欄（上の例では author、title、publisher、year）と、必須でない欄（上の例では address）があります。

　イコール（=）の右辺は引用符 " " で囲む代わりに、

```
  author = {Donald E. Knuth}
```

のように波括弧でくくってもかまいません。year 欄のように数字だけの場合は引用符や波括弧は省略できます。

　文献データベースでは書籍 @book{...} のほか雑誌記事 @article{...} な

どたくさんの種類の文献を扱えます。文献の種類と、各種類についてイコール
（=）の左辺として使える欄は次の通りです。たくさんありますが、迷ったら
@misc にすればよいでしょう。なお、これらはすべて大文字でも小文字でもか
まいません（例えば @misc は @MISC でもかまいません）。

@article　雑誌記事や論文誌の論文です。

> 必須欄　author、title、journal、year
> 必須でない欄　volume、number、pages、month、note

@book　出版社（出版主）のある書籍です。

> 必須欄　author または editor、title、publisher、year
> 必須でない欄　volume、number、series、address、edition、
> month、note

@booklet　書籍と似ていますが publisher（出版社、出版主）欄がありま
せん。

> 必須欄　title
> 必須でない欄　author、howpublished、address、month、
> year、note

@comment　注釈用です。ここに書いたことは無視されます。

@conference　@inproceedings と同じです。Scribe というシステムとの互換
性のために用意されています。

@inbook　本の一部を参照するときに使います。

> 必須欄　author または editor、title、chapter または
> pages、publisher、year
> 必須でない欄　volume、number、series、type、address、
> edition、month、note

@incollection　本の一部でそれ自身に標題があるものです。

> 必須欄　author、title、booktitle、publisher、year
> 必須でない欄　editor、volume、number、series、type、
> chapter、pages、address、edition、month、note

@inproceedings　学術会議のプロシーディングスの中の一篇です。

> 必須欄　author、title、booktitle、year
> 必須でない欄　editor、volume、number、series、pages、
> address、month、organization、publisher、note

@manual　いわゆるマニュアルです。

> 必須欄　title
> 必須でない欄　author、organization、address、edition、month、year、note

@mastersthesis　修士論文です。

> 必須欄　author、title、school、year
> 必須でない欄　type、address、month、note

@misc　ほかのどれにもあてはまらないものです。

> 必須欄　なし
> 必須でない欄　author、title、howpublished、month、year、note

@phdthesis　博士論文です。"PhD thesis" と出力されますが、これが嫌なら、

```
type = "{Ph.D.} dissertation"
```

などと書いておきます。{Ph.D.} と波括弧で囲まないと文献スタイルによっては大文字を小文字に変換してしまいます。

> 必須欄　author、title、school、year
> 必須でない欄　type、address、month、note

@proceedings　学術会議のプロシーディングスです。

> 必須欄　title、year
> 必須でない欄　editor、volume、number、series、address、month、organization、publisher、note

@techreport　学校や研究機関で出す技報（technical report）です。"Technical Report" と出力されますが、これが嫌なら type 欄にこれ以外のことを、例えば

```
type = "Research Note"
```

などと書いておきます。

> 必須欄　author、title、institution、year
> 必須でない欄　type、number、address、month、note

@unpublished　著者・標題はあるが公式な出版物ではないものです。

> 必須欄　author、title、note
> 必須でない欄　month、year

　必須でない欄としては、上記のほかに並べ替えの代替キーの key 欄や、(u)pBIBTEX で名前の読みを表す yomi 欄があります。

　以下に、前述の各欄の意味を説明します。これもたくさんありますが、あまり厳密に考えなくてもかまいません。例えば出版社の所在地は address 欄に入れても出版社名といっしょに publisher 欄に入れてもかまいませんし、もちろん住所など書かなくてもかまいません。どこに書くかわからないことは note 欄に書けばよいでしょう。

address 　出版社（出版主）の住所です。大きな出版社なら不要ですが、小さな出版社は完全な住所を挙げておくと便利です。@proceedings、@inproceedings については、会議の行われた場所です。この場合、出版社や組織の住所が必要であれば publisher、organization の欄に入れます。

author 　著者名です。和文の著者名は、

```
author = "梅棹 忠夫"
```

のように指定します。文献スタイルファイルによっては姓と名を分けて処理するものがありますので、姓と名の間には空白（半角でも全角でも可）を入れておきます。(u)pBɪвTEX 付属の標準スタイルファイルでは、出力の際にはこの空白は取り除かれます。
欧文の著者名は、

```
author = "First M. Last"
```

の形式でも

```
author = "Last, First M."
```

の形式でもかまいませんが、特に姓（ファミリーネーム）とそれ以外の部分が区別しにくい場合は、コンマを使う第 2 の形式のほうが確実です。John von Neumann はこのままの形でかまいませんが、第 2 の形式で書くには "von Neumann, John" とします。Jr. が付いているときは "Ford, Jr., Henry" のような形式にします。Jr. の前にコンマを付けない人もいます（例えば "Steele Jr., Guy L."）。また、Per Brinch Hansen という人は Brinch Hansen が姓ですから、"Brinch Hansen, Per" とします。アクセント付きの名前は "Fran{\c{c}}ois Vi{\`e}te" のように \ の直前からアクセントが付く文字の直後までを波括弧で囲むのが伝統的な書き方です（このことは author 欄に限りません）。ただ、今では UTF-8 で François Viète のように書いても問題ありません。
複数の著者名は次のように and（両側に空白が必要）または全角のコンマ（，）かテン（、）で区切ります。

```
author = "Donald E. Knuth and Tracy Larrabee
        and Paul M. Roberts"
```

```
author = "一松 信、二宮 信幸、三村 征雄"
```

ただし upBIBTEX では和文の著者名のときは著者が多すぎるときは最後を and others としておくと、英文なら「et al.」、和文なら「ほか」が付きます。

文献は主に著者名によって並べ替えられますが、もし同じ著者が Donald E. Knuth とも D. E. Knuth とも名乗っているなら並べ替えの結果は期待通りにならないかもしれません。そのようなときは D. E. Knuth となっている文献の著者欄を D[onald] E. Knuth とします。並べ替えの際は [ ] のような記号は無視されます。

booktitle　その文献が本の一部であるときの本の名前です。

chapter　例えば第 5 章だけを参照するときは chapter = 5、第 5 章第 3 節なら chapter = "5.3" のようにします。

crossref　*A* が *B* の一部である場合に、*A* の crossref 欄に *B* の参照名を "texbook" のように書き、全体についての詳しい情報はそちらに書いておくと、参照情報が付くだけでなく、*A* で欠けている情報のいくつかを *B* の中から拾ってくれます。*A* は *B* の先になければいけません。*A* が *B* を参照し、*B* が *C* を参照するような参照の連鎖はうまくいきません。ちょっとややこしい仕様ですので、note 中に参照を書き込むことで逃げてもかまいません。

edition　例えば第 2 版なら、日本語の本では "2" または "二"、英語の本では "Second" とします。大文字で始めておけば、必要なら小文字に変換してくれます。

editor　編者名です。書き方は著者名（author）と同様です。A さんの編集した本の中の B さんの論文を参照するときは、author 欄と editor 欄が両方埋まります。upBIBTEX の jplain や jalpha スタイルなどでは「何野何某（編）.」のようになります。つまり、全角括弧の直後に半角ピリオドがくるので、間が空いたような出力になります。これを例えば「何野何某 編.」のようにするには、bst ファイル中の （編） を ␣編 に直します（改変した場合はファイル名を変えてください）。

howpublished　特殊な出版形態をとる場合の説明です。英文では最初の文字は大文字にします。

institution　その技報を出している出版主です。

journal　雑誌の名前です。コンピュータ関係の有名論文誌の名前は省略形も用意されています。

key 著者名（に類するもの）がないとき、これで並べ替えます。例えば *The Chicago Manual of Style* という本は著者がないので、

```
    key = "Chicago"
```

とでもしておきます。相互参照やラベル作成にも使われることがあります。なお、これは \cite で使う参照名とは関係ありません。

month 出版月です。英語なら jan、feb、mar、apr、may、jun、jul、aug、sep、oct、nov、dec のように略記してもかまいません。なお、例えば "July 4" のように日も含めたいときは、

```
    month = "July~4"
```

または

```
    month = jul # "~4"
```

とします。この # は両側の文字列を結合する記号です。

note その他何でも出力したいことを書いておきます。英文なら最初の文字は大文字にします。翻訳ものの訳者の類もとりあえずここに

```
    note = "山崎俊一 監訳，福島誠 訳"
```

のように書くしかないでしょう。なお、たいていこれが最後の出力になりますので、解説的なこともここに書いておくことができます。通常は最後に半角ピリオドが付きますが、最後にマルや全角・半角のピリオド、！、？がすでにあれば、余分に半角ピリオドが付くことはありません。

number 雑誌などで第何巻第何号というときの号、あるいは通巻何号というときの号です。シリーズ本の番号もこれです。

organization 会議を主催した団体またはマニュアルを出している所です。

pages ページです。例えば 5 ページから 20 ページまでというときは "5--20" と書きます（"5-20" でも同じ出力になります）。また 123 ページ以降というときは "123+" とします。

publisher 出版社（出版主）の名前です。

school 学校名です。学位論文ではここに大学名を書き、必要ならば学部名を address 欄に書きます。

series シリーズ名です。series = "中公新書 624" のように使います。本来は series は "中公新書" だけにして、number で 624 を指定するべきものですが、そうすると、upBɪʙTEX の標準スタイルでは「中公新書，No. 624.」のような仰々しい出力になります。

title　本・論文・記事のタイトルです。欧文のタイトルでは、

- 必ず小文字にしたい文字は小文字で書きます。
- 大文字にするか小文字にするかを bst ファイルに一任する文字は大文字で書きます。
- 必ず大文字にしたい文字は {E}instein のように波括弧で囲んだ大文字にします。

要するに、できるだけ各単語の頭を大文字で書くようにします。ただし、冠詞（a、an、the）、強勢のない接続詞、前置詞（of など）は小文字です。タイトル、サブタイトルの最初の語は、例外なく大文字で始めます。例えば

```
title = "A Brief History of Time: From the Big Bang to Black Holes"
```

のようにします。迷ったら小文字にしましょう（例えば *Far-Reaching* → *Far-reaching*）。

必ず大文字にする部分（波括弧で囲むべき部分）は、{P}entium {II} のような固有名詞の頭やローマ数字、{G}rundlagen のようなドイツ語の名詞の頭、{GNU} のような略語、{$O(n)$} のような数学記号が該当します。

title 欄に限らず、TeX の命令は、{\TeX} のように波括弧で囲みます。TeX と違って BiBTeX では \"Uber のような書き方はできません。必ずアクセント命令は、アクセントの付く文字も含めて、{\"U}ber のように波括弧で囲みます。この場合、U は小文字に変換する対象になります。必ず大文字にしたいなら、{\"{U}}ber のようにします。{\ttfamily GNU} も BiBTeX にとってはこれと同じで，GNU を小文字に直されたくなかったなら、{\ttfamily {GNU}} とします。

type　技報のタイプなどです。@techreport の解説を見てください。

volume　雑誌や本で第何巻というときの巻番号です。

year　出版年です。year = 1991、year = "1991"、year = "(about 1876)" のように書きます。括弧などの記号を除いた最後の 4 文字が数字でなければなりません。書名に出版年の情報が含まれている場合や、note 欄に「何年何月号から何年何月号まで連載」と書き込む場合には、year はなくてかまいません（実行時に警告が出ますが無視します）。

yomi　(u)pBiBTeX だけにある欄です。この欄に

```
yomi = "まつい しょういち、いり まさお"
```

のように姓・名の順に著者名の読みを書いておけば、姓・名の五十音順に並びます。もっとも、(u)pBiBTeX のもととなった JBiBTeX を作った松井

正一さんは

```
yomi = "Shouichi Matsui and Masao Iri"
```

のようにローマ字で書いてアルファベット順に並べるとよいと書かれています。同一著者が欧文でも和文でも論文を書いている場合はこのほうが便利です。ローマ字の場合は名・姓の順にします。なお、yomi 欄にひらがなを使うと jalpha スタイルなどでちょっと変なことが起こります（11.10 節）。

　これ以外の欄は単に無視されます。このことを使えば、

```
memo = "何を書いてもかまわない"
```

のようにメモを書いておくことができます。ほかによく使われる欄として url、isbn、issn、price、size、language、keywords、abstract、affiliation、copyright があります。

```
url = "https://gihyo.jp",
isbn = "978-4-7741-8705-1",
```

のように使います。

　なお、文献データベース中 @何々{...} の外側の部分は単純に無視されますので、覚え書きなどを自由に書き込めます。また、一つの @何々{...} を一時的に無視させたいときは先頭の @ だけ消すという手があります。@comment{...} と書いても中身を無視してくれます。

　標準の文献スタイルファイルには、

```
MACRO {acmcs} {"ACM Computing Surveys"}
```

のような置き換えのパターンがいくつか与えてあります。これは、acmcs と書くと "ACM Computing Surveys" と変換するという意味です。ですから、文献データベースには、

```
journal = "ACM Computing Surveys"
```

と書く代わりに、

```
journal = acmcs
```

と書けます。

　自分用の略称を作るには @string という命令を使います。例えば、文献データベースの最初に

```
@string{ddj = "Dr. Dobb's Journal"}
```

のように書き込んでおけば、"Dr. Dobb's Journal" の代わりに ddj と書け

ます。

　TEX は % から行末までを無視しますが、BIBTEX は % 以下を無視しません。

11.10　並べ替え順序の制御

　BIBTEX は波括弧で囲まれた部分を 1 文字のように扱います。このことを使って、並べ替えの順序を制御する問題を考えましょう。

　例えば jalpha スタイルでは、著者名の最初の 3 文字と出版年の最後の 2 文字を使って [Knu91] のような見出しを作ります。著者名が漢字のときは [奥村91] のような見出しになりますが、これは五十音順ではなく漢字のコード番号順に並びます。yomi = "Haruhiko Okumura" としておけば [Oku91] という見出しになり、アルファベット順に並びます。これを五十音順に並べようとして yomi = "おくむら　はるひこ" とすると [おくむ91] になってしまいます。[奥村91] のように漢字にして、しかも五十音順に並べるには、次のようにします。

　まず文献データベースファイルの冒頭に、

```
@preamble{"\newcommand{\noop}[1]{}"}
```

と書いて置きます。これは bbl ファイルの頭に

```
\newcommand{\noop}[1]{}
```

と出力せよという命令です。そして、読みの欄を

```
yomi = "{\noop{おくむら　はるひこ}奥村}"
```

とすると、pBIBTEX は {\noop{おくむら　はるひこ}奥村} 全体を 1 文字と考えます。2 文字目がないので、見出しはこれ全体になります。また、並べ換えには \ で始まる命令部分を除いた「おくむら　はるひこ奥村」を使うので、正しい位置に並びます。さらに、LATEX はマクロ展開時に \noop{おくむら　はるひこ} を空の文字列で置き換えますので、出力中の見出しの著者名部分は「奥村」だけになるというわけです。2 文字まで見出しに含まれますので、

```
yomi = "{\noop{おくむら　はるひこ}奥}村晴彦"
```

などとしても同じことです。しかし、

```
（誤）yomi = "\noop{おくむら　はるひこ}奥村"
```

とすると、文献のラベルは [\noo91] のようになり、エラーになります。

　同著者の本を出版年の順ではなく別の順に並ばせたいときも、同じテクニックが使えます。例えば

```
@book{first, ..., year = "{\noop{1989}}1991" }
@book{second, ..., year = "{\noop{1990a}}1990" }
```

```
@book{thrid,  ..., year = "{\noop{1990b}}1990" }
```

のようにして 3 冊の本をこの順に並べることができます。第 2 巻が第 1 巻より先に出版されたが出版年順でなく巻順に並べたい場合や、同年に出版されたものでも順序関係がある場合に、この方法が使えます。

11.11 biblatex

文献の書誌情報を格納するための BIBTEX 形式は、もはや標準となっており、これからもずっと使われ続けるでしょう。しかし、BIBTEX プログラムはかなり古くなってしまいましたので、代替品が欲しいところです。

そのためのものとして、biblatex パッケージによる方法があります。これは、補助的に biber というツール（TEX Live に含まれています）を使いますが、大部分の作業を LATEX 側で行います。難解な bst 言語を覚えなくても、LATEX の知識で（がんばれば）カスタマイズできます。また、文献リストを分割して作るための機能が備わっているので、例えば章ごとに文献を付けるといったことも簡単にできます。

日本語対応にした biblatex-japanese なども開発されていますが、以下ではオリジナルのものを使った方法を説明します。

文献データベース（bib ファイル）を用意するところまでは BIBTEX と同じです。LATEX 文書は、例えば次のように書きます。

```
\documentclass{jlreq}
\usepackage[sorting=none]{biblatex}
\addbibresource{myrefs.bib}   % 文献データベースを読み込む
\makeatletter                 % 以下4行は和文書名をゴシック体にしないハック
\let\mkbibemph=\mkbibitalic
\let\blx@imc@mkbibemph=\blx@imc@mkbibitalic
\makeatother
\setlength{\biblabelsep}{0.5em} % 必要に応じて \labelnumberwidth も設定
\begin{document}

文献を参照する方法については van Leunen~\cite{leunen}、
木下~\cite[pp.\,161--167]{木下:作技} が参考になろう。

\printbibliography[title=参考文献]
\end{document}
```

処理の流れは

① LATEX を実行する（参照情報を bcf ファイルに書き出す）
② biber を実行する（bcf ファイルから bbl ファイルを作る）
③ LATEX を実行する（bbl ファイルを取り込む）

のようになります。メインの LaTeX 文書ファイルが main.tex で、LuaLaTeX を使うとすると、コマンドは

```
lualatex main
biber main
lualatex main
```

のようになります。

　文献リストを章ごとに付けたければ、章全体を \begin{refsection} ～ \end{refsection} で囲み、その内側の最後に \printbibliography を置きます。

　biblatex の日本語対応は不十分です。例えば日本語の書名は『 』で囲みたいといった場合、bib ファイルの日本語文献には langid = "japanese" のような項目を付けておき、プリアンブルに

```
\AtEveryBibitem{%
  \iffieldequalstr{langid}{japanese}{%
    \DeclareFieldFormat[book]{title}{『#1』}
  }{}%
}
```

などと書くといったカスタマイズが可能です。

　BibTeX の場合と違って、bcf ファイルも bbl ファイルも人間が編集するようにはできておらず、文献リストの一部を後から手で修正することは困難です。こういった従来の BibTeX を使うワークフローとの整合性の問題から biblatex を使った原稿を受け取ってもらえない場合、biblatex の後に biblatex2bibitem というパッケージを読み込み、\printbibliography の後に \printbibitembibliography という命令を置くと、PDF ファイルに thebibliography 環境が書き出されますので、それを手直しして LaTeX ファイルにコピペして使うという手があります。

11.12　Citation Style Language

※10　https://citationstyles.
org

　Citation Style Language（CSL）[10] は文献リストのフォーマットを定義するための言語です。TeX Live 2022 以降には citation-style-language パッケージと Lua 言語で書かれたツール citeproc-lua が含まれています（`texdoc` citation-style-language）。まだ開発途上ですが、将来的には BibTeX や biblatex を置き換えるものになるかもしれません。

第12章
欧文フォント

TEX の欧文フォントといえば、TEX の作者 Knuth 先生が META
FONT というシステムでデザインした Computer Modern フォントが
使われ、PK と呼ばれるビットマップ形式で格納される──という
のはもう昔話になりました。今では LATEX のフォントは PostScript
Type 1 や TrueType、OpenType 形式になり、さらに、X LATEX や
LuaLATEX のような「モダン LATEX」の出現により、システムにインス
トールされている TrueType、OpenType フォントがそのまま使える
ようになりました。

本章では LATEX の欧文フォント、次章では和文フォントについて解
説します。

12.1　フォントの5要素

LATEX はフォントをエンコーディング、ファミリ、シリーズ、シェープ、サイ
ズという5要素で管理します。

▶ エンコーディング (encoding)

ここでいうフォントのエンコーディングとは、TEX 内部での文字への番号の
振り方のことです。入力ファイルの文字コード（12.3節）とは違います。

まず、モダン LATEX（X LATEX、LuaLATEX）は、TU（TEX Unicode）という
32 ビット Unicode のエンコーディングをデフォルトで使うので、単純です。

一方、レガシー LATEX（pLATEX など）の状況は複雑です。欧文フォントは 1
フォントあたり昔は 7 ビット（128 文字）、今は 8 ビット（256 文字）しか使えま
せん。しかも、7 ビット時代との互換性から、7 ビットの OT1 というエンコー
ディング（195 ページ）が今でもデフォルトです。しかし、7 ビット時代との互
換性を考えないならば、8 ビットの T1 エンコーディング（196 ページ）に変更
するのが推奨です。デフォルトのエンコーディングを T1 に変更するには、プリ
アンブル（\documentclass{...} と \begin{document} の間）に[1]

    \usepackage[T1]{fontenc}　　← レガシー LATEX だけ!

と書きます。

※1 この設定はモダンLATEXで
は不要です。せっかくTUになっ
ているのにT1に制限する意味
はありません。

▶ ファミリ（family）

関連するフォントを集めたものがファミリです。

レガシー LaTeX では（OT1 エンコーディングの）セリフ体 Computer Modern Roman（ファミリ名 cmr）、サンセリフ体 Computer Modern Sans Serif（ファミリ名 cmss）、等幅のモノスペース体（タイプライタ体）Computer Modern Typewriter Type（ファミリ名 cmtt）という三つのファミリがデフォルトで使われます。これらは Knuth 先生が TeX のために開発したフォントで、今は PostScript Type 1 形式のものが使われます[※2]。一般に、本文はセリフ体、見出しはサンセリフ体、コンピュータへの入力を表す部分はモノスペース体を使います。

一方、モダン LaTeX では、TU エンコーディングの OpenType フォント Latin Modern Roman（ファミリ名 lmr）、Latin Modern Sans Serif（ファミリ名 lmss）、Latin Modern Typewriter Type（ファミリ名 lmtt）がデフォルトです。これらは Computer Modern を拡張したもので、基本となる文字については、両者の違いはありません。

Latin Modern には T1 エンコーディングの Type 1 フォントもあります。レガシー LaTeX のフォントのエンコーディングを OT1 から T1 に変更したら、フォントも Computer Modern から Latin Modern に変えるのが推奨です。その場合のプリアンブルでの指定は

```
\usepackage[T1]{fontenc}      ← レガシー LaTeX だけ！
\usepackage{lmodern}
```

となります。

数式については、モダン LaTeX もレガシー LaTeX も、デフォルトでは Computer Modern で、lmodern パッケージを読み込めば Latin Modern になります。いずれも Type 1 形式です。

なお、jlreq ドキュメントクラスは内部で lmodern を読み込んでいますので、上の記述とは異なります。

モダン LaTeX で数式も Unicode ベースの OpenType フォントにするには、unicode-math パッケージを読み込みます（232 ページ）。ただ、微妙に LaTeX のデフォルトと異なる組み方になることがあります。本書の数式例は（特に断らない場合）unicode-math と New Computer Modern（236 ページ）の数式フォントを使っています。

参考 本書は、セリフ体に Latin Modern Roman、サンセリフ体に Source Sans Pro、タイプライタ体に Source Code Pro を使っています。

参考 セリフ（serif）とは線の端に付いた飾りのことで、例えば I の上下に付いた細い横棒のような飾りがセリフです。サンセリフ（sans serif）とはフランス語で「セリフのない」という意味です。セリフ体の I に対応するサンセリフ体は I のようにセリフがありません。また、線の太さがほぼ一定です。セリフ体は読みやすく、

※2 2023年1月でPostScript Type 1 フォントはAdobeアプリではサポートが終了しました。LaTeX では引き続き使うことができます。

サンセリフ体は目立ちやすいという特徴があり、本文はセリフ体、見出しはサンセリフ体と使い分けるのが一般的です。特に和欧混植では和文の見出しにゴシック体（サンセリフ体に相当）を使うので、欧文もサンセリフ体にするほうが統一がとれます。I（大文字アイ）と l（小文字エル）がサンセリフ体によっては見分けにくいのが欠点です（Latin Modern Sans Serif では I と l、本書で使った Source Sans Pro では I と l）。

セリフ体・サンセリフ体・タイプライタ体の切り替えは、通常は次のコマンドで行います：

```
{\rmfamily ...} または \textrm{...}     Serif (Roman) （デフォルト）
{\sffamily ...} または \textsf{...}     Sans Serif
{\ttfamily ...} または \texttt{...}     Typewriter Type
```

ファミリ名を指定してフォントを切り替えることもできます。例えば古くからあるファミリ名 ptm の Times 互換フォントを使いたければ、

```
これは{\fontfamily{ptm}\selectfont Times}です。
```

のようにします（変わるのは欧文ファミリだけで、和文は変わりません）。ただし、TU エンコーディングの ptm がないので、モダン LaTeX ではエンコーディングも T1 に変える必要があります[※3]：

```
{\fontencoding{T1}\fontfamily{ptm}\selectfont Times}です。
```

※3　モダン LaTeX ならわざわざ ptm を使わなくても Open-Type の Times（互換）フォント（例えば TeX Live に入っている texgyretermes-regular.otf）を使うほうがいいでしょう。

参考　プリアンブルに \usepackage{lmodern} と書くと、lmodern パッケージが読み込まれ、数式関係を無視すれば、次の三つのコマンドが実行されます：

```
\renewcommand{\rmdefault}{lmr}    % セリフ（ローマン）体を lmr に
\renewcommand{\sfdefault}{lmss}   % サンセリフ体を lmss に
\renewcommand{\ttdefault}{lmtt}   % タイプライタ体を lmtt に
```

lmodern パッケージを使わずに、これら三つを独立に設定することもできます。

参考　LaTeX 2ε 以前は {\rm ...}、{\sf ...}、{\tt ...} のような書き方をしました。これらは現在は非推奨です。

▶ シリーズ (series)

ウェイト（weight）ともいいます。文字の線の太さのことです。通常は次のコマンドで切り替えます。

```
{\mdseries ...}   または   \textmd{...}     Medium （デフォルト）
{\bfseries ...}   または   \textbf{...}     Boldface
```

より細かい指定をするには次のコマンドを使います：

```
\fontseries{m}\selectfont     Medium （デフォルト）
\fontseries{b}\selectfont     Bold
\fontseries{bx}\selectfont    Bold Extended
```

\bfseries や \textbf は、Computer Modern や Latin Modern のシリーズを bx に変えます。フォントによっては、細身（light、シリーズ名 l）、セミボールド（シリーズ名 sb）、エクストラボールド（シリーズ名 eb）などもあります。

> 参考　\bfseries や \textbf のデフォルトのシリーズ名は \bfdefault というマクロで定義されています。この値は従来の LaTeX では bx（bold extended）でしたが、TeX Live 2019 の最終版あたりから b（bold）に変更されました（同様に \updefault が n から up に変更されています）。ただし、Computer Modern や Latin Modern については bold extended が使われる仕組みで、従来との互換性が保たれています。

> 参考　LaTeX 2ε 以前は {\bf ...} のような書き方をしました。現在は非推奨です。

▶ シェープ（shape）

アップライト（Upright）、イタリック（*Italic*）といったバリエーションのことです。通常は次のコマンドで切り替えます。

```
{\upshape ...}    または   \textup{...}      Upright（デフォルト）
{\itshape ...}    または   \textit{...}      Italic
{\slshape ...}    または   \textsl{...}      Slanted
{\scshape ...}    または   \textsc{...}      SMALL CAPS
```

もっと細かいシェープの指定をするには、\fontshape というコマンドを使います。例えばイタリック体というシェープは it という短い名前で定義されており、

```
\fontshape{it}\selectfont
```

という命令でこれに切り替えます。どのようなシェープが設定できるかは、フォントによって違います。

> 参考　Upright（アップライト）は通常の直立体、*Italic*（イタリック）はイタリア風デザインの斜体、SMALL CAPS（スモールキャップス）は小文字を大文字風のデザインにしたものです。

> 参考　フォントによっては *Slanted* または *Oblique* という機械的に斜めにしただけの斜体が用意されていますが、イタリック体がある場合は特にこれを使う意味はあまりないので、\slshape や \textsl を使ってもイタリック体にしてしまうフォントもあります。

> 参考　\textit や \textsl は、直後がコンマやピリオドでなければ、末尾にイタリック補正 \/（295 ページ）を挿入します。例えば \textit{...} は、直後がコンマやピリオドでなければ、{\itshape ...\/} と同じ意味です。イタリック補正はイタリック体や斜体だけでなく、ボールド体にも適用されることがあります。

> 参考　2020 年から、スモールキャップスへの切り替え \scshape が他と独立に使えるようになりました。例えば {\slshape\scshape Hello} とすると、フォントが対応していれば、*HELLO* のように斜体のスモールキャップス体になります。

▶ サイズ（size）

文字の大きさです。一般にポイント（point、pt）という単位で表します。

金属活字を使っていたころは、その高さ、つまり行間に詰め物（インテル）を入れないで組んだときの行送りが、フォントのサイズでした。デジタルフォントでもこれに準じてサイズの公称値が決められています。

LaTeX の 1 ポイントは 1/72.27 インチ[4]、Word や DTP ソフトの 1 ポイントは 1/72 インチですので、同じ 10 ポイントのフォントでも、LaTeX では Word などより約 0.4％小さくなります。もっとも、フォントサイズの公称値のわずかな違いよりも、フォントのデザインによる大きさの違いのほうがずっと目立ちます。

※4　1インチは25.4mmと定義されています。

一般にはポイント数ではなく次のようなコマンドで切り替えます。参考として挙げたポイント数は、本文 10 ポイントのときの文字サイズです。

\tiny	\scriptsize	\footnotesize	\small	\normalsize
5 pt	7 pt	8 pt	9 pt	10 pt
\large	\Large	\LARGE	\huge	\Huge
12 pt	14.4 pt	17.28 pt	20.74 pt	24.88 pt

実際には、どんなフォントサイズでも指定できます。例えば

```
\fontsize{27.18pt}{31.4pt}\selectfont
```

と書けば、フォントサイズ 27.18 pt、行送り 31.4 pt になります（単位が pt なら、単位を省略してもかまいません）。pt 以外の単位も使えます。例えば DTP ポイント（1/72 インチ）は bp（big point）という単位です。10.5bp と指定すれば Word などの 10.5 ポイントと同じサイズになります。

なお、jsarticle など js で始まるドキュメントクラスのデフォルトでは、pt ではなく truept のように true を付けた単位で指定しないと正確なサイズになりません（262 ページ）。

参考 OT1 エンコーディングの Computer Modern フォントなど、古いフォントを使っている場合は、次のような警告が出て、必ずしも指定したサイズになりません。

```
LaTeX Font Warning: Font shape `OT1/cmr/m/n' in size <27.18> not available
(Font)              size <24.88> substituted on input line 5.

LaTeX Font Warning: Size substitutions with differences
(Font)              up to 2.29999pt have occurred.
```

Computer Modern フォントでこれを防ぐためのパッケージに type1cm またはより新しい fix-cm があります。後者は \documentclass{...} の前に \RequirePackage{fix-cm} として読み込みます。Latin Modern を始めとする新しいフォントでは、このような制約はありません。

▶ **フォントの指定**

これまでに述べたフォントの 5 要素は、独立に指定できます。

例えば、

```
{\fontencoding{T1}\fontfamily{ptm}%
 \fontseries{b}\fontshape{it}%
 \fontsize{10pt}{12pt}\selectfont Hello!}
```

と書けば[※5]、

- エンコーディング（\fontencoding）は T1
- ファミリ（\fontfamily）は Times（ptm）
- シリーズ（\fontseries）はボールド（b）
- シェープ（\fontshape）はイタリック（it）
- サイズ（\fontsize）は 10 ポイント（行送り 12 ポイント）

になります。最後の \selectfont コマンドで初めて確定されます。\fontsize で 2 番目に指定した 12pt は行送り（\baselineskip）の値です。上の例のように、文字の指定の及ぶ範囲は、波括弧 { ... } で囲んで限定します。

\usefont{エンコーディング}{ファミリ}{シリーズ}{シェープ} という命令もあります。このほうが簡単で、\selectfont も不要ですし、

```
{\usefont{T1}{ptm}{b}{it} Hello!}
```

のように最後に空白が入っても無視してくれるので便利です。

存在しないフォントを指定すると、画面や log ファイルに例えば次のような警告（warning）が出て、適当なフォントに置き換えられます。例えば TU エンコードを指定しているときに \fontfamily{ptm}\selectfont とすると次のようになります：

```
LaTeX Font Warning: Font shape `TU/ptm/m/n' undefined
(Font)                using `TU/lmr/m/n' instead on input line 104.
```

> 参考　\usefont{T1}{ptm}{b}{it} とすると、LaTeX は t1ptm.fd というフォント定義ファイルを読み、そこに書かれている {b}{it} のフォント名 ptmbi8t を見て、ptmbi8t.tfm というフォントメトリックを読み、それに従って文字を並べます。

> 参考　フォント名 ptmbi8t がわかれば、\newfont{\foo}{ptmbi8t at 12pt} とすれば、\foo という命令でこのフォントの 12 pt が使えるようになります。LaTeX の最も低レベルのフォント指定法ですが、ほかとは独立にそのフォントだけのサイズを指定できるので、便利な場面があります。

> 参考　現在のエンコーディング、ファミリ、シリーズ、シェープ、サイズは次のようにして出力できます。

```
\makeatletter
```

```
\f@encoding, \f@family, \f@series, \f@shape, \f@size
\makeatother
```

12.2 フォントのエンコーディングの詳細

レガシー LaTeX のデフォルト Computer Modern フォントは、次の表のような 7 ビット[6] の OT1 というエンコーディングで格納されていました。

※6 7ビットでは $2^7 = 128$ 通り、8ビットでは $2^8 = 256$ 通りの文字が表せます。

	0	1	2	3	4	5	6	7	8	9	A	B	C	D	E	F
00	Γ	Δ	Θ	Λ	Ξ	Π	Σ	Υ	Φ	Ψ	Ω	ff	fi	fl	ffi	ffl
10	ı	J	`	´	ˇ	˘	¯	˚	¸	ß	æ	œ	ø	Æ	Œ	Ø
20	˙	!	”	#	$	%	&	’	(	)	*	+	,	-	.	/
30	0	1	2	3	4	5	6	7	8	9	:	;	¡	=	¿	?
40	@	A	B	C	D	E	F	G	H	I	J	K	L	M	N	O
50	P	Q	R	S	T	U	V	W	X	Y	Z	[	“	]	^	˙
60	‘	a	b	c	d	e	f	g	h	i	j	k	l	m	n	o
70	p	q	r	s	t	u	v	w	x	y	z	–	—	”	~	¨

OT1 エンコーディングでは、扱える文字の数が少ないので、アクセント記号が付いた文字は合成で作っていました。例えば ü（\"{u}）は ¨ と u の合成です。

合成文字を使うと次の二つの点で不便になります。

- ハイフン処理ができません。例えば Schrödinger という語のハイフン位置（292 ページ）を

  ```
  \hyphenation{Schr\"{o}-ding-er}
  ```

  のように定義しようとしてもエラーになります。

- カーニング情報がおかしくなります。例えば \^{A}V\^{A}T\^{A}R の組版結果を比べてください。

  ÂVÂTÂR（OT1 エンコーディング）
  ÂVÂTÂR（T1/TU エンコーディング）

- OT1 エンコーディングはコンピュータで広く使われている文字コードと微妙に異なるので、一部の文字で文字化けが生じます。例えば < | > と書くと、出力は ¡—¿ となってしまいます。

- PDF にしたときに文字列の検索やコピー＆ペーストがうまくいかないことがあります。

そこで、次の表のような8ビットの T1 エンコーディングが提案されました。次の表は Latin Modern Roman の T1 エンコーディングを示すものです。

	0	1	2	3	4	5	6	7	8	9	A	B	C	D	E	F
00	`	´	^	~	¨	˝	˚	ˇ	˘	¯			˛	¸	,	‹	›
10	"	"	„	«	»	–	—			₀	₁	ȷ	ﬀ	ﬁ	ﬂ	ﬃ	ﬄ
20	␣	!	"	#	$	%	&	'	(	)	*	+	,	-	.	/
30	0	1	2	3	4	5	6	7	8	9	:	;	<	=	>	?
40	@	A	B	C	D	E	F	G	H	I	J	K	L	M	N	O
50	P	Q	R	S	T	U	V	W	X	Y	Z	[	\	]	^	_
60	'	a	b	c	d	e	f	g	h	i	j	k	l	m	n	o
70	p	q	r	s	t	u	v	w	x	y	z	{	|	}	~	-
80	Ă	Ą	Ć	Č	Ď	Ě	Ę	Ğ	Ĺ	Ľ	Ł	Ń	Ň	Ŋ	Ő	Ŕ
90	Ř	Ś	Š	Ş	Ť	Ţ	Ű	Ů	Ÿ	Ź	Ž	Ż	IJ	İ	đ	§
A0	ă	ą	ć	č	ď	ě	ę	ğ	ĺ	ľ	ł	ń	ň	ŋ	ő	ŕ
B0	ř	ś	š	ş	ť	ţ	ű	ů	ÿ	ź	ž	ż	ĳ	¡	¿	£
C0	À	Á	Â	Ã	Ä	Å	Æ	Ç	È	É	Ê	Ë	Ì	Í	Î	Ï
D0	Đ	Ñ	Ò	Ó	Ô	Õ	Ö	Œ	Ø	Ù	Ú	Û	Ü	Ý	Þ	SS
E0	à	á	â	ã	ä	å	æ	ç	è	é	ê	ë	ì	í	î	ï
F0	ð	ñ	ò	ó	ô	õ	ö	œ	ø	ù	ú	û	ü	ý	þ	ß

見慣れない欧州文字が並んでいますが、Ring (\r{u} → ů)、Ogonek (\k{e} → ę)、edh (\dh → ð、\DH → Đ)、棒付き d (\dj → đ、\DJ → Đ)、eng (\ng → ŋ、\NG → Ŋ)、thorn (\th → þ、\TH → Þ) のようなマクロで表すことができるほか、例えば ŋ は（T1 エンコーディングでは）\symbol{"AD} のように 16 進の番号で表すこともできます。

> **参考** T1 エンコーディングが決定された 1990 年の会議の開催地がアイルランドの Cork だったので、Cork エンコーディングとも呼ばれます。なお、OT1、T1、TS1 の名称に含まれる O、T、S の由来は、Original（または Old）、Text、Symbol です。

T1 エンコーディングに入りきらなかった記号類は、TS1 エンコーディングとして、次のようなレイアウトに収められました。

	0	1	2	3	4	5	6	7	8	9	A	B	C	D	E	F
00	`	´	^	~		¨	˝	°			˘	¯	·			¡
10			ʺ			—	—		←	→		˘				
20	ƀ			$			′				*		,	=	.	/
30	0	1	2	3	4	5	6	7	8	9			⟨	—	⟩	
40													℧			◯
50		Ọ					Ω					⟦		⟧	↑	↓
60	`			★	℀	†							☙	∞	♪	
70		ọ		ƒ											~	˵
80	˘	˜	ʺ	˵	†	‡	‖	‰	•	℃	$	¢	ƒ	ℂ	₩	№
90	Ɠ	P	£	ℛ	?	⅃	đ	™	‱	¶	฿	№	%	ℯ	°	℠
A0	{	}	¢	£	¤	¥	¦	§	¨	©	ª	ⓢ	¬	℗	®	―
B0	°	±	²	³	´	µ	¶	·	※	¹	º	√	¼	½	¾	€
C0																
D0						×										
E0																
F0						÷										

　このTS1エンコーディングの文字群はTC（Text Companion）とも呼ばれます。以前は、これらを使うためのマクロを収めた `textcomp` というパッケージがありましたが、現在では何もしないで使えます（付録E）。

> **参考** URL（インターネットのアドレス表示）でユーザーディレクトリを表すために使われる波印（チルダ、`\textasciitilde`、`\symbol{"7E}`）をOT1のComputer ModernとT1のLatin Modernで表すと、
>
> ```
> {\usefont{OT1}{cmr}{m}{n} /\textasciitilde hoge/}      /˜hoge/
> {\usefont{T1}{lmr}{m}{n}  /\textasciitilde hoge/}      /~hoge/
> ```
>
> のように、PDFにした際に上（OT1）では上ツキ波印（U+0303 COMBINING TILDE）で代用されてしまいます。下（T1）が正しいチルダ（U+007E TILDE）です。もちろんTUエンコーディングでも正しいチルダが出ます。

> **参考** Latin Modernや（New）TX/PXフォント等を除き、ほとんどのフォントは、T1エンコーディングにしても、 ₀ ȷ Ð ŋ の4文字は使えません。この最初の ₀ は % と組み合わせて ‰（`\textperthousand`）、‱（`\textpertenthousand`）を作るためのグリフです（PDF中では合成された1文字のように扱われます）。

12.3　ファイルのエンコーディング

　古い LaTeX では Pokémon は `Pok\'{e}mon` と書く必要がありました。これはファイル中で é のような文字を表現する標準的な手段がなかったからです。

しかし、現在は Unicode（ユニコード）という文字セットと UTF-8 というエンコーディング（文字をビットの列で表す方法、文字コード）が事実上の標準となりました。

　モダン LaTeX では UTF-8 が標準でしたが、2018 年 4 月以降は、レガシー LaTeX でも UTF-8 が標準になりました（ texdoc ltnews28）。もう é を \'{e} と書く必要はありません（書いてもかまいませんが）。

> **参考**　レガシー LaTeX が Unicode 全般に対応したわけではありません。2018 年以前のレガシー LaTeX でも、プリアンブルに \usepackage[utf8]{inputenc} と書いておけば、例えば 16 進 C3 A9 というバイト列（é を UTF-8 で表したもの）が現れれば、それを \'{e} で置き換えるという仕組みがありました。この機能が 2018 年から LaTeX 本体に取り入れられたのです。この機能は、欧米でよく使われるアクセント付き文字の類にしか対応していません。

> **参考**　詳しく言えば、Unicode には é のような装飾付きの文字を表す二つの方法があります。é については、NFC という方法では U+00E9 (LATIN SMALL LETTER E WITH ACUTE)、NFD という方法では e に U+0301 (COMBINING ACUTE ACCENT) を付けて表します。これに伴い、UTF-8 でも é が 2 バイト（16 進 C3 A9）になったり 3 バイト（16 進 65 CC 81）になったりします。レガシー LaTeX で対応しているのは前者（NFC）だけです。

> **参考**　NFD から NFC への変換は、nkf というツールを使って
>
> ```
> nkf --ic=utf8-mac --oc=utf-8 file1.tex >file2.tex
> ```
>
> または Mac の iconv で
>
> ```
> iconv -f utf-8-mac -t utf-8 file1.tex >file2.tex
> ```
>
> と打ち込めばできます。

> **参考**　NFC/NFD の問題は日本語の濁点・半濁点についても現れますが、そちらは LaTeX 側が対応してくれます。

> **参考**　UTF-8 にはファイル先頭に BOM (byte order mark) と呼ばれる 3 バイト EF BB BF を付ける流儀もあります。LaTeX は BOM を無視します（入力文字コードを自動判定する (u)pLaTeX では BOM があれば判定しやすくなります）。

> ※7　頭の ¿ は文字化けではなく、スペイン語の逆疑問符 (U+00BF, INVERTED QUESTION MARK) です。

次の例[※7] は、現在ではどの LaTeX でも処理できるはずです：

```
\documentclass{article}
\begin{document}

¿But aren't Kafka's Schloß and Æsop's Œuvres often naïve
vis-à-vis the dæmonic phœnix's official rôle in fluffy
soufflés?

\end{document}
```

　ただし、upLaTeX で上の例を処理すると、一部の文字が全角文字で出力されてしまいます。これを避けるには、プリアンブルに

```
\usepackage[prefernoncjk]{pxcjkcat}
```

という行を追加します（第 13 章で説明する otf パッケージを使う場合は otf より後に追加します）。

参考 Unicode では、同じ文字を「半角」とも「全角」とも解釈できる場合があります（「東アジアの文字幅」の「曖昧」問題）。これを解決するために、upTEX では \kcatcode という仕組みを使います。

```
\kcatcode`é=15
```

と書いておけば é および同様な文字（同じ Unicode ブロックの文字）は「半角」扱いになります。pxcjkcat に prefernoncjk オプションを付けて読み込むと、欧文と解釈できるブロックの \kcatcode をすべて 15（「半角」扱い）にします。この場合、部分的に「全角」扱いにしたい場所は、\withcjktokenforced{...} で囲んでおきます。LuaLATEX で日本語を扱う場合にも同様の問題があり、ギリシャ文字・キリル文字を欧文扱いにするには、プリアンブルに

```
\ltjsetparameter{jacharrange={-2}}
```

と書く必要があります。さらにローマ数字などの記号類も欧文扱いにするには

```
\ltjsetparameter{jacharrange={-2,-3}}
```

とします（ **texdoc** luatex-ja）。部分的に欧文扱い・和文扱いするには \ltjalchar、\ltjjachar を使い、例えば \ltjalchar`α のように書きます。

参考 pLATEX でも「東アジアの文字幅」の「曖昧」問題が生じるケースがあります。例えば左シングルクォート（U+2018）、右シングルクォート（U+2019）、左ダブルクォート（U+201C）等々の記号は、欧文にも和文にも解釈できます。これらを pLATEX は和文文字として扱います。pLATEX には \kcatcode のような仕組みがないので、欧文扱いにするには、16 進 UTF-8 表記で左シングルクォートなら ^^e2^^80^^98 と書けばいいのですが、単に `（U+0060）と書いても左シングルクォートになります。

参考 LATEX で `（U+0060 GRAVE ACCENT）を入力すると '（U+2018 LEFT SINGLE QUOTATION MARK）になり、'（U+0027 APOSTROPHE）を入力すると '（U+2019 RIGHT SINGLE QUOTATION MARK）になるのはデフォルトの動作ですが、レガシー LATEX では \verb や verbatim 環境でもこれが起こってしまい、これを防ぐためのパッケージ jsverb または upquote がありました。モダン LATEX なら、このような心配は無用です。なお、`と'はそれぞれ \textasciigrave、\textquotesingle でも出力できます（383 ページ）。

12.4 LuaLATEXの欧文フォント

LuaLATEX や XƎLATEX は 32 ビットの TU（TEX Unicode）エンコードの Latin Modern フォント（Computer Modern フォントの改良版）をデフォルトで使います。古いフォントを使う場合を除き、従来の T1（8 ビット）エンコードなどに

戻す意味はありません※8。Latin Modern フォントは従来の Computer Modern
フォントに比べて多くの文字を含みますが、欧米語の文字に限られます。

　これ以外に、TrueType フォントや OpenType フォントであれば、TEX Live
に同梱されたものでも、システムにインストールされたものでも、そのまま使
えます。その際にフォントを選択するパッケージが fontspec です（unicode-
math や fontsetup を使っても fontspec が呼び出されます）。

参考　本書第8版では、おおむね次のようにしていました。

```
\documentclass[book,paper={182mm,230mm},
                jafontsize=12Q,jafontscale=0.92]{jlreq}
\usepackage{unicode-math}
\setmainfont{Latin Modern Roman}[
    OpticalSize = 0,
    SmallCapsFont = lmromancaps10-regular,
    SlantedFont = lmromanslant10-regular
]
\setsansfont{Source Sans Pro}[
    FontFace = {l}{n}{SourceSansPro-Light}
]
\setmonofont{Source Code Pro}[ Scale=0.875 ]
```

デフォルトの設定で Latin Modern を使うと、この文字サイズでは 9 ポイントの
欧文フォントが選ばれてしまい、262 ページに書いた理由でバランスが崩れる
ので、OpticalSize = 0 でオプティカルサイズを禁止しています。第 9 版では
New Computer Modern（236 ページ）を使うために上の 4〜8 行目を次のように
変更しました。

```
\setmainfont{NewCM10-Book.otf}
[
  SizeFeatures={{Size=0-}},  % オプティカルサイズ禁止
  ItalicFont=NewCM10-BookItalic.otf,
  BoldFont=NewCM10-Bold.otf,
  BoldItalicFont=NewCM10-BoldItalic.otf,
  SlantedFont=NewCM10-Book.otf,
  BoldSlantedFont=NewCM10-Bold.otf,
  SmallCapsFeatures={Numbers=OldStyle},
  SlantedFeatures={FakeSlant=0.25},
  BoldSlantedFeatures={FakeSlant=0.25}
]
\setmathfont{NewCMMath-Book.otf}
```

参考　上の \setmonofont の例では Scale=0.875 のようにしてサイズを調節しまし
た。これを例えば FakeStretch=0.833 のようにすると幅だけ狭くなり、モノス
ペースフォントであれば全角の半分の幅にすることが可能です。具体的な値はク
ラスファイルやオプションによります。

　ちょっとだけ使いたいフォントを指定するには \fontspec コマンドを使
います。例えば TEX Live に同梱されている Comic Neue というフォントを
（comicneue パッケージを使わず）ちょっとだけ使ってみましょう。ファイル名
は ComicNeue-Regular.otf です。

　指定するフォント名は、フォントのファイル名でもかまいませんし、フォントの中に格納されているフォント名でもかまいません。フォント名は Mac ならFONT BOOK アプリで調べられますし、TEX Live に含まれるツール otfinfoで "otfinfo -i ファイル名" としても調べられます。このフォントの場合、

```
Family:              Comic Neue
Subfamily:           Regular
Full name:           Comic Neue Regular
PostScript name:     ComicNeue-Regular
```

のように出力されますが、ComicNeue-Regular、Comic Neue Regular、Comic Neue のどれでも使えます。

```
{\fontspec{Comic Neue Regular} Hello, world!}   →   Hello, world!
```

ちょっと大きすぎるなら \fontspec{Comic Neue Regular}[Scale=0.9] のようにサイズを調節します。

　気に入ったのでこれをあちこちで使うのであれば、

```
\newfontface{\comicneue}{Comic Neue Regular}
```

で \comicneue という名前を付けておきます。これで

```
{\comicneue Hello, world!}   →   Hello, world!
```

のように使えます。

　さらによく見ると、TEX Live には ComicNeue-何々.otf のようなファイルがいろいろ含まれています。これらをファミリとしてまとめて使いたいなら

```
\newfontfamily{\comicneue}{Comic Neue}
```

のようにファミリ名を使って設定します。すると、

```
{\comicneue Hello \textit{Hello} \textbf{Hello}
                   \textbf{\textit{Hello}}}
                           →  Hello Hello Hello Hello
```

のようにボールド体・イタリック体が使えるようになります。

> 参考　LuaLATEX で使う OpenType フォント名のキャッシュ（データベース）は自動で作成されますが、手動で強制的に更新するには、ターミナルに
>
> ```
> luaotfload-tool --update --force
> ```
>
> と打ち込みます。付録 B の書き方（TEX Live をインストールしたディレクトリを TEXMFROOT と書く）をすると、TEXMFROOT/texmf-var/luatex-cache 以下のファイルが更新されます（ texdoc luaotfload-tool）[9]。

> 参考　同じ名前のフォントが複数インストールされていると、LuaLATEX はシステム（OS）側のフォント、TEXMF（TEX システム）側のフォント、ローカル（カレント

※9 LuaTEX-jaでは個人用の TEXMFHOME/texmf-var/ luatexja を同様の目的に使っているようです。

ディレクトリの) フォントの順に探します。この順序を変えるには、luaotfload.conf というファイル（ texdoc luaotfload.conf）に例えば

```
[db]
    location-precedence = "local,texmf,system"
```

と書いて luaotfload-tool --update --force を実行します。

参考 luaotfload-tool --find="フォント名" で実際に使われるフォントのパスが調べられます。一方、全フォントを検索するには luafindfont コマンドのほうが便利です（ texdoc luafindfont）。

12.5　英語以外の言語

モダン LaTeX なら、使いたい文字を含んだ欧文フォントがあれば、簡単に和文・欧文・ギリシャ文字・ロシア文字などが混在できます。例えば TeX Live にも含まれる Adobe の Source シリーズを使ってみましょう。

```
\documentclass{jlreq}
\ltjsetparameter{jacharrange={-2}}
\usepackage{fontspec}
\setmainfont{Source Serif Pro}
\setsansfont{Source Sans Pro}
\setmonofont{Source Code Pro}
\begin{document}
日本語, français, ελληνική, русский
\end{document}
```

ここで \ltjsetparameter{jacharrange={-2}} は 2 番目のブロックの文字（ギリシャ文字・ロシア文字を含む）を欧文扱いにする設定です。これがないと ελληνικ□, русскийのような和文（全角）文字になり、一部の文字が欠けます。

これは単に Unicode 文字を並べているだけですが、実際は言語によってハイフンの切り方が違いますし、組版のルールも微妙に違います（例えばフランス語では Il neige! ではなく Il neige! のように！の前を少し空けて組みます）。そのあたりを調節する標準的なパッケージが babel です。プリアンブルに

```
\usepackage[greek,russian,french,english]{babel}
```

などと書いておくと、デフォルトの言語は最後に挙げた英語になりますが、それ以外の言語の設定も読み込まれます。ほかの言語の部分は

```
He shouted, \foreignlanguage{french}{«il neige!»}
```

のように指定するか、あるいは \selectlanguage{french} のようにして切り

替えます。

> **参考**　babel 以外の選択肢として polyglossia パッケージがあります。
>
> ```
> \usepackage{polyglossia}
> \setdefaultlanguage[variant=american]{english}
> \setotherlanguage{french}
> ```
>
> と書いておけば、地の文はアメリカ英語で、\begin{french} … \end{french}
> で囲んだ部分だけフランス語の組み方になります。\setotherlanguages
> {greek,russian} のように複数指定もできます（ texdoc polyglossia）。

　レガシー LaTeX では、ギリシャ文字やロシア文字を含むフォントを使っても、
T1 エンコーディングではヨーロッパ語しか使えないので、言語によってエン
コーディングを切り替えなければなりません。その仕組みも babel に含まれて
います。次の例は pdfLaTeX で処理できます。

```
\documentclass{article}
\usepackage{libertine} % or gentium
\usepackage[T1]{fontenc}
\usepackage[greek,russian,english]{babel}
\begin{document}
\foreignlanguage{greek}{επιστήμη}
\foreignlanguage{russian}{Ландау и Лифшиц}
\end{document}
```

　pLaTeX は、ギリシャ語やロシア語を UTF-8 で書いても全角文字と認識する
ので、例えば επιστήμη なら 16 進で

```
^^ce^^b5^^ce^^bb^^ce^^bb^^ce^^b7^^ce^^bd^^ce^^b9^^ce^^ba^^ce^^ae
```

と書く必要があります（この 16 進記法は pdfLaTeX 等でも使えます）。upLaTeX
なら、16 進で書かなくても、プリアンブルに

```
\usepackage[prefernoncjk]{pxcjkcat}
```

を補っておけば正しく処理されます。

12.6　マイクロタイポグラフィー

　従来の TeX の欧文組版は、まず単語を箱として組んで、それを伸縮す
るスペースで最適に配置するものでした。マイクロタイポグラフィー
（microtypography）は、人間が気づかないほど微妙に文字幅まで変えたり、
コンマやピリオドなどを微妙に行から突出させたりする技術です。これは、
pdfTeX に始まり、LuaTeX にも（部分的に XeTeX にも）実装されています。

この技術を使うには、プリアンブルに

```
\usepackage{microtype}
```

と書いておきます（ texdoc microtype）。

　さらに顕著に文字間隔を変える命令 \textls もあります。例えば \textls{letterspacing} とすると letterspacing が letterspacing のようになります。この量は \textls[100]{...} のように数値で指定できます（単位は0.001 em、デフォルト 100）。

> 参考　モダン LaTeX で New Computer Modern などレタースペーシング対応の OpenType フォントを使えば、{\addfontfeature{LetterSpace=10} Hello} のようにしても字間が変えられます。単位は 0.01 em です。

12.7　Computer Modern

　この節以下ではいろいろなフォントについて具体的に説明します。

　Computer Modern は TeX の作者 Knuth 先生が作ったフォントです[※10]。レガシー LaTeX のデフォルトフォントで、歴史的には重要ですが、上で述べたように、今は少なくとも T1 エンコーディングの Latin Modern をお勧めします[※11]。

12.8　Latin Modern

　Latin Modern フォントは、基本的には Computer Modern フォントと同じデザインですが、アクセント付きの文字が個別に作ってあり、カーニングも改良されているので、必ずしも同じ仕上がりになるわけではありません。文字サイズも丸められたりせず、任意の文字サイズが使えます。Type 1 版のほか、OpenType 版もあるので、OS（Windows や Mac）に通常のフォントとしてインストールしておけば、ほかのソフトからも使えます[※12]。

　モダン LaTeX では Latin Modern フォントがデフォルトですが、レガシー LaTeX で使うにはプリアンブルに次のように書きます（jlreq では何もしないでも lmodern が読み込まれますがエンコーディングは設定されません）。

```
\usepackage{lmodern}
\usepackage[T1]{fontenc}
```

　Latin Modern のファミリ × シリーズ × シェープの組合せは、Computer Modern よりずっと多く、ここでは代表的なものだけ挙げておきます。ファミリ

※10　Donald E. Knuth, *Computer Modern Typefaces* (Addison-Wesley, 1986).

※11　モダン LaTeX なら、本書のように New Computer Modern を使うという手があります。このフォントについては236ページをご参照ください。

※12　下の図は OpenType 版の Latin Modern フォントを使って Adobe Illustrator で作ったものです：

名の頭の `lm` を `cm` に変えれば Computer Modern になります。詳しくはマニュアル（ `texdoc` `lm` ）や `texmf-dist/doc/fonts/lm` の中の PDF ファイル群をご覧ください。

まず Latin Modern Roman フォント（ファミリ名 `lmr` ）のシリーズ `m` （medium）です。線の細いフォントで、リュウミン L のような細身の和文フォントによく合いますが、デザイン的に好みがわかれるところもあります（例えばアットマーク @ や *Italic* 体）。

ファミリ	シリーズ	シェープ	フォント名
lmr	m	n	LMRoman10-Regular
lmr	m	sl	*LMRomanSlant10-Regular*
lmr	m	it	*LMRoman10-Italic*
lmr	m	sc	LMRomanCaps10-Regular
lmr	m	ui	LMRomanUnsl10-Regular

実際のファイル名は、上のフォント名を小文字にして拡張子 `.otf` を付けたもので、 `texmf-dist/fonts/opentype/public/lm` に入っています。

シェープの `n` は normal（アップライト体）、 `sl` は slanted（単に斜めにしたもの）、 `it` は italic（イタリック体）、 `sc` は small caps（小文字が大文字と同じデザインのもの）、 `ui` は upright italic（イタリック体を直立させたもの）です。最後のものは「イタリック体と斜体は違う」ということを教えるための教育的な意義がありますが、実際に使う場面はあまりないでしょう。

次は太字（シリーズ `b` 、 `bx` ）です。

ファミリ	シリーズ	シェープ	フォント名
lmr	b	n	**LMRomanDemi10-Regular**
lmr	bx	n	**LMRoman10-Bold**
lmr	bx	sl	***LMRomanSlant10-Bold***
lmr	bx	it	***LMRoman10-BoldItalic***

シリーズ名 `b` は <u>b</u>old、 `bx` は <u>b</u>old e<u>x</u>tended の意味です。Computer Modern と Latin Modern では、 `\textbf{...}` や `{\bfseries ...}` で `bx` が選ばれます（192 ページ）。

次はサンセリフ体です。

ファミリ	シリーズ	シェープ	フォント名
lmss	m	n	LMSans10-Regular
lmss	m	sl	*LMSans10-Oblique*
lmss	b, bx	n	**LMSans10-Bold**
lmss	sbc	n	**LMSansDemiCond10-Regular**

次はタイプライタ体（固定ピッチ、いわゆる等幅<ruby>等幅<rt>とうはば</rt></ruby>）の書体です。コンピュータの入力画面やプログラムリストに使われます。通常、タイプライタ体は語の途中でハイフンで行分割されないように設定してあります。

ファミリ	シリーズ	シェープ	フォント名
lmtt	m	n	LMMono10-Regular
lmtt	m	sl	*LMMonoSlant10-Regular*
lmtt	m	it	*LMMono10-Italic*
lmtt	m	sc	LMMonoCaps10-Regular

参考 これ以外にも、LMMonoLtCond10-Regular や *LMMonoLtCond10-Oblique*（シリーズ lc、シェープ n、sl）は、1 文字あたりちょうど 3.5 pt の幅の細身です。これを 1.321 倍に拡大するとほぼ jsarticle などの全角幅（13 Q）の半分になります。これを使ってレガシー LaTeX で半角 2 文字が全角幅になる verbatim 環境を作るには

```
\usepackage{jsverb}
\makeatletter
\DeclareFontFamily{T1}{lmtt}{\hyphenchar \font=-1}
\DeclareFontShape{T1}{lmtt}{lc}{n}{<-> s * [1.321] ec-lmtlc10}{}
\renewcommand{\verbatim@font}{\usefont{T1}{lmtt}{lc}{n}\gtfamily}
\makeatother
```

とします。verbatim 環境の出力は次のようになります：

あいうえおかきくけこさしすせそたちつてとなにぬねのは
abcdefghijklmnopqrstuvwxyzABCDEFGHIJKLMNOPQRSTUVWXYZ

参考 \hyphenchar \font=-1 はハイフン処理をしないという意味です。

Computer Modern や Latin Modern の特徴として、フォントの大きさによってデザインが異なるオプティカルサイズに対応していることが挙げられます。例えば cmr や lmr は 5・6・7・8・9・10・12・17 pt のそれぞれについて縦横比が異なります。小さい文字は読みにくいので横に拡大するという考え方です。ただ、10 pt を基準にデザインしてあるので、例えば本文を 12 pt で組む場合、12 pt のフォントを使うか、10 pt のデザインを 1.2 倍に拡大するかで、考え方が分かれます（262 ページ）。

参考 モダン LaTeX で OpenType フォントを直接指定する場合は単純ですが、レガシー LaTeX で指定するフォントが実フォントに対応づけられる仕組みは複雑です。例えば Latin Modern Roman 体（lmr）を T1 エンコーディングで使うと、t1lmr.fd という fd（font definition）ファイルを読み、そこに書かれている指示に従って、例えば 9.5〜11 ポイントなら ec-lmr10 という名前（tfm 名）のフォントを拡大・縮小して使います。この名前は、pdfLaTeX や LuaLaTeX や dvipdfmx が参照する pdftex.map というファイルで lmr10.pfb という Type 1 形式の実フォントに対応づけられています。これらのファイルは kpsewhich コマンド（363 ページ）で探すことができます。

font
font
font

すべて Latin Modern フォント。上から順に 5 pt を 6.8 倍、10 pt を 3.4 倍、17 pt を 2 倍にしたもの。同じ大きさのはずだが、幅が違い、印象も異なる。本書ではどのサイズでも 10 pt のデザインになるようにしている。

12.9 欧文基本14書体

この節で述べる Times、Helvetica、Courier 各 4 書体に記号用フォント 2 書体を加えたものを、PostScript の欧文基本 14 書体と呼びます。これら（和文ならこれに Ryumin-Light、GothicBBB-Medium を加えた 16 書体）は、昔からPostScript プリンタに備わっている安全なフォントとされ、軽い PDF を作るためにこれらを埋め込まないことがよくありました。現在ではすべてのフォントを埋め込むことが推奨されています。

◈ Times

Computer Modern/Latin Modern に飽きたら、まず使ってみるフォントはTimes でしょうか。次の例は、文字の詰まり具合を示すため、右端を揃えずに組んでいます（\raggedright）：

Latin Modern:
``?`But aren't Kafka's Schloß and Æsop's Œuvres often naïve vis-à-vis the dæmonic phœnix's official rôle in fluffy soufflés?''

Times:
"¿But aren't Kafka's Schloß and Æsop's Œuvres often naïve vis-à-vis the dæmonic phœnix's official rôle in fluffy soufflés?"

TeX Live に含まれる "Times" は、Times 相当の URW++[13] のフリーフォント Nimbus Roman No9 L に基づくものです。ファミリ ptm（PostScript の<u>Times</u>）、シリーズ m（medium）、b（bold）、シェープ n（normal）、it（italic）があります。

ファミリ	シリーズ	シェープ	PostScript フォント名
ptm	m	n	Times-Roman
ptm	m	it	*Times-Italic*
ptm	b	n	**Times-Bold**
ptm	b	it	***Times-BoldItalic***

参考　これ以外にシェープ sl、sc の *Slanted* と Small Caps も出力できますが、これらは上の 4 書体を機械的に変形したものです。

Nimbus Roman を改良したものに、TeX Gyre プロジェクトの Termes があります（215 ページ）。

Nimbus など URW++ のフォントは Ghostscript にも収録されていますが、2015 年にキリル文字・ギリシャ文字対応が改良されました。それに基づいてMichael Sharpe が作った Nimbus15 というフォントパッケージが TeX Liveに収録されています。Times に相当するファミリ名は NimbusSerif です。\usepackage{nimbusserif} でこれがデフォルトのセリフフォントになり

※13 ドイツのフォントメーカー（旧 Unternehmensberatung Rubow Weber、URW）。1993 年ごろ Hermann Zapf と共同で伝説の組版ソフト *hz-program* を作りました。このソフトは日の目を見ないまま、その要素はAdobe に売却され、InDesignの開発に使われたということです（Hàn Thế Thành、Micro-typographic extensions to the TeX typesetting system, TUGBoat, Volume 21 (2000), No. 4, pp. 317–434）。

ます。

数式も Times にするには、後述の旧・新 TX フォントなどを使います。

> **参考** Times と似たフォントに Times New があります。両者の違いは特にイタリック体で顕著です。次の見分けが付くでしょうか（上が Times New Roman Italic、下が Times 相当の Nimbus Roman No9 L Regular Italic です）。
>
> *A quick brown fox jumps over the lazy dog.*
> *A quick brown fox jumps over the lazy dog.*

Times は英国の新聞 The Times のために Monotype 社が開発し、Linotype 社にもライセンスされたものですが、Linotype が Times Roman の商標で Adobe や Apple などにライセンスし、Monotype が Times New Roman の商標で Microsoft などにライセンスしています。

◉ Helvetica

Computer/Latin Modern にこだわらなければ、見出し用のサンセリフフォントは **Helvetica** が標準的です。

Latin Modern Sans Serif:
``?`But aren't Kafka's Schloß and Æsop's Œuvres often naïve vis-à-vis the dæmonic phœnix's official rôle in fluffy soufflés?''

Helvetica:
"¿But aren't Kafka's Schloß and Æsop's Œuvres often naïve vis-à-vis the dæmonic phœnix's official rôle in fluffy soufflés?"

TEX Live に含まれる "Helvetica" は、Helvetica 相当の URW のフリーフォント Nimbus Sans L Regular に基づくものです。ファミリ名 phv（PostScript の <u>H</u>elvetica）で、シリーズ m（medium）、b（bold）、シェープ n（normal）、sl（slanted = oblique）があります。

ファミリ	シリーズ	シェープ	PostScript フォント名
phv	m	n	Helvetica
phv	m	sl	*Helvetica-Oblique*
phv	b	n	**Helvetica-Bold**
phv	b	sl	***Helvetica-BoldOblique***

> **参考** 機械的変形によるシェープ sc の small caps 体も出力可能です。

標準のサンセリフフォントを Helvetica にするには、プリアンブルに

```
\renewcommand{\sfdefault}{phv}
```

と書くだけでもいいのですが、これだけでは、ほかのフォントと混ぜて使うと、**Helvetica** がやや大きく見えます。`helvet` パッケージを使えばこれを補正できます。`\renewcommand{\sfdefault}{phv}` の代わりに、プリアンブルに

```
\usepackage[scaled]{helvet}
```

と書けば **Helvetica** のサイズが 0.95 倍になります。倍率は

```
\usepackage[scaled=.92]{helvet}
```

のように任意に指定できます。

　Nimbus Sans を改良したものに、TeX Gyre プロジェクトの Heros フォント（214 ページ）があります。また、Michael Sharpe の Nimbus15 フォントパッケージに含まれるファミリ名 `NimbusSans` のものがあり、`\usepackage{nimbussans}` でこれがデフォルトのサンセリフ体になります。

> 参考　Helvetica と同じメトリックを持ち Windows に搭載されて広く使われるようになったフォントに Arial があります。これも URW 製のフリーフォントが CTAN で配布されており、getnonfreefonts（363 ページ）で arial-urw と指定すればインストールできます。

Courier

　Courier（クーリエ）は標準的なタイプライタ体です。

　TeX Live に含まれる "Courier" は、Courier 相当の URW のフリーフォント Nimbus Mono L に基づくものです。ファミリ名 `pcr`（<u>P</u>ostScript の <u>C</u>ourier）で、シリーズ `m`（medium）、`b`（bold）、シェープ `n`（normal）、`sl`（slanted）があります。

ファミリ	シリーズ	シェープ	PostScript フォント名
pcr	m	n	Courier
pcr	m	sl	*Courier-Oblique*
pcr	b	n	**Courier-Bold**
pcr	b	sl	***Courier-BoldOblique***

> 参考　機械的変形によるシェープ `sc` の small caps 体も出力可能です。

　これを改良したものに、TeX Gyre プロジェクトの Cursor フォント（214 ページ）があります。また、Michael Sharpe の Nimbus15 フォントパッケージに含まれるファミリ名 `NimbusMono` のものがあり、`\usepackage{nimbusmono}` でこれがデフォルトのタイプライタ体になります。シリーズは `m`、`b` のほか、ライト `l` があります。また、より幅が狭いもの（ファミリ名 `NimbusMonoN`）があり、`\usepackage{nimbusmononarrow}` でこれがデフォルトのタイプライタ体になります。

> **参考**　Courier も **Courier-Bold** も幅は同じで、Computer Modern Typewriter Type より幅が広くなります。幅を Computer Modern Typewriter Type に合わせるには、\scalebox 等を使って幅を 0.8748 倍します。

> **参考**　あるいは、Courier を横方向に 0.85 倍した pcrr8tn という仮想フォントが用意されていますので、これを使えば Computer Modern Typewriter Type とほぼ同じ横幅になります。これを使うには、プリアンブルに

```
{\usefont{T1}{pcr}{m}{n}}% to load t1pcr.fd
\DeclareFontShape{T1}{pcr}{c}{n}{<-> pcrr8tn}{}
```

と書いておけば \usefont{T1}{pcr}{c}{n} で使えます：

```
A quick brown fox jumps over the lazy dog:  Courier
A quick brown fox jumps over the lazy dog:  85% Courier
A quick brown fox jumps over the lazy dog:  cmtt
```

◈ pifont

　PostScript でよく使われる記号用フォントに Symbol、Zapf Dingbats があります。

ファミリ	シリーズ	シェープ	PostScript フォント名
psy	m	n	Symbol
pzd	m	n	ZapfDingbats

　これらを使うためのパッケージが pifont です。実際の記号の一覧は付録 E をご覧ください。

　Zapf Dingbats フォントの表（385 ページ）で、例えば ✎ は 20 と 0E の交点にあるので、\ding{"2E} です。文書ファイル中に \ding{"2E} と書けば ✎ が出力できます。

　また、\begin{dinglist}{"33} … \end{dinglist} で、頭に \ding{"33}（✓）が付いた箇条書きができます。\begin{dingautolist}{"C0} … \end{dingautolist} で、頭に ①、②、…、⑩ が付いた番号付き箇条書きができます。

　また、Symbol フォントの表（385 ページ）で例えば ⌡ を出すためには \Pisymbol{psy}{"BF} とします。

12.10　欧文基本35書体

　一般的な PostScript（レベル 2 以上）プリンタには、以上の 14 書体に以下の 21 書体を合わせた基本 35 書体が備わっています。TeX Live には URW の代替フリーフォントが含まれています。

◉ Helvetica Narrow

まず、Helvetica のシリーズ名に c（condensed）の付いた細身のものです。

ファミリ	シリーズ	シェープ	PostScript フォント名
phv	mc	n	Helvetica-Narrow
phv	mc	sl	*Helvetica-Narrow-Oblique*
phv	bc	n	**Helvetica-Narrow-Bold**
phv	bc	sl	***Helvetica-Narrow-BoldOblique***

> 参考 基本35書体には数えませんが、機械的変形によるシェープ sc の small caps 体も
> 出力可能です。

◉ New Century Schoolbook

次の New Century Schoolbook は特に和文と組み合わせて使う際に人気のあ
る素直なローマン書体です。

ファミリ	シリーズ	シェープ	PostScript フォント名
pnc	m	n	NewCenturySchlbk-Roman
pnc	m	it	*NewCenturySchlbk-Italic*
pnc	b	n	**NewCenturySchlbk-Bold**
pnc	b	it	***NewCenturySchlbk-BoldItalic***

> 参考 基本35書体には数えませんが、機械的変形によるシェープ sl、sc の slanted 体、
> small caps 体も出力可能です。

◉ Avant Garde

Avant Garde（アヴァンギャルド）はモダンなサンセリフ体です。

ファミリ	シリーズ	シェープ	PostScript フォント名
pag	m	n	AvantGarde-Book
pag	m	sl	*AvantGarde-BookOblique*
pag	b	n	**AvantGarde-Demi**
pag	b	sl	***AvantGarde-DemiOblique***

> 参考 基本35書体には数えませんが、機械的変形によるシェープ sc の small caps 体も
> 出力可能です。

◉ Palatino

本書第 7 版で本文に使っていた Palatino（パラティーノ）は Hermann Zapf
（ヘルマン・ツァップ）の代表作の一つです。Ghostscript や TeX とともに無
償配布されている Palatino 互換フォント Palladio は、その製作に Zapf がかか

わっていると言われていますが、URW は Linotype からフォント名のライセンスを得なかったので Palladio という名前になったということです。

　従来のファミリ名は ppl だけでしたが、さらに改良された pplj、pplx ができました。これら二つは、文字間隔（メトリック）が改良され、SMALL CAPS 体が大文字を縮小した模造品ではなく独自にデザインされた本物になり、j（\j、ドットのない j）も出るようになりました。ただ、SMALL CAPS 体をボールドにすることはできなくなりました。また、機械的な斜体（*Slanted*）はなくなり、イタリック体（*Italic*）に統一されました。pplx と pplj の違いは、pplj が 0123456789 のようなオールドスタイルの数字（old-style figures）を使うことだけです。

　後述の TEX Gyre フォント集の Pagella フォント（ファミリ名 qpl）、新 PX フォント（ファミリ名 zplx）も Palatino がベースです。

ファミリ	シリーズ	シェープ	PostScript フォント名
pplx	m	n	Palatino-Roman
pplx	m	it	*Palatino-Italic*
pplx	b	n	**Palatino-Bold**
pplx	b	it	***Palatino-BoldItalic***

> 参考　基本 35 書体には数えませんが、シェープ sc の SMALL CAPS 体も出力可能です。これは昔の ppl ファミリでは機械的変形によるものでしたが、今の pplx や pplj では美しく再デザインされました。

Bookman

　Bookman です。

ファミリ	シリーズ	シェープ	PostScript フォント名
pbk	m	n	Bookman-Light
pbk	m	it	*Bookman-LightItalic*
pbk	b	n	**Bookman-Demi**
pbk	b	it	***Bookman-DemiItalic***

> 参考　基本 35 書体には数えませんが、機械的変形によるシェープ sl、sc の slanted 体、small caps 体も出力可能です。

Zapf Chancery

　最後は Zapf Chancery です。

ファミリ	シリーズ	シェープ	PostScript フォント名
pzc	m	it	*ZapfChancery-MediumItalic*

12.11 TEX Gyreフォント集

Gyre は螺旋を意味する語です。Gyre フォントは、Latin Modern フォントを作った人たちが、ほかのオープンな PostScript フォントも同じ仕組みで拡張しつつあるものです。フォントは PostScript Type 1 形式と OpenType 形式で配布されています。現在、次のフォントが使えます。

◈ Adventor

URW Gothic L に基づく ITC Avant Garde Gothic 代用のフォントです。

`\usepackage[scale=0.9]{tgadventor}` とすればデフォルトのサンセリフフォントが Adventor になります。[ ] 内はデフォルトです。

ファミリ	シリーズ	シェープ	PostScript フォント名
qag	m	n	TeXGyreAdventor-Regular
qag	m	it	*TeXGyreAdventor-Italic*
qag	b	n	**TeXGyreAdventor-Bold**
qag	b	it	***TeXGyreAdventor-BoldItalic***

シェープはほかに sc（スモールキャップス）、scit（同イタリック）が使えます。

◈ Bonum

URW Bookman L に基づく ITC Bookman 代用のフォントです。

`\usepackage[scale=0.95]{tgbonum}` とすればデフォルトのセリフフォントが Bonum になります。[ ] 内はデフォルトです。

ファミリ	シリーズ	シェープ	PostScript フォント名
qbk	m	n	TeXGyreBonum-Regular
qbk	m	it	*TeXGyreBonum-Italic*
qbk	b	n	**TeXGyreBonum-Bold**
qbk	b	it	***TeXGyreBonum-BoldItalic***

シェープはほかに sc（スモールキャップス）、scit（同イタリック）が使えます。

Bookman にギリシャ文字を加えて TEX 用に拡張したものとしては、Kerkis フォントがあります。これを使うには

```
\usepackage[T1]{fontenc}
\usepackage{kmath,kerkis}
```

のようにします。kmath は TX フォントの数式の文字の部分だけ Bookman に置き換えたものです。しかし、テキスト部分に限れば TEX Gyre の Bonum のほうがさらに強力ですので、kmath と tgbonum を組み合わせて使うといいでしょう。

⬡ Chorus

URW Chancery L Medium Italic に基づく ITC Zapf Chancery 代用のフォントです。

\usepackage[scale=1.1]{tgchorus} とすればデフォルトのセリフフォントが Chorus になります。[ ] 内はデフォルトです。

ファミリ	シリーズ	シェープ	PostScript フォント名
qzc	m	it	*TeXGyreChorus-MediumItalic*

⬡ Cursor

URW Nimbus Mono L に基づく Courier 代用のフォントです。

\usepackage[scale=1]{tgcursor} とすればデフォルトの等幅フォントが Cursor になります。[ ] 内はデフォルトです。

ファミリ	シリーズ	シェープ	PostScript フォント名
qcr	m	n	TeXGyreCursor-Regular
qcr	m	it	*TeXGyreCursor-Italic*
qcr	b	n	**TeXGyreCursor-Bold**
qcr	b	it	***TeXGyreCursor-BoldItalic***

シェープはほかに sc（スモールキャップス）、scit（同イタリック）が使えます。

⬡ Heros

URW Nimbus Sans L に基づく Helvetica 代用のフォントです。

\usepackage[scale=0.95]{tgheros} とすればデフォルトのサンセリフフォントが Heros になります（オプション [scale=0.95] はデフォルトです）。condensed オプションでファミリ qhv の代わりに qhvc になります。

ファミリ	シリーズ	シェープ	PostScript フォント名
qhv	m	n	TeXGyreHeros-Regular
qhv	m	it	*TeXGyreHeros-Italic*
qhv	b	n	**TeXGyreHeros-Bold**
qhv	b	it	***TeXGyreHeros-BoldItalic***
qhvc	m	n	TeXGyreHerosCondensed-Regular
qhvc	m	it	*TeXGyreHerosCondensed-Italic*
qhvc	b	n	**TeXGyreHerosCondensed-Bold**
qhvc	b	it	***TeXGyreHerosCondensed-BoldItalic***

シェープはほかに sc（スモールキャップス）、scit（同イタリック）が使えます。

🔘 Pagella

URW Palladio L に基づく Palatino 代用のフォントです。

ファミリ	シリーズ	シェープ	PostScript フォント名
qpl	m	n	TeXGyrePagella-Regular
qpl	m	it	*TeXGyrePagella-Italic*
qpl	b	n	**TeXGyrePagella-Bold**
qpl	b	it	***TeXGyrePagella-BoldItalic***

　シェープはほかに sc（スモールキャップス）、scit（同イタリック）が使えます。
　\usepackage{tgpagella} とすればデフォルトのセリフフォントが Pagella
になります。\usepackage[scale=0.95]{tgpagella} のようにスケールを変
えることができます。

🔘 Schola

URW Century Schoolbook L に基づく Century Schoolbook 代用のフォント
です。
　\usepackage[scale=1]{tgschola} とすればデフォルトのセリフフォント
が Schola になります。[ ] 内はデフォルトです。

ファミリ	シリーズ	シェープ	PostScript フォント名
qcs	m	n	TeXGyreSchola-Regular
qcs	m	it	*TeXGyreSchola-Italic*
qcs	b	n	**TeXGyreSchola-Bold**
qcs	b	it	***TeXGyreSchola-BoldItalic***

　シェープはほかに sc（スモールキャップス）、scit（同イタリック）が使えます。
　数式は今のところありませんので、fouriernc と合わせます（tgschola よ
り先に読み込みます）。

🔘 Termes

URW Nimbus Roman No9 L に基づく Times 代用のフォントです。
　\usepackage[scale=1]{tgtermes} とすればデフォルトのセリフフォント
が Termes になります。[ ] 内はデフォルトです。

ファミリ	シリーズ	シェープ	PostScript フォント名
qtm	m	n	TeXGyreTermes-Regular
qtm	m	it	*TeXGyreTermes-Italic*
qtm	b	n	**TeXGyreTermes-Bold**
qtm	b	it	***TeXGyreTermes-BoldItalic***

シェープはほかに sc（スモールキャップス）、scit（同イタリック）が使えます。

フォントファミリ ptm の Times も同じ URW のフォントをベースにしていますが、Termes のほうがさらに強化されており、ﬃ や ﬄ のリガチャも使えますし、スモールキャップス体も見栄えがまったく違います。

数式は今のところ TX フォントの数式を使うようになっています。そのためのパッケージが qtxmath です。例えば

```
\usepackage{amsmath,amssymb}
\usepackage{qtxmath} % または \usepackage{mathptmx}
\usepackage{tgtermes,tgheros}
\usepackage[T1]{fontenc}
\renewcommand{\bfdefault}{bx}
\renewcommand{\ttdefault}{lmtt}
```

のような使い方が考えられます（qtxmath または mathptmx は tgtermes より先に読み込みます）。

12.12　その他のフォント

💎 Garamond

Garamond（ギャラモン、ガラモン）は 16 世紀フランスの Claude Garamond によってデザインされたフォントです。種々のバリエーションがあります。Harry Potter シリーズの本（原著）は Garamond で組まれています。Apple 社は以前は Apple Garamond という細身のバリエーションをコーポレート・フォントとして使っていました（その後、Myriad を経て、現在は San Francisco というフォントを使っています）。

URW の Garamond 4 書体が Aladdin Free Public License で公開されていますが、ライセンスの関係で TEX Live には収録されていません。インストールするには getnonfreefonts というツールを使うのが簡単です（363 ページ）。

数式も含めて Garamond にするには、後述の mathdesign パッケージを使うのが一つの手です。mathdesign の本文用 URW Garamond のファミリ名は mdugm です（実体は Type 1 の md-gm*.pfb）。

ファミリ	シリーズ	シェープ	PostScript フォント名
mdugm	m	n	GaramondNo8-Reg
mdugm	m	it	*GaramondNo8-Ita*
mdugm	b	n	**GaramondNo8-Med**
mdugm	b	it	***GaramondNo8-MedIta***

このままではスモールキャップスが使えないなどの制約があります。本文用として本格的に使うには、Michael Sharpe による garamondx パッケージを使います。これもフォントは TeX Live に収録されていませんので、getnonfreefonts でインストールします。\usepackage{garamondx} で使えます（ texdoc garamondx）。

数式に mathdesign の Garamond、本文に garamondx を使うには、

```
\usepackage[garamond]{mathdesign}
\usepackage{garamondx}
```

の順に指定します。あるいは、newtxmath に garamondx オプションを与えるという手もあります：

```
\usepackage{garamondx}
\usepackage[garamondx]{newtxmath}
```

◈ Charter

Bitstream Charter の 4 書体です。\usepackage{charter} で使えます。数式で使うには後述の mathdesign パッケージを使います。

ファミリ	シリーズ	シェープ	PostScript フォント名
bch	m	n	CharterBT-Roman
bch	m	it	*CharterBT-Italic*
bch	b	n	**CharterBT-Bold**
bch	b	it	***CharterBT-BoldItalic***

◈ Bera

Bitstream Vera に基づく Bera Serif/Sans/Mono フォントです。\usepackage{bera} で使えます（T1 エンコーディングになります）。Serif/Sans/Mono それぞれを使うための beraserif、berasans、beramono スタイルもあります。これら三つは [scaled] オプションを与えると最適な大きさにスケールされます。

特に等幅フォント Bera Mono は、0（ゼロ）と O（オー）が区別しやすいという利点もあり、Tufte-LaTeX[※14] でもデフォルトの等幅フォントとして使われています。

A quick brown fox jumps over the lazy dog.
A quick brown fox jumps over the lazy dog.
0123456789ABCDEFGHIJKLMNOPQRSTUVWXYZ
abcdefghijklmnopqrstuvwxyz

▲ Bera Serif/Sans/Mono フォントの出力例

※14 著名な情報デザイン研究者 Edward Tufte の本にインスパイアされた LaTeX パッケージです。デフォルトでは Palatino（mathpazo）、Helvetica（helvet）、Bera Mono（beramono）を使います。

217

ファミリ	シリーズ	シェープ	PostScript フォント名
fve	m	n	BeraSerif-Roman
fve	b	n	**BeraSerif-Bold**
fvs	m	n	BeraSans-Roman
fvs	b	n	**BeraSans-Bold**
fvm	m	n	BeraSansMono-Roman
fvm	b	n	**BeraSansMono-Bold**

それぞれにシェープ sl（斜体、oblique）があります。

💎 Cabin

新しいサンセリフフォントです。\usepackage{cabin} でサンセリフ体が
Cabin になります。オプション [sfdefault] でサンセリフ体がデフォルトにな
ります。

ファミリ	シリーズ	シェープ	PostScript フォント名
Cabin-TLF	m	n	**Cabin-Regular**
Cabin-TLF	m	it	*Cabin-Italic*
Cabin-TLF	b	n	**Cabin-Bold**
Cabin-TLF	b	it	***Cabin-BoldItalic***

これ以外にもいろいろな関連書体が選べます。

💎 Optima（Classico）

Optima は、かの Hermann Zapf の作品です。通常のサンセリフ体と違って、
線の太さに微妙なメリハリがあり、読みやすくなっています。

Optima クローンの URW Classico というフォントが CTAN の
fonts/urw/classico で公開されています。ライセンス（Aladdin Free Public
License）の関係で TeX Live には含まれませんが、getnonfreefonts（363 ペー
ジ）でインストールできます。\usepackage{classico} でサンセリフ体が
Classico になります。下記以外に、擬似 sc（Small Caps）シェープ、シリーズ
b の別名の bx なども使えます。

ファミリ	シリーズ	シェープ	PostScript フォント名
uop	m	n	URWClassico-Regular
uop	m	it	URWClassico-Italic
uop	b	n	URWClassico-Bold
uop	b	it	URWClassico-BoldItalic

Inconsolata

Inconsolata は Raph Levien が TEX Users Group の開発基金を得て制作した たいへん評判の良いオープンライセンスのプログラマ用等幅フォントです。これ を使うための Karl Berry による `inconsolata` パッケージを Michael Sharpe が改良したのが `zi4` パッケージです。Latin Modern Typewriter（左）と比較 してください。

```
Latin Modern Typewriter:        Inconsolata:
ABCDEFGHIJKLMNOPQRSTUVWXYZ       ABCDEFGHIJKLMNOPQRSTUVWXYZ
abcdefghijklmnopqrstuvwxyz       abcdefghijklmnopqrstuvwxyz
0123456789(){}                   0123456789(){}
```

`\usepackage{zi4}` のオプションとして、`scaled=x` で x 倍にスケール、 `var0` で 0 のスラッシュを入れない、`varl` で 1 のデザインを変える、`varqu` で 引用符のスタイルを変える、などがあります（ texdoc inconsolata）。

Inconsolata を拡張した InconsolataNerd フォントが TEX Live に入りまし た。モダン LATEX 専用ですが `\usepackage{inconsolata-nerd-font}` とし て使います（ texdoc inconsolata-nerd-font）。Nerd だけあって のよう なグリフも含まれています[※15]。

※15　もっと多くのロゴを使い たい場合は fontawesome パッ ケージがお薦めです（386ペー ジ参照）。

Crimson、Cochineal

Crimson は Sebastian Kosch 作のオールドスタイルフォントです。OT1、 T1、LY1、TS1 エンコーディングがあります。`\usepackage{crimson}` でデ フォルトのセリフ体が Crimson になります。

ファミリ	シリーズ	シェープ	PostScript フォント名
Crimson-TLF	m	n	Crimson-Regular
Crimson-TLF	m	it	*Crimson-Italic*
Crimson-TLF	sb	n	**Crimson-Semibold**
Crimson-TLF	sb	it	***Crimson-SemiboldItalic***
Crimson-TLF	b	n	**Crimson-Bold**
Crimson-TLF	b	it	***Crimson-BoldItalic***

Crimson を改良した Crimson Pro フォントと `CrimsonPro` パッケージも TEX Live に収められました。こちらは TrueType 形式のフォントもあります。

Crimson を拡張したものが Michael Sharpe の Cochineal です。ファミリ名 は `Cochineal-TLF` など多数あります。`\usepackage{cochineal}` でデフォル トのセリフ体が Cochineal になります。数式は `newtxmath` に `cochineal` オプ ションを与えて出力できます（ texdoc Cochineal）。

◉ Notoフォント

Adobe の源ノに対応する Google 版 Noto フォントの欧文部分です。ギリシャ語、ロシア語にも対応しています。TEX Live には Type 1/TrueType 版が含まれており、\usepackage{noto} で使えます（ texdoc noto）。

◉ Open Sans

TEX Live に OpenType、Type 1 形式で収められています（ texdoc opensans）。\usepackage[defaultsans]{opensans} でデフォルトのセリフ体が Open Sans になります。

◉ Comic Neue

CERN の所長 Fabiola Gianotti のスライドで多用される悪名高き Comic Sans フォントですが、TEX Live には入っていないものの、CTAN でサポートパッケージが公開されています[16]。これを模したフリーのフォントが Comic Neue です[17]。\usepackage{comicneue} でサンセリフ体がこの書体になります（ texdoc comicneue）。Comic Sans MS と比べてみます：

Comic Sans MS: A quick brown fox jumps over the lazy dog.
Comic Neue: A quick brown fox jumps over the lazy dog.

◉ Source Serif Pro など

Adobe が公開している Source Serif Pro（12 書体）、Source Sans Pro（12 書体）、Source Code Pro（14 書体）は、高品質のオープンソースのフォントです。TEX Live には元の OpenType フォントと、Type 1（拡張子 pfb）に直したものとが含まれています。パッケージ sourceserifpro、sourcesanspro、sourcecodepro を読み込めば使えます。モダン LATEX では次のようにしても使えます。

```
\usepackage{fontspec}
\setmainfont{Source Serif Pro}
\setsansfont{Source Sans Pro}
\setmonofont{Source Code Pro}
```

Adobe の源ノ明朝・源ノ角ゴシック（次の章参照）の欧文部分も、これに基づいていますが、イタリック体などはありません。源ノや原ノ味を使うなら、欧文部分はこれを使うのがいいかもしれません。本書は、数式に合わせるため、セリフ体に New Computer Modern を使っていますが、他は IndexSource Sans Pro、Source Code Pro を使っています。

※16 https://ctan.org/pkg/comicsans

※17 http://comicneue.com

12.13 レガシーな数式用フォント

以下ではレガシー LaTeX でもモダン LaTeX でも使えるいろいろなフォント
パッケージをご紹介します（もし LuaLaTeX で問題が生じれば `lualatex-math`
パッケージを併せて読み込めば解決する場合があるようです）。

例が出てきますが、本文と数式が組めるものについては、共通のソースからの
出力例を載せてあります。比較として Computer Modern フォントによる出力
例を最初に挙げておきます。

A quick brown fox jumps over the lazy dog.

$$\left(\int_0^\infty \frac{\sin x}{\sqrt{x}} dx \right)^2 = \sum_{k=0}^\infty \frac{(2k)!}{2^{2k}(k!)^2} \frac{1}{2k+1} = \prod_{k=1}^\infty \frac{4k^2}{4k^2 - 1} = \frac{\pi}{2}$$

▲ Computer Modernフォントによる出力例

これ（および以下の出力例）は次の入力から得られたものです。

```
\documentclass{article}
\begin{document}

A quick brown fox jumps over the lazy dog.

\[ \left( \int_0^\infty \frac{\sin x}{\sqrt{x}} dx \right)^2
= \sum_{k=0}^\infty \frac{(2k)!}{2^{2k}(k!)^2} \frac{1}{2k+1}
= \prod_{k=1}^\infty \frac{4k^2}{4k^2 - 1} = \frac{\pi}{2} \]

\end{document}
```

mathptmxパッケージ

数式を含めて Times 系のフォントにするための非常に単純なパッケージです。
数式には *Times Italic* のほか、記号類は Symbol、筆記体は RSFS というフォン
トを使っています。これらのフォントにない文字は Computer Modern になり
ます。

A quick brown fox jumps over the lazy dog.

$$\left(\int_0^\infty \frac{\sin x}{\sqrt{x}} dx \right)^2 = \sum_{k=0}^\infty \frac{(2k)!}{2^{2k}(k!)^2} \frac{1}{2k+1} = \prod_{k=1}^\infty \frac{4k^2}{4k^2 - 1} = \frac{\pi}{2}$$

▲ mathptmxパッケージの出力例

`mathptmx` は本文も Times Roman にしますが、本文のサンセリフやタイプラ
イタ体は Computer Modern です。これらも含めて PostScript のフォントにす
るには、次のようにすればいいでしょう。

```
\usepackage{mathptmx}              ← Times
\usepackage[scaled]{helvet}        ← Helvetica
\renewcommand{\ttdefault}{pcr}     ← Courier
```

オプション slantedGreek を付けて

```
\usepackage[slantedGreek]{mathptmx}
```

のようにすると、数式中のギリシャ大文字を斜体にします。ただし、\upDelta、
\upOmega はつねに大文字の 1、10 をアップライト体で出力します。

　問題点は、数式記号 \jmath、\coprod、\amalg が使えないこと、数式中の
太字がうまく出せないことです。

　もっとも、$\mathbf{A}$、$\textbf{A}$、$\textbf{\itshape A}$ など
で数式中で太字を出すこともできます（最後の例だけイタリック体です）。

> **参考** mathptmx より古い mathptm では \mathcal（数式用筆記体）に Zapf Chancery
> を使っていましたが、mathptmx では RSFS（Ralph Smith's Formal Script）
> に変更されました。以前のスタイルにより近い \mathcal を使うためには、
> AMSFonts の eucal パッケージを使うとよいでしょう。これは Hermann Zapf
> による美しい Euler Script を使います。

> **参考** mathptmx 以外で RSFS を使うには mathrsfs パッケージを使います。

> **参考** \usepackage{bm} を \usepackage{mathptmx} より前に書くと、\bm が Com-
> puter Modern 書体になってしまいます。逆の順番にすると、\bm が重ね打ち
> （Poor Man's Bold）になってしまいます。

🔘 mathpazo パッケージ

　mathptmx の Times を Palatino にしたものが mathpazo です。mathptmx よ
り mathpazo のほうが完成度が高く、本書旧版でも使っていたことがありま
した。

A quick brown fox jumps over the lazy dog.

$$\left(\int_0^\infty \frac{\sin x}{\sqrt{x}}dx\right)^2 = \sum_{k=0}^\infty \frac{(2k)!}{2^{2k}(k!)^2}\frac{1}{2k+1} = \prod_{k=1}^\infty \frac{4k^2}{4k^2-1} = \frac{\pi}{2}$$

▲mathpazo パッケージの出力例

次のオプションが指定できます。

▷ **sc** 　新しい pplx ファミリの Palatino を使う（211 ページ参照）

▷ **osf** 　新しい pplj ファミリの Palatino を使う（211 ページ参照）。本
文の数字が 0123456789 のようなオールドスタイル（old-style
figures）になる（数式中は変わらない）

- ▷ slantedGreek　数式中のギリシャ大文字を斜体にする
- ▷ noBBpl　　　　黒板文字をほかのフォントにする

\mathbb コマンドで数式中の文字（数字 1 と大文字 A〜Z）を黒板ボールド（Blackboard Bold）にします。これは Palatino フォントに文字飾りを付けたもので、あまりかっこよくありません。ほかの黒板ボールドフォントがあれば、noBBpl オプションを使った上で、そちらを使うほうがいいでしょう。

例：$\mathbb{1ABCZ}$　→　$\mathbb{1ABCZ}$

slantedGreek オプションを使った場合でも、アップライトのギリシャ大文字は \upGamma、\upDelta、…、\upOmega というコマンドで出力できます。

> 参考　Palatino は一般のフォントよりも行間を広くするほうがよいということで、\linespread{1.05} という設定が勧められています。日本語と混ぜて使う場合は必要ありません。

🌐 TX・PXフォントとその新版

2000 年に、テキサス大学ダラス校の Young Ryu が、相次いで TX フォント・PX フォントを発表しました。パッケージ名は txfonts、pxfonts で、それぞれ Times、Palatino に基づき、サンセリフ体は Helvetica、タイプライタ体は独自のもので、数学記号はすべて作りなおしたものです。ただ、数式に一部バランスの悪いところを残したまま、作者は手を引いてしまいます。

2012〜2013 年に、カリフォルニア大学サンディエゴ校の Michael Sharpe が、これらを改良した新 TX・PX フォントを発表しました。その後さらに改良され、現在はテキスト部分については TEX Gyre の Termes、Pagella フォントに基づいています。

A quick brown fox jumps over the lazy dog.

$$\left(\int_0^\infty \frac{\sin x}{\sqrt{x}}dx\right)^2 = \sum_{k=0}^\infty \frac{(2k)!}{2^{2k}(k!)^2}\frac{1}{2k+1} = \prod_{k=1}^\infty \frac{4k^2}{4k^2-1} = \frac{\pi}{2}$$

▲ newtxtext/newtxmathパッケージの出力例

A quick brown fox jumps over the lazy dog.

$$\left(\int_0^\infty \frac{\sin x}{\sqrt{x}}dx\right)^2 = \sum_{k=0}^\infty \frac{(2k)!}{2^{2k}(k!)^2}\frac{1}{2k+1} = \prod_{k=1}^\infty \frac{4k^2}{4k^2-1} = \frac{\pi}{2}$$

▲ newpxtext、newpxmathパッケージの出力例

標準的な使い方は、新 TX フォントが（数式も含めるなら）

\usepackage{newtx}　← または newtxtext,newtxmath

新 PX フォントが（数式も含めるなら）

```
\usepackage{newpx}    ← または newpxtext,newpxmath
```

です。レガシー LaTeX で使う場合、デフォルトのエンコーディングは T1 で、サンセリフ体は Helvetica 類似の **Heros**（それぞれ 90％、94％に縮小）、独自のタイプライタ体になります。

　いろいろなオプションについては、マニュアル（`texdoc` newtx、`texdoc` newpx）を参照してください。

`参考` bm パッケージを併用するときは、bm を後に指定します。

💎 Utopia/fourier-GUTenbergフォント

　Adobe の Utopia は Robert Slimbach が 1989 年に作ったフォントです。Adobe から販売されているものですが、Utopia Regular、*Utopia Italic*、**Utopia Bold**、***Utopia Bold Italic*** に限って、無償で配布されています。これに基づいた数式用フォントパッケージが Michel Bovani の fourier-GUTenberg です。

A quick brown fox jumps over the lazy dog.

$$\left(\int_0^\infty \frac{\sin x}{\sqrt{x}}\,dx\right)^2 = \sum_{k=0}^\infty \frac{(2k)!}{2^{2k}(k!)^2}\frac{1}{2k+1} = \prod_{k=1}^\infty \frac{4k^2}{4k^2-1} = \frac{\pi}{2}$$

▲ fourier パッケージの出力例

これを使うには、プリアンブルに例えば次のように書いておきます。

```
\usepackage{fourier}                  ← Utopia
\usepackage[scaled=0.875]{helvet}     ← Helvetica
\renewcommand{\ttdefault}{pcr}        ← Courier
```

Helvetica は 0.875 倍、Courier は 0.95 倍にするのが最適とのことです。Courier を縮小するための `couriers` パッケージも用意されています。`\usepackage[scaled]{couriers}` として使います。scaled=0.95 のように数値を与えることもできます（デフォルトは 0.95）。

　Courier の代わりに Computer Modern Typewriter を使うなら、最後は `lmtt` にします。テキストエンコーディングは T1/TS1 固定です。amsmath、amssymb は必要なら fourier より前に読み込みます。

　`\usepackage[upright]{fourier}` で数式のギリシャ小文字・ラテン大文字が立体になります。`\otheralpha`、`\otherbeta` 等々で標準と異なるほうの書体が使えます。

　自動でリガチャ fi、fl が使えます。また、元の書体を機械的に変形した SMALL CAPS と *Slanted* も使えます：

ファミリ	シリーズ	シェープ	PostScript フォント名
futs	m	n	Utopia-Regular
futs	b	n	**Utopia-Bold**
futs	m	it	*Utopia-Italic*
futs	b	it	***Utopia-BoldItalic***
futs	m	sc	Utopia-Regular (Small Caps)
futs	b	sc	**Utopia-Bold (Small Caps)**
futs	m	sl	*Utopia-Regular (Slanted)*
futs	b	sl	***Utopia-Bold (Slanted)***

🔘 fouriernc パッケージ

Fourier-GUTenberg で Utopia を New Century Schoolbook（ファミリ名 fnc）に置き換えたものです。これを使うには、前項の \usepackage{fourier} を \usepackage{fouriernc} で置き換えます。

A quick brown fox jumps over the lazy dog.

$$\left(\int_0^\infty \frac{\sin x}{\sqrt{x}} dx\right)^2 = \sum_{k=0}^\infty \frac{(2k)!}{2^{2k}(k!)^2}\frac{1}{2k+1} = \prod_{k=1}^\infty \frac{4k^2}{4k^2-1} = \frac{\pi}{2}$$

▲ fouriernc パッケージの出力例

🔘 mathdesign パッケージ

mathdesign パッケージは本文や数式を Utopia、Garamond、Charter で置き換えるものです。\usepackage[utopia]{mathdesign} とすると Adobe Utopia が使われます。

A quick brown fox jumps over the lazy dog.

$$\left(\int_0^\infty \frac{\sin x}{\sqrt{x}} d x\right)^2 = \sum_{k=0}^\infty \frac{(2k)!}{2^{2k}(k!)^2}\frac{1}{2k+1} = \prod_{k=1}^\infty \frac{4k^2}{4k^2-1} = \frac{\pi}{2}$$

▲ Math Design Adobe Utopia の出力例

\usepackage[garamond]{mathdesign} とすると URW 版の Garamond が使われます。

A quick brown fox jumps over the lazy dog.

$$\left(\int_0^\infty \frac{\sin x}{\sqrt{x}} dx\right)^2 = \sum_{k=0}^\infty \frac{(2k)!}{2^{2k}(k!)^2}\frac{1}{2k+1} = \prod_{k=1}^\infty \frac{4k^2}{4k^2-1} = \frac{\pi}{2}$$

▲ Math Design URW Garamond の出力例

\usepackage[charter]{mathdesign} とすると、Bitstream Charter が使われます。

A quick brown fox jumps over the lazy dog.

$$\left(\int_0^\infty \frac{\sin x}{\sqrt{x}} dx \right)^2 = \sum_{k=0}^\infty \frac{(2k)!}{2^{2k}(k!)^2} \frac{1}{2k+1} = \prod_{k=1}^\infty \frac{4k^2}{4k^2-1} = \frac{\pi}{2}$$

▲ Math Design Bitstream Charterの出力例

最後の例はアクセント付きの文字で dvipdfmx の警告が出ます。

TEX Live 2023 にはほかに、TrueType/Type 1 の Cormorant Garamond（パッケージ CormorantGaramond）、OpenType の EB Garamond（Egenolff-Berner Garamond、パッケージ ebgaramond、ebgaramond-maths）、EB Garamond に合わせる数式用 Garamond-Math、さらにオープンソースの Garamond Libre（パッケージ garamondlibre）が含まれています。

💎 Kpフォント

Kp（Kepler project）フォントは Christophe Caignaert の作品です。もともとは URW Palladio（Palatino 代替フォント）から出発したのですが、より現代風のデザインになりました。通常は \usepackage{kpfonts} とだけすれば amsmath も読み込まれます。オプションとして light などが与えられます（ texdoc kpfonts）。

A quick brown fox jumps over the lazy dog.

$$\left(\int_0^\infty \frac{\sin x}{\sqrt{x}} dx \right)^2 = \sum_{k=0}^\infty \frac{(2k)!}{2^{2k}(k!)^2} \frac{1}{2k+1} = \prod_{k=1}^\infty \frac{4k^2}{4k^2-1} = \frac{\pi}{2}$$

▲ kpfontsパッケージの出力例

💎 mathabxフォント

Computer Modern に基づく新しい数式用フォントとして mathabx があります。積分記号が Computer Modern より「立って」いるなど、日本人にも馴染みやすい書体です。元々は METAFONT で記述されたものですが、堀田耕作さんが Type 1 版を作られ、TEX Live にも入っています（ texdoc mathabx）。

A quick brown fox jumps over the lazy dog.

$$\left(\int_0^\infty \frac{\sin x}{\sqrt{x}} dx \right)^2 = \sum_{k=0}^\infty \frac{(2k)!}{2^{2k}(k!)^2} \frac{1}{2k+1} = \prod_{k=1}^\infty \frac{4k^2}{4k^2-1} = \frac{\pi}{2}$$

▲ mathabxフォントの出力例

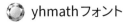 yhmath フォント

　Yannis Haralambous 作の根号や括弧などのフォントです。通常より大きいものまで用意されています。2013 年に角藤さん、大熊さん、Preining さんにより改良されたものが TeX Live に入っています。

▲ Computer Modern フォントによる出力例。右側は yhmath フォント使用。

この例は

```
\[
  \sqrt{\left(\frac{\displaystyle\int_0^{\infty} f(x)\,dx}
  {\displaystyle\int_0^{\infty} g(x)\,dx}\right)^{\!\!\!n}}
\]
```

を右側だけ yhmath パッケージで出力したものです。Computer Modern 以外のフォントと組み合わせても使えます。

⬤ ceo パッケージ

　安田 亨さんによる Century Old 風（日本の数学教科書風）の数式フォントです。欧文に使うのは想定外だと思いますが、同じ例を組んでみました。また、大きい根号も試してみました。

　TeX Live には入っていません。ダウンロードサイトは「安田亨 ceo.sty」で検索してください。Cloud LaTeX（11 ページ）でも使えます（ceo.sty テンプレートも用意されています）。

　(u)pLaTeX 用のパッケージですが、LuaLaTeX で使うには、ceo.sty および関連ファイルの文字コードをすべて UTF-8 に変換して、zw → \zw と置換し、プリアンブルに \pdfextension mapfile {+ceo.map} を付ければよさそうです。

　A quick brown fox jumps over the lazy dog.

$$\left(\int_0^{\infty} \frac{\sin x}{\sqrt{x}}\, dx\right)^2 = \sum_{k=0}^{\infty} \frac{(2k)!}{2^{2k}(k!)^2} \frac{1}{2k+1} = \prod_{k=1}^{\infty} \frac{4k^2}{4k^2-1} = \frac{\pi}{2}$$

$$\sqrt{\left(\frac{\int_0^{\infty} f(x)\,dx}{\int_0^{\infty} g(x)\,dx}\right)}$$

▲ ceo フォントの出力例

227

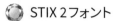 STIX 2フォント

STIX（Scientific and Technical Information Exchange）フォントは、AMS、AIP、APS、ACS、IEEE、Elsevier からなるコンソーシアムが、科学技術出版に必要なすべての Unicode 文字をオープンなライセンスで提供しようという壮大なプロジェクトで、ずいぶん年月がかかりましたが、ようやく成果が実りました。その第2版が STIX 2 です。TeX Live にも含まれています。デザイン的には Times 風で、LaTeX や Word で使えます。使い方は（amsmath より先に）\usepackage{stix2} するだけです（ texdoc stix2）。

A quick brown fox jumps over the lazy dog.

$$\left(\int_0^\infty \frac{\sin x}{\sqrt{x}}dx\right)^2 = \sum_{k=0}^\infty \frac{(2k)!}{2^{2k}(k!)^2}\frac{1}{2k+1} = \prod_{k=1}^\infty \frac{4k^2}{4k^2-1} = \frac{\pi}{2}$$

▲ stix2パッケージの出力例

STIX フォントの拡張として、XITS フォント、STEP フォントがあり、どちらも TeX Live に収録されています。

💎 Libertine/Biolinumフォント

セリフ体 Linux Libertine とサンセリフ体 Linux Biolinum は、LinuxLibertine.org（http://www.linuxlibertine.org）の開発するフリーな美しいフォントです。Wikipedia の英語ロゴも Libertine で作られました（ただし W を 𝕎 のようにクロスさせています）。TeX Live に標準で含まれています。等幅フォントは Inconsolata を使い、数式は新しい LibertinusT1 Math を使うには

```
\usepackage[sb]{libertine} % sb: semibold
\usepackage[T1]{fontenc}
\usepackage[varqu,varl]{zi4} % inconsolata
\usepackage{libertinust1math} %                    ↓好みに応じて
\usepackage[cal=stix,scr=boondoxo,bb=boondox]{mathalfa}
```

とします（amsmath は自動的に読み込まれます）。次の例はこのようにして Libertine の標準とイタリック、Biolinum の標準とボールド、数式例を出力しました。

A quick brown fox jumps over the lazy dog.
A quick brown fox jumps over the lazy dog.
A quick brown fox jumps over the lazy dog.
A quick brown fox jumps over the lazy dog.

$$\left(\int_0^\infty \frac{\sin x}{\sqrt{x}}dx\right)^2 = \sum_{k=0}^\infty \frac{(2k)!}{2^{2k}(k!)^2}\frac{1}{2k+1} = \prod_{k=1}^\infty \frac{4k^2}{4k^2-1} = \frac{\pi}{2}$$

▲ Libertine/Biolinum/LibertinusT1 Mathフォントの出力例

詳しくはマニュアル（ `texdoc` libertine、 `texdoc` libertinust1math）を参照してください。

mathastext パッケージ

これはデフォルトのフォントファミリ（\familydefault）をそのまま数式用アルファベットにしてしまうパッケージです。これでどんなフォントでも数式に使えます。例えば Comic Neue を数式にしてみます。

```
\usepackage[default]{comicneue}
\usepackage{mathastext}
```

A quick brown fox jumps over the lazy dog.

$$\left(\int_0^\infty \frac{\sin x}{\sqrt{x}}dx\right)^2 = \sum_{k=0}^\infty \frac{(2k)!}{2^{2k}(k!)^2}\frac{1}{2k+1} = \prod_{k=1}^\infty \frac{4k^2}{4k^2-1} = \frac{\pi}{2}$$

▲ mathastext パッケージによる Comic Neue フォントの数式出力例

Antiqua Toruńska フォント

Antiqua Toruńska フォントは、ポーランドの都市トルン Toruń の Zygfryd Gardzielewski（1914–2001）がデザインした古風なフォントで、ポーランドの J. M. Nowacki が TEX 用にデジタル化したものです。使い方は、\usepackage [math]{anttor} とします。オプションとして `light` と `condensed` が使えます。

A quick brown fox jumps over the lazy dog.

$$\left(\int_0^\infty \frac{\sin x}{\sqrt{x}}dx\right)^2 = \sum_{k=0}^\infty \frac{(2k)!}{2^{2k}(k!)^2}\frac{1}{2k+1} = \prod_{k=1}^\infty \frac{4k^2}{4k^2-1} = \frac{\pi}{2}$$

▲ anttor パッケージ（math オプション）の出力例

Concrete ＋ Euler フォント

Knuth の *Concrete Mathematics* という本（付録 F 参照）で使われた本文用の Concrete フォント（Knuth 作）と数式用の Euler フォント（Hermann Zapf 作）を組み合わせると、黒板に丁寧に書いた文字のような雰囲気になります。使い方は

```
\usepackage{ccfonts,eulervm}
```

とするだけです。Euler フォントの Type 1 版は AMSFonts に含まれ、Concrete

フォントの Type 1 版は CM-Super に含まれています。Euler フォントは結城浩さんの『数学ガール』シリーズにも使われています。

A quick brown fox jumps over the lazy dog.

$$\left(\int_0^\infty \frac{\sin x}{\sqrt{x}}dx\right)^2 = \sum_{k=0}^\infty \frac{(2k)!}{2^{2k}(k!)^2}\frac{1}{2k+1} = \prod_{k=1}^\infty \frac{4k^2}{4k^2-1} = \frac{\pi}{2}$$

▲ ccfonts ＋ eulervm パッケージの出力例

Euler フォントを使った新しめのパッケージとして eulerpx があります。本文を newpxtext/classico にすることを想定して記号類は newpxmath から取っていますが、本文 kpfonts/biolinum でも合うだろうとのことです。

◈ sansmathfonts

ここから先はサンセリフの数式です。特にスライドで使います。

まず sansmathfonts は Computer Modern Sans Serif の拡張（xcmss）と数式への利用です。

```
\usepackage{sansmathfonts}
```

とすることで本文中のサンセリフ体も xcmss へ変更されます。見やすさのために、I、Ξ、Π にはセリフが付いています。

A quick brown fox jumps over the lazy dog.

$$\left(\int_0^\infty \frac{\sin x}{\sqrt{x}}dx\right)^2 = \sum_{k=0}^\infty \frac{(2k)!}{2^{2k}(k!)^2}\frac{1}{2k+1} = \prod_{k=1}^\infty \frac{4k^2}{4k^2-1} = \frac{\pi}{2}$$

▲ sansmathfonts パッケージの出力例

◈ CM Bright フォント

Computer Modern Bright は、Computer Modern Sans Serif より軽いサンセリフフォントです。\usepackage{cmbright} として cmbright パッケージを読み込めば、数式もこのフォントになり、タイプライタ体も Computer Modern Typewriter Light（ファミリ名 cmtl）という Computer Modern Typewriter より軽いフォントになります。MicroPress から高品質の Type 1 フォントが売られています。TeX Live ではフリーの CM-Super や hfbright を使っています。

A quick brown fox jumps over the lazy dog.

$$\left(\int_0^\infty \frac{\sin x}{\sqrt{x}}\,dx\right)^2 = \sum_{k=0}^\infty \frac{(2k)!}{2^{2k}(k!)^2} \frac{1}{2k+1} = \prod_{k=1}^\infty \frac{4k^2}{4k^2-1} = \frac{\pi}{2}$$

▲ cmbright パッケージの出力例

💠 newtxsf フォント

newtxmath の数式イタリック体を STIX フォントのサンセリフ体で置き換えたものです。本文もサンセリフにするために、ここでは FiraSans を使っています。

```
\usepackage[sfdefault,scaled=.85,lining]{FiraSans}
\usepackage[T1]{fontenc}
\usepackage{amsmath}
\usepackage{newtxsf}
```

A quick brown fox jumps over the lazy dog.

$$\left(\int_0^\infty \frac{\sin x}{\sqrt{x}}\,dx\right)^2 = \sum_{k=0}^\infty \frac{(2k)!}{2^{2k}(k!)^2} \frac{1}{2k+1} = \prod_{k=1}^\infty \frac{4k^2}{4k^2-1} = \frac{\pi}{2}$$

▲ FiraSans + newtxsf パッケージの出力例

💠 Arev Sans フォント

Arev Sans フォントは Bera Sans にギリシャ文字や数学記号類を加えたものです。読みやすく、高度な数式にも対応したサンセリフフォントで、特にプレゼンテーションに向きます。使い方は、\usepackage{arev} として arev パッケージを読み込むだけです。一部の記号に Math Design Bitstream Charter、黒板ボールド書体に Fourier-GUTenberg を使っています。

A quick brown fox jumps over the lazy dog.

$$\left(\int_0^\infty \frac{\sin x}{\sqrt{x}}\,dx\right)^2 = \sum_{k=0}^\infty \frac{(2k)!}{2^{2k}(k!)^2} \frac{1}{2k+1} = \prod_{k=1}^\infty \frac{4k^2}{4k^2-1} = \frac{\pi}{2}$$

▲ arev パッケージの出力例

Math Design Bitstream Charter 同様、アクセント付きの文字で dvipdfmx の警告が出ます。

💎 LXフォント

LX フォントは、読みやすく、高度な数式にも対応したサンセリフフォント
で、特にプレゼンテーションに向きます。Computer Modern Sans Serif に基づ
くサンセリフ体でありながら、I と l が区別しやすいといった工夫がしてありま
す。使い方は \usepackage{lxfonts} とするだけです。

A quick brown fox jumps over the lazy dog.

$$\left(\int_0^\infty \frac{\sin x}{\sqrt{x}}dx\right)^2 = \sum_{k=0}^\infty \frac{(2k)!}{2^{2k}(k!)^2}\frac{1}{2k+1} = \prod_{k=1}^\infty \frac{4k^2}{4k^2-1} = \frac{\pi}{2}$$

▲ lxfonts パッケージの出力例

💎 Iwonaフォント

Iwona フォントは、高度な数式にも対応したサンセリフフォントで、たくさん
の欧州文字に対応しています。OpenType 版も TEX Live に含まれています。
サンセリフ体でありながら、I と l が区別しやすいといった工夫がしてあります。
使い方は、\usepackage[math]{iwona} とします。オプションとして light
と condensed が与えられます。

A quick brown fox jumps over the lazy dog.

$$\left(\int_0^\infty \frac{\sin x}{\sqrt{x}}dx\right)^2 = \sum_{k=0}^\infty \frac{(2k)!}{2^{2k}(k!)^2}\frac{1}{2k+1} = \prod_{k=1}^\infty \frac{4k^2}{4k^2-1} = \frac{\pi}{2}$$

▲ iwona パッケージ（math オプション）の出力例

a a
Iwona Kurier

Iwona の変形として Kurier があります。使い方は iwona を kurier に置き
換えるだけです。どちらも TEX Live に含まれています。

12.14 モダンLATEXとunicode-math

Unicode には多くの数学用記号が含まれています。これらを使うためのモダ
ン LATEX 用のパッケージが unicode-math（ texdoc unicode-math）です[18]。

```
\usepackage{unicode-math}
```

※18 93ページも併せてご覧
ください。

と書くだけで、通常の数式フォントではなく Unicode フォントが使われます[19]。
本書でもこれを使っています（ただしデフォルトの Latin Modern Math ではな
く NewCM Math を \setmathfont{NewCMMath-Book.otf} として使ってい
ます）。

※19 amsmath などより後に
読み込むことが必要です。もっ
とも、unicode-math の中
でも amsmath が読み込まれ
ます。

例えば amssymb パッケージで定義されている ⊨（$\vDash$）という記号があります。これは強いて書けば {\usefont{U}{msa}{m}{n} \symbol{"0F}} という文字で、Unicode とは関連づけられていませんので、コピペしても意味のある文字情報は取り出せません[20]。しかし、Unicode には ⊨（U+22A8「TRUE」）という文字があり、これをそのまま使えば文字情報として扱えます。unicode-math ではこのことが自然に行えます。さらに、わざわざ \vDash と書かなくても ⊨ と直接書くことができます。\int、\sum、\prod なども Unicode 文字で ∫、Σ、∏ と書けます。ギリシャ文字もそのまま書けます[21]。例えば

```
\[ \frac{1}{\sqrt{2πσ^2}} ∫_{-∞}^{∞}e^{-x^2/2σ^2}dx = 1 \]
```

と書けば

$$\frac{1}{\sqrt{2\pi\sigma^2}} \int_{-\infty}^{\infty} e^{-x^2/2\sigma^2} dx = 1$$

と出力できます。

unicode-math はデフォルトでは Latin Modern Math（latinmodern-math. otf）を使います。これには第 5 章、第 6 章で挙げた数学記号のほとんどが含まれます（ texdoc unimath-symbols）。上に挙げた ⊨（U+22A8「TRUE」）、⊭（U+22AD「NOT TRUE」）は含まれますが、⫫（U+2AEB「DOUBLE UP TACK」）は含まれません（次の例にある STIX 2 や Kp、本書で使っている NewCM Math には含まれます）。

\setmathfont という命令で数式フォントを指定することができます。今までに挙げた例でも、数式 OpenType フォントがあれば、unicode-math を使うこともできます。例えば STIX 2 は

```
\usepackage{unicode-math}
\setmainfont{STIX Two Text}
\setmathfont{STIX Two Math}
```

で使えます。また、Kp フォントは kpfonts-otf パッケージを使えば unicode-math で OpenType 版の数式フォントが読み込まれます。

以下は、これら以外の例です。

🔵 Libertinus

Linux Libertine から分岐した Libertinus というフォントです。パッケージ libertinus を読み込むだけで使えます。サンセリフ体は Linux Biolinum 由来の Libertinus Sans、モノスペース体は Libertinus Mono、数式はモダン LATEX なら unicode-math による Libertinus Math、レガシー LATEX なら Computer Modern になります。次の例は LuaLATEX の出力です。

※20 newtxmath などUni-codeの文字情報が取り出せるものもあります。また、accsupp パッケージで文字情報を追加できますが、Acrobat Reader 以外のPDFリーダーでは必ずしもうまくいきません。

※21 Σ（和記号）とΣ（ギリシャ文字シグマの大文字）、∏（積記号）と∏（ギリシャ文字パイの大文字）はおのおのUnicodeで違うコード点が振られています。

A quick brown fox jumps over the lazy dog.
A quick brown fox jumps over the lazy dog.
A quick brown fox jumps over the lazy dog.

$$\left(\int_0^\infty \frac{\sin x}{\sqrt{x}}dx\right)^2 = \sum_{k=0}^\infty \frac{(2k)!}{2^{2k}(k!)^2}\frac{1}{2k+1} = \prod_{k=1}^\infty \frac{4k^2}{4k^2-1} = \frac{\pi}{2}$$

▲ Libertinus フォントの出力例

◈ EB Garamond、Garamond-Math

TeX Live に含まれる EB Garamond と Garamond-Math の使用例です。

```
\usepackage{unicode-math}
\setmainfont{EB Garamond}
\setmathfont{Garamond-Math.otf}[StylisticSet={7,9}]
```

A quick brown fox jumps over the lazy dog.

$$\left(\int_0^\infty \frac{\sin x}{\sqrt{x}}\,dx\right)^2 = \sum_{k=0}^\infty \frac{(2k)!}{2^{2k}(k!)^2}\frac{1}{2k+1} = \prod_{k=1}^\infty \frac{4k^2}{4k^2-1} = \frac{\pi}{2}$$

▲ Garamond-Math フォントの出力例

◈ TeX Gyre Math フォント

上述の TeX Gyre プロジェクトによる数式フォントです。TeX Live には Bonum（Bookman 類似）、Pagella（Palatino 類似）、Schola（Century Schoolbook 類似）、Termes（Times 類似）、DejaVu（Vera 類似、 texdoc dejavu-otf）の OTF フォントが、`TEXMFDIST/doc/fonts/tex-gyre-math` にドキュメントやサンプルが収められています。例えば主フォントに Pagella、数式フォントに Pagella Math を使うには次のようにします。

```
\usepackage{unicode-math}
\setmainfont[Ligatures=TeX]{TeX Gyre Pagella}
\setmathfont{TeX Gyre Pagella Math}
```

A quick brown fox jumps over the lazy dog.

$$\left(\int_0^\infty \frac{\sin x}{\sqrt{x}}dx\right)^2 = \sum_{k=0}^\infty \frac{(2k)!}{2^{2k}(k!)^2}\frac{1}{2k+1} = \prod_{k=1}^\infty \frac{4k^2}{4k^2-1} = \frac{\pi}{2}$$

▲ TeX Gyre Pagella Math フォントの出力例

なお、本文に Pagella を使う場合に、数式フォントに Asana Math を使うこともできます。文字は Palatino 類似ですが、記号類がかなり違います。

日本では Century 風の数式が古くからよく用いられてきたので、Schola も良いかもしれません。下の例では積分記号類（U+222B–2233）だけ KpMath のものを 0.9 倍したものに置き換えてみました。このようにフォントの一部だけを簡単に置き換えることができるのも unicode-math の利点です。

```
\usepackage{unicode-math}
\setmainfont{TeX Gyre Schola}
\setmathfont{TeX Gyre Schola Math}
\setmathfont{KpMath}[range="222B-"2233,Scale=0.9]
```

A quick brown fox jumps over the lazy dog.

$$\left(\int_0^\infty \frac{\sin x}{\sqrt{x}}dx\right)^2 = \sum_{k=0}^\infty \frac{(2k)!}{2^{2k}(k!)^2}\frac{1}{2k+1} = \prod_{k=1}^\infty \frac{4k^2}{4k^2-1} = \frac{\pi}{2}$$

▲ TeX Gyre Schola Math フォントの出力例

💎 Fira Sans、Fira Math フォント

　Fira Sans/Fira Mono は Firefox OS 用に作られた高品位のフリーなフォントです。28 書体が TeX Live に含まれています。これに基づいて開発されている Fira Math[※22] は、数少ない unicode-math ベースのサンセリフ数式フォントの一つです。\usepackage[mathrm=sym]{firamath-otf} としても使えます（ texdoc firamath-otf）

※22 https://github.com/firamath/firamath

```
\usepackage[mathrm=sym]{unicode-math}
\setmainfont{Fira Sans}
\setmathfont{Fira Math}
```

A quick brown fox jumps over the lazy dog.

$$\left(\int_0^\infty \frac{\sin x}{\sqrt{x}}dx\right)^2 = \sum_{k=0}^\infty \frac{(2k)!}{2^{2k}(k!)^2}\frac{1}{2k+1} = \prod_{k=1}^\infty \frac{4k^2}{4k^2-1} = \frac{\pi}{2}$$

▲ Fira Sans、Fira Math フォントの出力例

💎 GFS Neohellenic フォント

　Fira より細身のサンセリフです。

```
\usepackage{unicode-math}
\setmainfont{GFS Neohellenic}
\setmathfont{GFS Neohellenic Math}
```

A quick brown fox jumps over the lazy dog.

$$\left(\int_0^\infty \frac{\sin x}{\sqrt{x}}dx\right)^2 = \sum_{k=0}^\infty \frac{(2k)!}{2^{2k}(k!)^2}\frac{1}{2k+1} = \prod_{k=1}^\infty \frac{4k^2}{4k^2-1} = \frac{\pi}{2}$$

▲ GFS Neohellenic Math フォントの出力例

12.15　New Computer Modernフォント

New Computer Modern（ `texdoc` newcomputermodern）は、Computer Modern（Latin Modern）をベースに、ギリシャ文字・ロシア文字・ヘブライ文字・チェロキー文字・コプト文字・点字・IPA 記号を含めたものです。数式は unicode-math で Latin Modern Math ベースの NewCM Math フォントを使います。Latin Modern Math や TEX Gyre Math の数学記号のグリフ数が 500 台なのに比べ、NewCM Math は 1200 を超えています。

従来の Latin Modern に置き換えて使うには、fontsetup パッケージを次のように読み込むだけです。

```
\usepackage[olddefault]{fontsetup}
```

amsmath も amssymb も fontspec も unicode-math も不要です。ただし、このフォントの作者はこれ（Regular 版）ではやや線が細いと感じたようで、メトリック（文字幅など）は変えずに線だけほんの少し太らせたもの（Book 版）を使うオプション

```
\usepackage[default]{fontsetup}
```

※23　第8版の紙質はややインクが乗りにくく、読みにくいという声がありました。第9版はどうでしょうか。

を推奨しています。どちらが良いかは紙質にもよりそうです[23]。本書は Book 版で組んでいます。ほかにオプションとして、積分記号を斜めにしない upint、空集合の記号を変える varnothing などが指定できます。

本文用フォントは今のところ 10 ポイントと 8 ポイントの Regular、Book、Bold とそれらの Italic で構成されています。本書では fontsetup パッケージを介さず、10 ポイント版だけを使うように設定しています（200 ページ）。

fontsetup パッケージは、New Computer Modern 以外にも、concrete、ebgaramond、erewhon、euler、fira、gfsartemisia、gfsneohellenic、kerkis、libertinus、oldstandard、stixtwo、times、xcharter などのオプションで数式を含めたフォント指定ができます。詳しくは `texdoc` fontsetup で書体見本が表示できます。

12.16　仮想フォントの作り方

　TEX の仮想フォントは、フォントの文字を入れ替える仕組みです。例として、タイプライタ体のチルダ ~ の字形を入れ替えてみましょう。

> **参考**　この問題の発端は、共立出版「Wonderful R」シリーズ第 1 巻『R で楽しむ統計』を書きつつあるとき、lm(y ~ x - 1) のような R のコード中で ~ と - の区別がつきにくい問題が指摘されたことです。~ のような Ti*k*Z で描いた図形に置き換えるという案も考えましたが、最終的に編集部が採用したのは仮想フォントで新TX フォントのタイプライタ体のチルダ ~ に置き換える方法でした。

　ここでは、ファミリ lmtt（TFM 名 ec-lmtt10）のチルダ ~ を、Inconsolata（ファミリ zi4、TFM 名はいくつかあるがここでは t1-zi4r-0）のチルダ ~ に置き換えてみましょう。

　元となるフォントの TFM ファイルの場所を探すために、ターミナル（コマンドプロンプト）に

```
kpsewhich ec-lmtt10.tfm
```

と打ち込むと、

```
.../fonts/tfm/public/lm/ec-lmtt10.tfm
```

のように返ってきます。このファイルを作業用ディレクトリにコピーし、

```
tftopl ec-lmtt10.tfm >my-ec-lmtt10.vpl
```

と打ち込みます。この my-ec-lmtt10.vpl をテキストエディタで編集します。まず "(LIGTABLE" という行の直前に次のようにフォント名とデザインサイズを書き込みます。フォント名はデフォルトのものを最初（番号 0）にします。

```
(MAPFONT D 0
   (FONTNAME ec-lmtt10)
   (FONTDSIZE R 10.0)
   )
(MAPFONT D 1
   (FONTNAME t1-zi4r-0)
   (FONTDSIZE R 10.0)
   )
```

デザインサイズは生成した vpl ファイルの "(DESIGNSIZE R 10.0)" という行に書かれています。10 ポイントフォントなら 10.0 のはずです。また、置き換えたいチルダは 16 進 7E（8 進 *176*）ですので、(CHARACTER O 176 のところを、番号 1 のフォントの 8 進 *176* の文字にマップさせるため、次のように編集

します：

```
(CHARACTER O 176
   (CHARWD R 0.525)
   (CHARHT R 0.3535)
   (MAP
      (SELECTFONT D 1)
      (MOVEDOWN R 0.1)
      (SETCHAR O 176)
      )
   )
```

Inconsolata のチルダのほうが少し位置が高いので、下げるために (`MOVEDOWN R 0.1`) を使っています。ほかに `MOVERIGHT`、`MOVELEFT`、`MOVEUP` などのコマンドがあります（ texdoc vptovf）。これを保存し、ターミナルに

```
vptovf my-ec-lmtt10.vpl
```

と打ち込めば、作業ディレクトリに `my-ec-lmtt10.vf` と `my-ec-lmtt10.tfm` が生成されます。テストのため、作業ディレクトリに適当な LaTeX 文書を作り、そのプリアンブルに次のように書きます。

```
\renewcommand{\ttdefault}{mylmtt}
\DeclareFontFamily{T1}{mylmtt}{\hyphenchar \font=-1}
\DeclareFontShape{T1}{mylmtt}{m}{n}
   {<-> my-ec-lmtt10}{}
```

本文に `\verb|lm(y ~ x - 1)|` のようなタイプライタ体のコードを書いて、字形が置き換わったことを確認してください。

　同様にして、`Y` と `=` の重ね書きで `¥` を作ったり、あるいは `\` の字形を `¥` にしたフォントで `\` を置き換えたりできます。

第13章
和文フォント

かつては、TEX で扱う和文フォントは 2 書体で、JIS 第 1・第 2 水準の範囲に限られ、PDF には和文フォントを埋め込まないのが一般的でした。

しかし、今では、PDF へのフォントのサブセット埋め込みが普通になり、多書体、Unicode、OpenType フォント対応が可能になりました。さらに、モダン LATEX（X∃LATEX や LuaLATEX）では、欧文・和文を問わず、システム上の任意の TrueType/OpenType フォントの利用が可能になりました。

この章では、いろいろな LATEX での和文フォントの扱いを解説します。

13.1　おもな和文書体

よく使われる和文の書体は、明朝体とゴシック体です。

明朝体は、欧文のセリフ体（Times など）に相当するもので、一般に横線が縦線より細く、横線の右端にはウロコと呼ばれる三角形の飾りがあります。ゴシック体は、欧文のサンセリフ体（Helvetica など）に相当するもので、線の太さがほぼ一定です。

伝統的な組み方では、本文には明朝体（欧文部分はセリフ体）、見出しにはゴシック体（欧文部分はサンセリフ体）を使います。

明朝体、ゴシック体とも、いろいろな太さ（ウェイト）のものがあります。よくゴシック体のほうが明朝体より太いと誤解されますが、右のサンプルのように、細いゴシック体も太い明朝体もあります。

また、明朝体・ゴシック体の中にも、いろいろな銘柄があります。Windows では MS 明朝・MS ゴシック、Mac ではヒラギノ 6 書体がよく使われましたが、両者に複数ウェイトの游明朝・游ゴシックが加わり、Mac ではヒラギノ角ゴシックが 10 ウェイト（W0〜W9）になり、さらに Windows も Mac もいろいろな書体が追加されています。

フリーな和文フォントでは、かつては IPA/IPAex 明朝・ゴシック[※1] が有名で、TEX Live にも同梱され、TEX Live 2019 まではデフォルトのフォントとして使われていました。

ヒラギノ明朝 ProN W3
ヒラギノ角ゴシック W6
ヒラギノ丸ゴ ProN W4
游明朝体 ミディアム
游ゴシック体 ボールド
IPAex明朝
IPAexゴシック
UD デジタル 教科書体 NP-R
源ノ明朝 ExtraLight
源ノ明朝 Regular
源ノ明朝 Heavy
源ノ角ゴシック ExtraLight
源ノ角ゴシック Medium
源ノ角ゴシック Heavy

※1 IPA（独立行政法人情報処理推進機構）が制作したオープンなフォントで、現在は文字情報技術促進協議会が配布しています。

その後、デザイン的にもグリフの数でもウェイト（太さ）の種類でも文句の付けようのない Adobe の源ノ明朝・源ノ角ゴシック（各 7 ウェイト）およびその Google 版 Noto フォントが公開されました。この源ノフォントを LaTeX で使いやすい形に再構成した原ノ味^{※2} 14 書体（明朝・ゴシック各 7 ウェイト）が TeX Live に入り、TeX Live 2020 からはデフォルトの和文フォントになりました。

本書は、第 7 版までは商用フォント（特に最近はヒラギノ）を使っていましたが、フリーな原ノ味フォントが商用出版物でも十分使えることを実証するために、第 8 版以降は原ノ味フォントを本文で使っています。

13.2　レガシー LaTeX の和文フォントの設定

欧文用の元祖 LaTeX や pdfLaTeX でも、和文フォントを 256 文字ずつのサブフォントに分割することによって使うことはできますが、あまり実用的でありません。そこで、大量にある和文文字だけを特別扱いにした pLaTeX、upLaTeX が作られました。

太古の pLaTeX では、明朝体とゴシック体はそれぞれ Ryumin-Light（リュウミン L）、GothicBBB-Medium（中ゴシック BBB）という名前^{※3} でしたが、これらは高価な商用フォントですので pLaTeX に入っているわけではなく名前参照だけで、実際にはフォントは埋め込まれず、出力側にそのフォントがなければ適当な明朝体・ゴシック体のフォントで代用されました。

現在の TeX Live はデフォルトですべてのフォントを埋め込みます。標準で使われる和文フォントは、TeX Live 2019 までは IPAex フォントでしたが、TeX Live 2020 からは原ノ味になりました。

(u)pLaTeX + dvipdfmx では `kanji-config-updmap-sys` というコマンドで和文フォントを設定します（363 ページ）。標準では明朝・ゴシックの 2 書体しか使えませんでしたが、後述の `otf` パッケージを使うことにより、簡単に 7 書体まで使えるようになり、入力しにくい文字は Unicode 番号や OpenType フォントの CID 番号で指定できるようになりました。

より新しい pxchfon パッケージ（ texdoc pxchfon）を使えば、文書ファイルの中で和文フォントが指定できます。TeX Live に含まれるものや、TEXMFLOCAL ディレクトリ（付録 B）などにシンボリックリンクされたもの以外に、Windows ではシステム（全ユーザー用）にインストールされているフォントも使えます。

より柔軟なフォント指定をするためには、LuaLaTeX などのモダン LaTeX を用います。

13.3　LuaLaTeXの和文フォントの設定

　まずは欧文用ドキュメントクラス（海外の学会用など）で一部に日本語を入れることを考えましょう。デフォルトの Latin Modern フォントには日本語の文字が入っていませんので、その部分だけ和文フォントに切り替えなければなりません。例えば TeX Live にかなり前から含まれている IPAex 明朝に切り替えるには、LuaLaTeX でも XeLaTeX でも、欧文のところで説明したのと同様に

```
\documentclass{article}
\usepackage{fontspec}
\newfontface{\ipa}{ipaexm.ttf}
\begin{document}

Haruhiko Okumura ({\ipa 奥村 晴彦})

\end{document}
```

でできます。ただし、このままでは日本語の文字列中の改行ができません。

　XeLaTeX は 56 ページの方法で日本語の文字列中の改行ができます。一方、LuaLaTeX では、

```
\documentclass{article}
\usepackage{luatexja}
\begin{document}

Haruhiko Okumura (奥村 晴彦)

\end{document}
```

のように、LuaTeX-ja プロジェクトによる luatexja パッケージを読み込めば、最低限の準備ができ、和文部分だけデフォルトの和文フォントに切り替わり、文字列中の改行もできます。

　より和文組版のルールに則った文書を作るには、ドキュメントクラスとして pLaTeX の jsarticle などとほぼ互換の ltjsarticle など、またはさらに新しい jlreq を使います。jlreq については 29 ページのコラム、263 ページ以下の説明、およびマニュアル（ texdoc jlreq）をご覧ください。

　デフォルトの和文フォントに飽きたなら、いくつかの和文フォントのプリセットが用意されていますので、その一つを luatexja-preset パッケージで指定して使うのが簡単です。TeX Live 2020 以降の luatexja のデフォルトは次の設定と同等です。

```
\usepackage[haranoaji]{luatexja-preset} % 原ノ味2004字形
```

luatexja-preset の主なオプションを挙げておきます。

haranoaji	TeX Live 同梱の原ノ味フォントを使う
ipaex	TeX Live 同梱の IPAex フォントを使う
bizud	モリサワが無償配布する BIZ UD フォント（Windows にも採用）を使う
sourcehan、sourcehan-jp	源ノ明朝・源ノ角ゴシックフォントを使う（OTF または OTC、別途 Adobe のリポジトリからダウンロードが必要、-jp は JP サブセット OTF）
hiragino-pro、hiragino-pron	ヒラギノフォントを使う（pron は 2004 字形）
jis90	できるだけ JIS X 0208:1990 の字形を使う
jis2004	できるだけ JIS X 0213:2004 の字形を使う
deluxe	フォントが対応していれば、明朝 3 ウェイト（シリーズ l・m・b）、ゴシック 3 ウェイト（m・b・eb）、丸ゴシックの 7 書体を使う
bold	デフォルトのゴシック体を太字にする
expert	フォントが対応していれば OpenType フォントの縦組・横組・ルビ専用の仮名グリフを使う
match	\sffamily や \ttfamily で和文フォントをゴシック体に切り替える（ltjsarticle 等ではデフォルトの動作）
jfm_yoko、jfm_tate	使用する JFM（和文フォントメトリック）の指定

詳しくは LuaTeX-ja のマニュアルをご覧ください（ texdoc luatexja）。

　jlreq ドキュメントクラスは独自の和文フォントメトリック（JFM）を使います。フォントメトリックとは、文字幅や文字間の詰めに関する情報です（13.13 節で詳しく説明します）。LuaTeX-ja の仕組みでフォントを変えると、LuaTeX-ja 標準の JFM になってしまいますので、それがまずければ jfm_yoko=jlreq, jfm_tate=jlreqv というオプションを与えます。

> 参考　本書は jlreq ドキュメントクラスを使っています。横組については、第 8 版では LuaTeX-ja 標準の ujis フォントメトリックを使いましたが、第 9 版では jlreq 標準のフォントメトリックを使っています。両方をお持ちのかたは比べてみてください。

　プリセットではなく、明朝体（本文用）・サンセリフ体・モノスペース体それぞれのファミリを指定したいときは、luatexja-fontspec パッケージを読み込んで、それぞれ \setmainjfont、\setsansjfont、\setmonojfont で指定します。この際に欧文用の fontspec も読み込まれますので、欧文の指定 \setmainfont、\setsansfont、\setmonofont もできます。

　例えば本文用に和文・欧文とも UD デジタル教科書体を使いたいならば、

```
\documentclass{jlreq}
\usepackage{luatexja-fontspec}
\setmainjfont{UDDigiKyokashoNP-R}[BoldFont=UDDigiKyokashoNP-B]
\setmainfont{UDDigiKyokashoNP-R}[BoldFont=UDDigiKyokashoNP-B]
\begin{document}

UD デジタル 教科書体 NP-R Regular

\textbf{UD デジタル 教科書体 NP-B Bold}

\end{document}
```

とします。出力は次のようになります。

UD デジタル 教科書体 NP-R Regular
UD デジタル 教科書体 NP-B Bold

jlreq の組み方に合わせるなら、JFM をオプションで指定します。

```
\setmainjfont{UDDigiKyokashoNP-R}[BoldFont=UDDigiKyokashoNP-B,
    YokoFeatures={JFM=jlreq}, TateFeatures={JFM=jlreqv}]
```

　一部分だけフォントを変えるなら、欧文の \fontspec に相当する \jfontspec を使い、例えば {\jfontspec{UDDigiKyokashoNP-R} ...} とします。\fontspec は欧文だけ、\jfontspec は和文だけに影響します。\newfontface に相当する \newjfontface、\newfontfamily に相当する \newjfontfamily もあります。

　例えば原ノ味ゴシックをプロポーショナル組にする命令 \propsans を定義してみましょう。

```
\newjfontfamily{\propsans}[
    YokoFeatures={JFM=prop},
    CharacterWidth=AlternateProportional
]{HaranoAjiGothic}
```

これで次のように詰め組ができます。

　　{\propsans ちょっとチェックしちゃった。} → ちょっとチェックしちゃった。

ここで指定している prop という JFM の実体は LuaTEX-ja に付属する jfm-prop.lua というわずか 9 行のファイルです[4]。

　文字によっては欧文フォントにも和文フォントにも含まれるものがあります（「東アジアの文字幅」の「曖昧」問題）。LuaTEX-ja のデフォルトでは、ギリシャ文字やキリル文字（ロシア文字など）は和文扱いになります。これらを欧文扱いにするには、プリアンブルに

```
\ltjsetparameter{jacharrange={-2}}
```

※4 本書の見出しや傍注は、基本的にこのようにしてプロポーショナル組にしています。ただしデフォルトの prop は単純すぎるので、八登崇之さんの記事 (https://qiita.com/zr_tex8r/items/0512dd43e9806483013a) を参考にし、さらにカスタマイズしています。

と書いておきます。文字単位で指定することもできます。例えば ε は \ltjalchar`ε と書けば英字、\ltjjachar`ε と書けば和字扱いになります。

　Unicode 番号が同じでも字形が違う異体字を扱うための IVS（異体字セレクタ）という仕組みに LuaLaTeX も XƎLaTeX も対応しています。例えば葛も葛も Unicode 番号は U+845B ですが、葛城市の「葛」は U+845B に U+E0100 を後置し、葛飾区の「葛」は U+845B に U+E0101 を後置することによって指定できます。IVS が直接入力できないならば、

葛 \symbol{"E0100}城市と葛 \symbol{"E0101}飾区

のように 16 進記法を使うこともできます（この「葛」は IVS なしの U+845B で、\symbol{"845B} と書いてもかまいません）。

> 参考　luatexja-otf パッケージを使えば OpenType の CID 番号で異体字を指定できます。葛は \CID{1481}、葛は \CID{7652} と書けます。これは後述の (u)pLaTeX 用の otf パッケージと同じ機能です。

13.4　和文フォントを切り替える命令

明朝体・ゴシック体を切り替えるには、次の命令を使います。

明朝体　　{\mcfamily ...}　または　\textmc{...}
ゴシック体　{\gtfamily ...}　または　\textgt{...}

デフォルトは明朝体です。これらの命令は、欧文の書体には影響しません。

　では、これに文字を太くする命令 \bfseries や \textbf を組み合わせれば太い明朝体や太いゴシック体が出力できるかというと、デフォルトではそうはなっていません。\bfseries や \textbf は和文を（普通の）ゴシック体にするだけです。例えば \textbf{あ A} と書けば "あ **A**" のように、和文ゴシック体、欧文セリフ体太字の組合せになります。これは「昔の TeX 臭がする組合せ」です。

　(lt)jsarticle や jlreq などのドキュメントクラスでは、\sffamily や \textsf を使えば、和文はゴシック体、欧文はサンセリフ体になるように設定されています。和文のゴシック体は欧文のサンセリフ体に相当する書体なので、これは首尾一貫しています。

　原ノ味やヒラギノなど、明朝体・ゴシック体の複数ウェイト（太さ）が備わったフォントでは、\bfseries や \textbf で太い書体にするほうが合理的です。このようにするには、(u)pLaTeX では otf パッケージに deluxe オプションを付け、LuaLaTeX では luatexja-preset パッケージに deluxe オプションを付

けます。

　deluxe オプションを付けると、ゴシック体を eb（extra-bold）シリーズに切り替える \ebseries、明朝体を l（light）シリーズに切り替える \ltseries が使えます。

```
{\gtfamily\ebseries 本当に太い！}
{\mcfamily\ltseries 本当に細い！}
```
→ **本当に太い！**
→ 本当に細い！

　また、可能な場合は丸ゴシック体（\mgfamily、\textmg{...}）も使えるようになります（デフォルトの原ノ味フォントには丸ゴシック体はありません）。

　(u)pLaTeX でヒラギノフォントを使う場合、otf パッケージの deluxe オプションで定義される \propshape でプロポーショナル仮名が使えます。原ノ味で同様なことをするには、八登崇之さんの pxharaproj パッケージ[※5] があります。

※5 https://github.com/zr-tex8r/PXharapro

13.5　和文フォント選択の仕組み

　和文フォントにもエンコーディング、ファミリ、シリーズ、シェープ、サイズの 5 要素があります。

　和文エンコーディングは、pLaTeX では横組が JY1、縦組が JT1、upLaTeX では横組が JY2、縦組が JT2 という名前に設定されています。LuaLaTeX の日本語対応（LuaTeX-ja）では横組が JY3、縦組が JT3 です。

　デフォルトの和文 2 書体の場合、ファミリは明朝が mc、ゴシックが gt です。シリーズは標準が m、太字が bx または b です。シェープは n しかありません（和文のイタリック体はありません）。デフォルト（明朝・ゴシック各 1 書体の環境）では、ファミリ mc、シリーズ m の組合せの場合だけ明朝体、残りはすべてゴシック体に割り当てられます。

　和文のエンコーディング、ファミリ、シリーズ、シェープを変えるには次のコマンドを使います。

▷ \kanjiencoding{JY1}　　漢字のエンコーディングをJY1にします
▷ \kanjifamily{mc}　　　　漢字のファミリをmcにします
▷ \kanjiseries{m}　　　　　漢字のシリーズをmにします
▷ \kanjishape{n}　　　　　漢字のシェープをnにします
▷ \selectfont　　　　　　　以上で設定した指定を有効にします

　また、\usekanji{JY1}{mc}{m}{n} のように一度に指定することもできます。こちらは \selectfont は不要で、しかも

```
{\usekanji{JY1}{mc}{m}{n}␣漢字}
```

のように入力に半角スペースが入っても無視されるので便利です。

　これらに加え、欧文フォントだけを指定するコマンド \romanencoding、\romanfamily、\romanseries、\romanshape、\useroman があります。欧文用の LaTeX で元々あったコマンド \fontencoding、\fontfamily、\fontseries、\fontshape、\usefont は和文・欧文両方に使えます。

　和文ファミリのデフォルトは明朝体ですが、

```
\renewcommand{\kanjifamilydefault}{\gtdefault}
```

とすればゴシック体がデフォルトになります。

13.6　縦組

　縦組は tarticle、treport、tbook という古いクラスファイルをカスタマイズして使うのが一般的でしたが、今は jlreq に tate オプションを与えて使うのが便利です。pLaTeX、upLaTeX、LuaLaTeX のどれでも使えます。

```
\documentclass[tate,book,paper=a6,fontsize=12Q,
                hanging_punctuation]{jlreq}
\begin{document}
吾輩は猫である。名前はまだ無い。
\end{document}
```

　一部分を縦組または横組にするには、それぞれ \tate または \yoko を使います。これらは箱を作る命令（\mbox、\makebox、\hbox、\vbox など）の中身の先頭で使わなければなりません。\mbox{\tate 縦組} で縦組になります。

　縦組では、和文のベースラインは、和文フォントの左右中央にあります。欧文のベースラインの位置調整は、pLaTeX では \setlength{\tbaselineshift}{0.38zw} のように行います（横組では \ybaselineshift）。LuaLaTeX の和文組に使われる LuaTeX-ja では \ltjsetparameter{talbaselineshift=0.38\zw} のようにします。これを自動設定するコマンド \adjustbaseline も定義されています。

　縦組用の拡張命令を定義する pLaTeX のパッケージ plext（LuaTeX-ja では lltjext）を読み込んでおくと便利です[※6]。特に、縦中横で組む連数字 \rensuji コマンドは縦組では必須です。使い方は次のようにします（285 ページもご参照ください）：

```
PostScriptでは\rensuji{72}ポイントが\rensuji{1}インチである。
```

※6　ただし、plext は昔からほかのパッケージとよく衝突を起こします。lltjext でも現状は同じようです。縦組に jlreq ドキュメントクラスを使えば、縦中横は \tatechuyoko というコマンドが用意されていますので、そちらを使うほうが安全です。

PostScriptでは72ポイントが1インチである。

plext/lltjext パッケージを読み込むと、\parbox コマンドや minipage、tabular、picture 環境に、横組 <y>、縦組 <t>、縦組中で横組を時計方向に 90° 回転した <z> の 3 種類のオプションを渡すことができます。

```
\parbox<t>{7zw}{縦組の「〜」は
  \raisebox{0.12zw}{\parbox<z>{7zw}{縦組の「〜」を}}
  \rensuji{90\rlap{\textdegree}}回転したものではない。}
```

縦組の「〜」は緻密○「〜」や 90° 回転したものではない。

13.7　ルビ・圏点・傍点

　ルビ（ふりがな）を振る命令は、okumacro パッケージで定義されたものや、TEX Live には収録されていない藤田眞作さんの furikana パッケージのものなどがありました。モダン LATEX でも使えるものとしては、八登崇之さんの pxrubrica、LuaTEX-ja プロジェクトの luatexja-ruby があります。

　okumacro や luatexja-ruby では、吾輩、羅馬のようなルビは \ruby{吾輩}{わがはい}、\ruby{羅馬}{ローマ} と書きます。薬缶は \ruby{薬}{や}\ruby{缶}{かん} と書くか、luatexja-ruby なら \ruby{薬|缶}{や|かん} とも書けます（後者の書き方のほうがより柔軟な処理になります。 texdoc luatexja-ruby）。

　pxrubrica では \ruby{吾輩}{わが|はい} のように親字 1 文字ごとにルビを縦棒で区切るのが基本で、グループルビは \ruby[g]{羅馬}{ローマ} のようにオプションを付けます（ texdoc pxrubrica）。

　luatexja-ruby や pxrubrica を使えば \kenten{圏点} で圏点が付きます。圏点は特に縦書きの場合に傍点とも呼びます。右の傍点は luatexja-ruby で

```
\kenten[kenten=❯,size=0.4]{傍点}、
\kenten[kenten=◗,size=0.4]{傍点}
```

傍点、傍点

としました。kenten、size は自由に指定できます。

13.8　混植

　漫画のせりふは、漢字をゴシック体、かなを明朝体（特に、古風なアンチック体）にするのが一般的です。LuaLATEX（LuaTEX-ja）ならこのような混植が簡単にできます。次の例は、ひらがな・カタカナ（U+3040〜U+30FF）を原ノ味明朝、それ以外を原ノ味ゴシックで組んでいます。

ぼくと契約して、
魔法少女になってよ！

```
\documentclass[tate]{jlreq}        % 縦組
\usepackage{luatexja-fontspec}
\setmainjfont[
  UprightFont = {*-Regular},
  BoldFont = {*-Bold},
  UprightFeatures={ AltFont={
      {Range="3040-"30FF, Font=HaranoAjiMincho-Regular}}},
  BoldFeatures={ AltFont={
      {Range="3040-"30FF, Font=HaranoAjiMincho-Bold}}}
]{HaranoAjiGothic}
\setlength{\parindent}{0\zw} % 段落の頭で字下げしない
\begin{document}

ぼくと契約して、\\
\textbf{魔法少女になってよ！}

\end{document}
```

13.9　日本語の文字と文字コード

次のような経験をされたことがあるでしょうか。

- 丸囲み数字①②③やローマ数字ⅠⅡⅢを使ったメールを Windows で書いて Mac で受信すると㈰㈪㈫や㈵㈶㈱に化けた。
- Windows XP で「辻」と書いたはずの文書を Windows Vista 以降で開くと「辻」になってしまった。

このような現象を理解するために、ここでは文字と文字コードについて復習しておきましょう。

漢字の字体は、康熙字典[7] のものを正字とするのが伝統的な考え方ですが、康熙字典にも不統一・不適切なところがありますし、世間ではさまざまな俗字・略字が使われていました。これでは教育に不便なので、1946 年に当用漢字 1,850 字、1949 年に当用漢字字体表が定められました。当時の首相は吉田茂でしたが、この字体表に合わせて吉田茂と書くことに自ら決めたそうです。また、1951 年に人名用漢字別表 92 字が定められました。

電子的な情報交換のために文字に番号を振ることが必要になり、1978 年に JIS C 6226「情報交換用漢字符号系」（いわゆる 78JIS、6,802 字）が作られました。

1981 年には当用漢字に代わって常用漢字 1,945 文字が制定され、人名用漢字も追加されたので、新字体がさらに増えました。1983 年の JIS C 6226 の改訂（いわゆる 83JIS、6,877 字）では、これらの新しい表に従って字体を変えただけでなく、鷗→鴎、驒→騨のように多くの字の構成要素を新字体風に変えました。このため、同じ番号の文字でも、78JIS か 83JIS かによって、字体が違うことに

※7　1716 年に中国で出版された字典。約 47,000 文字を収録。

なってしまいました。

1987 年には JIS X 0208 と改称され、1990 年の改訂で「情報交換用漢字符号」と改称されます（6,879 字）。1997 年の改訂で「7 ビット及び 8 ビットの 2 バイト情報交換用符号化漢字集合」と改称され、今までの内容がさらに厳密化されます。

この JIS X 0208 に基づくレガシーな符号化の方式に次の三つがあります。

- メールでよく使われた ISO-2022-JP（いわゆる「JIS コード」）
- Windows や古い Mac でよく使われた「シフト JIS」（JIS X 0208 附属書 1 でいう「シフト符号化表現」）
- 昔の Unix でよく使われた EUC-JP

Windows の「シフト JIS」は JIS X 0208 で定義されない文字（いわゆる機種依存文字）を含んでおり、正確には Windows-31J または Windows Codepage 932（CP932）と呼ばれます。昔の Mac で使われた「シフト JIS」にも機種依存文字があり、同じコード点に Windows とは違った文字が割り当ててありました。

Windows	①②③④⑤⑥⑦ Ⅰ Ⅱ Ⅲ Ⅳ Ⅴ
Mac	㈰㈪㈫㈬㈭㈮㈯㈱㈴㈳㈵㈹

これらをメールや Web で使うと、Windows と Mac ではまったく違う文字に見え、Linux では何も見えないといったことがよく起きました。

2000 年に、JIS X 0208 を大幅に拡張して 11,223 字にした JIS X 0213「7 ビット及び 8 ビットの 2 バイト情報交換用符号化拡張漢字集合」が作られます（いわゆる JIS2000）。これは Windows の機種依存文字（重複しないもの）をそのままの位置に含みます。

一方で、Windows でも Mac でも、内部文字コードとしてはすでに Unicode（ユニコード）が採用され、情報交換用にも Unicode の符号化の一つである UTF-8 が次第に使われるようになりました。Unicode なら機種依存文字の問題もなく、森鷗外でも鄧小平でも草彅剛でも髙島屋でも😀でも、問題なく書けるようになります。TEX の世界でも、Unicode 対応の upLATEX、XƎLATEX、LuaLATEX を使えば、これらの文字はそのまま書けるようになりました[8]。

その後、Unicode と従来の JIS 漢字の両方に関係する大問題が起きました。2000 年 12 月 8 日に国語審議会が「表外漢字字体表」で復古主義的な「印刷標準字体」を発表したため、これに合わせて 2004 年に JIS X 0213 が改訂され（いわゆる JIS2004）、Windows も Vista で従来の MS 明朝・MS ゴシックなどの標準字形を変更しました。このため、同じコード点（U+8FBB[9]）でありながら「辻」が「辻」になるなど百文字以上の字形が変わってしまいました。

もっとも、一般的な OpenType フォントなら「辻」も「辻」も備えており、

※8 2018年2月以前のupTEXではBMP（16ビットのUnicode）の範囲しか扱えませんでした。現在はこの制約はなくなっています。

※9 Unicodeのコード点はU+に続く4桁以上の16進表記で表します。

単に Unicode の 8FBB をどちらに対応させるかという表が変わるだけですので、後述の otf（あるいは luatexja-otf）パッケージのように、OpenType フォントの CID（文字番号）に直接アクセスする仕組みがあれば、「辻」は \CID{3056}、「辻」は \CID{8267} のようにして番号でアクセスすればあいまいさが回避できます。一方、U+8FBB（「辻」または「辻」）に U+E0100 を後置すれば「辻」、U+E0101 を後置すれば「辻」にするという IVS（異体字セレクタ）を使う方法を X∃LATEX、LuaLATEX は採用しています（244 ページの例参照）。

2000 年の表外漢字字体表をうけて 2010 年には常用漢字表も改訂され、「叱る」（U+53F1）が「𠮟る」（U+20B9F）になるなどの変更がされました。この結果、「𠮟」「塡」「剝」「頰」の 4 文字が、常用漢字でありながらシフト JIS や EUC-JP で表現できないことになり、Unicode の利用に拍車がかかることになります。なお、「𠮟」（U+20B9F）は Unicode の 16 ビット範囲（Basic Multilingual Plane、BMP）では表せないので、古いソフトでは扱えないことがあります。

13.10　OpenTypeフォントとAdobe-Japan

OpenType は従来の PostScript Type 1 形式と TrueType 形式を包含する新しいフォント形式です。

一般に Std（スタンダード）の付く名前の OpenType 和文フォントは、Adobe-Japan1-3 という 9,354 グリフ（字形）を含むものです。また、Pro（プロ）の付く名前のフォントは、Adobe-Japan1-4 の 15,444 グリフのものや、Adobe-Japan1-5 の 20,316 グリフのものがあります。

Mac に搭載されている ProN の付く名前のフォントは、Adobe-Japan1-6 の部分集合で、JIS2004 に対応するための文字など 8 文字を追加したものです。Unicode でアクセスすると JIS2004 字形になります。

名前に Pr6N の付くフォントは Adobe-Japan1-6（23,058 グリフ）に対応したものです。

TEX Live でデフォルトの和文フォントになった原ノ味フォントは、Adobe-Japan1-6 の漢字すべてを含んでいますが、非漢字の一部を欠いています。グリフは源ノ明朝・源ノ角ゴシックのものを利用しています。

なお、この 1 万 5 千あるいは 2 万という数は、縦組用、横組用、ルビ用のかなの微妙なデザインの違いまで数えていますので、文字というよりはグリフ（文字を表す図形）の数ととらえるのがいいでしょう。

13.11　otf パッケージ

　この OpenType フォントの機能を (u)pLaTeX でフルに使いこなすための仕組みが齋藤修三郎さんの otf パッケージです。もともと pLaTeX で Unicode を使うためのパッケージ utf として出発したものが、機能を次第に充実させ、otf パッケージへと飛躍しました。

　otf パッケージは、仮想（バーチャル）フォント、フォントメトリック、スタイルファイルなどから成ります。LaTeX 文書ファイル中で Unicode 和文文字を、\UTF{16 進} のように Unicode 番号で表すことも、\CID{10 進} のように OpenType の CID 番号で表すこともできます。

　それだけでなく、otf パッケージでは、古くからのしがらみを断って、仮想ボディが正方形で 880 : 120 の位置にベースラインがある和文フォントメトリックを採用しました。この点だけでも十分意義のあるものです。\UTF や \CID を使わなくても、特に pLaTeX では otf を読み込んでおく意義が十分にあります。

　さらに、\usepackage[deluxe]{otf} のように deluxe オプションを付ければ、明朝体・ゴシック体の太字などが使えるようになります。

　また、otf パッケージでは、縦組時に "（ダブル）クォーテーションマーク" が 〝（ダブル）ミニュート〟 に、全角コンマ・ピリオドが読点・句点になります。

　なお、LuaLaTeX では luatexja-otf パッケージを使います。jlreq クラスを (u)pLaTeX で使う場合は jlreq-deluxe パッケージを使います。

> 参考 LuaLaTeX では、luatexja-otf パッケージで \UTF や \CID が使えるようになります（これらを使わなくても Unicode 文字や IVS が直接扱えますが）。また、deluxe、expert、bold、jis2004 オプションなどは luatexja-otf ではなく luatexja-preset パッケージに与えます。ぶら下げ組については、luatexja-adjust パッケージを使うか、jlreq ドキュメントクラスなら、ドキュメントクラスのオプションに hanging_punctuation を与えます。

🌐 otf パッケージのオプション

　\usepackage[オプション]{otf} の形でオプションを書くことができます。以下のオプションが順不同で与えられます。

expert　OpenType フォントで縦組・横組・ルビ専用の仮名グリフを使います。欄外の出力例（ヒラギノ明朝 ProN W3）で、「り」の幅、「い」の最後の止め方を比較してください。また、ルビの例では、左側が通常の明朝体、右側がルビ用仮名です。

りい　り
　　　い

御灸, 御灸
おきゅう　おきゅう

nomacro または nomacros　記号を出力するためのマクロ（付録 E 参照）を定義しません。このオプションを指定しなければならないことはまずないと思いますが、万一ほかのマクロと干渉して問題が生じたときに指定します。

noreplace　otf パッケージは後述のように新しい和文フォントメトリックを使いますが、このオプションを指定すると、\UTF{...} や \CID{...} で出力する文字以外は、標準のフォントメトリックを用いて組みます。例えば jsarticle ドキュメントクラスなら jis、jisg が使われることになります。軽い PDF を作るために jis、jisg は埋め込まず \UTF{...} や \CID{...} で指定した文字だけ埋め込むといった用途に使えそうです。

deluxe　フォントが対応していれば、明朝（hmc）3 ウェイト（l・m・bx）、ゴシック（hgt）3 ウェイト（m・bx・eb）、丸ゴシック（mg）の 7 書体になります。ヒラギノでは、かなのプロポーショナル組も使えます（後述）。jlreq-deluxe パッケージではデフォルトで deluxe になります（無効にしたい場合は deluxe=false を指定します）。

bold　上記 deluxe オプションを想定して 2 ウェイトのゴシック体が設定してある場合、deluxe オプションを使わないと通常はゴシック体として細ゴシック体が選ばれます。この bold オプションを付けると、ゴシック体として太ゴシック体が選ばれます。とりあえずゴシック体の部分をすべて太くしたいときに便利ですが、せっかくの多書体ですので、このオプションを使わないで済むようにデザインしたいところです。

multi　簡体字、繁體字、ハングルが使えるようになります：

- \UTFC{7b80}\UTFC{4f53}　→　简体
- \UTFT{7e41}\UTFT{9ad4}　→　繁體
- \UTFK{d55c}\UTFK{ae00}　→　한글

burasage　ぶら下げ組になります。jlreq-deluxe パッケージの場合は jlreq の hanging_punctuation オプションを使います。

uplatex　upLaTeX 対応になります。これは \documentclass のオプションに付いていれば \usepackage 側に付ける必要はありません。jlreq-deluxe パッケージの場合も必要ありません。

jis2004　JIS2004 字形を使います。jlreq-deluxe パッケージではこれがデフォルトで、無効にするには jis2004=false を指定します。

参考　multi オプションは LuaTeX-ja にないので、本書は原ノ味の元になった源ノ角ゴシックをそのまま使いました。具体的には

　　　\newjfontface{\sourcehansans}{SourceHanSans-Regular}

とすると {\sourcehansans ...} で「简体繁體한글」となります。ただ、これでは繁體が微妙ですので、繁體だけ SourceHanSansTC-Regular を使って「繁體」としました。場合によっては簡体も SourceHanSansSC-Regular にするほうがいいかもしれません。

◉ otfパッケージの使用例

pLATEX で JIS 第 1・2 水準外の文字を扱う例です。

```
\documentclass[dvipdfmx]{jsarticle}
\usepackage{otf}
\begin{document}

森\UTF{9DD7}外と内田百\UTF{9592}が\UTF{9AD9}島屋に行った。

\CID{7652}飾区の\CID{13706}野家

\end{document}
```

「森鷗外と内田百閒が髙島屋に行った」「葛飾区の𠮷野家」と出力されます。upLATEX や LuaLATEX ならそのまま Unicode で文字を書いて出力できますし、\symbol{"845B} や \symbol{"20BB7} などと書いても出力できます。

ただ、「葛」の扱いは微妙です。葛・葛は同じ Unicode 番号（U+845B）を持っており、JIS2004 で葛→葛と字形変更されました。ところが、東京都葛飾区は「葛」（\CID{7652}）で、奈良県葛城市は「葛」（\CID{1481}）という具合に、同じ文書に共存させる必要がある場合もあるので、pLATEX でも upLATEX でも \CID{...} が役立ちます。

参考 Unicode 番号は、OS に付属する適当なアプリを使えば簡単に調べられます。

参考 TeX2img の Mac 版では、JIS X 0208 外の文字と \UTF{...} や \CID{...} との相互変換ができます。

参考 Mac の TeXShop でも \UTF{...}、\CID{...} への変換ができます。「環境設定」の「詳細」で「utf パッケージ対応」にチェックを付けておきます。

13.12 強調と書体

いろいろな書体を扱う方法を述べましたが、LATEX の論理デザインの考え方からすれば、文書作成者が思い付きでいろいろな書体を混ぜて使うのではなく、\section はこの書体、\subsection はこの書体、本文はこの書体というように、ドキュメントクラスのデザインの時点で書体を決めるべきものです。

本文中でもし書体を変える必要があるならば、それは索引に出すような用語を示すためか、強調を示すためでしょう。

用語を示すためなら、70 ページで示した \term のようなマクロを使うのが便利です。

その部分を強調したいのであれば、LATEX には強調の命令 \emph が用意され

ています。デフォルトでは \emph{...} とすると和文はゴシック体、欧文はイタリック体になります。この設定を変えるには、TEX Live 2020 で導入された \DeclareEmphSequence という命令を使います。例えば

```
\DeclareEmphSequence{\sffamily,\bfseries,\ebseries}
```

と書いておけば、\emph を入れ子にすると

```
強 Em\emph{強 Em\emph{強 Em\emph{強 Em}}}
```

→　強 Em 強 Em **強 Em 強 Em**

のように \sffamily、\bfseries、\ebseries が順に適用されます。

13.13　和文組版の詳細

LATEX は、文字の形を知っているのではなく、文字の組み方の情報を収めた TFM（TEX Font Metric）というものを見て文字を並べるのでした。これは pLATEX などが扱う和文についても同じで、TFM を拡張した JFM というものに従って文字を並べます[10]。

例えば pLATEX で

```
\documentclass[dvipdfmx]{jsarticle}
\begin{document}
明朝体と{\gtfamily ゴシック体}
\end{document}
```

と書けば、「明朝体と」の部分は jis.tfm、「ゴシック体」の部分は jisg.tfm という和文フォントメトリックファイルに従って文字が並べられます。この二つは、ファイル名が違うだけで、中身はまったく同じものですが、pLATEX が出力する dvi ファイルには、jis.tfm で組んだところには jis、jisg.tfm で組んだところには jisg という名前が入ります。

jis.tfm で組んだ場合、dvipdfmx は jis.vf という仮想フォントを参照しますが、それには rml と書き込まれています[11]。次に map ファイルというものを参照するのですが、それには kanji-config-updmap-sys --jis2004 haranoaji を実行した時点で

```
rml 2004-H HaranoAjiMincho-Regular.otf
```

という行が書き込まれています。結局、jis は 2004 字形の原ノ味明朝 Regular になります。jisg のほうも gbm という名前[12]を経て原ノ味ゴシック Medium にマップされます。dvipdfmx が参照する和文フォントの map ファイルは kanjix.map です[13]。一時的に別のフォントを使いたい場合は、このファイルを手で変更する

※10　pLATEX などの JFMファイルの拡張子は TFM と同じ tfm です。また、LuaLATEXの和文対応の仕組み LuaTEX-jaでは JFM は Lua 言語で実装しています。

※11　Ryumin-Light を匂わせる名前です。

※12　GothicBBB-Medium を匂わせる名前です。

※13　これがシステムのどこにあるかはターミナルに kpsewhich kanjix.map と打ち込めばフルパスが表示されます（363ページ）。他のファイルも同様です。

254

のではなく、上の rml の例を参考にして、右辺を実ファイル名にした変更点だけ
の map ファイル、例えば my.map を作って、それを dvipdfmx に -f my.map の
ようなオプションで与えると、kanjix.map にあるものよりそちらが優先されま
す。2004-H は 2004 字形でなければ単に H とします（縦書き用は V）。2004-H
や H などはフォント中の文字の並びを表す CMap という表のファイル名で、
kpsewhich では見つけられませんが TEXMFDIST の奥深くにあります。

　jis フォントメトリック（jis.tfm 等）は、JIS X 4051:1995「日本語文書の行
組版方法」という JIS 規格にほぼ基づいて東京書籍印刷㈱（現：㈱リーブルテッ
ク）の小林 肇さんが 1995 年に作られたものです[14]。jsarticle、jsbook で
は jis フォントメトリックが標準で使われます。otf パッケージのフォントメト
リックや、LuaTeX-ja 標準の ujis フォントメトリックは、jis フォントメトリッ
クを拡張したものです。

　JIS X 4051:1995 は和文文字を次の 15 クラス（JIS X 4051:2004 では 23 ク
ラス）に分けていますが、pLaTeX では欧文関係や禁則処理は別の仕組みで扱い
ますので、otf フォントメトリックでは、次のように 0〜6 の CHARTYPE 番
号を付けて 7 クラスに分けて考えます。jis メトリックでは、6 を 0 に含めてい
ます。

※14　この規格は 1993 年に
作られ、1995 年に改訂され、
さらに 2004 年に「日本語文
書の組版方法」として改訂さ
れました。番号は JIS X 4051
のままです。また、これにほ
ぼ基づいた World Wide Web
Consortium（W3C）の「日
本語組版処理の要件」（https:
//www.w3.org/TR/jlreq/）
があります。阿部紀行さんの
jlreq ドキュメントクラスはこ
れに基づいたものです。

文字クラス	CHARTYPE 番号	例・備考
始め括弧類	1	'"（〔［｛〈《「『【
終わり括弧類	2	、，'"）〕］｝〉》」』】
行頭禁則和字	0	ヽヾゝゞ々ーぁぃぅ など
区切り約物	6（jis では 0）	？！
中点類	3	・：；
句点類	4	。．
分離禁止文字	5	——……
前置省略記号	0	￥£
後置省略記号	0	°′″％‰
和字間隔	—	（設定せず）
上記以外の和字	0	
連数字中の文字	—	（欧文扱い）
単位記号中の文字	—	（欧文扱い）
欧文間隔	—	（欧文扱い）
欧文間隔以外の欧文用文字	—	（欧文扱い）

　この 6 クラスの組合せについてグルー（glue、伸縮・できるスペース）または
カーン（kern、伸縮しない接着剤）が次の表のように入ります。

幅		0	1	2	3	4	5	6 (横)
0	1		½ − ½		¼ − ¼			
1	½				¼ − ¼			
2	½		½ − ½	½ − ½		¼ − ¼	½ − ½	½ − ½
3	½		¼ − ¼	¼ − ¼	¼ − ¼	½ − ¼	¼ − ¼	¼ − ¼	¼ − ¼
4	½		½ − 0	½ − 0		¾ − ¼		½ − 0	½ − 0
5	1			½ − ½		¼ − ¼		0 (kern)	
6	1	横 ½ − ½ 縦 1 − ½	½ − ½		¼ − ¼			

※15　TEX の記法で書けば
\hskip 0.5zw minus
0.5zw となります。

※16　対策については70ページをご覧ください。

　例えば「0」の行は、通常の和字（CHARTYPE 0）の幅は 1（全角幅）で、これに始め括弧類（CHARTYPE 1）が続くと ½ − ½、中点類（CHARTYPE 3）が続くと ¼ − ¼ だけグルーが入ることを表します。½ − ½ とは、標準では半角、追い込みの必要があれば標準より最大半角詰めてもいい、という意味です[※15]。

　また、分離禁止文字（5）同士が隣接する場合は幅 0 のカーンが入り、そこでの伸縮や改行はできなくなります。

　全角ダッシュ（ダーシ）「—」は分離禁止文字ですので、「——」と並べるとベタで組まれるはずですが、フォントによっては隙間が生じます（例：原ノ味、ヒラギノ）[※16]。

　この表で空白になっているところ、例えば約物以外の和字が連続して現れたところでは、メトリック情報からのグルー・カーンの挿入はありません。その場合は、\kanjiskip というグルーが自動挿入されます。これは基本ゼロ幅ですが、ごくわずか伸びることができるように設定されています。

　和文・欧文間には \xkanjiskip というグルーが自動挿入されます。これは基本「四分アキ」つまり通常の漢字の幅の ¼ で、ある程度の伸縮ができます。ただし jsarticle、jsbook などではほんの少し広めに設定しています。

　このルールに従って「「ほげ」ほ。げ」を組んでみましょう。段落の先頭に全角（1zw）の字下げがあり、引用符や句読点は半角幅で組まれ、ルールに従って 2 箇所に標準で半角の空きが入り、次のようになります。

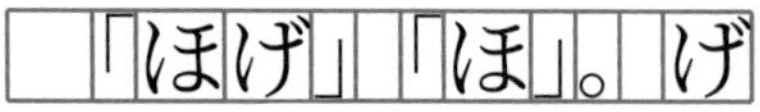

「「ほげ」」「ほ」。げ

こうした組版ルールを知らないアプリでは、すべての文字が全角幅で組まれてしまいます。

13.14　もっと文字を

　住民基本台帳や戸籍を扱うためには、2 万字でも足りません。IPA（独立行政法人情報処理推進機構）の文字情報基盤整備事業[17] では、約 6 万字を含む IPAmj 明朝フォントを開発し、公開しています。齋藤修三郎さんの ipamjm パッケージ[18] を使えばこれらの文字に番号でアクセスできるようになります。例えば 6 万番目の文字（欄外）は \MJMZM{060000} でアクセスできます。(u)pLATEX 用で、upLATEX で使うには [uplatex] オプションが必要です。オプション [scale=1.0] で欧文 10 pt に対して和文 10 pt になります。同様のものに pxipamjm[19] があります。LuaLATEX（LuaTEX-ja）用には luaipamjm[20] があります。

　より多くの字形を使うには、漢字字形共有サイト「グリフウィキ」[21] が便利です。さまざまなグリフ（字形）が SVG、PNG 形式で登録されていますので、例えば SVG を PDF に変換して

```
\raisebox{-0.12zw}{\includegraphics[width=1zw]{filename.pdf}
```

のようにして取り込みます。

　八登崇之さんの BXglyphwiki パッケージ[22] を使えば、グリフウィキのグリフを番号で指定して取り込むことができます。これは TEX Live には含まれていませんので、自分でインストールする必要があります。Lua で書かれたプログラムがグリフの SVG ファイルをダウンロードし、EPS を経由して PDF に変換して取り込みます。

※17　2020年にIPAの文字情報基盤整備事業の成果物は一般社団法人文字情報技術促進協議会に移管されました。

※18　TEX Liveにも入っていますが、最新版は https://psitau.kitunebi.com/experiment.html にあります。

※19　https://github.com/zr-tex8r/PXipamjm/

※20　https://github.com/h-kitagawa/luaipamjm

※21　https://glyphwiki.org

※22　https://github.com/zr-tex8r/BXglyphwiki

第14章
ページレイアウト

用紙サイズ、文字サイズ、段組み、行の長さ、行間、柱などの簡単な設定のしかたを説明します。クラスファイルの書き換えを伴う大掛かりな変更のしかたは第 15 章で扱います。

14.1 ドキュメントクラス

LaTeX では、文書の構造を決めるコマンドの定義と、それに対応するレイアウトの設定を、ドキュメントクラスとそのオプションで行います。標準的なドキュメントクラス以外に、主要な学会や出版社は独自のドキュメントクラスを提供していますし、ドキュメントクラス作成を請け負ってくれる印刷会社や編集会社もあります。例えば情報処理学会[※1] の *Journal of Information Processing*（JIP）という論文誌の体裁にするには、文書ファイルの先頭に

        \documentclass[JIP]{ipsj}

と書くだけです。

米国数学会（American Mathematical Society、AMS）の amsart、amsproc、amsbook など（ texdoc amscls）、米国の物理関係の学会（APS、AIP など）で使われる REVTeX（ texdoc auguide）は TeX Live に含まれています。

指定のドキュメントクラスがない場合は、jsarticle、ltjsarticle、jlreq などの標準的なドキュメントクラスで間に合わせることになります。ここでは、これらのドキュメントクラスにオプションを与えて、できるだけ望みの形にする方法を扱います。

※1 情報処理学会（IPSJ）のドキュメントクラス（LaTeX スタイルファイル）は https://www.ipsj.or.jp/journal/submit/style.html で公開されています。和文用は pLaTeX 専用です。

14.2 ((lt)js)article等のオプション

欧文用 article、report、book クラス、(u)pLaTeX 和文用 jsarticle、jsreport、jsbook クラス、LuaLaTeX 和文用 ltjsarticle、ltjsreport、ltjsbook クラスの主なオプションの一覧です。

なお、デフォルト（default、既定値）とは、無指定時に選ばれるオプションのことです。例えば文字サイズのデフォルトは 10 ポイントですので、10pt オプ

ションを指定する必要はありません（指定してもかまいませんが）。デフォルトのオプションは見出しに<u>下線</u>を付けてあります。

`10pt`	本文の欧文文字サイズを 10 ポイントにします（デフォルト）。jsarticle などの和文用クラスでは、欧文 10 pt に対応する和文フォントのサイズは 13 Q になります[※2]。これ以外に、欧文用クラスでは 11pt、12pt、jsarticle などの和文用クラスではさらに 9pt、14pt、17pt、21pt、25pt、30pt、36pt、43pt、12Q、14Q、10ptj、10.5ptj、11ptj、12ptj があります。pt が付くオプションは本文欧文文字のサイズ、Q や ptj が付くオプションは本文和文文字のサイズです。
`a4paper`	用紙サイズを A4 判（297 mm × 210 mm）にします。和文用クラスではこれがデフォルトです。
`a5paper`	用紙サイズを A5 判（210 mm × 148 mm）にします。
`b4paper`	用紙サイズを B4 判（364 mm × 257 mm）にします。欧文用クラスではこのオプションはありません。
`b5paper`	和文用クラスでは用紙サイズを JIS B5 判（257 mm × 182 mm）にします。欧文用クラスでは ISO の B5 判（250 mm × 176 mm）になります。
`letterpaper`	用紙サイズをレター判（11 in × 8.5 in）にします。欧文用クラスではこれがデフォルトです。ほかに legalpaper（リーガル判、14 in × 8.5 in）、executivepaper（エグゼキュティブ判、10.5 in × 7.25 in）があります。
`landscape`	用紙の向きを横置き（□ の向きに置いて読む）にします。デフォルトは縦置き（□の向きに置いて読む）です。
`papersize`	jsarticle 等で、指定した用紙サイズオプションを dvipdfmx に伝えて、PDF のページサイズを設定するオプションです。デフォルト以外の用紙サイズオプションを使った場合や、tombow 等のオプションでトンボを付けた場合に、印刷位置がずれるのを防ぎます。ltjsarticle 等では必要ありません。
`tombow`	和文用クラスだけのオプションです。紙の裁断位置を示すトンボ（crop marks）を描きます。昆虫のトンボに似ているのでこのように呼ばれます。版下作成時に指定すると便利です。トンボの分だけ大きい紙に印刷してください。トンボの脇にファイル名・日時も出力されます。

tombo	和文用クラスだけのオプションです。ファイル名・日時なしのトンボを出力します。
mentuke	和文用クラスだけのオプションです。ファイル名・日時なし、太さ 0 のトンボを出力します。面付けに便利です。
oneside	奇数ページと偶数ページのレイアウトを同じにします。((lt)js)article、((lt)js)report ではこれがデフォルトです。
twoside	奇数ページと偶数ページのレイアウトを変えます。((lt)js)book ではこれがデフォルトです。
<u>onecolumn</u>	段組をしません（デフォルト）。
twocolumn	2 段組にします。左右の段の間の距離を例えば和文 2 文字分にしたいときは、プリアンブルに[※3]

> \setlength{\columnsep}{2zw}

のように指定します。通常は左右の段の間に罫線を引きませんが、段の間に太さ 0.4 ポイントの罫線を引くには、

> \setlength{\columnseprule}{0.4pt}

のように指定します。3 段組以上には multicol パッケージを使います。

titlepage	\maketitle で出力する表題、abstract 環境で出力する概要を、どちらも単独のページに出力します。((lt)js)book ではこれがデフォルトです。
notitlepage	タイトル・概要が本文第 1 ページの上に出力されます。((lt)js)article などではこれがデフォルトです。
openright	章（chapter）を右ページ（横組では奇数ページ）起こしにします。つまり、前の章が右ページで終われば、次のページ（左ページ）には本文が入りません。((lt)js)book ではこれがデフォルトです。章のない ((lt)js)article では使えません。
openany	章を左右どちらのページからでも始めます。((lt)js)report ではこれがデフォルトです。章のない ((lt)js)article では使えません。
leqno	数式の番号を左側に置きます。無指定では右側になります。
fleqn	数式をそのまわりの本文の左端から一定距離のところから始め

※3 LuaLaTeX では zw の代わりに \zw を使います。

ます。無指定では左右中央の位置になります。左端からの距離は、無指定では quote 環境などの場合と同じですが、例えば 2 cm にしたいときは、プリアンブルに

```
\setlength{\mathindent}{2cm}
```

のように指定します。

openbib　　文献目録が open 形式（著者名の後、書名のあとで改行する形式）になります。この形式はまず使われませんので、和文用クラスでは定義してありません。

draft　　校正用のオプションです。行分割がうまくいかず、右端からはみ出した行がある場合に、その場所に黒い長方形のマークを出力します。

<u>final</u>　　最終出力用のオプションです。右端からはみ出した行を目立つようにするマークを出力しません（デフォルト）。

disablejfam　　数式中で和文フォントを直接使いません。数式用フォントを多数追加して使う場合は、このオプションを付けておくと安全です。いずれにしても数式中の和文は amsmath パッケージの \text{...} を使うのが推奨です。

nomag　　js シリーズの和文用クラスで \mag という命令を使わないで組みます。元々の LaTeX では、デフォルトの Computer Modern フォントを使って例えば 12pt オプションで組むと、標準の本文フォント cmr10 を拡大したものではなく、微妙にスリムなデザインの cmr12 が使われてしまいました（206 ページ）。js シリーズでは、このことによるバランスの崩れを避けるため、本文 12 ポイントを指定すると、1/1.2 のサイズのページに 10 pt で組んでから、最後に \mag という命令を使ってページ全体を 1.2 倍に拡大するという工夫を取り入れました。この副作用として、長さ指定で 10mm と指定すると実際には 12 mm になってしまうので、10truemm というように true... の付いた単位で指定する必要があります。この仕様はわかりにくく、他のスタイルファイルの仕様と衝突することもあるので、本文 12 ポイントなら最初から 12 ポイントのフォントで組む nomag というオプションが作られました。さらに、これに伴うフォントのバランスの崩れを避けるため、フォントのほうを先に拡大・縮小してから組む nomag* というオプションも 2016 年に新設されました。LuaLaTeX で直接 PDF 出力するとき

は \mag が使えませんので、ltjs シリーズのドキュメントクラスでは nomag⋆ がデフォルトになっていますが、問題が生じたときは nomag オプションを指定してください。

　これら以外に、(u)pLATEX では、dvipdfmx や dvips のような出力ドライバ名をドキュメントクラスのオプションとして指定することがありますが、これはドキュメントクラスそのものには効果がなくても、それ以外のパッケージに効果を及ぼすグローバルオプションです。TEX Live 2020 からは、LATEX カーネルがドライバオプションを参照するようになりましたので、最終的に dvipdfmx でPDF 化するならば dvipdfmx オプションを指定しておくほうが安全です。

14.3　jlreqのオプション

　29 ページのコラムで説明した jlreq ドキュメントクラスのオプションの詳細です。ほぼ (lt)js シリーズと同じオプションが使えますが、異なる点を列挙します。長さ指定では zw、zh（いずれも全角幅）、一部のオプションでは Q（¹⁄₄ mm）が使えます。余白の類は特に指定しなければ版面が中央寄せになります。

tate　　　　　縦組にします。デフォルトは横組です。

book　　　　　トップレベルが章（\chapter）の文書にします。デフォルトはトップレベルが節（\section）です。両面印刷を想定して、左右ページのデザインが異なります。本書は書籍ですのでこれを設定しています。

report　　　　book と同じですが、片面印刷を想定して、左右ページのデザインが同じになります。

paper=a4paper　用紙を A4 判にします（デフォルト）。ほかに a0paper〜a10paper（JIS/ISO A 列）、b0j〜b10j（JIS B 列）、b0paper〜b10paper（ISO B 列）、c2paper〜c8paper（ISO C 列）のほか、paper={100mm,148mm} のように横・縦の寸法を直接指定することもできます。本書（B5 変形判）は paper={182mm,230mm} としています。なお、今のところ pLATEX、upLATEX の場合に、A4 判以外の用紙サイズ指定が dvipdfmx に渡されません。その際には \usepackage{bxpapersize} とプリアンブルに書き込んでください。

fontsize=10pt　欧文フォントサイズを指定します。10.5pt のような小数も使

えます。なお、LaTeX のポイント（pt）はワープロソフトなどで使われる DTP ポイントと少し異なります。DTP ポイントで指定するなら単位を bp とします。例えば Word の 10.5 pt と同じにするには fontsize=10.5bp と指定します。単位には Q（¹/₄ mm）も使えます。

jafontsize=10pt　和文フォントサイズを指定します。デフォルトは欧文フォントサイズに次の jafontscale を掛けたサイズです。

jafontscale=1　和文/欧文のフォントサイズの比を指定します。fontsize、jafontsize を両方指定した場合は無視されます。デフォルトは 1 ですが、(lt)js ドキュメントクラスのように和文を小さめにするには 0.9247 に設定します。本書ではこれを 0.92 に設定した上で、jafontsize を 12Q にしています。

line_length=40zw　行の長さを全角 40 文字分にします。デフォルトは字送り方向の紙幅の 0.75 倍を全角幅の整数倍になるように切り捨てます。

number_of_lines=30　1 ページあたりの行数を指定します。デフォルトは行送り方向の紙幅の 0.75 倍を切り捨てて整数にします。

gutter=25.4mm　ノド（綴じ側）の余白の大きさを指定します。どのページも同じデザインの場合は左マージン（縦組では右マージン）になります。

head_space=25.4mm　天の空き量を指定します。

foot_space=25.4mm　地の空き量を指定します。

baselineskip=1.7zw　行送りを指定します。単位には Q も使えます。

headfoot_sidemargin=0pt　柱やノンブルの左右の空きを指定します。

column_gap=2zw　twocolumn 指定時の段間を指定します。

sidenote_length=0pt　傍注の幅を指定します。

open_bracket_pos=zenkaku_tentsuki　行頭の始め括弧類の位置を、段落開始全角、折り返し行頭天付きにします（デフォルト）。他に zenkakunibu_nibu、nibu_tentsuki が指定できます。

hanging_punctuation　ぶら下げ組にします。

　nomag、nomag* に相当するオプションはありません。

　ほかに \jlreqsetup を使ってさまざまな指定ができます（ texdoc jlreq）。

　jlreq は独自のフォントメトリック（JFM）を使いますので、新しいフォントを使う際には、注意しないと、組み方の一貫性が損なわれます。例えば pLaTeX、upLaTeX で多書体化したい場合、otf パッケージに deluxe オプションを付ける方法ではメトリックが置き換わってしまいます。そのために、jlreq 専用の jlreq-deluxe パッケージが作られています。

　LuaLaTeX を使う場合、jlreq は横組・縦組フォントメトリックとしてそれぞれ jlreq、jlreqv という名前のものを使います。例えば原ノ味フォントを使って多書体化するなら、

```
\usepackage[haranoaji,deluxe,match,
            jfm_yoko=jlreq,jfm_tate=jlreqv]{luatexja-preset}
```

のようにします。また、LuaLaTeX で UD デジタル 教科書体 NP-R を \uddigi という名前で使うためには

```
\newjfontfamily{\uddigi}[YokoFeatures={JFM=jlreq},
                         TateFeatures={JFM=jlreqv}
                        ]{UDDigiKyokashoNP-R}
```

とします。

　本書第 8 版では、旧版のレイアウトを継承するため、横書きに (lt)js のフォントメトリックを使っていましたが、第 9 版では jlreq のもので統一しました。

14.4　ページレイアウトの変更

　新しい jlreq のようなドキュメントクラスでは、ページレイアウトのカスタマイズが簡単にできるように工夫されています。従来のドキュメントクラスをカスタマイズするためのパッケージとしては、梅木秀雄さんの geometry が有名です。ここでは、特別なパッケージを使わず、(lt)js ドキュメントクラスを使った文書をカスタマイズする方法を説明します。

　ページレイアウトの変更は、プリアンブル（\documentclass より後、\begin{document} より前）で行います。

　現在のページレイアウトを絵入りで表示する便利なパッケージ layout があります。使い方は、プリアンブルに \usepackage{layout}、本文に \layout と書くだけです。例えば jsarticle ドキュメントクラス（オプションなし）では次ページの図のようになります（オリジナルは英語ですが日本語に変えてあります）。

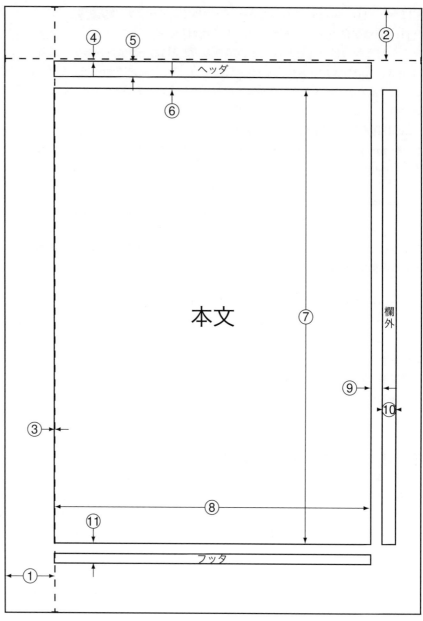

1　1インチ + \hoffset
2　1インチ + \voffset
3　\oddsidemargin = 0pt
4　\topmargin = 4pt
5　\headheight = 20pt
6　\headsep = 18pt
7　\textheight = 634pt
8　\textwidth = 453pt
9　\marginparsep = 18pt
10　\marginparwidth = 18pt
11　\footskip = 28pt
　　\marginparpush = 16pt（図では略）
　　\hoffset = 0pt
　　\voffset = 0pt
　　\paperwidth = 597pt
　　\paperheight = 845pt

▶ 行長を変えるには

このページレイアウトの図は、長さをポイント（pt）単位で丸めて表しています。例えば行の長さ（⑧、\textwidth）は453ptと表示されていますが、実際には全角幅（1zw）の整数倍になるように49zwに設定されています。これは必ず整数に設定するべきです（そうでないと文字間隔が不自然に伸びたり縮んだりします）。

これを例えば全角20文字に設定したいならば、プリアンブルに

```
\setlength{\textwidth}{20zw}
```

と書きます（このままでは右マージンが空きすぎになりますが、校正用のスペースとして使えばいいでしょう）。

書籍では、読みやすくするため、行長は短めにするのが望ましいとされています。そこで、jsbook では、\textwidth は40zwを超えないようにしています。この制約により生じる余分の領域は、奇数ページでは右側、偶数ページでは左側に設定しています。この部分は、傍注またはグラフィックの領域として使うことができます。この部分を含めた版面の幅を、jsbook では \fullwidth と名付けています。これはデフォルト（A4判）では53zwです。

この jsbook 特有の広いマージン（余白）がもったいない場合には、

```
\setlength{\textwidth}{\fullwidth}
```

とします。これだけでは偶数ページの左マージンが大きすぎますので、さらに

```
\setlength{\evensidemargin}{\oddsidemargin}
```

としておきます（マージンの設定についてはあとで説明します）。

▶ 行送りを変えるには

欧字 A などの下端を通る水平線をベースライン（並び線）といいます。欧字 g などや和字はベースラインの下に少し出ます。ベースライン間の間隔（行送り）を \baselineskip といいます。この値は、標準の10ポイントの設定では、article 等では12ポイント、jsarticle 等では16ポイントです。

本文中に $\dfrac{f(x)}{\displaystyle\int_{-\infty}^{\infty} f(x)dx}$ のような背の高い数式などが入っていれば、ベースライン間の距離はその部分だけ増えます。具体的には、上下の行が \lineskiplimit より接近したら、\lineskip より近づかないようにします。これらはデフォルトでは0ptですが、jsarticle などでは1ptに再設定しています。大きな数式がインラインで多用される学参などでは、これらを次のように大きめに設定するとよいでしょう。

```
\setlength{\lineskip}{3pt}
\setlength{\lineskiplimit}{3pt}
```

↕ \baselineskip

　　行送りの量は段落ごとに変えることができます。段落末での \baselineskip の値がその段落を支配します。例えば 20 ポイントに設定するには

```
\setlength{\baselineskip}{20pt}
```

とします。ただし、フォントサイズ変更のコマンドを使えば、元に戻ってしまいます。

　　すべての文字サイズについて行送りを例えば 1.5 倍にしたいときには、

```
\renewcommand{\baselinestretch}{1.5}
```

とします。これで、どんな文字サイズでも行送りが規定値の 1.5 倍になります。これを書くのはプリアンブルでも文書の途中でもかまいませんし、フォントサイズ変更のコマンドで元に戻ることもありません。

▶ 左マージンを変えるには

　　左マージン（用紙の左側の余白）を変えるには、実際の余白から 1 インチ（2.54 cm）を引いた値を、次のようにプリアンブルで指定します。

```
\setlength{\oddsidemargin}{1cm}
\setlength{\evensidemargin}{1cm}
```

\oddsidemargin は奇数ページ、\evensidemargin は偶数ページの左マージンです。偶数ページと奇数ページでレイアウトが同じクラス（jsarticle など）では \oddsidemargin だけ指定すれば十分です。

　　上の例では左マージンが 2.54 + 1 = 3.54 センチになります。左余白を 1 インチより狭くするには -5mm のような負の値を指定します。

　　jsarticle などで奇数ページのマージンを 5 zw に設定するには、tombow オプションを指定するかどうかで引き算が変わります。自動で行うには次のようにすればいいでしょう。

```
\setlength{\oddsidemargin}{5zw}
\iftombow
  \addtolength{\oddsidemargin}{-1in}
\else
  \addtolength{\oddsidemargin}{-1truein}
\fi
```

　　左マージンと、本文領域の横幅 \textwidth が決まれば、残りが右余白になります。

▶ 上マージンを変えるには

　　上マージンは \topmargin で指定します。例えば上マージンをゼロに設定するには、

```
  \setlength{\topmargin}{0pt}
  \iftombow
    \addtolength{\topmargin}{-1in}
  \else
    \addtolength{\topmargin}{-1truein}
  \fi
```

のようにすればいいでしょう。

　上マージンをゼロにしておけば、ヘッダのベースラインは紙の上端から \headheight だけ下になります。さらに、ヘッダのベースラインから本文領域上端までの距離が \headsep です。

　なお、本文領域下端からフッタのベースラインまでの距離が \footskip です。以上を設定すれば、残りが下余白になります。

▶ **本文領域の縦の長さを変えるには**
プリアンブルに

```
  \setlength{\textheight}{15cm}
```

と書けば、本文が入る長方形領域の縦の長さが 15 cm になります。このような長さによる指定は通常は \raggedbottom（本文の上下幅が不揃いでもかまわない）という指定とともに使います。

　\flushbottom（ページの長さを一定にする）のときは長さで指定するより「何行分」というふうに指定するほうが半端が出なくてよいでしょう。ちょうど38 行分にするにはプリアンブルに

```
  \setlength{\textheight}{37\baselineskip}
  \addtolength{\textheight}{\topskip}
```

と書きます。この意味を数式風に書けば、

$$\text{\textheight} = 37 \times \text{\baselineskip} + \text{\topskip}$$

となります。\topskip は本文領域の上端から本文 1 行目のベースラインまでの距離で、js シリーズの最新版では 1.38 zw に設定されています（本文 1 行目の文字の高さの最大値より大きい値にしないと、ページによってベースラインがずれてしまいます）。これでページの本文部分がちょうど 38 行分になります。

　ページにはノンブル（ページ番号）や柱を打ち出す部分もありますから、実際の印字部分はこの \textheight より長くなります。

　参考　実際の js シリーズのクラスでは縦方向に少し余裕を持たせています：

```
  \addtolength{\textheight}{0.1pt}
```

※4　ノンブルは英語のnumber に相当するフランス語nombre が語源です。英語では folio といいます（folio にはほかの意味もあります）。

▶ ノンブルや柱のスタイルを変えるには

ノンブルとは、日本の印刷業界の用語で、各ページに振るページ番号のことです[4]。本書では各ページ下部の外側に出力しています。

柱とは、各ページの上か下に出力する章や節の名前などのことで、本書ではページ上部に出力しています。

柱やノンブルを設定する命令は \pagestyle です。例えば柱もノンブルも出力したくなければ、プリアンブルに

```
\pagestyle{empty}
```

と書いておきます。

js シリーズのドキュメントクラスでは empty 以外に次の指定ができます。

plain　　　　何も指定しなければこれになります。ノンブルがページ下部に出力されるだけで、柱は出力されません。

headings　　ノンブルと柱がページ上部に出力されます。例えば article ドキュメントクラスであれば、柱には節（section）の名前が出力されます。ただし twoside オプションをつければ偶数ページ（左側ページ）の柱には節の名前、奇数ページ（右側ページ）の柱には小節（subsection）の名前が出力されます。本書初版・第 2 版の設定に近いものですが、ページ上部の横線は出力されません。

myheadings　上の headings に似ていますが、柱の内容を自由に設定できます。この設定方法は以下で述べます。

\pagestyle の設定は、通常はプリアンブルに書きますが、文書の途中に書けば、そのページから設定が変わります。

特定のページだけ設定を変えるには、例えば

```
\thispagestyle{headings}
```

のようにします。

参考　ドキュメントクラスによっては、プリアンブルに \pagestyle{empty} と書いても、タイトルや章見出しのあるページにノンブルが出力されてしまいます。これは、\maketitle や \chapter 命令の定義の中に \thispagestyle{plain} 等と書き込んであるからです。もしノンブルなしにしたいなら、文書ファイルの \maketitle や \chapter の直後に \thispagestyle{empty} と書き足す必要があります。jsarticle などではこの必要はありません。

▶ 柱を自由に制御するには

\pagestyle{headings} では柱に入るものが章や節の名前に限られてしまいます。これを自由に変えることができるのが myheadings ページスタイルです。

　このページスタイルを指定しておけば、偶数ページと奇数ページのデザインが同じ場合には、\markright{あいうえお} という命令を文書中に書き込めば、そのページの柱に「あいうえお」と出力されます。偶数ページと奇数ページのデザインが違う場合には、\markboth{左}{右} と文書中に書き込めば、左ページには「左」、右ページには「右」と出力されます。

　拙著『[改訂新版] C 言語による標準アルゴリズム事典』では myheadings ページスタイルを使っています。具体的には、項目の見出しを出力する命令 \Entry を次のように定義しておきます（少し単純化してあります）。

```
\newcommand{\Entry}[1]{          ← 項目見出しの定義
  \section*{#1}                  ← 項目名を番号なしで出力
  \markboth{#1}{#1}              ← 項目名を左右ページの柱に入れる
  \setcounter{equation}{0}}      ← 式番号をリセット
```

これで例えば

```
\Entry{多倍長演算}
計算機の通常の演算は……
```

と書くと、左右のページの柱に「多倍長演算」と出ます。これは次の項目になるまで何ページでも続きます。

▶ ノンブルの付け方を変えるには

　ノンブル（ページ番号）は通常は 1、2、3 のような算用数字で出力しますが、序文や目次だけ i、ii、iii のようなローマ数字にすることがあります。ノンブルの付け方をローマ数字（i、ii、iii、...）にするには、

```
\pagenumbering{roman}
```

とします。この \pagenumbering{...} に与えるものとしては、次のものがあります。

```
arabic    1、2、3、...（標準）
roman     i、ii、iii、...
Roman     I、II、III、...
alph      a、b、c、...
Alph      A、B、C、...
```

　ただし、\pagenumbering で設定を変えると、ページ番号が 1 に戻ってしまいます。

　普通は序文の最初で \pagenumbering{roman} としてローマ数字とし、本文の最初で \pagenumbering{arabic} とします。ただし、これらはそれぞれ \frontmatter、\mainmatter という命令に含まれますので、実際の書籍製作

にはこちらを使うのがいいでしょう（第 17 章参照）。

　なお、ページ番号の値を強制的に変えるには、

```
\setcounter{page}{123}
```

のようにします。こうすれば、そのページのページ番号は 123、その次のページのページ番号は 124、... になります。

▶ 概要、図、表などの名前を変えるには

　文献リストを付けると、jsarticle などでは「参考文献」という見出しが付きます。これを例えば "Bibliography" に変えるには、文書ファイルの適当な場所に

```
\renewcommand{\bibname}{Bibliography}
```

と書いておきます。

　\renewcommand で書き換えられる見出しの名前は、これ以外に次のものがあります。

```
\newcommand{\prepartname}{第}
\newcommand{\postpartname}{部}
\newcommand{\prechaptername}{第}
\newcommand{\postchaptername}{章}
\newcommand{\contentsname}{目次}
\newcommand{\listfigurename}{図目次}
\newcommand{\listtablename}{表目次}
\newcommand{\indexname}{索引}
\newcommand{\figurename}{図}
\newcommand{\tablename}{表}
\newcommand{\appendixname}{付録}
\newcommand{\abstractname}{概要}
```

14.5　例：数学のテスト

　B4 判、縦置き、2 段組で数学のテストを作るためのページのデザインをしてみましょう。ここではカスタマイズのしやすい jlreq ドキュメントクラスを使います。

　jlreq のオプションには次のものを指定しています。

paper=b4j	JIS B4 判
twocolumn	2 段組
fleqn	数式は左から一定距離に
fontsize=12pt	欧文 12 ポイント

`jafontscale=0.9247`	和文は欧文の 0.9247 倍に
`line_length=110mm`	行の長さ
`head_space=20mm`	上マージン
`foot_space=20mm`	下マージン

これらの数値は自由に変えられます。

LuaLaTeX を使うのが簡単ですが、(u)pLaTeX を使う場合は、ドキュメントクラスに dvipdfmx オプションを追加するほうが安全ですし、用紙サイズを正しく設定するためにプリアンブルに

```
\usepackage{bxpapersize}
```

を追加する必要があります。

2 段組の段間に太さ 0.4 ポイントの罫線を引くために

```
\setlength{\columnseprule}{0.4pt}
```

という設定をしています。

enumerate 環境を使って問題番号を自動的につけています。もし一番外側の enumerate 環境の番号を太字にして、その内側の enumerate 環境の番号もデフォルトの英字でなく算用数字にしたいのであれば、プリアンブルに次のように追加します。jlreq 以外ではスペース ␣ は不要です。

```
\renewcommand{\labelenumi}{\textbf{\theenumi.}␣}
\renewcommand{\theenumii}{\arabic{enumii}}
```

fleqn オプションを使ったので、数式は左から一定の位置に置かれます。左端からの距離は \mathindent に設定します。もし左端にぴったり付けたいのであれば、次のようにします。

```
\setlength{\mathindent}{0mm}
```

ページ番号は必要ないので、出力しないようにしています。

```
\pagestyle{empty}
```

タイトルや名前欄は段組をしないので \twocolumn[...] の [...] の中に書いています[※5]。

数学 I、II 等のローマ数字は、半角の大文字 I を並べて書くのが推奨ですが、upLaTeX や LuaLaTeX ならⅠ、Ⅱのような全角ローマ数字を使うこともできます。

以下、問題が続きます。問題どうしの間隔（解答を書き込むところ）は \vspace{5cm} のように長さで指定してもいいのですが、すべて \vfill とし

※5 \twocolumn 命令を使うと、ドキュメントクラスのオプションに twocolumn を指定しないでも、それ以降の部分が 2 段組になります。つまり、上の数学テストでは、twocolumn オプションがなくても問題部分は 2 段組になります。それでもドキュメントクラスのオプションに twocolumn を指定しておいたほうがドキュメントクラスがページ全体のレイアウトを段組に適したものにしてくれる可能性があります。

ておけば均等に間隔が入ります。ほかの問題より 2 倍の解答欄（縦スペース）が必要なところは \vfill を 2 個書きます。左段から右段に移りたいところに \newpage を入れます。\newpage は改ページの命令ですが、2 段組の左段で使うと右段に移ります。

❖ ヘッダを設定する

試験問題が何枚にもなると、1 枚ごとに氏名欄が必要ですし、何枚目という番号も欲しくなります。そのような情報はヘッダに設定するのが便利です。

まずヘッダ領域を確保するために、上の例の head_space=20mm となっている部分を head_space=40mm くらいに増やします。

jlreq のヘッダ定義の方法は何通りか用意されていますが、ここでは \NewPageStyle という命令を使って exam という名前のヘッダ（ページスタイル）を定義することにします。

ノンブル（ページ番号）を上マージン左側に出力することにして、そこにページ番号（\thepage）だけでなく「数学 I 実力テスト」という見出しも出力してしまいましょう。また、柱（running head）を上マージン右側にし、氏名欄を出力します。奇数ページの柱 odd_running_head と偶数ページの柱 even_running_head が設定できますが、デフォルトではどちらのページのデザインも同じですので、奇数ページ用だけ設定しておきます。

```
\NewPageStyle{exam}{%
  nombre_position=top-left,
  nombre=\textbf{\LARGE 数学I実力テスト} No.~\thepage,
  running_head_position=top-right,
  odd_running_head=1年\underline{\hspace{3\zw}}組
      \underline{\hspace{3\zw}}番
      \hspace{1\zw}氏名\underline{\hspace{15\zw}}
}

\pagestyle{exam}
```

これだけで完成です。もう \twocolumn[...] の部分は必要ありません。ヘッダには次のように出力されます。

数学I実力テスト No. 1　　　　　　　　　　　　　　　1 年＿＿＿組＿＿＿番 氏名＿＿＿＿＿＿＿＿＿＿

結果は次のような仕上がりになります。

数学 I 実力テスト

1 年＿＿＿組＿＿＿番 氏名＿＿＿＿＿＿＿＿＿＿＿＿

1. 公式を利用して次の式を因数分解せよ。

 (a) $4x^2 - 1$

 (b) $x^3y^3 + 64$

2. 次の計算をして商を求めよ。

$$(2x^2 + 11x + 5) \div (2x + 1)$$

3. 次の式を，因数定理を利用して因数分解せよ。

$$x^3 - 7x - 6$$

4. $P(x) = x^3 + ax + b$ が $x - 2$ でも $x + 3$ でも割り切れるように定数 a, b の値を定めよ。

▲ 数学テスト（仕上がり）

```
\documentclass[paper=b4j,twocolumn,fleqn,fontsize=12pt,
  jafontscale=0.9247,line_length=110mm,head_space=20mm,
  foot_space=20mm]{jlreq}
\setlength{\columnseprule}{0.4pt}
\pagestyle{empty}
\begin{document}

\twocolumn[%
  \begin{center}
    \LARGE\textbf{数学I実力テスト}
  \end{center}

  \vspace{5mm}
  \begin{flushright}
    1年\underline{\hspace{3\zw}}組\underline{\hspace{3\zw}}番
    \hspace{1\zw}氏名\underline{\hspace{15\zw}}
  \end{flushright}
  \vspace{5mm}]

\begin{enumerate}
\item 公式を利用して次の式を因数分解せよ。
      \begin{enumerate}
      \item $4x^2 - 1$

      \vfill
      \item $x^3y^3 + 64$
      \end{enumerate}
      \vfill
\item 次の計算をして商を求めよ。
      \[ (2x^2 + 11x + 5) \div (2x + 1) \]
      \vfill
\newpage
\item 次の式を，因数定理を利用して因数分解せよ。
      \[ x^3 - 7x - 6 \]
      \vfill

\item $P(x) = x^3 + ax + b$ が $x - 2$ でも $x + 3$ でも
      割り切れるように定数 $a$，$b$ の値を定めよ。
      \vfill
\end{enumerate}

\end{document}
```

▲ 数学テスト（LaTeX原稿）

第15章
スタイルファイルの作り方

LaTeX でレイアウトを変更したいときは、変更部分がわずかのときは文書ファイルの頭（プリアンブル）に変更を書き込むこともできますが、再利用可能な自分用のスタイルファイルを作っておくと便利です。ここではその方法を解説します。

15.1　LaTeXのスタイルファイル

LaTeX では、文書ファイルには文書構造だけを指定し、文書構造と実際のレイアウトとの対応は、クラスファイル（cls ファイル）という別ファイルで定義するという方法をとっています。クラスファイルはさらにクラスオプションファイル（clo ファイル）を補助的に呼び出して使うこともあります。また、クラスファイルを補う形で、いろいろなパッケージファイル（sty ファイル）を、必要に応じて文書ファイルのプリアンブルで読み込ませます。たとえば

```
\usepackage{url}
```

と書いたときに読み込まれるファイルは、url.sty というパッケージファイルです。

これらの cls、clo、sty ファイルを、ここではスタイルファイルと総称することにします。

簡単なスタイルファイルなら、エディタで直接作ってもかまいません。しかし、LaTeX では、まずスタイルファイルの素になる dtx ファイル（文書化された TeX ファイル）というものを作り、それから実際のスタイルファイルを生成するのが一般的です。その際に、ins ファイル（インストール用バッチファイル）というものも使います。

たとえば jsclasses.dtx、jsclasses.ins からクラスファイル群を生成するには、jsclasses.ins を pTeX または pLaTeX で処理します。ターミナル（Windows ならコマンドプロンプトや PowerShell）では、jsclasses.dtx と jsclasses.ins の入ったディレクトリで

```
platex jsclasses.ins
```

と打ち込みます（拡張子は省略できません）。

　dtx ファイルには、コメントの形で、そのクラスファイル・パッケージファイルのドキュメント（解説文書）が書き込まれています。このコメント部分も含めて解説文書として組版するには、jsclasses.dtx を通常の文書ファイルと同様に pLaTeX で処理します。ターミナルでは、

```
platex jsclasses.dtx
```

のように打ち込みます（拡張子は省略できません）。

　これらの dtx ファイルは大きくて複雑ですので、試しに非常に簡単な dtx ファイルを作ってみましょう。次のようにエディタで打ち込み、test.dtx という名前で保存してください。% 印で始まる行も dtx ファイルにとっては意味がありますので、このまま（「奥村晴彦」となっているところだけご自分の名前に変えて）入力してください。

```
% \iffalse
%<package>\NeedsTeXFormat{pLaTeX2e}
%<package>\ProvidesPackage{test}[2023/10/10 My Macros]
%<*driver>
\documentclass{jltxdoc}
\usepackage{test}
\setcounter{StandardModuleDepth}{1}
\GetFileInfo{test.sty}
\begin{document}
  \DocInput{test.dtx}
\end{document}
%</driver>
% \fi
%
% \title{自分用マクロ集}
% \author{奥村晴彦}
% \date{\filedate}
% \maketitle
%
% これは自分用のマクロ集です。
%
% \StopEventually{}
%
% \begin{macro}{\me}
% 自分の名前を出力します。
%    \begin{macrocode}
%<*package>
\newcommand{\me}{奥村晴彦}
%</package>
%    \end{macrocode}
% \end{macro}
%
% \begin{environment}{注意}
% 注意事項を出力します。たとえば
%\begin{verbatim}
%   \begin{注意}
%     足元に注意してください。
%   \end{注意}
%\end{verbatim}
% と書くと、
% \begin{注意}
%     足元に注意してください。
% \end{注意}
% のように出力されます。
%    \begin{macrocode}
%<*package>
\newenvironment{注意}%
```

```
    {\begin{quote}\makebox[0pt][r]{\textbf{注} }}%
    {\end{quote}}
%</package>
%    \end{macrocode}
% \end{environment}
%
% \Finale
```

打ち込みに際して、

```
%␣␣␣␣\begin{macrocode}
```

と

```
%␣␣␣␣\end{macrocode}
```

は正確に半角スペース 4 個を含むようにしてください。

　この test.dtx とは別に、次の 3 行からなる test.ins ファイルも作っておきます。

```
\def\batchfile{test.ins}
\input docstrip.tex
\generateFile{test.sty}{f}{\from{test.dtx}{package}}
```

　この最後の \generateFile で始まる命令は、「test.dtx の中の %<package> で始まる行、および %<*package> と %</package> ではさまれた行を test.sty という名前のファイルに書き出しなさい」という意味です。2 番目の引数 f は、すでに test.sty があったら確認せずに上書きするという意味です。これを t にすると確認してきます。

　この test.dtx と test.ins から test.sty を生成するには、test.ins を pTEX または pLATEX で処理します。ターミナルでは

```
platex test.ins
```

と打ち込みます（拡張子は省略できません）。すると、次のような test.sty が生成されます（先頭と最後の % で始まるコメントは省略しています）。

```
\NeedsTeXFormat{pLaTeX2e}
\ProvidesPackage{test}[2023/10/10 My Macros]
\newcommand{\me}{奥村晴彦}
\newenvironment{注意}%
  {\begin{quote}\makebox[0pt][r]{\textbf{注} }}%
  {\end{quote}}
\endinput
```

　dtx ファイルにコメントの形で含まれているドキュメントも含めて組版するには、ターミナルでは

```
platex test.dtx
```

と打ち込みます。

上の dtx ファイルを pLaTeX で処理したとき、% で始まる行はコメントとして無視されますので、

```
\documentclass{jltxdoc}
\usepackage{test}
\setcounter{StandardModuleDepth}{1}
\GetFileInfo{test.sty}
\begin{document}
  \DocInput{test.dtx}
\end{document}
```

の部分だけ実行されます。この中の \DocInput という命令は、最初に読み込んだ jltxdoc という特殊なドキュメントクラスで定義されており、test.dtx というファイル（つまり自分自身）を読み込んで、% をコメントと解釈しないで処理します。\DocInput で読み込んだときにコメント開始を表す文字は ^^A という3文字の連続です。たとえば

```
% これはコメントでない ^^A これはコメントである
```

と書いておけば「これはコメントである」がコメントになります。

\DocInput では \iffalse と \fi で囲んだ部分もコメントになります。上の場合は

```
% \iffalse
%<package>\NeedsTeXFormat{pLaTeX2e}
%<package>\ProvidesPackage{test}[2023/10/10 My Macros]
%<*driver>
\documentclass{jltxdoc}
\usepackage{test}
\setcounter{StandardModuleDepth}{1}
\GetFileInfo{test.sty}
\begin{document}
  \DocInput{test.dtx}
\end{document}
%</driver>
% \fi
```

がコメントになります。このようにしないと、自分自身から自分自身を読み込み、さらにまた自分自身を読み込み、……という無限の連鎖が生じてしまいます。

これら dtx のコメント以外の部分が組版され、dvi ファイルになります。特に、

```
%␣␣␣␣\begin{macrocode}
```

と

```
%␣␣␣␣\end{macrocode}
```

で囲まれた部分は verbatim 環境と同じようにタイプライタ書体で出力されます（<...> の部分はサンセリフ体になります）。

　これ以外の特殊な命令を解説しておきます。

\NeedsTeXFormat　必要とする TEX の形態です。欧文用なら {LaTeX2e}、和文なら {pLaTeX2e} と書いておきます。さらに続けて [2015/03/05] のような形式で日付を書いておくと、それより古い日付のもので処理したときに警告が表示されます。

\ProvidesPackage　パッケージ名の宣言です。オプションで日付等を書いておきます。使う際に \usepackage{test}[2023/10/10] のように日付を指定して呼び出せば、その日付より古い場合に警告が表示されます。

StandardModuleDepth　このカウンタを 0 にセットすると、%<*...> と %</...> ではさまれた部分や、%<...> から行末までの部分が、斜体のタイプライタ書体になります。斜体のタイプライタ書体フォント cmsltt がない場合、dvi ドライバが通常のローマン体フォントで代用してしまうと、思いきり変な文字の羅列になってしまいます。このカウンタを 1 以上にセットすると、%<...> の入れ子の深さがその値以上のときだけ、斜体のタイプライタ書体になります。

\GetFileInfo　\ProvidesPackage、\ProvidesClass、\ProvidesFile のどれかのオプション部分に [2023/10/25 v1.0 My Humble Macros] の形式で日付、バージョン番号、その他の情報を書いておけば、このコマンドで日付を \filedate に、バージョン番号を \fileversion に、その他の情報を \fileinfo に取り出せます。\GetFileInfo で指定するファイルは、自分自身か、あるいは \documentclass や \usepackage などの命令ですでに読み込まれているファイルでないといけません。

\StopEventually　一般的な解説と、実際のマクロ等の定義との、区切りです。ここから \Finale までの間の macrocode 環境中の \ 印の数がチェックサム値になります。プリアンブルに \OnlyDescription と書いておくと、解説文書の出力をここで終了します。

\begin{macro} ... \end{macro}　マクロ定義をこの環境で囲んでおきます。引数で与えるマクロ名は \ も含めて書きます。マクロ名が欄外に出力され

ます。

`\begin{environment}` ... `\end{environment}`　環境定義をこの環境で囲んでおきます。引数には環境名を与えます。環境名が欄外に出力されます。

`\Finale`　最終処理としてチェックサムの計算等をします。

15.2　スタイルファイル中の特殊な命令

　スタイルファイルの中では、本書で説明されていないたくさんの命令が使われています。そのすべてを解説する紙面はありませんが、いくつかヒントになることを述べておきます。

▶ @の扱い

　一般の文書ファイル中では、アットマーク @ は特殊文字の仲間と見なされますが、スタイルファイル中では @ はアルファベットの仲間と見なされます。そのため、たとえば `\f@@t` のような @ を含む命令を作ることができます。しかし、このような名前の命令を文書ファイル中で使ったり変更したりすることはできません。このため、文書ファイルで不用意に使ってほしくない命令は、名前の中に @ をわざと含めてあります。

> 参考　どうしても文書ファイル中で @ を含む命令にアクセスしたいときは、該当の部分全体を `\makeatletter` と `\makeatother` で囲んでおきます。これらは @ ("at") 記号をそれぞれ普通の文字、特殊文字の扱いにするという意味です。

▶ 改行の扱い

　TEX では行頭のスペースはたいてい無視されます（verbatim 環境の中などは例外です）が、改行は半角スペース 1 個と同じ意味になります。たとえば

```
\def\foo{bar}
```

は

```
\def\foo{
    bar}
```

と同じ意味ではありません。後者は

```
\def\foo{ bar}
```

と同じ意味になり、スペースが 1 個余分に入ります。このスペースが入らないように 2 行に分けるには、

```
\def\foo{%
    bar}
```

のように改行を % で無力化します。ただし、\ で始まりアルファベットや @ だけでできている命令の最後の改行やスペースはもともと無力ですので、

```
\def\foo{%
    \bar
}
```

も

```
\def\foo{\bar }
```

も

```
\def\foo{\bar}
```

と同じ意味になります。

▶ \def と \let
　　\def の代わりに \let を使って

```
\let\foo=\bar
```

と書いても \def\foo{\bar} とほぼ同じ意味になります。この等号を省略して

```
\let\foo\bar
```

と書くこともあります。
　　\foo という命令の定義を無効にするには、

```
\def\foo{}
```

でもかまいませんが、

```
\let\foo=\relax
```

とすることもできます。ここで \relax は「何もしない」という命令です。

参考 　\def や \newcommand と \let は微妙に意味が違います。\let\A=\B はその時

283

点での `\B` という命令の定義を `\A` にコピーしますので、その時点で `\B` が定義されていなければなりませんが、`\def\A{\B}` や `\newcommand{\A}{\B}` は単に `\A` が現れたら `\B` と見なせという意味ですので、`\B` は `\A` を利用する時点までに定義しておくだけでかまいません。

▶ 数値の短縮名

スタイルファイルではたとえば `10pt` と書く代わりに `\@xpt` と書いてあることがよくあります。この `\@xpt` は、正確には `10pt` ではなく `10` と同義ですが、おもにポイント数の指定に使われます。`\@xpt` と書くほうがほんの少し TeX にとって処理がしやすいだけです。同じような定義に次のものがあります。

`\@vpt`	5	`\@vipt`	6	`\@viipt`	7
`\@viiipt`	8	`\@ixpt`	9	`\@xpt`	10
`\@xipt`	10.95	`\@xiipt`	12	`\@xivpt`	14.4

たとえば

`\@setfontsize\normalsize\@xpt\@xiipt`

は、標準の文字サイズ（`\normalsize`）を 10 pt、行送りを 12 pt にします。

第16章
美しい文書を作るために

ちょっとした書き方の違いで、素人と玄人の違いが出てしまいます。また、LATEX は自動でほとんどのことをやってくれますが、最終段階で視覚的な調整をすると見栄えが格段と変わります。ここではそのような工夫を集めてみました。

16.1　全角か半角か

全角文字とその半分の幅の半角文字しかなかった時代は終わり、今では「半角」文字と言っても欧文のプロポーショナル文字を指すことが多くなりました。

全角文字	Ｗｉｎｄｏｗｓ で Ｗｏｒｄ を使う
昔の半角文字	WindowsでWordを使う
今の「半角」文字	Windows で Word を使う

全角・半角という呼び方がふさわしくなくなったので、和文文字・欧文文字、あるいは 2 バイト文字・1 バイト文字という呼び方もされるようになりましたが、Unicode の時代になり、バイト数による区別も無意味になってしまいました。

呼び方はともかく、印刷業界では、欧文や数字の部分には欧文（半角）文字を使うのが鉄則です。

意見が分かれるのは「Ｃ言語」「朝 8 時」のような和文の文脈で使われる 1 文字だけの英数字で、この場合は全角を使いたくなるかもしれませんが、縦組以外では欧文文字で統一するほうがよいでしょう。

半角	午後 5 時 55 分	BASIC から C 言語へ
全角	午後５時５５分	ＢＡＳＩＣからＣ言語へ
1 文字だけ全角	午後 5 時 55 分	BASIC から C 言語へ

縦組の際には、1 文字だけの英数字は全角にすると縦組になるので、よく使われます（欄外右側の「5」）。しかし、例えば jlreq ドキュメントクラスの \tatechuyoko というコマンドを使って、午後 \tatechuyoko{5}時 \tatechuyoko{55}分 のようにするほうが、5 の字形が統一されます（欄外左側）。

午後55分　午後55分

16.2　句読点・括弧類

句読点や括弧の類は、和文では和文用（全角）を使うのが一般的です[※1]。欧文用を使うと、全角を基本とする文字の並びが乱れてしまいます。

全角読点・全角句点	地球は、青かった。
全角コンマ・全角句点	地球は，青かった。
全角コンマ・全角ピリオド	地球は，青かった．
半角コンマ・半角ピリオド	地球は, 青かった.

特に括弧では、欧文用のものは g などの下の部分（descender^{ディセンダー}）をカバーするために下に延びているので、和文で使うと下にずれて見えます。

| 全角括弧 | 括弧（かっこ）だ。 |
| 半角括弧 | 括弧 (かっこ) だ。 |

全角句読点（全角ピリオド・コンマも含め）が行の最後（段落の最後ではない）に来た場合、従来のドキュメントクラスではベタ組（地付き）にしていましたが、jlreq では標準は二分アキまたはベタ組、hanging_punctuation オプションでぶら下げ組になります。

16.3　引用符

和文用の引用符には、かぎ括弧「 」、二重かぎ括弧『 』などがあります。

欧文用の "ダブルクォート"（``…''）に相当するものとして、和文用（全角）の "ダブル引用符" もよく使われます。これらは Unicode では同じコード点（U+201C、U+201D）ですが、欧文フォントか和文フォントかによって字形が違います。これに対応する縦書き用のものは、欄外のような 〝縦書き用ダブル引用符〟 を使います。これは日本では俗に 〝ダブルミニュート〟 と呼ばれているものです（Unicode では U+301D、U+301F）。おそらく分^{ふん}（minute、フランス語読みは「ミニュート」）の記号としても使われる ′^{プライム} が語源なのでしょう。upLATEX や LuaLATEX ならそのまま書けますが、pLATEX では otf パッケージを使って \UTF{301D}…\UTF{301F} のように書きます。横書きでは 〝〞（U+301D、U+301E）の形でも使われます。

「何々」のように括弧類が段落の最初に来た場合の字下げの問題については、「何々」のように折返しの行頭に来た場合と合わせて考える必要があります。伝統的な活版印刷では、二分（半角幅）の括弧類を使って、段落の最初では全角下げ、折返しでは天付きにしていました。

「何々」のように見掛け全角半だけ下げる方式は、折返しの行頭で二分下げる

※1　横書き公用文や中学・高校の横書き教科書では「，。」が一般的です。その根拠は、昭和26年（1951年）に国語審議会が建議した「公用文作成の要領」でした。この中に「句読点は，横書きでは「，」および「。」を用いる」とあります。「，．」を使わない理由は、ディセンダの関係で和文フォントの「，」が一般に「．」と区別しづらいことにあると思われます。「、」は横書きでは座りが悪いという意見もありました。しかし、次第に横書きでも「，。」を使うのが一般的になり、令和4年（2022年）1月7日に文化審議会が建議した「公用文作成の考え方」（https://www.bunka.go.jp/seisaku/bunkashingikai/kokugo/hokoku/93650001_01.html）で、横書きも「、。」を原則とするとされるに至りました。本書は第8版までは「，。」を用いていましたが第9版から原則「、。」にしました。

二分アキ

ベタ組

ぶら下げ組

〝縦書き用ダブル引用符〟

「何々」のような組み方と合わせて、ワープロのような全角固定ピッチの組み方
に馴染むので、最近では増えたようです。

「何々」のように段落の頭で二分下がりに組むことも、会話の多い文芸作品では
よくあります。折返しは天付きにします。

(lt)js 系のドキュメントクラスでは全角・天付きになります[2]。jlreq（263
ページ）では open_bracket_pos というドキュメントクラスのオプションで指
定できます（zenkaku_tentsuki、zenkakunibu_nibu、nibu_tentsuki）。デ
フォルトは (lt)js と同じ全角・天付きです。

[2] Source specials と
いう古い時代によく使われた
オプションをオンにすると、
jsarticle 等でも全角半・
天付きになってしまいます。

16.4　疑問符・感嘆符

疑問符「？」や感嘆符「！」は、もともと日本語にないもので、その扱いにも
揺れがありますが、全角ものを用い、縦書きで文末に用いられる場合は直後に全
角（1 zw）の空きを入れるのが標準的な組み方です。横書きの場合は、特にルー
ルはありませんが、半角（0.5 zw）程度の空きが適当なようです。「あら？」のよ
うに直後に終わり括弧類が来る場合はベタ組にします。jsarticle + otf パッ
ケージや、ltjsarticle 等では、これらのルールに則っています。jsarticle
だけの場合は、横書きでは空きが入りません。jlreq では縦書き・横書きとも
に空きが入りません。

いずれにしても、文末でない場合は、「あっ！と驚く」のようにベタ組にする
のが普通です。

自動で入る空きを消すには \< （または \inhibitglue）を使います。次の例
は、いったん \< した上で、いろいろなスペースを挿入して比較しています。

```
あら！\<ほんと？\<ウッソー！！              あら！ほんと？ウッソー！！
あら！\<␣ほんと？\<␣ウッソー！！            あら！ ほんと？ ウッソー！！
あら！\<\hspace{0.5\zw}ほんと？\<\hspace{0.5\zw}ウッソー！！   あら！ ほんと？ ウッソー！！
あら！\<\hspace{1\zw}ほんと？\<\hspace{1\zw}ウッソー！！     あら！　ほんと？　ウッソー！！
```

16.5　自動挿入されるスペース

上で説明したように、和文フォントメトリックによっては、「？」「！」の直後
に自動的にグルー（glue、伸縮するスペース）が入ります。グルー以外にも、和
文フォントメトリックによってカーン（kern、伸縮も行分割もしないスペース）
が挿入される場合があります。詳しくは 254 ページをご覧ください。

和文フォントメトリックからのグルー・カーンの挿入がない和文文字間には、
\kanjiskip というグルーが自動挿入されます。この \kanjiskip の量はド
キュメントクラス等で設定されていますが、段落ごとに自由に変えることができ

ます。例えば、pLᴬTEX、upLᴬTEX では

```
\setlength{\kanjiskip}{0zw plus 0.15zw minus 0.05zw}
```

LuaLᴬTEX（LuaTEX-ja）では

```
\ltjsetparameter{kanjiskip=0\zw plus 0.15\zw minus 0.05\zw}
```

とすれば $0^{+0.15}_{-0.05}$ zw のグルーが入ります（zw は全角幅）。jlreq では

```
\renewcommand{\jlreqkanjiskip}{0\zw plus 0.15\zw minus 0.05\zw}
```

とします。

　この値は、段落（または \mbox{...} などの箱）が閉じた時点での値が、段落（または箱）全体に適用されますので、次のような使い方の場合は波括弧を閉じる前に段落の区切りとなる空行（またはそれと同じ意味を持つ \par という命令）を入れておく必要があります：

```
{\setlength{\kanjiskip}{0.5zw}すかすかに組む \par}
```
$\rightarrow$　す か す か に 組 む

　また、和文・欧文間には \xkanjiskip というグルーが入ります。この値は伝統的には全角の 1/4（四分アキ）程度に設定されていますが、雑誌などでは、ゼロまたはそれに近い値に設定されることがよくあります。

数学 I 実力テスト　　　　　　　　　　$\rightarrow$　数学 I 実力テスト

```
\mbox{\setlength{\xkanjiskip}{0zw}%
    数学 I 実力テスト}
```
$\rightarrow$　数学I実力テスト

　注意しなければならないことは、和文・欧文間に半角空白を入れたり入れなかったりすると、スペースの量がまちまちになるかもしれないことです。半角空白のスペース（欧文の単語間スペース）の量は欧文フォントによって違い、10 ポイントの Computer Modern Roman フォント（cmr、lmr）では $3.33^{+1.66}_{-1.11}$ ポイントと広いのですが、昔からの Times や Palatino 相当フォント（ptm、ppl）なら $2.5^{+1.5}_{-0.6}$ ポイント、TEX Gyre 版（qtm、qpl）なら $2.5^{+1.25}_{-0.83}$ ポイント程度、さらに新しい Nimbus15 の Times 相当フォントでは 2.5^{+2}_{-1} ポイントです。jsarticle などでは \xkanjiskip を ptm、ppl の単語間スペースと同じ $2.5^{+1.5}_{-0.6}$ ポイントに設定してありますので、これらを使うときは和欧文間には空白を入れても入れなくてもスペースの量は同じですが、Computer Modern フォントを使うときは注意が必要です。同じ Palatino でも pplj、pplx の語間は $2.91^{+1.75}_{-0.7}$ ポイントです。

入力	Times (ptm)	Palatino (qpl)	Latin Modern
\TeX␣とKnuth	TEX と Knuth	TEX と Knuth	TEX と Knuth
\TeX\␣と␣Knuth	TEX と Knuth	TEX と Knuth	TEX と Knuth

> 参考　上の例で、\TeX のような命令の直後の半角空白は区切りの意味しかありませんので、積極的に半角空白を入れるには \␣ を付けます。

　一般には、単語間の空きと和欧文間の空きとは別に設定できるほうが自由度が高いので、特に欧文単語や数字は、原稿を書く段階では和欧文間には半角空白を入れないで書くのがよいでしょう。ただし、スペースを含む欧文の句や数式などは両側にスペースを入れることも考えられます。

> 参考　\kanjiskip、\xkanjiskip の自動挿入を上書きしたい場合は、明示的にグルーまたはカーンを挿入します。グルーの挿入は \hspace{0zw} あるいは伸縮を入れるなら \hspace{0zw plus 0.15zw minus 0.05zw} のように書き、カーンの挿入は \kern0zw␣ のように書きます。

> 参考　フォントメトリックからのグルー・カーンが挿入されると、\kanjiskip が入りません。\inhibitglue でフォントメトリックからのグルー・カーンを禁止すると \kanjiskip や \xkanjiskip が効果を現しますので、両方禁止するには \inhibitglue\hspace{0pt} のように両方を並べます。あるいは文字を \mbox{！} のように箱で囲んでもいいでしょう。

> 参考　特定の文字があると \xkanjiskip が入らないことがあります。例えば \verb|\TeX| や \texttt{/usr} のような \ や / の前で入りません。これはとりあえず (u)pLATEX なら \xspcode`\\=1 \xspcode`/=1、LuaLATEX なら \ltjsetparameter{alxspmode={`\\,1},alxspmode={`/,1}} で直ります（0 が禁止、1 が前挿入、2 が後挿入、3 が前後挿入）。これ以外で \xkanjiskip が入らないことがあれば、八登崇之（やとうたかゆき）さんの bxghost というパッケージが役に立ちます。このあたりの挙動は texdoc ptex の \xspcode の説明および texdoc luatexja の対応する部分をご参照ください。単にスペースを入れるだけなら \hspace{\xkanjiskip} とできますし、LuaLATEX なら \insertxkanjiskip というコマンドが用意されています。\kanjiskip についても同様です。

16.6　アンダーライン

　"\underline{何々}" と入力すれば<u>何々</u>のように下線（アンダーライン）が引けます。ただ、アンダーラインはタイプライター時代の遺物であり推奨しないというのが TEX の作者 Knuth 先生の考え方です。そのためもあって、TEX・LATEX の \underline はごく単純な作りになっていて、いったん箱で囲むので伸び縮みや途中での改行ができません。強調は欧文なら *italic* 体や **boldface**、和文なら圏点（247 ページ）や**太字**、**ゴシック体**を使うのが推奨です。

どうしても下線を使うなら、LuaLaTeX なら lua-ul というパッケージがお薦めです。使い方は \underLine{文字列} のようにします。\strikeThrough{取り消し線} も引けます。xcolor、luacolor、lua-ul をこの順に読み込めば、\highLight{ハイライト} もできます[※3]。ハイライトの色はあらかじめ \LuaULSetHighLightColor{yellow} のように指定するか、\highLight[yellow]{...} のように毎回指定します。ハイフネーションや日本語文字列中の改行にも対応しています。ただ、ご覧のように、日本語文字列に使うと、長さが不正確になることがあるようです。

lua-ul には任意の下線の類を描くコマンドを作る機能もあります。マニュアル（ texdoc lua-ul）には波下線やアヒルの絵の下線が例として載せてあります。応用として、二重波下線のコマンド \underDWavy{...} を作ってみましょう：

```
\usepackage{pict2e}
\newunderlinetype\beginUnderDWavy[\number\dimexpr1ex]{\cleaders\hbox{%
    \setlength\unitlength{.3ex}%
    \begin{picture}(4,0)(0,2)
      \qbezier(0,0)(1,1)(2,0) \qbezier(2,0)(3,-1)(4,0)
      \qbezier(0,-1)(1,0)(2,-1) \qbezier(2,-1)(3,-2)(4,-1)
    \end{picture}%
  }}
\NewDocumentCommand\underDWavy{+m}{{\beginUnderDWavy#1}}
```

参考　レガシー LaTeX では ulem というパッケージが便利です。下線 \uline{...}、二重下線 \uuline{...}、波線 \uwave{...}、中線 \sout{...}、斜線 \xout{...} などが使えます。\emph{...} もアンダーラインになります。ただし、日本語では途中で改行しません。(u)pLaTeX で使えて日本語で改行できるものとしては、中島 浩さんによる jumoline、T Domae さんによる udline、吉永徹美さんによる uline-- などがありますが、いずれも TeX Live には入っておらず、udline 以外は公式ダウンロードサイトもなくなっているようです。uline-- ベースの行分割可能な枠囲みパッケージ breakfbox を寺田侑祐さんが公開しておられます（https://doratex.hatenablog.jp/entry/20171219/1513609345）。

参考　LuaLaTeX で行分割可能な下線を引くための鹿野桂一郎さんによる Lua コード例（https://gist.github.com/k16shikano/5f95f57b57229ae125143c2e52f9b93d）も参考になります。

16.7 欧文の書き方

欧文の場合に必要な、いくつかの注意点をまとめておきます。

▶ スペースの入れ方

欧文は、当然ながら、欧文（半角）文字で書きます。単語の区切りに半角空白を入れるのは当然ですが、コンマやピリオドの後、括弧の外側にも必ず空白を入れます。ただし、句読点・疑問符・感嘆符（,.?!）の直前、括弧・引用符の内側には、空白を入れません。

```
（誤）Red,green,and blue are colors(or colours).
（正）Red, green, and blue are colors (or colours).
（誤）Red, green, and blue are colors ( or colours ).
```

この単純なルールのおかげで、欧文では空白のあるところはどこでも改行することができ、特別な禁則処理（句読点や閉じ括弧が行頭に来ない処理）は不要です。

▶ 引用符

欧文の "Quote!" のようなダブルクォートは、左シングルクォート（バッククォート）2個と右シングルクォート2個で囲んで書きます。"..." を使った場合の出力は、同じ Latin Modern Roman でもエンコーディングによって異なります。

```
（誤）He said, "Hello."    → He said, "Hello."（TU/OT1 エンコーディング）
（誤）He said, "Hello."    → He said, "Hello."（T1 エンコーディング）
（正）He said, ``Hello.''  → He said, "Hello."
```

次のような場合は、小さいスペースを出力する命令 \, を区切りに入れます。

```
``He said, `Hello.'\,''  → "He said, 'Hello.' "
`He said, ``Hello.''\,'  → 'He said, "Hello." '
```

▶ 2種類のスペース

一般的な LaTeX の設定では、同じ半角スペースでも、単語間のスペースと判断されるときと、センテンス間のスペースと判断されるときとでは、後者のほうが若干広くなります。ところが、LaTeX が判断を間違う場合は手動で指定する必要がありますし、そもそも現代的な組版ではスペースの幅を一定にするのが一般的ですので、特にこだわりがなければ、LaTeX 文書のプリアンブルの最後あたりに、スペースの幅を一定にする命令 \frenchspacing を書き込んでおくことをお勧めします。

とは言っても、ここは Knuth 先生のこだわったところですので、一応ルールを説明しておきます。

ルールでは、英小文字に .!?: のようなピリオド類（および、もしかしたら閉

じ括弧類）が続くと、その直後のスペースはセンテンス間のスペースだと判断され、少し幅が広くなります。例えば 10 ポイントの Computer Modern Roman の単語間のスペースは 3.333 pt、センテンス間のスペースは 4.444 pt です。

英小文字＋ピリオド類でもセンテンスの終わりでない場合は、スペースの頭に \（バックスラッシュ）を付けると、単語間のスペースになります。

（誤）	`\textit{Phys. Rev. Lett.}`	→	*Phys. Rev. Lett.*
（正）	`\textit{Phys.\ Rev.\ Lett.}`	→	*Phys. Rev. Lett.*
（誤）	`Mr. and Mrs. Okumura`	→	Mr. and Mrs. Okumura
（正）	`Mr.\ and Mrs.\ Okumura`	→	Mr. and Mrs. Okumura
（正）	`Mr.~and Mrs.~Okumura`	→	Mr. and Mrs. Okumura

最後の例のように、行分割しない空白 ~ も必ず単語間のスペースになります。Mr. 等の直後では改行してほしくないことが多いので、この場合は ~ を使うのがよいでしょう。

大文字＋ピリオド類でセンテンスが終わる場合は、例えば `I watch TV\@.` のように、ピリオド類の前に `\@` を付けます。

▶ ハイフネーション

LaTeX は aaaaaaaaaa のような無意味な綴りの途中では行分割しませんが、例えば hyphenation のような単語であれば、hyphen-(改行)ation あるいは hy-(改行)phenation のように、ハイフン（-）を付けて改行していいことになっている場所で行分割します。一般的な英語などの辞書には、ハイフンで切ってよい場所が hy-phen-ation のように示されています。

ハイフネーションを間違うと、たいへん読みづらく、誤解を招くこともあります。例えば therapist（療法士）は ther-a-pist のように切ることができますが、これを間違えて the-rapist と切れば、強姦犯（the rapist）と見間違えます。

もっとも、ハイフンで切ってよい場所の記述は辞書によって異なることがあります。例えば pro-cess か proc-ess か、per-form-ance か per-for-mance か、辞書によって判断が異なります。

LaTeX は自動ハイフン処理を行いますが、英語の辞書を持っているのではなく、一般則に従ってハイフン処理しています。したがって、辞書にない新語にも対応できます。結果は必ずしも読者の辞書と一致しないかもしれませんが、全く見当違いのところで語を切ることはまずありません。どちらかといえば LaTeX は安全な側（なるべく切らない側）に判断しますので、まず安心してよいと思います。例えば辞書には moth-er と切れるように書いてありますが、LaTeX は mother を切りません。

LaTeX がハイフンで切る位置を調べたいときは、文書ファイルに

```
\showhyphens{adobe postscript phenomenological manuscript}
```

のように調べたい語を空白で区切って書き、LaTeX で処理します。画面および

`log` ファイルに

> `adobe postscript phe-nomeno-log-i-cal manuscript`

などと出力されます（正解は ado-be、post-script、phe-nom-e-no-log-i-cal、
man-u-script ですが、間違ったところでは切っていません）。

　LaTeX が間違ったところで切ってしまう例を挙げておきます。括弧内が正しい
ハイフネーションです。複合語や外来語がほとんどです。

> anti-nomy (an-tin-o-my), ban-dleader (band-leader), Brow-n-ian
> (Brown-ian), buz-zword (buzz-word), dat-a-p-ath (data-path), de-mos
> (demos), Di-jk-stra (Dijk-stra), elec-trome-chan-i-cal (electro-mechan-
> i-cal), elec-tromechanoa-cous-tic (electro-mechano-acoustic), equiv-ari-
> ant (equi-vari-ant), Eu-le-rian (Euler-ian), Gaus-sian (Gauss-ian), ge-
> o-met-ric (geo-met-ric), Hamil-to-nian (Hamil-ton-ian), Her-mi-tian
> (Her-mit-ian), hex-adec-i-mal (hexa-dec-i-mal), in-fras-truc-ture (in-
> fra-struc-ture), Leg-en-dre (Le-gendre), lin-earize (linear-ize), Lip-
> s-chitz (Lip-schitz), macroe-co-nomics (macro-eco-nomics), Marko-
> vian (Markov-ian), met-a-lan-guage (meta-lan-guage), mi-croe-co-
> nomics (micro-eco-nomics), mo-noen-er-getic (mono-en-er-getic), monos-
> trofic (mono-strofic), mul-ti-pli-ca-ble (mul-ti-plic-able), ne-ofields
> (neo-fields), Noethe-rian (Noether-ian), none-mer-gency (non-emer-
> gency), nonequiv-ari-ance (non-equi-vari-ance), noneu-clidean (non-
> euclid-ean), non-s-mooth (non-smooth), poly-go-niza-tion (polyg-on-
> i-za-tion), pseu-dod-if-fer-en-tial (pseu-do-dif-fer-en-tial), pseud-ofi-
> nite (pseu-do-fi-nite), pseud-ofinitely (pseu-do-fi-nite-ly), pseud-o-forces
> (pseu-do-forces), pseu-doword (pseu-do-word), qua-sis-mooth (qua-si-
> smooth), qua-sis-ta-tion-ary (qua-si-sta-tion-ary), Rie-man-nian (Rie-
> mann-ian), semidef-i-nite (semi-def-in-ite), ser-vomech-a-nism (ser-vo-
> mech-anism), tele-g-ra-pher (te-leg-ra-pher), ther-moe-las-tic (ther-mo-
> elas-tic), times-tamp (time-stamp), waveg-uide (wave-guide)

　これら以外に、日本語のローマ字表記も注意が必要です。Oku-mura はいいの
ですが、Ya-m-aguchi はいただけません[※4]。

　LaTeX に正しいハイフネーションを教えるためには、プリアンブルに

> `\hyphenation{post-script post-scripts yama-guchi}`

のように空白か改行で区切って正しいハイフネーションを指定します（自分用
のスタイルファイルにたくさん書き込んでおくといいでしょう）。大文字・小文
字はルールには無関係ですので、こう書けば PostScript にも適用されますが、
LaTeX は語形変化のルールを知りませんので、名詞の複数形や動詞の変化形すべ
てについて書いておく必要があります。ハイフンで切ってはならない語なら、

> `\hyphenation{foobar}`

のようにハイフンを入れずに書いておきます。

　また、例えば waveguide と書く代わりに wave\-guide のように \- を入れ
ておくと、一時的にハイフネーション・ルールが変わり、そこで切ってよいこ

※4 固有名詞はできるだけ割
らないようにしましょう。

とになります。行が分かれなかったときは \- は出力されません。また、ハイフネーションをしたくない単語は \mbox{Elsevier} のように、改行しない箱 \mbox で囲んでおくという手もあります[5]。

　ちなみに、英語では、もともとハイフンを含む複合語は、そのハイフン位置以外にハイフンをつけて切ることはよくないとされています。LATEX もこのルールに従います。でも、どうしても切ることが必要なら、切ってよい場所に \- をつけ、例えば self-con\-tained のように書いておきます。あるいは、self-\hspace{0pt}contained のように見かけ上 2 語にしてしまえば、ハイフネーションされるようになります。n-\hspace{0pt}dimensional なども同様です。

　なお、typewriter フォントでは自動ハイフネーションを行いません。どうしてもハイフン分けしたいなら、\texttt{type\-writ\-er} のように \- を入れるか、あるいは自動ハイフネーションを行いたいなら、プリアンブルのフォント設定を終えたあとで

```
\ttfamily\hyphenchar\font=`\-
\DeclareFontFamily{\encodingdefault}{\ttdefault}%
                  {\hyphenchar\font=`\-}
```

のようにします。

> **参考**　英語以外のハイフネーション規則に切り替えるためには babel パッケージを使います。例えば
>
> ```
> \usepackage[french]{babel}
> ```
>
> とすればフランス語のハイフネーションになるだけでなく、\today の出力などがフランス語になります。

> **参考**　196 ページの T1 エンコーディングの表を見れば、ハイフンが 2 箇所にあることがわかります。そこで、\hyphenchar\font=127 とすれば、複合語の中でもハイフン処理ができるようになります（ただし自動挿入されるのはコード点が 127 のほうのハイフンです）。

▶ リガチャの調整

　LATEX の標準フォント Computer Modern、Latin Modern などでは、fine flower のように fi fl ff ffi ffl のようなリガチャ（ligature、合字）を使います。

　この場合、offline や shelfful のような合成語（compound word）は、offline や shelfful のように合字にしないほうがいいでしょう。このようなとき、よく off{}line のように {} を挿入しますが、LuaLATEX では（それ以外でも条件によっては）効果がありません。off\mbox{}line とするのが一つの手です。また、その場所での合字を確実に禁止する \textcompwordmark というコマンドも用意されています[6]。例えば

```
off\textcompwordmark line   →  offline
```

のように使います。これだけでは語の途中でハイフネーションされませんので、
さらにハイフネーションの位置の指定 \- も加えて

```
off\textcompwordmark\-line   →  offline
```

としておけば万全です。

ほかの例としては、pdflatex の fl、otfinfo の fi、人名 Hefferon の ff（Hefferon
でない）も合字にしません。

参考 Latin Modern フォントのリガチャを禁止することもできます：

```
\setmainfont{Latin Modern Roman}[Ligatures=CommonOff]
```

▶ イタリック補正

文字をイタリック体にする命令には {\itshape ...} と \textit{...} があ
りました。前者は単にイタリック体にするだけですが、後者はさらにイタリック
補正をします。

イタリック補正とは、f のような傾斜した文字の右側に、余分の空白を入れる
ことです。ただし、右隣がコンマ "," やピリオド "." の場合はイタリック補正
を入れません。

\text..{...} 型の命令では、必要に応じて、最後の文字の右側にイタリッ
ク補正を自動挿入します。

強制的にイタリック補正を入れたい場合は、その場所に \/ と書いておきま
す。逆にイタリック補正を入れたくない場所には \nocorr と書いておきます。

```
{\itshape If} I were an {\itshape elf},
                                    →  If I were an elf,
\textit{If} I were an \textit{elf},
                                    →  If I were an elf,
\textit{If\nocorr} I were an \textit{elf\/},
                                    →  If I were an elf,
```

2 番目の書き方が推奨です。最後の例はわざと醜くしたものです。

\text..{...} 型の命令がイタリック補正を自動挿入する副作用として、
例えば \textbf{...} を和文に適用すると、イタリック補正の影響で最後の
\kanjiskip が入りません。最後が和文文字の場合には {\bfseries ...} の
形の命令を使うほうがよいでしょう。

16.8 改行位置の調整

よく LaTeX を使い始めた人が「aaaaaaaaaa……」や「？？？？？……」と並べて組版して、改行されないので驚かれることがありますが、LaTeX はワープロソフトと違って

- 英単語の途中では（ハイフネーションできる場合を除いて）基本的に改行しない

- 禁則処理をまじめに行う

ということを理解する必要があります。

まず、aaaaaaaaaa……のような無意味な「英単語」（半角文字列）の途中では基本的に改行しません。この場合、版面の右端から突き出した組み方になり、LaTeX 実行時（および log ファイル）に次のような警告メッセージが出ます。

```
Overfull \hbox (123.4pt too wide) in paragraph at lines 12--15
```

これは、ソース（原稿）ファイルの 12〜15 行目の段落で、123.4 ポイントの overfull な（溢れた）\hbox（horizontal box、水平ボックス、つまり行）が生じたという意味です。

また、このような改行できない「英単語」がすっぽり次の行に送られてしまって、前の行がすかすかになってしまうことがあります。この場合には、LaTeX 実行時（および log ファイル）に次のような警告メッセージが出ます。

```
Underfull \hbox (badness 10000) in paragraph at lines 12--15
```

これは程度問題で、10000 は最悪を意味しますが、小さい値なら無視してもかまいません。

一般に、長い英単語で overfull/underfull \hbox が生じる場合は、LaTeX がハイフネーションを間違えただけなら、ハイフネーション位置を指定します（292ページ）。それが無理なら、文を書き直して、ハイフネーションできない長い語が行の終わりに来ないようにします。

それが不可能な場合は、その段落全体を sloppypar 環境で囲むか、あるいは \sloppy という命令を入れると、改善されます。\sloppy の効果を元に戻すには \fussy とします。プリアンブルに \sloppy と書いておいてもいいでしょう。\sloppy にすると追い込みより追い出し気味になり、overfull \hbox は出にくくなりますが、すかすかな行が出やすくなります。それでも overfull \hbox よりましですので、原稿に手が入れられない場合は常に \sloppy にしてもいいでしょう。非常に特殊な例外を除いて、デフォルトの \fussy より \sloppy が悪い行分割をすることはありません。

さらに細かく行分割を制御するには、コマンド \linebreak、\nolinebreak

を使います。

```
\linebreak = \linebreak[4]            必ず改行する
             \linebreak[3]
             \linebreak[2]
             \linebreak[1]
             \linebreak[0] = \nolinebreak[0]
                             \nolinebreak[1]
                             \nolinebreak[2]
                             \nolinebreak[3]
\nolinebreak = \nolinebreak[4]        必ず改行しない
```

使い方として、例えば次のような仕上がりを考えましょう[7]。

> 　日本国民は、正当に選挙された国会における代表者を通じて行動し、われらとわれらの子孫のために、……

「われ」の途中で行が割れないようにしたいとします。このためには、

　　行動し、\linebreak␣われらと

あるいは

　　行動し、わ\nolinebreak␣れらと

のようにします。結果はどちらでも次のようになります：

> 　日本国民は、正当に選挙された国会における代表者を通じて行動し、
> われらとわれらの子孫のために、……

逆に、最初の行に「われ」を追い込むには

　　行動し、\nolinebreak␣わ\nolinebreak␣れらと

とします。結果は次の通りです：

> 　日本国民は、正当に選挙された国会における代表者を通じて行動し、
> われらとわれらの子孫のために、……

※7　以下の調整例はドキュメントクラスによって（つまり\kanjiskipの既定値によって）異なります。

もっと追い込むには、LaTeX ではなく TeX の命令 \leavevmode\hbox to 幅
で一定の幅を確保し、\kanjiskip（漢字間のグルー）をほんの少し負の値も許
すようにして組みます：

```
\leavevmode\hbox to 32zw{\kanjiskip=0pt minus 0.05zw 日本国民
は、正当に選挙された国会における代表者を通じて行動し、われら}と
われらの子孫のために、……
```

結果は次の通りです：

> 日本国民は、正当に選挙された国会における代表者を通じて行動し、われら
> とわれらの子孫のために、……

もし \kanjiskip=0pt minus 0.05zw を入れなければ、通常の \kanjiskip
の設定では十分縮むことができず、箱から飛び出してしまいます（overfull
\hbox の警告が出ます）。\kanjiskip の minus 部分はごくわずかにしておか
ないと、句読点の後などのグルーが十分縮んでくれません。

なお、LuaLaTeX（LuaTeX-ja）では上の \kanjiskip の設定は

```
\ltjsetparameter{kanjiskip=0pt minus 0.05\zw}
```

のようにします。

16.9　改ページの調整

改ページについても、改行の制御と同様に、\pagebreak、\nopagebreak コ
マンドがあります。これらも [0] から [4] までの強さを付けられます。

\clearpage を使うと、改ページだけではなく、行き場所のなかった figure
環境や table 環境もその場で出力されます。

数行からなる引用やプログラムリストで、どうしても途中で改ページしたくな
いことがよくあります。このときは \samepage 命令を使うと改ページしにくく
なります。例えば

```
\begin{quote}
  \samepage
  いろはにほへとちりぬるを \\
  わかよたれそつねならむ \\
  うゐのおくやまけふこえて \\
  あさきゆめみしゑひもせす
\end{quote}
```

のようにします。ただし、\samepage はできるだけ限定して用いないと、脚注

が変な付き方になったりするので、注意が必要です。

　また、改行の命令 \\ の代わりに、改ページしない改行 * を使っても改ページしにくくなります。例えば

```
\begin{quote}
  いろはにほへとちりぬるを \\*
  わかよたれそつねならむ \\
  うゐのおくやまけふこえて \\*
  あさきゆめみしゑひもせす
\end{quote}
```

とすれば、1 行目と 3 行目で改ページしにくくなります。ただ、jsarticle や jsbook のような延びにくいドキュメントクラスの場合はあまり効果がないかもしれません。

　ちなみに、このような引用で各改行幅を微妙に調整するには、\\ または * の後に [-3pt] のように指定します。こうすると通常の改行幅より 3 ポイント狭くなります。

　場合によってはページを余分に延ばす必要も出てきます。「あと 5 ミリこのページが大きければ……」というときには、

```
\enlargethispage{5mm}
```

という命令をそのページのどこかに入れておきます。

16.10　その他の調整

▶ 改行幅の調整

　仕上がりを見てから調節しなければならない例として、$\dfrac{f(x)}{\displaystyle\int_{-\infty}^{\infty} f(x)dx}$ のような大きな式による改行の乱れがあります。

　この場合、すぐ下の行に何もなければ、$\dfrac{f(x)}{\displaystyle\int_{-\infty}^{\infty} f(x)dx}$ のように改行幅を調整できます。

　上の 2 番目のインライン数式は \smash{$...$} のように全体を \smash（106 ページ）で囲んで改行幅が乱れないようにしました。このような調整は必須ではありませんが、見苦しい場合は適用することがあります。

参考　LuaLaTeX なら、LuaTeX-ja の luatexja-adjust パッケージで

```
\usepackage{luatexja-adjust}
\ltjenableadjust[profile=true]
```

とすれば、このような「中身まで見た」行送りが自動化できます。

▶ 図の調整

LaTeX は組版から図の配置までを自動でやってくれますが、特に図がたくさん入る場合は、自動ではなかなか人間の美意識にかなう配置ができません。最終段階で視覚的な調整が必須です。これについては第 9 章をご覧ください。

（図）

例えば、上のように図にテキストを回り込ませる場合、図がテキストの上端や、回り込みのないテキストの右端など、顕著な位置にぴったり揃うようにすると、整った感じがします。このようなルールを破って大胆に配置することもありますが、中途半端にずれていると、素人組版に見えてしまいます。

◆ 学習塾での LaTeX の活用　　by 寺田侑祐　　　COLUMN

本コラムは寺田侑祐さん（鉄緑会）からご寄稿いただきました。

　筆者（寺田）は、学習塾の業務に LaTeX を応用する取り組みに長年従事しています。「学習塾での LaTeX の活用」と聞くと、主に数式を多く含む教材やテストを LaTeX で組むといった教材作成という用途が真っ先に連想されると思いますが、LaTeX の可能性は単にそれだけには留まりません。組版を自動化できるという LaTeX の特性は、種々の定型業務を自動化することに応用できます。学習塾の運営においては、教材作成以外にも、たとえば次のような定型業務が存在します。

(1) 受験票・成績通知表・クラス通知書といった書類の交付

(2) 試験の採点・返却

(3) 職員向け連絡書類の発信

　(1) においては、「顧客それぞれに対して内容が少しずつ異なる文書」を多量に生成する必要があります。そのような、いわゆる「差し込み印刷」を行いたい場合、文書全体をマクロ定義とし、可変部分をマクロ引数にするという手が有効です。たとえば \受験票発行{123}{山田}{太郎} というマクロ呼び出しで「受験番号が 123、氏名が山田太郎の受験票」を生成できるようにしておき、そのマクロ呼び出しを人数分並べることで、全員分の受験票を一つの PDF 文書として生成できます。

　ただしその方法の場合、「マクロの引数は 9 個まで」という TEX の制約により、可変部分は最大 9 箇所までという制約が生じてしまいます。この制約を乗り越えるには、xkeyval パッケージを用いて key-value 形式の引数指定を導入するのが有効です。すると、\受験票発行{受験番号=123，姓=山田，名=太郎} といった形式でパラメータ指定ができるようになります。この形式の場合、パラメータ数は 9 個を超えられますし、引数の順序も固定されず、省略されたパラメータのデフォルト値も設定できますので、仕様変更に対する柔軟性が高まります。また、可読性が高まるので保守性の面でも魅力的です。

　(2) について、近年教育業界では試験を電子化することで効率化しようとする試みが進んでいます。択一式試験ならば、CBT (Computer Based Testing) 方式にすることで、試験の実施から採点まで全て電子デバイス内のみで完結させることも可能ですが、記述式試験においてはそうもいきません。現時点では、紙と鉛筆による試験実施は不可欠です。そこで、「紙と鉛筆によって実施した答案用紙をスキャンして電子デバイス上で添削する」という方法で効率化を実現しています。解答用紙の中から特定の設問だけを切り出した添削フォームを生成し、それぞれの設問を添削する採点者に振り分けてタブレット上で添削して、その添削結果を再び答案用紙の形に復元して受験者に返却するというワークフローとします。その際、答案用紙の"切り貼り"をするのに LaTeX が役立ちます。たとえば、\includegraphics[page=1,viewpoert=0 20 40 80]{sheet.pdf} などとすることで、PDF の特定ページの指定範囲を切り出すことができます。

　(3) について、定型業務の連絡書類には、未来の日付や曜日が印刷されるケースが多く、そのときに日付の演算や曜日の算出が必要になる場面が多々あります。LaTeX のカウンタ演算を利用することでグレゴリオ暦とユリウス通日（紀元前 4713 年 1 月 1 日からの通算日数）を相互変換できます。曜日については本書掲載（69 ページ）の Zeller の公式で算出可能です。これらの演算を活用することで、コンパイルし直すだけで（うるう年に日付を手動修正したりすることなく）今年のカレンダー上での正しい日付・曜日が出力される LaTeX 文書を作れます。

　そしてもちろん、学習塾の"本業"である教材作成についても、LaTeX が大活躍します。その活用は数学や物理といった理数系科目に留まりません。例えば英語や国語の教材では、解説内で問題文中の行番号に言及したい場面が多々あります。lineno パッケージを用いれば、指定された範囲に行番号を振り、\linelabel で行番号にラベルを振って、\ref でその行番号を呼び出すことが可能です。また、漢文のような凝った組版も、山本宗宏氏による gckanbun パッケージを用いれば可能となります。

　また、データベースの正規化と同様の発想で、「問題内容の定義」と「教材ごとの問題使用状況の定義」を分離しておくことで、教材のメンテナンス性を高められます。問題単位でファイルを分割しておき、\使用問題定義{期末試験}{第 1 問=fileA，第 2 問=fileB} のように使用状況を定義しておいた上で、\問題用紙生成{期末試験}、\模範解答生成{期末試験} などとして問題・解答をそれぞれ生成します。すると、将来の問題の入れ替えなどの更新時において、手作業によるミスを発生させることなく柔軟に対応できます。

　このように、教育業におけるルーチンワークというのは思いのほか多く、LaTeX による組版の自動化はその省力化に大いに役立ちます。LaTeX のプログラミング言語としての能力を引き出すことで、その活用法は他にも無数に考えられます。他業種においても、LaTeX が文書生成にまつわるワークフローの効率化の助けになる場面が多々あるはずですので、活用法をぜひ探究してみてください。

第**17**章
LATEX による入稿

本や論文を、LATEX の原稿で入稿する場合と、自分で PDF ファイルにして入稿する場合とについて、ノウハウや留意点をまとめておきます。

17.1 LATEX原稿を入稿する場合

書籍や伝統的な論文誌では、LATEX 原稿と図版データを提出し、編集側でブラッシュアップするのが一般的です。

学会や出版社によっては、専用のスタイルファイル（cls ファイル、sty ファイル）を用意していることがあります。それにもかかわらず、著者がレイアウトを「改良」してしまうことがあり、編集側はそれを外すのにたいへん苦労します。著者にとっては「改良」でも、読者にとっては「不統一」です。

レイアウトにかかわらない場合でも、著者独自のマクロを作って執筆した場合、編集側はそのマクロを理解しないと編集できません。編集されることを前提として書くときは、合意されたマクロ以外は使わないのが鉄則です。別の編集システムに変換して印刷・データベース化している論文誌の場合は、マクロを一切禁止していることがあります。

図版は特に注意を要します。特に EPS 形式の図版はトラブルの元ですので、できるだけ PDF 形式（スクリーンショットなどは PNG 形式、写真は JPEG 形式でも可）の図版にしましょう。

欧文誌に投稿する場合は、日本語用の (u)pLATEX ではなく、欧文用のもの（何も言われなければ pdfLATEX）で確認するようにしましょう[※1]。

※1 例えばローマ数字をいわゆる全角の Ⅰ、Ⅱ、Ⅲ、Ⅳ、Ⅴにした場合、(u)pLATEXでは表示できても、欧文用の LATEX では表示できません。欧文のローマ数字は、いわゆる半角の I や V を並べて、I、II、III、IV、V などと表記します。

17.2 PDFで入稿する場合

研究会でも国際会議でもプレプリントでも、著者が作成した "camera-ready" な PDF ファイルをそのまま使うことが増えました。画面で見たり普通のプリンタでプリントしたりするだけなら、著者が作った PDF でトラブルになることは今では減りましたが、フォントが埋め込まれていないとトラブルになります。論文投稿システムに拒否されることもあります。

埋め込まれていないフォントは Acrobat Reader などで調べられます。コマンドでは pdffonts[2] というコマンドが便利です。例えば pdffonts ファイル名と打ち込んで、次のように表示されたとします（一部省略しています）。

※2 Xpdfというツールに含まれます。

```
name                          type         encoding    emb sub uni
----------------------------  -----------  ----------- --- --- ---
Ryumin-Light-Identity-H       CID Type 0   Identity-H  no  no  no
GothicBBB-Medium-Identity-H   CID Type 0   Identity-H  no  no  no
```

この emb はフォントが埋め込まれている（embedded）かどうかで、no と表示されていたら埋め込まれていないことになります。上の場合では日本語フォント Ryumin と GothicBBB が埋め込まれていません。

印刷所に入稿するデータの場合は、フォントを埋め込むだけでなく、出力機の対応している PDF バージョンに合わせる、RGB カラーを使わない、幅 0.1 mm 未満の極細罫線を使わないなどの制約を満たす必要があります。

書籍の場合は、これら以外にも、編集者から内容やレイアウトについていろいろ注文をいただくはずです。もし著者も編集者も対応できなければ、編集者と相談して、LATEX に対応できる業者に助けてもらうのがよさそうです。

参考 本書は奥付まで LATEX で組んでありますが、一般には奥付や表紙は出版社側で用意してくれるものです。

17.3　ファイルとフォルダの準備

一つの論文なり本なりを書く際には、一つの新しいフォルダ（ディレクトリ）を用意して、図版も含め、関連するものをすべてその中に集めましょう[3]。

※3 複数の著者で書く場合はさらに、フォルダごとバージョン管理をすると便利です。バージョン管理システムについてはコラム（306 ページ）を参照してください。

本文は、短い論文なら一つのファイルに書き込めばいいのですが、本や学位論文の類は一般に量が多いので、章ごとに別ファイルにするのがよいでしょう。例えば序文は intro.tex 等々のように適当な名前をつけます。章立てが決まっていれば、chap01.tex、chap02.tex といった番号でもかまいません。

章ごとのファイルには \documentclass{...} や \begin{document} 等は不要です。いきなり \chapter{...} から始めます。

ドキュメントクラスについては、ここでは jlreq を使い、カスタマイズ（修正）した部分は mybook.sty というファイルに書き込むことにします。

```
\RequirePackage[2023/06/01]{latexrelease} % オプション
\DocumentMetadata{lang=ja-JP} % メタデータ
\documentclass[book,paper=a5paper,jafontscale=0.9247]{jlreq}

\usepackage{graphicx,xcolor,tikz} % グラフィック関係
\usepackage{amsmath,amssymb}      % 高度な数式
\usepackage{mybook}    % 自分用スタイルファイル mybook.sty を読む
\usepackage{makeidx}   % 索引用に makeidx.sty を読む
\makeindex             % 索引用にidxファイルを出力する

\begin{document}

\frontmatter           % ページ番号はローマ数字。章番号を付けない

\include{intro}        % 序 intro.tex
\tableofcontents       % 目次を出力

\mainmatter            % ページ番号は算用数字。章番号を付ける

\include{joron}        % 第1章 序論 joron.tex
\include{honron}       % 第2章 本論 honron.tex
\include{ketsuron}     % 第3章 結論 ketsuron.tex

\appendix              % 以下は付録

\include{appa}         % 付録A appa.tex
\include{appb}         % 付録B appb.tex

\backmatter            % 章番号を付けない

\include{atogaki}      % 後書き atogaki.tex

\printindex            % 索引を出力

\include{okuzuke}      % 奥付（もし必要なら）okuzuke.tex

\end{document}
```

▲ 元締めファイルmain.texの例

　これら章ごとのファイルを一括処理するための元締めとなる次のようなファイルを作り、同じフォルダに置きます。ファイル名は何でもかまいませんが、仮にmain.tex という名前だとしましょう。

　以下で具体的に説明します。

▶ \RequirePackage[...]{latexrelease}

　ソフトの更新で組版結果が変わると困る場合は、この指定を入れておくと安全です。いつの時点での LaTeX カーネル（LaTeX の基本部分）を使うかを指定します。pLaTeX の場合は platexrelease とします。ただ、カーネル以外のバージョン指定は不完全です。

▶ \DocumentMetadata

タグ付けされたアクセシブルな PDF ファイルにするためのものです（ texdoc documentmetadata）。将来的には LaTeX 本体に取り込まれるべき開発中の機能で、今は \documentclass{...} より前に置きます。

```
\DocumentMetadata{backend=dvipdfmx,lang=ja-JP}
```

のように「キー＝値」を並べます。たとえ空（\DocumentMetadata{}）でも入れておくと PDF ファイルの構成が変わります。

▶ \documentclass

以前なら jsbook を指定するところですが、ここでは新しい jlreq を使ってみます。オプションとして、書籍用、A5 判、和文文字サイズ 13 Q としました。印刷上「トンボ」という位置決めの目印が必要な場合には tombow オプションを追加するか jlreq-trimmarks パッケージを利用します。トンボについては 309 ページをご覧ください。コンパイルには LuaLaTeX を使うことにすれば、bxpapersize の読み込みも不要です。

◆ 複数の著者での執筆に便利なバージョン管理システム　　　　　　COLUMN

　複数の著者で原稿を書く場合は、バージョン管理システムを使うのが便利です。バージョン管理システムは、ファイルの履歴を管理するためのシステムです。区切りのいいところでコメントをつけてファイルを保存しておけるので、いざとなれば無限の過去まで戻ることもできます。複数の著者（＋編集者）でフォルダの中身を同期したり、加えた変更の差分を参照したりできます。同時に同じファイルを編集しても、たいていはうまくマージしてくれます。本書は Git（GitLab）を使ってバージョン管理しています。

　さらに、議論や決まったことがメールの山に埋もれてしまうといったことを避けるためのフォーラム機能や Wiki 機能、それぞれの人が担当している課題を把握したり、出版後に読者からの感想や誤りの指摘を受け付けたりするためのチケット機能が備わった、プロジェクト管理ツールを使って共同作業するのも流行りです。Trac や Redmine がオープンソースでは有名です。

　これらの機能を持ってオープンソースソフト開発を支援する公開のサービスでは GitHub が有名です。

　著者の元には出版に使うフォントがないとか、何らかの理由で LaTeX システムを用意できない場合に、（例えば出版社の）サーバ上で最新の LaTeX ソースから PDF を生成して、著者はインターネットを介して PDF を取得して確認するといったワークフローも現実的になってきました。こういう仕組みのことは継続的インテグレーションと呼ばれ、Jenkins がオープンソースとして有名です。GitHub と連携するサービスとして Travis CI があります。最近では GitHub Actions や GitLab CI/CD のように、サービスに内包されることも増えました。

▶ `\usepackage{makeidx}`

索引を出力するためのパッケージ makeidx を読み込んでいます。

▶ `\makeindex`

索引の素となる idx ファイル（この場合は元締めのファイルが main.tex ですから main.idx という名前）を出力します。これについては第 10 章の 10.4 節以降をご覧ください。

▶ `\frontmatter`

前付（序、目次の類）の開始を意味します。ノンブル（ページ番号）をローマ数字（i、ii、iii、…）にし、`\chapter` で章番号を出力しません。つまり、`\chapter{序}` と書いても「第 1 章　序」とならず、単に「序」と出力されます。この場合、「序」は目次に出力されます。目次に出したくないなら `\chapter*{序}` のように ∗ 印を付けます。

▶ `\include{...}`

ファイルを読み込む命令です。`\include` ではファイル名の拡張子 tex を除いた部分を指定します。

▶ `\mainmatter`

本文の開始を意味します。奇数ページ起こし（横書きなら右側のページから始めること）で、ノンブルは算用数字（1、2、3、…）になります。ページ番号はここで新たに 1 から始まりますが、もし例えば 3 から始めたいなら

`\setcounter{page}{3}`

という命令を入れておきます。

▶ `\appendix`

章番号を「付録 A」「付録 B」に変えます。つまり `\chapter{何々}` と書いただけで「付録 A　何々」のように出ます。ページ番号の付き方は変わりません。

▶ `\backmatter`

後付（後記、索引の類）の開始を意味します。再び章番号が出力されないようになります。ページ番号の付き方は変わりません。

▶ `\printindex`

索引を出力します。

▶ `\nofiles`

　上の例では書き込んでありませんが、ページ割が確定した段階で、プリアンブルに `\nofiles` と書き込みます。すると、dvi/PDF、log ファイル以外の出力が止まりますので、索引・目次の上書きが防げます。

17.4　LATEXで処理

　原稿ができたら、元締めとなるファイル main.tex を LATEX で処理します。コマンドで処理するなら、次のように打ち込みます（LuaLATEX の場合）。

```
lualatex main
```

LATEX のメッセージの最後のほうに "Label(s) may have changed. Rerun to get cross-references right." というメッセージが出れば、再度 LATEX で処理します（10.1 節）。もちろんエラーメッセージが出れば、その箇所を修正します。

　続いて、索引を作る場合は upmendex（MakeIndex の日本語 Unicode 版）を実行します（第 10 章の 10.4 節以降）：

```
upmendex main
```

エラーが出れば本文の `\index` 命令の中身を修正します。

　最後にもう一度全体を LATEX で処理すると完成です。

```
lualatex main
```

> 参考　章ごとに処理するには次のようにします。例えば honron.tex だけ処理したいなら、プリアンブル（`\begin{document}` の前）に
>
> 　　　`\includeonly{honron}`
>
> と書き込みます。こうすれば honron.tex しか処理されません。また、
>
> 　　　`\includeonly{honron,ketsuron}`
>
> のように複数の章を指定することもできます。以下同様にして、個々の章をチェックし終えたなら、`\includeonly` の行を削除して、全編を通して処理します。

> 参考　本書では索引をカスタマイズするために自作の Ruby スクリプトを使っています。このような処理も含め、全体を効率良く実行するために、Makefile を使うと便利です（309 ページのコラム参照）。

> 参考　さらに本書では編集者と著者でフォルダの中身を同期するために Git を使いました。Git などのバージョン管理システムについては、306 ページのコラムをご覧ください。

17.5 トンボ

　トンボ（crop marks）とは位置合わせのための目印で、形がトンボに似ているので日本ではこう呼ばれます。pLaTeX では tombow オプションで右図のようなトンボとファイル名、日時が描かれます。欄外に描かれたものがトンボです。この図ではトンボを誇張して描いてありますが、実際は太さ 0.1 ポイントの細く目立たない線です。この内側の線を結んだ部分（図では色網で示しました）が仕上がりサイズです。トンボの外側の線はこれより約 3 mm 離れており、例えば本書で使っているような辞書風の爪のような、裁ち切り線いっぱいに配置したいグラフィックは、この約 3 mm の領域（いわゆるドブ）まで配置しないと、断ち切りの誤差で隙間ができることがあります。

　tombow オプションの代わりに tombo を指定すると、ファイル名・日時なしのトンボになり、mentuke を指定すると、ファイル名・日時なし、太さ 0 のトンボになります。どのようなトンボが必要か（あるいは不要か）は、印刷所にご相談ください。

◆ **更新のあったファイルだけ処理する**

　プログラム開発上のコンパイル作業を自動化するためのツールに make があります。make は、テキスト形式で書かれた Makefile の指示にしたがってコンパイルなどの一連の処理を行います。ファイルの依存関係を記述しておくことにより、更新のあったファイルだけを処理できます。

　例えば最終産物が main.pdf であり、main.pdf は main.dvi から dvipdfmx で作り、main.dvi は main.tex から platex で作り、main.tex は sub1.tex と sub2.tex を読み込んで使うとしましょう。このとき Makefile は

```
main.pdf: main.dvi
└───dvipdfmx main.dvi

main.dvi: main.tex sub1.tex sub2.tex
└───platex main.tex
```

と書きます。Makefile の先頭のインデント（字下げ、図中では └───）は必ず Tab コードを使います。スペースをいくつか並べて字下げしたのでは正しく働きません。

　この Makefile は main.tex と同じフォルダ（ディレクトリ）に置いておきます。このフォルダ内で「make」または「make main.pdf」と打ち込むと、インデントされていない行の の : の左右のファイルのタイムスタンプ（最終更新時刻）を比べ、もし左辺が存在しないか、あるいは右辺のどれかのファイルが左辺のファイルより新しければ、後続のインデントされた命令を、無駄のない順序で実行します（この場合は platex が先、dvipdfmx が後）。

　ほかにも make にはいろいろな機能があります。詳しくは Unix 関係の本をご覧ください。

より汎用的な `jlreq-trimmarks` パッケージもあります。こちらを使う場合はクラスファイルの `tombow` オプションは使わないでください。

17.6　グラフィック

グラフィックについては第7章で説明しましたが、特に印刷入稿の場合は、モノクロ2値またはグレースケール、カラーの場合はCMYKにします（RGBでの入稿が可能な場合もあります）。

本書（紙版）のような2色刷りの場合、例えば黒と青を使いたいとしましょう。色の成分を (C, M, Y, K) で表せば、黒は $(0, 0, 0, 1)$、青は $(1, 1, 0, 0)$ になりますが、これでは2色刷りなのに3色必要になるばかりか、CとMのずれがあると青い文字がきれいに出ません。そこで、青にしたいところを例えばシアン $(1, 0, 0, 0)$ にして、印刷所にはシアンの代わりに青のインクを使ってもらいます。具体的には、次のように色を定義して使います。

```
\definecolor{mygray}{cmyk}{0,0,0,0.8}   % 濃い灰色
\definecolor{myblue1}{cmyk}{1,0,0,0}    % 青
\definecolor{myblue2}{cmyk}{0.4,0,0,0}  % 青アミ
\definecolor{myblue3}{cmyk}{0.1,0,0,0}  % 薄い青アミ
```

シアンを青に置き換えたので、色を使ったグラフィックは、そのままでは変な色になってしまいます。すべて CMYK の K だけを使ったグレースケールに変換すれば安心です。具体的な方法は第7章をご覧ください。

17.7　若干のデザイン

`\chapter`、`\section` などのコマンドをカスタマイズして、好きなデザインにしてみましょう。こういったデザインは別ファイル、例えば mybook.sty というファイルに書き込んでおき、`\usepackage{mybook}` で読み込みます。

まずは章見出しです。jlreq では `\ModifyHeading` という見出しの体裁変更用コマンドが使えます。

```
\ModifyHeading{chapter}{%
  font={\Huge\sffamily},
  format={%
    {\color[gray]{0.5}\rule[-0.5\zw]{2\zw}{1.8\zw}}%
    \if@mainmatter
      \hspace{-2\zw}\raisebox{0.1\zw}{%
        \makebox[2\zw]{\color[gray]{1}\thechapter}}%
    \fi
    \hspace{0.5\zw}#2}}
```

節見出し \section はもう少し凝って tikzpicture 環境（付録 D）で適当なデザインを作ってみましょう。

```
\ModifyHeading{section}{%
  format={%
    \begin{tikzpicture}
      \useasboundingbox (0,0) rectangle (0,0);
      \fill[black!50] (0,-4pt) rectangle (8pt,12pt);
      \draw[black!50,line width=1pt] (0,-4pt) -- (\linewidth,-4pt);
    \end{tikzpicture}%
  \hspace{1\zw}#1#2}}
```

◆ **Markdown と pandoc**　　　　　　　　　　　　　　　　　COLUMN

Markdown は構造化文書を作成するための簡単な記法です。# で始まる行が大見出し、## で始まる行が中見出し、という具合に、LATEX と比べて非常に簡単です。GitHub や Jupyter Notebook など、いろいろな場面で使われています。技術書原稿の入稿にも Markdown が使われることが増えました。

高機能のテキストエディタには Markdown 文書作成支援機能が備わったものがあります。例えば VS Code は標準で Markdown のプレビュー機能を備えており、数式も含めて高速にプレビューできます。

汎用の文書変換ツール pandoc を使えば、Markdown 形式で書いた文書（*.md）を LATEX 経由で PDF に変換できます。例えば

```
# 相対性理論

## はじめに

アインシュタインは $E=mc^2$ と言った。
```

と書いて test.md というファイル名で保存し、次のコマンドを打ち込めば、test.pdf ができます。

```
pandoc test.md -o test.pdf --pdf-engine=lualatex \
               -V documentclass=jlreq
```

documentclass= には jlreq や ltjsarticle など LuaLATEX に対応したドキュメントクラスを指定します。別行数式は \[... \] ではなく $$ ... $$ で囲みます。

直接 PDF にするのではなく、まず LATEX 形式に変換し、手直しをしてからタイプセットすることもできます。Markdown から LATEX への変換は次のように行います。

```
pandoc -s test.md -o test.tex -V documentclass=jlreq
```

LATEX 以外に HTML などにも変換できますので、ワンソース・マルチユース（一つのソースを用意すれば何通りにも使える）が実現できます。

同様の目的のために Re:VIEW というツールもよく使われます。

17.8　PDFへの変換

PDF ならどんな環境でも同じ出力が得られるように思われがちですが、実際はそうでもありません。

すでに書いたように、フォントを埋め込んでいないと期待通りに出力できません。また、PDF にもいろいろなバージョンがあり、出力機によっては PDF 1.4 以降の透明効果に対応していないといったことがありえます。

最近では、失敗が少ない方法として、ISO で標準化された PDF/X で入稿することが推奨されます。例えば PDF/X-1a:2001 は、PDF 1.3 と互換性がありますが、色は CMYK カラー、フォントはすべて埋め込むなどの制約があります。

LATEX（pdfLATEX、X∃LATEX、LuaLATEX）で PDF/X や PDF/A などの標準に合致した PDF を作るための pdfx というパッケージがあります（ texdoc pdfx）。これで PDF/X-1a にするには

```
\usepackage[x-1a]{pdfx}
```

と書いておきます。また、同じフォルダに main.xmpdata というファイルを作り、例えば次のように書き込んでおきます（本書の場合です）。著者やキーワードは \sep というマクロで区切ります。

```
\Title{［改訂第9版］LaTeX美文書作成入門}
\Author{奥村 晴彦\sep 黒木 裕介}
\Language{ja-JP}
\Keywords{LaTeX\sep 美文書}
\Publisher{技術評論社}
```

これで LuaLATEX で処理すると、PDF 1.5 だったものが、形式上 PDF/X-1a:2003 になります。同じフォルダには pdfx.xmpi というファイルができます。

なお、これはあくまで形式上の話で、RGB 図版をグレースケールや CMYK に変換してくれるというわけではありません。これは図版作成者が行わなければなりません。

参考 Adobe Acrobat Pro があれば、次のような方法も可能です。

- LATEX の PDF 出力を、Acrobat の「プリフライト」機能を使って PDF/X-1a:2001（Japan Color Coated）に変換する
- Acrobat からいったん PostScript 形式で書き出して、Distiller で PDF/X-1a に変換する
- LATEX で dvi 出力し、これを dvips で PostScript 化し、Distiller で PDF/X-1a に変換する

参考 PDF/A はアーカイビング（長期保存）が目的のものです。

あと Acrobat でチェックするとすれば、出力プレビューです。黒であるべき

ところが正確に $C:M:Y:K = 0:0:0:100$ になっているか確認します。$C:M:Y:K = 75:68:67:90$ のような状態になっていると、画面を目で見てもわかりませんが、おかしな出力になります。CMYK 比のチェックは Ghostscript でも可能です（130 ページ）。

17.9　その他の注意

▶ **画像の解像度**

　図形を数式（例えば 3 次スプライン）で表すベクトル画像には解像度という概念がありませんが、図形をピクセル（画素）の集まりで表すビットマップ画像（ラスター画像）では、ピクセルの密度が画像の解像度です。1 インチあたりのピクセル数を ppi（pixels per inch）という単位で表します。

　パソコンの画面では 1 ピクセルあたり RGB それぞれ 256 階調を表せるのが一般的です。一方、印刷物では、例えば 16×16 ドットの領域の一部を塗り潰した網点で 257 階調が表せます。出力機の解像度が例えば 2400 dpi（dots per inch）でも、網点の密度は 1 インチあたり $2400 \div 16 = 150$ 個に過ぎません。網点の密度を線数と呼び、lpi（lines per inch）という単位で表します。一般的な印刷物の線数は 175 lpi 程度までです。

　印刷物に写真の類を挿入する際に必要な画像解像度はたかだか「線数 × 2」です[4]。150 lpi なら 300 ppi、175 lpi なら 350 ppi が最適ということになります。

　一方、2 階調（白と黒だけ、白とマゼンタだけ、など）の図形は、1200 ppi 程度で用意しないと、ギザギザが目立ってしまいます。

　例えば \includegraphics[width=5in]{...} で幅 5 インチの枠に画像を 300 ppi で挿入するには、横 $300\,\text{ppi} \times 5\,\text{in} = 1500$ ピクセルの画像を用意します[5]。

▶ **スクリーンショットの形式**

　パソコン画面のスクリーンショットを載せるときは、解像度を 線数 × 2 にする意味はありませんが、必ず PNG などの可逆圧縮形式にします。JPEG にすると、スクリーンショットやアニメのセル画のような画像では、モスキートノイズ（もやもやしたノイズ）が出てしまいます。ただし PNG はグレースケールにできても CMYK にできませんので、カラー印刷の場合は CMYK の PDF に変換するほうが安全です。

※4　線数 150 lpi であれば 150 ppi の画像で十分のような気がしますが、画像によっては 150 ppi と 300 ppi が確かに区別できます。網点の形は非対称にできるので、線数の 2 倍の解像度が表現可能だという理屈を聞くことがありますが、単にサンプリングの精度の問題のようにも思います。

※5　デジカメプリントの解像度も 300 ppi ほどですので、L 判（5 × 3.5 インチ）なら 1500 × 1050 ピクセル（約 1.5 メガピクセル）で十分です。

▶ ヘアライン（極細線）

　幅 0.1 pt のような細い線は、通常のプリンタでは太って十分に見えるのですが、印刷所の出力機では細すぎて正しく出力できないことがあります。特にWord の極細罫線は要注意です。目安として、少なくとも 0.25 pt（0.1 mm）程度以上のものを使いましょう。単色ベタ（100％）でないものは、さらに余裕を見て 0.5 pt 程度以上にします（LATEX のデフォルトの罫線は 0.4 pt です）。

▶ 台割

　本は 16 ページまたは 8 ページ（これを「台」といいます）を一度に印刷するので、全体のページ数は 16 または 8 の倍数にする必要があります。このあたりは編集者と相談して、できるだけ白紙が入らないように工夫します。

　なお、横書きなら右ページが奇数ページ、縦書きならその逆です。

◆ LATEX 組版のお仕事　　by 山本宗宏

本コラムは山本宗宏さん（株式会社 Green Cherry）からご寄稿いただきました。

　2023 年 7 月 1 日、株式会社 Green Cherry を設立してから 10 周年を迎えました。いくつかの業務のうち、LATEX による編集製作や TEX コンサルティングがあります。

　一般に、昨今の組版は、専用機ではなく、計算機上で組版ソフトウェアを用いて、書籍や論文誌などの各種出版物に対する原稿整理や編集、校正、デザイン、文字組み、レイアウト作業などを行います。ご存知のとおり、多くの LATEX 組版では、組版処理システムLATEX を用いて、LATEX 形式の原稿から組版された PDF 形式を得ていると思います。

　入稿される原稿が LATEX 形式でないことがしばしばあります。Markdown、Re:VIEW、Sphinx、AsciiDoc、DocBook、特定の XML など、さまざまな原稿形式を扱ってきました。

　最近、Markdown 形式の原稿を扱うことが多く、Markdown 形式の原稿から印刷用PDF、電子用 PDF、さらに EPUB や Web ページなど、必要な形にビルドしています。このコラムでは、Markdown 形式の原稿から LATEX 組版して PDF をビルドする製作ワークフローの一例をご紹介します。

　まずは、とにもかくにも、原稿を管理するための Git リポジトリを用意します。著者や編集者と一緒に原稿を共有しながら製作を進める場合、Git リポジトリがなくてはならないものになりました。この Git リポジトリには、原稿を版管理するほか、ページレイアウトのデザインを実装した LATEX 関連ファイル群を配置して、原稿を自動的に校正する仕組みや閲覧用 PDF や EPUB を自動的にビルドする仕組みを用意します。もしこの Git リ

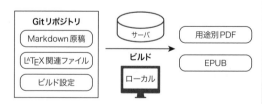

ポジトリに原稿の変更を反映させると、その変更が反映された原稿の校正結果を確認できたり、閲覧用 PDF や EPUB が自動的にビルドされて、すぐさま著者や編集者がビルド結果を確認することができます。

つぎに、Markdown 形式の原稿から PDF や EPUB など、必要な形にビルドする処理を用意します。PDF をビルドする場合、Markdown 形式の原稿は、Pandoc など何らかのテキスト形式変換処理を経由して、LaTeX 形式へ変換してから、LaTeX 組版して PDF をビルドします。同様に、EPUB をビルドする場合、HTML 形式へ変換してから、コンテナにまとめて EPUB をビルドします。

以後、著者が原稿を加筆や修正するごとに、編集者が原稿を確認や編集して、最終的に LaTeX 組版した PDF を印刷所へ入稿するまでに、原稿をより良く仕上げていきます。

このような書籍製作のワークフローは、ソフトウェア開発のそれと非常に似ています。

このワークフローの優れている点は、著者や編集者が LaTeX をあまり知らなくても、Markdown 形式の原稿から中間形式として LaTeX 形式に変換することで、LaTeX 組版による継続的な製作を進められることです。変更された原稿が Git リポジトリに上がったら、自動的に校正用 PDF をビルドできるおかげで、通常の書籍製作工程にある初校、再校、念校の区切りを大まかに設けていたとしても、各区切りの段階に左右されずに原稿の質を高められます。また、あらかじめ Docker などで共通のビルド環境を用意しておくと、著者や編集者の手元でも校正用 PDF をビルドできます。用語統一、誤字の修正、索引の調整などの小さな変更を原稿に取り込み、その変更をすぐに確認できるので、著者や編集者のさまざまな手間や負担の軽減にもつながります。

以上のように、LaTeX 形式の原稿のみならず、Markdown 形式などのさまざまな原稿形式から LaTeX 組版して PDF をビルドするワークフローで、書籍製作のお仕事を営んでいます。このワークフローも時代に応じて、少しずつ変化していくことでしょう。LaTeX 組版のお仕事を一緒にしませんか？

第**18**章
LATEX によるプレゼンテーション

LATEX でプレゼンテーション資料（スライド）を作ることができます。PDF にしておけば、借り物の PC でも使えます。

Adobe Reader は Ctrl + L（Mac では ⌘ + L）でフルスクリーンモードにできます。ページの切り替え時のいろいろな効果も設定できます。Mac 標準の閲覧ソフト「プレビュー」にもプレゼンテーションモードがあります。PDF から PowerPoint や Keynote 形式に変換するソフトを使えば、デュアルディスプレイにも対応できます。

ここでは、LATEX でプレゼンテーション資料を作る方法として、レガシー LATEX で文書作成用の jsarticle を使う方法と、モダン LATEX で専用パッケージ Beamer を使う方法を説明します。

18.1　jsarticle によるスライド作成

特別なパッケージを使わず、文書作成用の jsarticle ドキュメントクラスと pLATEX + dvipdfmx を使って、簡単なプレゼンテーション資料を作る方法を説明します。

jsarticle ではオプション slide を使うことでスライドモードになります。これは、横置きオプション landscape と文字サイズオプション 36pt を組み合わせ、さらにフォントや見出しの付き方を変えたものです。

通常は

```
\RequirePackage{plautopatch}
\documentclass[slide,papersize,dvipdfmx]{jsarticle}
```

のように papersize オプションと dvipdfmx オプションを併せて使います。

本文の文字サイズは 14pt、17pt、21pt、25pt、30pt、36pt、43pt といったオプションで変更できます。

xcolor パッケージ（または color パッケージ）が読み込まれていると、見出しにブルーの線でアクセントを加えます。次の例は、さらに \pagecolor コマンドを使って背景を薄いブルーにしています。

```
\RequirePackage{plautopatch}
\documentclass[slide,papersize,dvipdfmx]{jsarticle}
\usepackage{sansmathfonts}
\usepackage{graphicx,xcolor}
\pagecolor[rgb]{0.8,0.8,1}
\begin{document}

\title{\LaTeX によるプレゼンテーション}
\author{三重大学　奥村晴彦}
\maketitle

\section{数式の例}
\[ \left( \int_0^\infty \frac{\sin x}{\sqrt{x}} dx
   \right)^2 = \frac{\pi}{2} \]

\end{document}
```

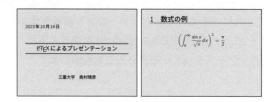

　数式を含む欧文のサンセリフ体には \usepackage{sansmathfonts} により Computer Modern Sans Serif の改良版を用いてみましたが、ほかにも第 12 章で紹介したように色々な選択肢があります。

▶ トリック

　次のようにセクションのカウンタに毎回 −1 を加えると、カウンタが増えず、結果として同じページに行が追加されていくように見えます。

```
\section{PDFを使う利点}
\begin{itemize}
\item Windows、Mac、LinuxなどOSを問わない
\end{itemize}

\addtocounter{section}{-1}
\section{PDFを使う利点}
\begin{itemize}
\item Windows、Mac、LinuxなどOSを問わない
\item すべてフリーのツールでできる
\end{itemize}

\addtocounter{section}{-1}
\section{PDFを使う利点}
\begin{itemize}
\item Windows、Mac、LinuxなどOSを問わない
\item すべてフリーのツールでできる
```

```
\item \LaTeX なら複雑な数式もOK
\end{itemize}
```

18.2　Beamerによるスライド作成

Beamer はプレゼンテーション資料を作成するための LaTeX 用パッケージです。スライドは見た目も大事で、通常の文書よりも "おしゃれな" 飾りや色使いが欲しくなります。プレゼンテーション資料作成に特化したパッケージということで、簡単なアニメーションを作れたり、話の区切りに目次を自動的に入れたりできます。

モダン LaTeX の LuaLaTeX を用いて PDF ファイルを作成するための方法を、以下の具体例に沿って簡単に書いておきます。

```
\documentclass[aspectratio=169]{beamer}
\usepackage[no-math,deluxe]{luatexja-preset}
\renewcommand{\kanjifamilydefault}{\gtdefault}
\renewcommand{\emph}[1]{{\upshape\bfseries #1}}
\usetheme{Madrid}
\setbeamertemplate{navigation symbols}{}

\title{Beamerによるスライド作成}
\author{黒木裕介}
\institute[texjp.org]{日本語\TeX 開発コミュニティ}
\date{2023年10月16日}

\begin{document}
\begin{frame}
  \titlepage
\end{frame}

\section*{目次}
\begin{frame}\frametitle{発表の流れ}
  \tableofcontents
\end{frame}

\section{はじめに}
\subsection{ブロック環境と数式の例}
\begin{frame}\frametitle{2項係数とパスカルの三角形}
  あとで埋める (1)
\end{frame}
```

```
\subsection{アニメーションの例}
\begin{frame}\frametitle{PDFを使う利点}
  あとで埋める (2)
\end{frame}
\end{document}
```

※ フルカラーでのサンプルはカバーのそでにあります。

上記の内容を slides.tex という名前で保存したら、lualatex slides.tex を必要な回数実行することで、スライドの PDF を得られます。

スライドのサイズ

最近では、横長のモニタで発表することも増えてきましたので、クラスオプションに aspectratio=169 を与えて 横：縦 = 16：9 の仕上がりにしてみました。aspectratio= で始まるオプションを書かなければ（もしくは aspectratio=43 を書けば）横：縦＝4：3 の仕上がりになります。

フォントの設定

LuaLᴬTᴇX で和文を多書体で使う設定が \usepackage[deluxe]{luatexja-preset} です（244 ページ）。luatexja-preset は、内部で fontspec パッケージを呼ぶのですが、標準のままですと数式中の数字がセリフ体になってしまうので、[no-math,deluxe] とオプションを二つ指定しておきます。

> 参考　2020 年 9 月中旬以前の TᴇX Live では、\usepackage[no-math,deluxe]{luatexja-preset} の代わりに
>
>   \usepackage[no-math]{fontspec}
>   \usepackage[deluxe]{luatexja-preset}
>
> と 2 行に分けて書く必要がありました。

スライドでは和文フォントが明朝体だと細く見えます。和文をゴシック体に変更するために \renewcommand{\kanjifamilydefault}{\gtdefault} としま

す（246ページ）。

　和文の強調は斜体ではなく太字で行うのが自然なため、\emph を再定義しておくと便利でしょう。254ページで紹介した \DeclareEmphSequence は残念ながら Beamer とは一緒に使えません。

💎 スライドの見た目と構成要素

　スライドの見た目（テーマ）を一括して設定しているのが \usetheme{Madrid} です。Madrid のほかにもたとえば AnnArbor、Antibes、Berkeley、Berlin、Copenhagen といったテーマが用意されています[※1]。

　スライドを構成する部品は、タイトル、テキスト（本文）、フットライン（下部のバー）など、役割をもった要素に分けて考えることができます。Beamer では、各構成要素に表示する項目やデザインを個別に指定することができます。先の例では、フットラインは3段均等割りで、うち左段には発表者名と所属を中央揃えで（色・フォントは……で）表示する、中段にはプレゼンテーションタイトルを……、右段には日付とフレーム番号を……と指定されており、自動で組み上がります。

　ただ、すべての構成要素を個々に指定するのは大変なので、内部要素、外部要素、色、フォントに分けてテーマが用意されており、ある程度まとめて指定できるようになっています。それぞれ \useinnertheme、\useoutertheme、\usecolortheme、\usefonttheme で指定します。内部要素には、タイトルページの構成、箇条書き環境、ブロック環境といったスライドの中身を記述するための要素がまとめられています。外部要素には、スライドタイトルのほか、どの節の話をしているかを示すナビゲーションや、発表に関する定型句、フレーム番号などを表示するための上下左右のバーに関する要素がまとめられています。

※1 AnnArborテーマへ変更した例をカバーのそでに掲載しています。

参考 Madrid テーマはおおむね以下のように設定されています。

```
\usecolortheme{whale}
\usecolortheme{orchid}
\useinnertheme[shadow]{rounded}
\useoutertheme{infolines}
\setbeamertemplate{headline}[default]
```

最初の2行で色テーマを、次の2行で内部要素と外部要素それぞれを既定値から変更しています。infolines 外部要素テーマでは、ヘッドライン（上部のバー）に節タイトルなどを、フットラインに日付・ページ番号などを表示するのですが、最後の行でヘッドラインは既定値（何も表示しない）に変更されています。

参考 色テーマ orchid を抜粋すると

```
\setbeamercolor{block title}{use=structure,
                fg=white,bg=structure.fg!75!black}
```

のように書かれています。structure の指定を引き継ぎ、他の色と混ぜながら要素を彩色しています。その他の色テーマでもアクセントとなる色・フォントは structure の指定を引き継いでいることがほとんどです。structure の設定を

変更すると、スライドの見た目をガラッと変えることができます。プリアンブルのどこかで \usecolortheme[rgb={0.7,0.2,0.2}]{structure} のように書いておきます[※2]。

> **参考** 色テーマには、orchid の他に、albatross、beetle、crane、dove などがあります。\usetheme より後で \usecolortheme{crane} のように指定します[※3]。structure の設定だけを変更するよりも、より広範囲に色味を変更できます。

標準では右下に表示されるナビゲーションシンボル[※4] は、スライドがうるさくなるだけですので、表示されないように

```
\setbeamertemplate{navigation symbols}{}
```

としておきます。

プレゼンテーションの基本情報

プレゼンテーションのタイトルは通常の文書と同様に設定します。題名 \title{...}、発表者名 \author{...}、日付 \date{...} のほか、サブタイトルを指定する \subtitle{...} と所属を指定する \institute{...} も使えます。所属が異なる複数人での発表のときには、

```
\author{〇黒木裕介\inst{1}\and 奥村晴彦\inst{1, 2}}
\institute[]{\inst{1}日本語\TeX 開発コミュニティ\and
            \inst{2}三重大学}
```

などと \and と \inst を使って表記します。題名や発表者名は、PDF のしおりにも反映されます。ヘッドラインやフットラインの定型句に反映される短い題名や発表者名は、[...] で囲んで与えます[※5]。

プレゼンテーションの階層構造

プレゼンテーションの階層的な構造は、通常の文書と同じように、\section や \subsection を使って定義します。節や小節の名前は、目次、ナビゲーションと PDF のしおりに反映されます。\(sub)section* として * を付けたときは、目次には反映されません。ナビゲーション用に短い名前が必要なときは \section[短い名前]{長い名前} とします。

目次を挿入するには、\tableofcontents 命令を使います。

\appendix を書くと、それより後ろにある節・小節は、それより前に置く目次に出現しません[※6]。質問が出たときのために用意するスライドを最後にまとめて用意しておくために使えます。

標準では節の切れ目で特別な表示は行われませんが、各節の始まりで発表の流れを示したいときは、プリアンブルに

```
\AtBeginSection[% ← \section* のときに挿入するものを [...] に指定
```

※2　サンプルをカバーのそでに掲載しています。

※3　サンプルをカバーのそでに掲載しています。

※4　以下のようなアイコン。

※5　連名の例では、発表者名と所属の関係が自動では正確に記述できないため [] と何も表記しないことにしてしまいました。

※6　\appendix より後ろに目次を置くと、\appendix より後ろにある節・小節だけの目次になります。

322

```
  ]{%                          ← \section のときに挿入するものを {...} に指定
    \begin{frame}\frametitle{発表の流れ}
      \tableofcontents[currentsection]
    \end{frame}%
  }
```

と書いておけば、これから説明する節が強調された目次が自動で挿入されます。

💎 フレーム

　Beamer では、プレゼンテーション資料は一連のフレームによって構成され、フレームは一連のスライドによって構成される、と考えられています。

> **参考**　「フレーム」にはいろいろな意味がありますが、映画などの動画作品制作における絵コンテの「カット」や、漫画のコマ割りの「コマ」のようなものを想像するのがしっくりきます。動画でのある時間分を一枚の絵に代表させるように、入力ファイルではフレームという単位で区切っていきます。フレームの中でパラパラ漫画的アニメーション（後述）を使えば、入力での 1 フレームに対して出力された PDF ファイルでは複数ページを占めることになります。

それぞれのフレームは

```
\begin{frame}[オプション]
  \frametitle{タイトル}
  \framesubtitle{サブタイトル}
  本文
\end{frame}
```

のように記述します。最後の行は、コメントすら後ろに付けず、\end{frame} だけを書くことをお勧めします[※7]。

　タイトルもサブタイトルも省略可能です。ただし、いくらタイトルがなくても \frametitle{} として原稿上タイトルを指定していないことを明示しておいたほうがよいでしょう。

　[オプション] も省略可能です。有用と思われるものをいくつか紹介します。

b, c, t　　垂直方向の位置揃えを指定できます（それぞれ下、中央、上揃え）。c が既定値です。

label=ラベル　\againframe{ラベル} として同じフレームを再度表示することができます。また、プリアンブルで \includeonlyframes{ラベル 1, ラベル 2, ...} と書くと、\includeonly（308 ページ）のように組版結果を確認したい frame だけをタイプセットできます。

plain　　たとえば、タイトルページには上下左右の定型句もナビゲーションもいらないというときには、

※7　後述する、fragileオプションが動くために必要な条件です。

323

```
\begin{frame}[plain]
  \titlepage
\end{frame}
```

とすれば、すっきりしたデザインになります。

fragile　　\verb 命令や verbatim 環境を含めるときに指定します。

参考 以下のようにフレームを作ることも可能です。

```
\begin{frame}[オプション]{タイトル}{サブタイトル}
  本文
\end{frame}
```

{タイトル} も {サブタイトル} も省略可能ですが、一つでも省略したときには、本文の最初が { で始まったり \verb で始まったりしないように気をつけなければなりません。

参考 \frame[オプション]{\frametitle{タイトル}...} のようにしてもフレームを作ることができます。fragile オプションとは両立不可能です。

段組

中身の話に入りましょう。最初の例で本文を「あとで埋める (1)」にしていたフレーム「2項係数とパスカルの三角形」をたとえば以下のように書いてみます。タイプセットするためにはプリアンブルに \usepackage{amsmath,tikz} を加える必要があります。

```
\begin{frame}\frametitle{2項係数とパスカルの三角形}
\begin{columns}[onlytextwidth]
 \begin{column}[T]{0.45\hsize}
  \begin{block}{2項係数に関する公式}
   \[ (a+b)^{n} = \sum_{k=0}^{n} \binom{n}{k} a^{k} b^{n-k} \]
  \end{block}
  \begin{exampleblock}{例}
   公式に$a = 1, b = 1$を代入……
   \[ 2^{n} = \sum_{k=0}^{n} \binom{n}{k} \]
  \end{exampleblock}
 \end{column}
 \begin{column}[T]{0.45\hsize}
  \begin{block}{パスカルの三角形}\centering
   \begin{tikzpicture}
    \foreach \n in {0,...,5} {
     \foreach \k in {0,...,\n} {
      \node at (\k-\n/2,-\n) {\directlua{
        function binom(n,k)
          x = 1
          for y = n-k+1, n do x = x * y end
          for y = 1, k do x = x / y end
          return math.floor(x)
        end
```

```
            tex.print(binom(\n, \k))}
          };
        }
      }
    \end{tikzpicture}
   \end{block}
  \end{column}
 \end{columns}
\end{frame}
```

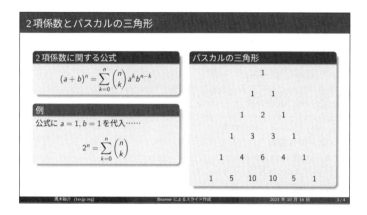

※ フルカラーでのサンプルはカ
バーのそでにあります。

横長のスライドを使う際はとくに、フレームを左右に分割して、左側に図、右側に説明といった具合に配置したくなります。そのようなときは、columns 環境の中で column 環境を使用します。

```
\begin{columns}
  \begin{column}[オプション]{幅}
    左の段
  \end{column}
  \begin{column}[オプション]{幅}
    右の段
  \end{column}
\end{columns}
```

[オプション] には垂直方向の位置揃えを指定できます。T が上端揃え、t が 1 行目のベースライン揃え、c が中央揃え、b が下揃え（最終行のベースライン揃え）です。c が既定値です。

幅には 0.45\hsize のような相対値を指定することも 10\zw のような単位付きの絶対的な長さを指定することもできます。全幅からカラム幅の総和を引いた長さ分だけ、カラムの外側とカラム間とにおおよそ均等に割った余白ができます。

左右 2 段に分割するだけではなく、column 環境を増やせば 3 段以上に分割することもできます。

◉ 見出し付きの箱と強調表示

block 環境は、見出し付きの箱（ブロック）を作ります。

```
\begin{block}{見出し}
  中身
\end{block}
```

のように使用します。そのほかにもいくつかの強調用の命令・環境が用意されています。

```
\begin{frame}[fragile]\frametitle{}
  部分的に \structure{強調}することも
  \begin{structureenv}
    環境で囲んで強調することもできます。\verb|(^o^)|
  \end{structureenv}

  \begin{alertblock}{警告}
    注意を促す装飾
  \end{alertblock}
  部分的に \alert{警告}することも
  \begin{alertenv}
    環境で囲んで警告することもできます。\verb|(X_X)|
  \end{alertenv}

  \begin{exampleblock}{強調用とも警告用とも異なる色味}
    例えば……
  \end{exampleblock}
\end{frame}
```

◉ 定理環境

数学の発表や講義では、定義、定理や証明を囲って表示することもよく行われます。Beamer では amsthm パッケージを標準で読み込んでおり、theorem、corollary、definition(s)、fact、example(s) といった定理環境があらかじめ用意されています。たとえば theorem（定理）環境は

```
\begin{theorem}[発見者、発表年]
  ...
\end{theorem}
```

のように使用します。見出しは自動的に「Theorem(発見者、発表年)」のように生成されます。見た目は、block 環境と同様です。

> **参考** 定理に通し番号を付けるには、\setbeamertemplate{theorems}[numbered] をプリアンブルに記述します。さらに、定理の通し番号を「節番号.節内の通し番号」に変更したいときは、クラスオプションに envcountsect を追加します。

> **参考** proof 環境も amsthm パッケージと同様に使うことができます。

Theorem などの見出しを日本語にしたいときには、以下の命令をプリアンブルに加えます。

```
\def\languagename{ja}                          ← ja は何でもいい
\deftranslation[to=ja]{Theorem}{定理}
                        ← \languagename に指定した言語名を to= に与える
\deftranslation[to=ja]{Corollary}{系}
\deftranslation[to=ja]{Fact}{事実}
\deftranslation[to=ja]{Lemma}{補題}
\deftranslation[to=ja]{Problem}{問題}
\deftranslation[to=ja]{Solution}{解}
\deftranslation[to=ja]{Definition}{定義}
\deftranslation[to=ja]{Definitions}{定義}
\deftranslation[to=ja]{Example}{例}
\deftranslation[to=ja]{Examples}{例}
\def\proofname{証明}
```

参考　別解として、クラスオプションに notheorems を追加して、

```
\newtheorem{theorem}{定理}
\theoremstyle{definition}
\newtheorem{definition}[theorem]{定義}
\theoremstyle{example}                  ← exampleblock 環境が適用される
\newtheorem*{example}{例}
\def\proofname{証明}
```

などとして新たに定理環境を定め直す方法もあります。

参考　もっと別解として、translator-theorem-dictionary-French.dict[8] の仏語訳[9] 部分を和訳に換えたファイルを translator-theorem-dictionary-Japanese.dict という名前で用意してから、入力ファイルのプリアンブルでは

```
\def\languagename{Japanese}
\uselanguage{Japanese}
\def\proofname{証明}
```

とするという手もあります。

※8 TEXに関わるファイルを探すときには、コマンドラインで kpsewhich ファイル名 と打ち込むのが便利です。

※9 英語の環境名との対訳を取る形式で書かれているため、英語訳のファイルでは、変更してよい訳語箇所の見分けが付きません。

🎱 パラパラ漫画的アニメーション

次ページ上のように、フレーム番号は変わらないまま箇条書きが 1 個、2 個、3 個と増えていくスライドを作るには、以下のように書けば実現できます。

```
\begin{frame}\frametitle{PDFを使う利点}
  \begin{itemize}
    \item<1-> Windows、Mac、Linuxなど\emph{OSを問わない}
    \item<2-> すべて\emph{フリー}のツールでできる
    \item<3-> \LaTeX なら\emph{複雑な数式}もOK
  \end{itemize}
\end{frame}
```

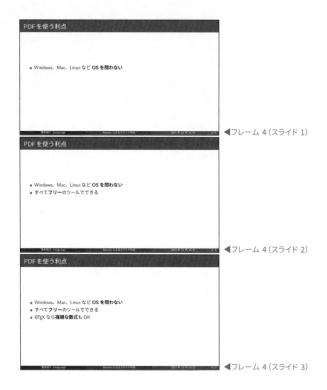

◀フレーム 4（スライド 1）

◀フレーム 4（スライド 2）

◀フレーム 4（スライド 3）

　箇条書きの箇条を最初からすべては見せずに、話の流れに合わせて出現させるには、\item<2-> などとして、<> 内にフレーム内でのスライド番号を指定します。<-3,5,7-> と指定すれば、4 番目と 6 番目のスライドには出現しないことになります。

　箇条書きに限らず、スライドによって本文の一部分を隠したいような場合には、\onslide修飾子<スライド番号>{中身} という命令が便利です。修飾子には、なし、+、⋆ という 3 種類の選択肢があります。以下の例をご覧ください。

入力	

	`\begin{frame}<1-3>`
	`  \setbeamercovered{transparent}`
	`  代表者による \onslide+<-2>{場所取り}分は認めません。`
	`  \onslide<2->適正に \onslide⋆<-2>{詰めて}もらいます。`
	`\end{frame}`

スライド 1	代表者による場所取り分は認めません。適正に詰めてもらいます。
スライド 2	代表者による場所取り分は認めません。適正に詰めてもらいます。
スライド 3	代表者による　　　　　分は認めません。適正にもらいます。

　修飾子なしでは、指定以外のスライドでは「覆い」が掛けられ、指定されたスライドのときに取り除くイメージです。+ 修飾子では、指定されたスライドのときだけ中身が出現し、指定以外のスライドでは中身と同じサイズの余白が確保さ

れます。覆いを半透明にするという命令 \setbeamercovered{transparent} がなければ、覆いは背景色と同じになるため、修飾子なしと + 修飾子では見た目に差が出ません。

　* 修飾子では、指定されたスライドにのみ、中身が挿入されます。中身が挿入されて、全体の行数が変わるときには、フレームのオプションに t または b を指定して、周囲のテキストが縦方向に動かないようにすると、きれいなパラパラ漫画になります。

　frame の直後にある <1-3> は、出力するスライド番号を明示的に指定するために挿入しています。省略時には自動計算されて自然な長さのスライドが生成されます。上の例で <1-3> がないと、スライド 2 までしか作られません。

　いろいろな命令や環境は、出力するスライド番号を <> で括って指定できるようになっています。たとえば \begin{block}<3>{見出し}... とすれば、スライド 3 にだけブロックを表示することができます。振舞いは、修飾子なしの \onslide と同じになります。ほかにもたとえば \alert<5>{ここだけ} の話 とすれば、スライド 5 でのみ「ここだけ」が警告されます。\onslide*<5>{\alert}{ここだけ}の話 と書いたのと同じ効果になります。

💎 高度なアニメーション

　PDF には、全画面表示_{フルスクリーンモード}のときにページをめくる（画面を切り替える）効果を指定することができます。何も指定しないときには、ページ全体がすぐに置き換わります。指定可能な効果としては、掃き出すタイプのものや溶け込むタイプのものがあります。

　凝った動画やパラパラ漫画を作らなくても、左から右に向って画像が出現するだけで、意味のあるアニメーションになることもあるでしょう。Beamer では、スライドごとに効果を指定することができます。

　たとえば、約 10 秒かけて[10]、first.pdf の左から second.pdf で徐々に上書きされるように表示するには、以下のようにフレームを作ります。

※10　ただし、実際に10秒間均等な速さで画面が切り替わるかどうかは、PDFビューアや計算機の性能に依ります。

```
\begin{frame}
  \onslide*<1>{\includegraphics[clip]{first.pdf}}
  \onslide*<2>{\includegraphics[clip]{second.pdf}}
  \transwipe[duration=10,direction=0]<2>
\end{frame}
```

付録A
LATEX のインストールと設定

第 2 章でも書きましたが、今はオンラインでフル装備の LATEX が使える時代ですので、まずはそうしたサービスの利用をご検討ください。ただ、文書が長くなると、無料枠ではタイムアウトする可能性があり、自分のパソコンで処理をしたくなるかもしれません。この付録では、TEX Live（LATEX を含む TEX システム一式の集大成）をWindows、Mac、Linux などにインストール・設定する方法を説明します。Mac については TEX Live に TeXShop などを加えた MacTeX を主に説明します。いずれもディスクスペースは 〜10 G バイトほど必要です。

以下の解説は本書執筆時点の情報です。追加情報はサポートページ（https://github.com/okumuralab/bibun9）をご覧ください。

A.1 TEX Live について

日本語対応を含めた LATEX 全部盛りをインストールするなら、今は TEX Live[※1] またはそれに基づく MacTeX[※2] が唯一の選択肢です。サブセット版もありますが、ディスクスペースさえ余裕があれば、フルセットを入れるほうが楽です。

TEX Live（MacTeX）は毎春刷新され、「TEX Live 2023」（MacTeX 2023）といった名前で公開されます。以下では 2023 のような 4 桁の年の部分を $YYYY$ と表記しています。

同じ TEX Live $YYYY$ でもほぼ毎日更新されています。更新は "tlmgr update --self --all" というコマンドまたは同じ働きをするアプリで行います。毎年春前に更新が止まります[※3] ので、最終版を使い続けるか TEX Live $YYYY + 1$ に移行するかの決断を迫られます。TEX Live $YYYY$ は.../texlive/$YYYY$ といったディレクトリ（フォルダ）にインストールされ、新しいものをインストールしても古いものがそのまま残るので、PATH 設定だけで切り替えられます。また、年を超えて使いたい自分用のスタイルファイルやフォントなどは .../texlive/texmf-local というディレクトリなどに入れておきます（TEX のディレクトリ構成については付録 B で詳しく説明します）。

以下では OS ごとに具体的なインストールの方法を説明します。

※1 https://tug.org/texlive/

※2 https://www.tug.org/mactex/

※3 更新が止まった時点の「TEX Live $YYYY$ 最終版」は、共同作業者とバージョンを合わせたいときに便利です。更新が止まってしばらくするとサイトから消えてしまいますので、その前に最終版にアップデートしておくことをお勧めします。

A.2　Windowsへのインストールと設定

　TEX Live 標準のインストーラで LATEX を含む TEX システム一式を Windows にインストール・設定する方法を説明します。

　Windows 版 TEX Live[※4] には TEXworks（TEX 専用テキストエディタ）や Ghostscript[※5] も含まれます。

※4　最新の内容については [texdoc] texlive-ja の、特に「Windows向けの情報」をご覧ください。

※5　通常 rungs というコマンドで起動します。

※6　TEX プログラム自体は Windows のレジストリを使いませんので、複数のTEXが違うフォルダーにインストールされていても、環境変数 PATHを切り替えれば使い分けることができます。ただ、間違えると誤動作の原因になりますので、コンピューターに詳しくない方はTEX システムを一つに限るほうがいいでしょう。

🔘 インストールの前に

　古い TEX システムが入っている場合は注意が必要です。もし不要なら、あらかじめアンインストールしておいてください[※6]。環境変数 PATH に登録されている古い TEX システムの情報も消しておきます。Windows での環境変数の加除の方法は 336 ページ「環境変数の設定・確認」をご覧ください。

　ウイルス対策ソフトによっては、インストールの邪魔をしたり、ウイルスと誤検知したりすることがあります。必要に応じてウイルス対策ソフトを切っておいてください。

🔘 インストールの方法

　まず、Web ブラウザなどで

　　　https://mirror.ctan.org/systems/texlive/tlnet/install-tl-windows.exe

というファイルをダウンロードします。

　ダウンロードしたファイル（install-tl-windows.exe）が格納されているフォルダ（通常は「ダウンロード」というフォルダ）を、Windows の「エクスプローラー」（フォルダの形のアプリ）で開きます。

　install-tl-windows.exe（拡張子を表示しない設定になっていれば install-tl-windows）の上にマウスカーソルを合わせて、右クリックし、出てきたメニューから［管理者として実行］をクリックします。

　「Windows によって PC が保護されました」と大きく書かれた青い警告が出た

なら、「詳細情報」をクリックし、現れた［実行］ボタンを押します。

▲ 青い警告ウィンドウ　　　　　　　▲「詳細情報」をクリックした後

　ここでさらに「ユーザーアカウント制御」というタイトルの全画面警告が出たなら、［はい］を押して次に進みます。

　次に出てくる画面では［Install］が選択された状態で［Next >］を押します。その次の画面で［Install］を押します。

　この後、インストーラ一式が展開されます。しばし待ちます。

　展開が終わると、インストーラは大きなファイル※7 のダウンロードと検証を始めます。その間、TEX Lion というマスコットが大きく写ったウィンドウが出ます。通常はしばらく待つと、別の表示に切り替わります。

※7 TeX Live Package Database。TeX ディストリビューションである TeX Live は、Linuxディストリビューションなどと同様に、「パッケージ」という塊を最小単位にして導入や更新を行います。このパッケージに関する情報をテキストファイルに書き込んだものが texlive.tlpdb で、執筆時点で17 MB（xz圧縮しても2.4 MB）あります。なお、LATEX の パッケージ（4.1節）とは異なる概念です。

参考　近くて高速なサーバが自動的に選ばれることがほとんどなのですが、場合によっては遅いこともあるので、数分待ってもウィンドウが切り替わらなければ［特定のミラーを選択...］をクリックして、別のサーバを選ぶとよいでしょう。

ウィンドウのバーに［TeX Live インストーラ］と書かれたウィンドウが現れます。特に独自の設定が必要なければ、［インストール］を押します。

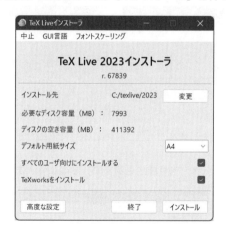

※8　フォルダの区切り記号が/（スラッシュ）になっていますが、C:\texlive\YYYY と同じことです。

参考　既定のインストール先は C:/texlive/YYYY（YYYY は年、例えば 2023）になっています※8。ディスクスペースに余裕がないような場合に、［変更］ボタンを押して別のドライブを指定することもできます。

参考　「TeXworks をインストール」の右のチェックを外すと TEXworks のインストールや .tex ファイルの関連付けが行われません。

参考　必要な機能が限定的な場合には、［高度な設定］ボタンを押して、スキームの［変更］や追加コレクションの［カスタマイズ］を試みるのもよいでしょう。

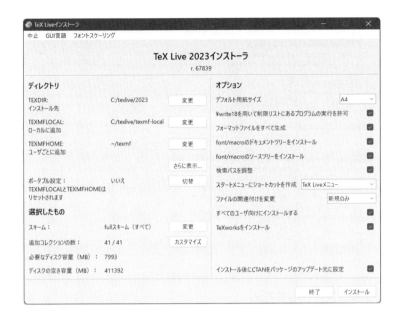

進捗状況を表示するウィンドウが立ち上がりますので、1〜3 時間待ちます。パソコンの状態（特にインターネット接続の速度）によっては、もっとかかることもあります。

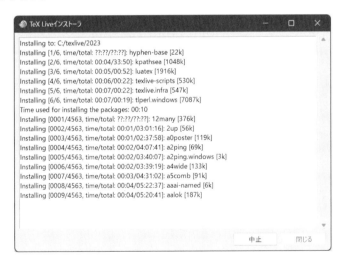

「TeX Live へようこそ！」とそれに続く数行のメッセージが現れれば終了です。［閉じる］を押し、その他にも開いている TeX Live 関連のウィンドウを閉じてください。

アンインストールの方法

TEX Live 全体のアンインストールは、スタートメニューやスタート画面から「TeX Live *YYYY*」（*YYYY* は年）を探して「Uninstall TeX Live」を実行します。

ユーザーが変更したファイルやローカルの設定なども含めてすべてを削除したい場合には、さらにインストール先のフォルダー（C:\texlive）[※9] とユーザー用のホームフォルダー（C:\Users\ユーザー名\.texlive*YYYY*[※10]）も削除します。

環境変数の設定・確認

上に述べた手順で TEX Live を標準の場所にインストールした場合には、インストーラにより、システム環境変数 PATH[※11] の最後に、

C:\texlive*YYYY*\bin\windows

が追加されているはずです（*YYYY* は年、例えば 2023）。

もしうまくいかなかった場合や、複数の TEX システムを切り替えて利用する場合[※12] は、環境変数を手動で編集します。

環境変数の編集は、Windows の検索ボックスに「環境変数」と入力して現れたウィンドウから行います。

システム環境変数はそのマシンを使うすべてのユーザーに影響し、その変更には管理者権限が必要です。ユーザー環境変数は自分だけで使う場合に設定します。システム環境変数がユーザー環境変数に優先します。

古い環境変数 TEXMF、TEXMFMAIN、TEXMFCNF、TEXINPUTS が残っていると誤動作します。以前に別の TEX システムをインストールした場合は、必ず確認

※9　Windowsのフォルダーの区切りは、フォントによっては ￥ と表示されますが、PDFファイルからコピペする際にエラーになるので、第9版からは \ で統一することにしました。

※10　エクスプローラーのナビゲーションウィンドウにある自分の名前の付いたフォルダーの中にあります。ナビゲーションウィンドウから「デスクトップ」または「コンピューター」の下を探してください。

※11　もしかしたら Path と綴られているかもしれませんが、Windowsは環境変数の大文字と小文字を区別しませんので、PATH でも Path でも同じことです。

※12　lualatex.exe などのプログラムは、環境変数 PATH の列挙順に探し、最初に見つかったものを起動します（詳しくは350ページ参照）。インストーラは PATH の最後に自分のパスを追加するため、古い TEX システムが入っている場合は、列挙順を直すといった操作がどうしても必要になります。

して、これらの環境変数を消しておいてください。

環境変数を変えた場合、Windows を再起動する必要はありませんが、すでに起動している TEX 関連ソフトやターミナル類（コマンドプロンプトやPowerShell）は、いったん閉じてから開き直してください。

🔘 TEXworksの設定

TEX Live をインストールすると、（標準設定なら）TEXworks という TEX 専用テキストエディタも自動でインストールされます。

TEXworks は、スタートメニューやスタート画面から「TeX Live *YYYY*」を探して「TeXworks editor」を選ぶか、Windows の検索ボックス、またはターミナル（コマンドプロンプトや PowerShell）に texworks と打ち込んで起動できます。あるいは TeXworks editor をスタートメニューなどからスタート画面やタスクバーにピン留めしておけば、簡単に TEXworks が起動できます。

> 参考　複数の TEXworks がインストールされている場合、Windows の検索ボックスに
> texworks と打ち込むと複数の候補が表示されます。こんなときは、右クリック
> して「ファイルの場所を開く」を選ぶとフォルダ名がわかりますので、新しいほ
> うを起動します。とても紛らわしいので、よほどの理由がなければ、TEX システ
> ムを一つに限ることを改めてお勧めします。

> 参考　C:\texlive*YYYY* 以下には、実は texworks.exe が二つ存在します。上に書い
> た方法で起動できる TEXworks は C:\texlive*YYYY*\bin\windows にあるもの
> です。タイプセットの設定が日本語向けになるなど、TEX Live としての細かな調
> 整が施されています。

TEXworks を自分好みに設定するには、TEXworks を起動して「編集」→「設定」を選びます。

全体　　　　慣れないうちは「アイコンの下にテキストを表示する」にチェックを付けておくほうがわかりやすいかもしれません。

エディタ　　好きなフォントを設定します（デフォルトでは MS UI Gothic）。エンコーディングは UTF-8 が標準です。「行番号表示」「現在カーソルのある行をハイライトする」は好みに応じてオン・オフしてみてください。日本語のかな漢字変換時に、変換対象の文字列が見にくくなってしまう場合には、「現在カーソルのある行をハイライトする」のチェックをオフにすると解消します。これらは次回起動時から効果が現れます。

タイプセット　「タイプセットの方法」の下の「デフォルト」の設定は、よくわからなければ「pLaTeX (ptex2pdf)」にしてください。もしも設定候補の中にこれらの名前がなければ、セットアップに失敗しているか、セットアップしたユーザーとは異なるユーザーで

TEXworks を使おうとしているか、何らかの理由でC:\Users\ユーザー名\.texlive*YYYY* を失ってしまったかのどれかでしょう。そのようなときは、管理者権限で実行したターミナル（コマンドプロンプトや PowerShell）に次のように打ち込みます[13]：

```
tlmgr postaction install script ptex2pdf
```

このあとで、「タイプセットの方法」の「デフォルト」の設定で、「pLaTeX (ptex2pdf)」「upLaTeX (ptex2pdf)」「LuaLaTeX」などのうちどれかを設定してください。

参考 タイプセットを自分で一から設定する場合、次ページの「タイプセットの方法」で ［＋］ボタンを押し、名前「pLaTeX (ptex2pdf)」、プログラム ptex2pdf.exe を入れ、引数は ［＋］ボタンを押して −l（数字の 1 ではなく小文字の L）を加え、さらに ［＋］ボタンを押して −ot を加え、さらに ［＋］ボタンを押して −kanji=utf8 \$synctexoption を加え、さらに ［＋］ボタンを押して \$fullname を加えます。「実行後、PDF を表示する」がオンになっていることを確認し、［OK］を押します。

フォントなどの設定を反映させるためには、いったん TEXworks を閉じて、開き直します。

適当な例を打ち込んで「タイプセット」をクリックすると、「ファイルの保存」ダイアログボックスが開いて、ファイル名と保存するフォルダとを聞いてきます。

▶ 以前の環境で作成した tex ファイルを開いたら文字化けしたときには

以前に作成した tex ファイルなどを、たとえばメモ帳（notepad）で開けば正常に表示されるのに（下図左）、TeXworks では文字化けしてしまう（下図右）ことがあります。このような場合、ファイルの文字コードがシフト JIS になっていて、TeXworks の標準である UTF-8 と合っていないことが考えられます。

とりあえず文字化けを直すには、TeXworks 右下の［UTF-8］の部分をクリックし、一覧から「Shift_JIS」を選んだあとで、再度同じ部分（今度は［Shift_JIS］になっています）をクリックして「選択した文字コードで再読み込みする」を選びます。

最終的には、文字コードを UTF-8 に統一することをお勧めします。

◆ Windowsのメモ帳（notepad） COLUMN

メモ帳は、Windows に付属するテキストエディタです。低機能ながらどんな Windows にも入っていて、テキストファイルを気軽に閲覧、編集するために使えます。

起動方法には 2 通りあります。

一つ目は、Windows の検索ボックスに「メモ帳」（あるいは「notepad」）と入力して、探して起動する方法。まっさらな状態からテキストを打ち込んでいきます。ファイルとして保存する際に「文字コード」を適切に設定する必要があります（23 ページ参照）。さらに、.txt ではない拡張子で保存するときには、工夫が必要です。test.tex というファイル名で保存したいときには、ファイル名のボックスには「"test.tex"」のようにダブルクォートで囲んで入力するのが最も手っ取り早いでしょう。

二つ目は、ターミナルに notepad test.tex と打ち込んで test.tex を編集する方法です。すでにカレントディレクトリに test.tex というファイルがあれば、そのファイルを編集することになります。まだ test.tex というファイルがなければ、「ファイル test.tex が見つかりません。新しく作成しますか？」と聞いてくるので、［はい］と答えます（この場合、文字コードは UTF-8N になります）。

🌏 更新の方法

　冒頭の A.1 節で述べた通り、TeX Live の更新は "tlmgr update --self --all" というコマンドで行えます[14]。Windows 版 TeX Live には専用のアプリがありますので、以下ではコマンドを使わず、アプリを使って更新する方法について簡単に触れます。

　スタートメニューまたは検索ボックスで TLShell TeX Live Manager を探して、起動します。ターミナルに tlshell と打ち込んでも起動できます[15]。

※14　tlmgr は、管理者権限で作成したファイルなどを更新しに行くので、「管理者権限で実行」で起動したターミナル（コマンドプロンプトやPowerShell）を用いる必要があります。

※15　TLShellの起動に関しては、管理者権限で実行しなかったとしても、ユーザーアカウント制御が発動して、管理者権限が求められるようです。

▲ TLShell TeX Live Managerをスタートメニューから探している様子

　「TeX Live Shell」というタイトルの画面が立ち上がります。左下のステータス表示が「待機中」になるまで待ってから、メニューバーの［ファイル］→［リポジトリを読み込む］をクリックします。

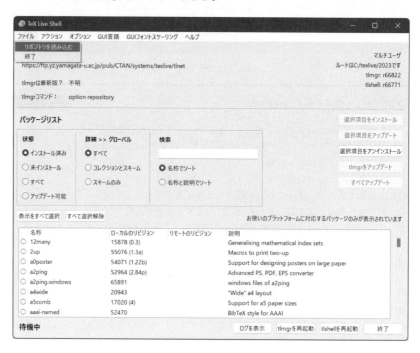

　しばらく待つと、世の中に更新があったかどうかが分かります。右にある［すべてアップデート］がクリックできる状態なら、クリックすると、新規に追加されたパッケージや更新されたパッケージを取り込んで、パソコンの TeX Live を最新の状態にできます。

　［すべてアップデート］はクリックできない状態で、［tlmgr をアップデート］がクリックできる状態であれば、まず［tlmgr をアップデート］をクリックしてください。コマンドプロンプトの画面に切り替わって、TeX Live Manager の更新が行われます。しばらく画面を閉じずに待っていると、「You may now close this window.」というメッセージが現れて、入力を促されますので、exit と入力して、画面を閉じます。すると、再度 TLShell TeX Live Manager の画面が立ち上がります。［すべてアップデート］をクリックできる状態になっているはずですので、［すべてアップデート］をクリックします。これで、パソコンの TeX Live を最新の状態にできます。

A.3　Macへのインストールと設定

💎 概要

　MacTeX[16] は TeX Live と Mac 用の TeX 関係のツール群を合わせたものです。普通のアプリと同様に簡単にインストールできます[17]。

　MacTeX は /usr/local/texlive/*YYYY*（*YYYY* は年、例えば 2023）に TeX Live を（管理者権限で）インストールします。同じ場所にすでに別の TeX Live がインストールされている場合は、別の場所に移してから MacTeX のインストールを始めてください[18]。

　標準インストールでは、TeX Live 以外に、Ghostscript と GUI アプリ群（TeXShop など）がインストールされます。インストールされるものは「カスタマイズ」で選べます。

　Ghostscript 関係の実行ファイル（数十個）は /usr/local/bin、Ghostscript のライブラリは /usr/local/share/ghostscript 以下に入りますので、これがまずい場合は、後述のように、インストールの「カスタマイズ」で Ghostscript を外してください。

💎 インストールの詳細

　MacTeX のインストールは、https://www.tug.org/mactex/ からリンクされているダウンロードのページで MacTeX.pkg という巨大なファイルをダウンロードして、ダブルクリックすれば始まります。（パスワードを入力する画面以外は）基本右下のボタンを押していくだけですので、特に難しいことはないと思

※16　https://www.tug.org/mactex/

※17　コンピュータに非常に詳しいかたなら、次の節の方法で TeX Live 標準の Unix インストーラを使ってインストールするほうが、インストールする場所も選べるし、どこに何が入るかよくわかるし、管理者権限を使わなくてもインストールできるので、うれしいかもしれません。

※18　「インストール先を変更」で別ドライブにインストールすることもできます。

います。

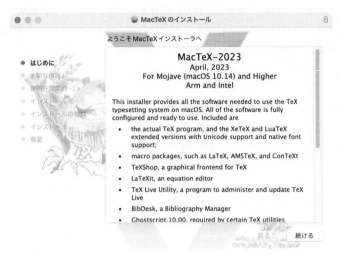

▲ MacTᴇX のインストールの始まり。このあと何回か「続ける」「同意する」「インストール」をクリックすると完成する。途中で管理者の名前とパスワードの入力やファイルのアクセス権を求められる。

ただ、概要にも書きましたが、現状の MacTeX は /usr/local/bin や /usr/local/share に Ghostscript をインストールします。特に Intel Mac で Homebrew を使っているかたは、Homebrew の Ghostscript と同じ場所に入ってしまって混乱すると思いますので、インストールの途中で出てくる「カスタマイズ」をクリックして、Ghostscript を外してください。

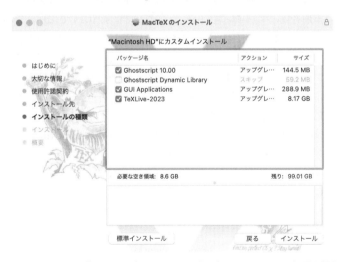

▲「カスタマイズ」をクリックした際の表示。Ghostscriptが不要な場合は外す。

TeXShop

MacTeX をインストールすると、「アプリケーション」フォルダに「TeX」という名前のフォルダができます。その中にいくつかアプリがありますが、 のようなアイコンの TeXShop[19] というアプリを使って LaTeX の編集を行うのが簡単です。TeXShop の実行方法は 15 ページをご覧ください。

※19 https://pages.uorego n.edu/koch/texshop/

TeXShop は、Oregon 大学の Richard Koch 教授（現在は退職されて名誉教授）が開発しました。2002 年の Apple Design Award の 6 部門のうちの一つ Best Mac OS X Open Source Port を受賞しています。宍倉光広さん、銭谷誠司さん、寺田侑祐さんらのご努力により日本語も扱えるようになり、日本語のためのメンテナンスも続いています。エディタは Mac の標準エディタ「テキストエディット」と同様に Emacs 類似のキーアサインが使えます。LaTeX の命令に色を付けることができ、スペルチェックもできます。

LuaLaTeX を使う場合は簡単ですが、pLaTeX、upLaTeX を使う場合には次の設定が必要です。

TeXShop を起動して画面上部のメニューバーの「設定」を開き、左下の［設定プロファイル］で、pLaTeX を使う場合は「pTeX（ptex2pdf）」または「pTeX（latexmk）」、upLaTeX を使う場合は「upTeX（ptex2pdf）」または「upTeX（latexmk）」を選び、右下の［OK］を押します。「設定」を開いたついでに、［書類］でエディタのフォントを好みのものに設定しておきましょう。

設定を変更したら、TeXShop をいったん終了し、再び開いてください。

> 参考　環境設定の詳細で「otf パッケージ対応」がオンになっていると、otf パッケージと併用して pLaTeX が直接扱えない漢字を扱えるようになります。TeXShop のエディタは 16 ビットの Unicode で表せない文字も入力できますので、「吉」などの異体字もそのまま入力できます。これを保存する時点で TeXShop は \CID{13706} という記法に直してくれるので、プリアンブルに \usepackage{otf} と書いておけば、たくさんの文字が pLaTeX で扱えます。

> 参考　同じ環境設定の詳細の「UTF-8-MAC を UTF-8 に自動変換」は、ちょっとわかりにくいのですが、Unicode の濁音・半濁音の扱い方などを Mac の方式から一般的な方式に変換します[20]。

※20　単純にNFCでの正規化を行うと、CJK 互換漢字など合成除外とすべき文字まで分解・合成されて字形が変化してしまうので、合成除外を考慮した独自のUnicode正規化を施しています。

TeX Live ユーティリティ

「アプリケーション」の「TeX」フォルダには「TeX Live ユーティリティ」というツールも入ります。これは従来ターミナルで tlmgr というコマンドで行っていた作業を GUI アプリで簡単にできるようにしたものです。時間のあるときにこれを立ち上げ、「作業」→「すべてのパッケージを更新」をしておきましょう。かなり時間がかかりますが、日に日に更新が続けられている TeX Live が最新の状態になります。

ターミナルで使う

Mac での設定や動作確認のために、コマンドを打ち込むための「ターミナル」というアプリをよく使います。使い方は次の通りです。

まず Finder（ファインダー）を起動し、「アプリケーション」をクリックします。その中の「ユーティリティ」フォルダの中に「ターミナル」[※21] があります。これをダブルクリックして起動します。

試しに次のように打ち込みます：

```
which latex
```

これで /Library/TeX/texbin/latex のようなものが返ってくれば大丈夫です。もし何も返ってこないか、古い LATEX の場所が返ってきたなら、PATH の設定ができてないことが考えられます。とりあえず、ターミナルに

```
export PATH=/Library/TeX/texbin:$PATH
```

と打ち込んで、もう一度

```
which latex
```

を試してください。これで /Library/TeX/texbin/latex が返ってこなければ、インストールがうまくいっていないことが考えられます。

> 参考　いちいち export PATH=... と打ち込むのが面倒なら、シェルに bash を使っているなら .bashrc、zsh を使っているなら .zshrc か .zshenv に PATH を設定します。最近の Mac なら zsh を使っているはずです。具体的には、zsh なら例えば .zshrc の最後に
>
> ```
> export PATH=/Library/TeX/texbin:$PATH
> ```
>
> という行を追加し、ターミナルを立ち上げ直します。

ターミナルを使えば、TeXShop のようなアプリでは難しい設定やトラブル診断、自動処理などができます。例えば test.tex というファイルを LuaLATEX でコンパイルするには、ターミナルに

```
lualatex test
```

と打ち込みます。

管理者権限を要する場合は少し手順が必要です。例えば TEX Live システムをすべて更新するためのコマンドは

```
tlmgr update --self --all
```

ですが、MacTEX は管理者権限でインストールされていますので、一時的に管理者権限を得るための sudo[※22] というコマンドを付ける必要があります。つまり、

```
sudo tlmgr update --self --all
```

※22　sudo = substitute user, do

344

としますと、自分のパスワードを打ち込むことを促され[23]、正しいパスワードを打てば、管理者権限でコマンドが実行されます。一度パスワードを打ち込めば、しばらくはパスワードを促されることがありません。ただ、管理者になる権限も持っていない一般ユーザの場合は、これでもうまくいきません。この場合は

※23 ターミナルに打ち込んだパスワードはエコーバック（表示）されません。間違えてもバックスペースで戻ることができませんので、最初からやり直す必要があります。

```
..... is not in the sudoers file.  This incident will be reported.
```

のようなメッセージが出ますので、いったん管理者になる権限を持つユーザに昇格（例えば admin というユーザなら管理者になれるなら、su admin と打ち込んで admin のパスワードを打つ）してから、sudo 〜 というコマンドを打ち込みます。

どこに何が入るか

MacTeX はインストールが簡単な反面、どこに何が入るかがたいへんわかりにくくなっています。

まず、/Applications/TeX 以下に TeXShop、LaTeXiT、BibDesk、TeX Live Utility などのアプリやドキュメントが入ります。

/usr/local/texlive/*YYYY*（*YYYY* は年）に TeX Live 本体（約 10 G バイト）が入ります。この中のものは主に /Library/TeX 以下のシンボリックリンクを経由して使われます。また、/usr/local/texlive/texmf-local というフォルダ（およびサブフォルダ）ができますが、これは骨組みだけで、実際にファイルが入るわけではありません。

実行ファイルのパスは /etc/paths.d/TeX に /Library/TeX/texbin と書き込まれることによって設定されます。/Library/TeX/texbin は /usr/local/texlive/*YYYY*/bin/universal-darwin へのシンボリックリンクです。

マニュアルファイルへのパスは /etc/manpaths.d/TeX に /Library/TeX 以下のシンボリックリンクを経由して /usr/local/texlive/*YYYY*/texmf-dist/doc/man に設定されます。

Ghostscript のバイナリは /usr/local/bin に、ライブラリは /usr/local/share/ghostscript に入ります。/usr/local/bin/gs（通常は gs-noX11 へのシンボリックリンク）で Ghostscript を実行します。

これ以外に ~/Library/texlive 以下が使われます[24]。

TeXShop は ~/Library/TeXShop を使います。他のアプリも ~/Library 以下を使うようです。

※24 〜（チルダ）はホームディレクトリを表します。~/Library はホームディレクトリ直下にある Library というフォルダを表します。

ヒラギノを使いたい場合

現在の TeX Live は、本書の本文にも使われている原ノ味（Adobe の「源ノ」に基づくフォント）がデフォルトです。商業出版にも耐える美しいフォントなの

で、特にヒラギノに変更する必要はないと思いますが、それでもヒラギノフォントを使いたい場合は、次のようにします。

まず、LuaLᴬTEX なら、`\usepackage[hiragino-pron]{luatexja-preset}`とすれば簡単にヒラギノが使えます。

(u)pLᴬTEX の場合はちょっと面倒ですが、2023 年時点では次のようにすればヒラギノが使えるようです。

```
sudo tlmgr repository add \
  https://mirror.ctan.org/systems/texlive/tlcontrib tlcontrib
sudo tlmgr pinning add tlcontrib '*'
sudo tlmgr update --self
sudo tlmgr install japanese-otf-nonfree ptex-fontmaps-macos \
  cjk-gs-integrate-macos
sudo cjk-gs-integrate-macos --link-texmf \
  --fontdef-add=cjkgs-macos-highsierra.dat
sudo kanji-config-updmap-sys --jis2004 hiragino-highsierra-pron
```

次回からは `sudo kanji-config-updmap-sys ...` だけでフォントの切り替えができます。例えば原ノ味に戻すには次のように打ち込みます。

```
sudo kanji-config-updmap-sys --jis2004 haranoaji
```

A.4　一般のUnix系OSへのインストール

Mac を含む Unix 系 OS に TEX Live をコマンドでインストールする方法を説明します[25]。

TEX Live のサイト[26] にはいろいろなインストールの仕方が書いてあります。例えば "install on Unix/GNU/Linux" のリンクをたどると、コマンド数行でできる簡単なネットワークインストールの方法が書いてあります。念のため以下に同様な方法を記しておきます。あらかじめ `/usr/local/texlive` というディレクトリを作成し、インストールするユーザの権限で書き込めるようにしておきます。

```
wget https://mirror.ctan.org/systems/texlive/tlnet/install-tl-unx.tar.gz
tar xvzf install-tl-unx.tar.gz
cd install-tl-*
./install-tl
```

最後の `./install-tl` には `--repository=https://.../.../texlive/tlnet/` のようなオプションを付けて特定のミラーサイトを指定することもできます。

※25　Linux ディストリビューション等が提供する TEX Live 相当品もあり、そちらのほうが楽にインストールできるかもしれませんが、ここでは本家のものを使う方法を紹介します。

※26　https://tug.org/texlive/

これで設定を確認して "I" でインストールが始まります。かなりの時間がかかります。

実行ファイルは /usr/local/texlive/*YYYY*/bin/*arch* に入ります（*YYYY* は年、*arch* はインストールしたマシンの種類によって変わる文字列）。この場所にPATHを通して、完成です。

Ghostscript は入っていませんので、必要に応じて、Linux ディストリビューション等が提供するもの（Mac なら Homebrew などのもの）をお使いください。

◆ **文字コードを判別、変換するツールnkf**

文字コードを判別・変換するコマンドとして、nkf（Network Kanji Filter）というツールがよく使われます。

nkf で文字コードを UTF-8 に変換するには、ターミナル（コマンドプロンプトや PowerShell）で nkf -w --overwrite ファイル名とします。入力の文字コードは自動判別されますが、もしも自動判別に失敗する場合には、Shift_JIS なら -S を、ISO-2022-JP なら -J を、EUC-JP なら -E を余分に指定します（例：nkf -Sw --overwrite ファイル名）。

文字コード・改行コードの判別結果の表示だけをしたいときには、nkf --guess ファイル名とします。

Mac 版は Homebrew などでインストールできます。Windows 版の入手方法はサポートページ（https://github.com/okumuralab/bibun9）をご覧ください。

付録B
TEX のディレクトリ構成

コンピュータのハードディスクや SSD の中は、フォルダまたは
ディレクトリと呼ばれる間仕切りで構成されています。TEX システム
を使いこなしトラブルに対処するためには、このディレクトリ構成を
理解する必要があります。ここではディレクトリやパスの基礎知識と
TEX のディレクトリ構成を解説します。

B.1　ディレクトリ（フォルダ）とパス

コンピュータのハードディスク[※1] の中のファイルを整理するために、フォル
ダ（folder）またはディレクトリ（directory）と呼ばれる間仕切りが使われます。

すべてのディレクトリの根っこにあたるディレクトリをルートディレクトリ
（root directory）といって、Unix 系 OS[※2] では /（スラッシュ）で表します。
Windows では \（バックスラッシュ）で表しますが、これは Windows の日本
語フォントではしばしば ¥（円印）に化けます。そのため、本書では Windows
については ¥ を使っていたことがありましたが、PDF 版の本書からコピペする
とエラーになるので、今後は \ で統一することにします。

この同じ文字はディレクトリの区切りにも使われます。

Windows では、ルートディレクトリを表す \ の前に、ドライブ文字（C: や
D:）が必要になります。ハードディスクドライブが一つの場合は通常は C: にな
りますので、この場合、Unix 系 OS の / に相当するものは C:\ です。

例えば、ルートディレクトリの直下に usr というディレクトリがあり、その
中に bin というディレクトリがあり、その中に nkf というファイルがあったと
します。このファイルの位置をルートディレクトリからたどって書けば

```
/usr/bin/nkf
```

となります。このようにルートディレクトリからたどって書いた位置のことを
「絶対パス」または「フルパス」といいます。

platex などの TEX Live の実行ファイルは一般にもっと深いところにありま
す。例えば TEX Live *YYYY*（*YYYY* は 4 桁の西暦年、例えば 2023）を Unix
系 OS にインストールした場合、

```
/usr/local/texlive/YYYY/bin/arch/platex
```

※1　今はハードディスクの代
わりに SSD（半導体メモリ）を
使う時代です。以下の「ハード
ディスク」は「SSD またはハー
ドディスク」と読み替えてくださ
い。これらを合わせて「ストレー
ジ」、個々の SSD やハードディ
スクを「ドライブ」といいます。

※2　OS（オペレーティング・
システム）には、Windows、
Linux、FreeBSD、Mac などが
あります。このうち Mac、Linux、
FreeBSD などをここでは Unix 系
OS と呼んでいます。Windows
でも、Cygwin というフリーの
ツール群を使えば、Unix 系 OS
とほぼ同じコマンドが使えるよ
うになります。Windows 10 以
降では Windows Subsystem
for Linux（WSL）という仕組み
を使って Ubuntu などの Linux
ディストリビューションをインス
トールできます。

のようなところに入ります。ここで *YYYY* と書いた部分は年（2023 など）、*arch* と書いた部分はシステムの種類（x86_64-linux や universal-darwin）が入ります。Windows では

    C:\texlive*YYYY*\\bin\\windows\\platex.exe

のようなところにあります。

B.2　パスを通すとは？

※3　ユーザー名に「奥村晴彦」のような全角の名前やスペースを含む名前を設定すると、動作に支障が出るアプリがあります。LATEXは大丈夫ですが、なるべくユーザー名が半角英数字になるように設定しましょう。

　以下の話は Windows でも Unix 系 OS でも同じことですが、Windows を中心に説明します。例えば okumura という名前のユーザー[※3] が 16 ページのようにしてターミナル（コマンドプロンプトや PowerShell）を立ち上げると、

    C:\Users\okumura>_

のようなプロンプトが出ます（表示は Windows のバージョンやユーザー名によって変わります）。これは、現在そのターミナルが C:\Users\okumura という位置にいることを表しています。このような最初に開かれる位置のことを Unix 系 OS の用語ではホームディレクトリ（home directory）といい、~（チルダ）という記号で表します。一般に okumura という人のホームディレクトリは Mac では /Users/okumura、Linux では /home/okumura といった場所になります。

　また、ターミナルの現在位置のことを、カレントディレクトリ（current directory）といいます。

　さて、ある仕事に関するファイルがすべて C:\Users\okumura\work に入っているとします。まずそこへ移動しなければなりません。カレントディレクトリを移動するコマンドは cd（<u>c</u>hange <u>d</u>irectory）です。

    cd C:\Users\okumura\work

と打ち込めば、仕事のファイルのあるところに移動できます。カレントディレクトリが C:\Users\okumura だった場合は、cd work と打ち込んでも移動できます。

　また、D:\work のような違うドライブのディレクトリに移動するには、まず d: と打ち込んでドライブを移動し[※4]、さらに cd \work と打ち込みます。

※4　Cygwinのbashシェルの場合はcd d: と打ち込みます。PowerShellの場合はd: だけでもcd d: でも大丈夫です。

　このようなコマンド操作が面倒であれば、Windows のエクスプローラー（フォルダーの形のアプリ）で目的の場所を開き、上のアドレス欄に cmd と打ち込んで Enter キーを打てば、目的の場所をカレントディレクトリとしたコマンドプロンプトが開きます。

　このようにしてカレントディレクトリを C:\Users\okumura\work に変更し、LATEX ファイル ronbun.tex を作成してそこに保存したとします。そこで

コマンドプロンプトから platex ronbun と打ち込んでも、お目当ての platex というソフトは起動してくれないかもしれません。Windows でも Unix 系 OS でも、platex と打ち込めばハードディスク全体から platex を探してくれるわけではありません。あらかじめ「こことここから探してね」とコンピュータに教えておかなければなりません。これがいわゆる「パスを通す」という作業です。

具体的には、PATH という名前の環境変数というもので設定します。

現在の環境変数 PATH の値を調べるには、Windows のコマンドプロンプトなら PATH、PowerShell なら $ENV:Path、Unix 系 OS なら echo $PATH と打ち込みます。Unix 系 OS では ：（コロン）で、Windows では ；（セミコロン）で区切られた一連のディレクトリが表示されます。

Windows や Mac の環境変数の設定法は付録 A をご覧ください。もし platex が C:\texlive*YYYY*\bin\windows というフォルダに入っているならば、C:\texlive*YYYY*\bin\windows を環境変数 PATH に追加しなければなりません。

例えば PATH が

    C:\WINDOWS\system32;C:\WINDOWS

となっていたときに「platex」と打ち込めば、まず C:\WINDOWS\system32\platex を、次に C:\WINDOWS\platex を起動しようとして、どちらにも見つからなければエラーになります（Windows では拡張子 .exe は省略できますので、実際に見つかるのは platex.exe というファイルです）。

環境変数を変えるのが面倒なら、コマンドプロンプトから

    C:\texlive*YYYY*\bin\windows\platex

のような絶対パスを打ち込んでも、platex を起動させることができます。

なお、Windows のコマンドプロンプト[※5] では環境変数 PATH にかかわらずカレントディレクトリをまず探しますが、Unix 系 OS は、カレントディレクトリ（ピリオド 1 個 . で表します）を PATH に登録していなければ、探しません。カレントディレクトリを PATH に登録することはセキュリティ上の問題があるので、登録すべきでないとされています。Unix 系 OS では、カレントディレクトリにある platex を起動するには ./platex と打ち込みます。

パスが正しく設定されていれば、単に platex と打ち込むだけで platex(.exe) が起動します。どの場所にあるものが起動するかを確認するためには、Unix 系 OS ならターミナルに which platex と打ち込みます。Windows のコマンドプロンプトなら where platex、PowerShell なら where.exe platex です。

PATH 以外にも、プログラムの動作を指定するいろいろな環境変数があります。昔の TEX では、TEXMF など TEX... という形の環境変数を設定するのが一般的でした。現在は、TEX... という形の環境変数があるとむしろ誤動作しますの

※5 PowerShellではUnix系OSのように振る舞います。

で、もし昔 TEX をインストールした場合は、探して消しておく必要があります。

B.3　TEXのディレクトリ構成

TEX のディレクトリ構成は、システムによってかなり違いがありました。これが混乱の元でしたので、TEX Users Group（TUG）のテクニカルワーキンググループにより、標準的なディレクトリ構成 TEX Directory Structure（TDS）が提案されました（ texdoc tds）。最近の TEX システムはほぼこれに従って構成されています。本書では、最近の TEX Live で構築した TEX システムに従って説明します。

まず TEX Live をインストールする場所ですが、これはどこでもかまいません。ホームディレクトリ以下でも、外付けハードディスクでも大丈夫です。ただ、UNIX 起源のソフトの一般論として、名前に空白を含む C:\Program Files のようなディレクトリや、全角文字や半角かけの名前のディレクトリは避けたほうが無難です。

インストールされた場所の中に bin というフォルダがあり、その下にアーキテクチャ名（windows とか universal-darwin とか）があり、その中に platex(.exe) などの大量の実行ファイルが入っているはずです。そこにパスが通っていれば、kpsewhich というコマンド（363 ページ）も実行できるはずです。以下はこのコマンドを使っていろいろ調べます。

まず、ターミナルに

```
kpsewhich --var-value TEXMFROOT
```

と打ち込んでみてください。何やら長いパス名が現れるはずです。これが現在利用中の TEX システムを収めた場所の根っこ（root）に相当する位置です。TEXMF は TEX や METAFONT（TEX 用のフォント製作システム）という意味です。

また、

```
kpsewhich --var-value TEXMFLOCAL
```

と打ち込んでみてください。この場所はシステムによって違いますが、ここはローカル（そのマシン）で追加インストールするファイル群を入れる場所です。TEX システム本体とは独立しており、TEX システムを更新しても上書きされることはありません。

この二つの場所を、本書では TEXMFROOT、TEXMFLOCAL と呼ぶことにします。この二つのディレクトリの構成を理解しておくと便利です。

TEXMFROOT は、さらに次のような構成になっています。

texmf.cnf（テキストファイル）

ローカルの追加設定を書き込むテキストファイルです。これは TEX Live を

更新しても上書きされません。

bin（ディレクトリ）

システム（OS・CPU）ごとのフォルダに、実行ファイルを入れます。bin
はバイナリ（binary、実行ファイル）の意味です。たとえば pLATEX の実
行ファイル platex（Windows では platex.exe）[6] がここに入ります。
Windows 用のバイナリは bin/windows に、Mac のユニバーサルバイナリは
bin/universal-darwin に、Linux の 64 ビット用は bin/x86_64-linux
に入ります。

※6 Windowsでは実行ファイル名に .exe が付きますが、Unix系OSでは拡張子は付きません。

texmf-dist（ディレクトリ）

TEX Live ディストリビューション（配布物）の実行ファイル以外のものが入
ります。この中の web2c というディレクトリ[7] には TEX Live の基本的な設
定ファイル texmf.cnf などの設定ファイル類が入ります。

この設定ファイル texmf.cnf を少し眺めてみましょう。% で始まる行はコメ
ントです。最初のコメント以外の行は

```
TEXMFROOT = $SELFAUTOPARENT
```

ですが、これは例えば …/YYYY/bin/*/platex が実行されたなら、bin 以下を
削除した …/YYYY というフォルダを TEXMFROOT と名付けるという意味です。

```
TEXMFDIST = $TEXMFROOT/texmf-dist
```

は、その TEXMFROOT の中の texmf-dist というフォルダを TEXMFDIST と名付
けるという意味です。以下、TEXMFMAIN、TEXMFLOCAL、TEXMFHOME などが定
義され、これらを TEXMF として束ねています。

```
TEXMF = {$TEXMFCONFIG,$TEXMFVAR,$TEXMFHOME,
  !!$TEXMFSYSCONFIG,!!$TEXMFSYSVAR,!!$TEXMFLOCAL,!!$TEXMFDIST}
```

※7 Web2CのWebはインターネットのWebではなく、TEXの作者Knuthが考案した文芸的プログラミングのための WEB というシステムを指します。TEXはもともとWEBで書かれていましたが、WEBからC言語に変換してTEXを構築する仕組みが考えられました。これがWeb2Cです。

ここに並べた順序が優先順序になり、同じファイル名のものが複数の場所にあれ
ば、最初のものが優先されます。

ここで !!$TEXMFDIST のように !! が付いているものは、そのディレクトリ
直下に ls-R というファイルが存在しなければならないことを意味します。こ
の ls-R は、そのディレクトリ以下の全ファイルの名前を列挙したテキストファ
イルで、ファイル検索を高速化するために使われます[8]。この ls-R を再構築
するためのコマンドが mktexlsr です（360 ページ）。TEX システムを更新して
TEXMFDIST などの中が変化した場合は自動で mktexlsr が実行されますが、自
分で TEXMFLOCAL の中身を変更した場合は、忘れずにこのコマンドを手動で実
行する必要があります。

ここで定義されているいくつかの TEXMF... という変数のうち、TEXMFHOME

※8 なぜ ls-R という名前かというと、もともとは UNIX の ls コマンドに -R オプションを付けて実行したときの出力をファイルに収めたものだったからです。

というのは、そのマシンに複数のユーザーがいる場合に、ユーザー個人が追加インストールするための場所を表します。ターミナルに

```
kpsewhich --var-value=TEXMFHOME
```

と打ち込めば場所がわかります。

　TEXMFDIST の設定は TEXMFLOCAL で上書きされます。TEXMFLOCAL の設定は TEXMFHOME で上書きされます。もし TEXMFHOME にあたる位置に古いファイルが残っていれば、システムを更新したり TEXMFLOCAL に新しいものをインストールしたりしても、古いファイルのほうが優先されてしまい、期待通りの動作をしません。意図して TEXMFHOME を使っているのでなければ、TEXMFHOME の指し示すフォルダは消してしまってもかまいません。ただ、LuaTEX-ja では TEXMFHOME/texmf-var/luatexja をキャッシュ置き場に使っているようです。

　以下ではこの複数ある TEXMF の構成について説明します。TEXMF は上で調べた TEXMFDIST または TEXMFLOCAL に読み替えてください。

- TEXMF/tex ディレクトリは、TEX の動作に必要なテキストファイルを収めるところです。共通のものが generic、LATEX 用が latex、pLATEX 用が platex 等々となっています。

- TEXMF/fonts ディレクトリは、フォント関連ファイルを入れるところです。この中の構成は次のようになっています。

  - TEXMF/fonts/tfm の下には、TFM（TEX フォントメトリック）ファイル（フォントの寸法を記したファイル）が入ります。

  - TEXMF/fonts/vf の下には、仮想フォントファイルが入ります。

  - TEXMF/fonts/type1 の下には拡張子が pfb のファイル（PostScript Type 1 バイナリファイル）を入れます。

  - TEXMF/fonts/truetype、TEXMF/fonts/opentype の下には、それぞれ TrueType、OpenType 形式のフォントが入ります。

  - TEXMF/fonts/map の下には拡張子が map のファイル（map ファイル）を入れます。

  - TEXMF/fonts/cmap の下には一般に拡張子なしの CMap（Character Map）ファイルを入れます。これらは文字コードとフォントの文字番号（CID）とを対応づける表です。

- TEXMF/dvipdfmx ディレクトリには、dvipdfmx の設定ファイル dvipdfmx.cfg が入っています。

- TEXMF/doc ディレクトリにはドキュメント類が入っています。

付録 C
基本マニュアル

TEX および関連ソフトの基本マニュアルです。より詳しい説明は、TEX Live をインストールしたフォルダの中にある doc.html というファイルを Web ブラウザで開くと、texmf-dist/doc フォルダの下にある数千件のドキュメントへのリンクが並びます。これらのマニュアルからキーワードで目的のマニュアルを表示するには、この付録の最初に説明する texdoc コマンドが便利です。例えば platex コマンドについて知りたければ、ターミナルに texdoc platex と打ち込みます。もっと簡単な説明でよければ、ターミナルに platex --help と打ち込めば、platex コマンドのオプションが一覧できます。Unix 系 OS での操作に慣れていれば man platex と打ち込んでもマニュアルが読めます。

C.1　texdoc

texdoc は TEX Live のマニュアルを読むためのコマンドです[※1]。ターミナルに例えば

```
texdoc jlreq
```

と打ち込めば jlreq のマニュアル（PDF）が開きます。

与えられたキーワードに対してあいまい検索を行うので、望んだマニュアルが開かないこともあります。 -l （または --list）オプションを与えると、当てはまりのよい順に候補がリストされますので、希望の番号を打ち込んで開きます[※2]。

```
texdoc -l texlive ← これを打ち込んで Enter キーを押す
101 results. Display them all? (y/N) ← 一覧を見たければ y を入力する
 1 c:\texlive\2023\texmf-dist\doc\texlive\texlive-ja\texlive-ja.pdf
 2 c:\texlive\2023\texmf-dist\doc\texlive\texlive-en\texlive-en.pdf
 3 c:\texlive\2023\texmf-dist\doc\texlive\texlive-en\texlive-en.html
（中略）
Enter number of file to view, RET to view 1, anything else to skip:
        ← 日本語のマニュアルが読みたいなら 1 を入力する
```

※1　本稿執筆時点では、朝倉卓人さんによりメンテナンスされています。

※2　Windows で Git（306 ページ）を使うときに重宝するソフトウェア「Git for Windows」(https://gitforwindows.org/) で導入される Git Bash では、texdoc からの問いかけがなぜか表示されません。texdoc -l を使いたいときにはコマンドプロンプトなど他のターミナルを使うのがよいでしょう。

C.2 pdflatex、platex、uplatex、lualatex

それぞれ pdfLaTeX、pLaTeX、upLaTeX、LuaLaTeX を起動するためのコマンドです。pdflatex は pdftex、(u)platex は euptex（ε-TeX 拡張された upTeX）、lualatex は現在の TeX Live では luahbtex（HarfBuzz エンジンを使った LuaTeX）へのシンボリックリンクです。

例えば pLaTeX は次のコマンドで起動します。

```
platex ［オプション］ ファイル名 [.tex]
```

[ ] は省略できる部分を示します。例えば foo.tex を pLaTeX で処理するコマンドは、platex foo でも platex foo.tex でもかまいません。

入力ファイルの文字コードは UTF-8 が推奨です。改行コードは CR、LF、CRLF のどれでもかまいません。

おもなオプションは次のものがあります（頭の - は -- でもかまいません）。例えば foo.tex の文字コードがシフト JIS なら、打ち込むべきコマンドは platex -kanji=sjis foo になります。

-kanji=文字コード　(u)pLaTeX の入力ファイルの文字コードです。euc、sjis、jis、utf8 が選べます。Windows 版は文字コードを自動判断します。文字コードがいわゆる JIS（ISO-2022-JP）および BOM 付き UTF-8 のファイルは常に自動判断で処理できます。なお、2016 年以降の pLaTeX では、文字コードを途中から例えばシフト JIS に変えたい場合は、\epTeXinputencoding sjis という命令を文書ファイル中に書くことができます。これを書いた次の行から文字コードが切り替わります。文字コードの違うスタイルファイルを読み込む際に便利です。

-synctex=1　SyncTeX の機能を有効にします（357 ページのコラム参照）。

◆ 改行コード　

改行コードは、Enter キーでテキストファイルに入力される制御文字で、3 通りの流儀があります。古い Mac の行末が CR（carriage return、16 進 0D）、Unix 系 OS の行末が LF（line feed、16 進 0A）、Windows の行末が CRLF（16 進 0D 0A）です。

LaTeX 関係のツールは、このどれにも対応しているはずです。TeX Live で配布されるファイルの多くは LF を使っています。Windows の「メモ帳」は長らく CRLF にしか対応しませんでしたが、今は自動判断するようになりました。

-fmt=ファイル名 　読み込むフォーマット（fmt）ファイルを指定します。fmt ファイルは通常 TEXROOT/texmf-var/web2c ディレクトリ以下にあり、LaTeX のマクロを読み込みが速くなるようにバイナリ形式に直したものです。通常はコマンド名と同じ fmt ファイルが読み込まれます。例えば platex コマンドは platex.fmt を読み込みます。

-ini 　フォーマット（fmt）ファイルを作成するモードにします。

　例えば platex foo というコマンドを打ち込んだとしましょう。システムは platex（Windows の場合は platex.exe）という実行ファイルを、環境変数 PATH に登録されているディレクトリ（フォルダ）から探します。複数の TeX システムをインストールしている場合は、PATH の列挙順に探し、最初に見つかったものを起動します。詳しくは 350 ページをご覧ください。

　無事 platex が起動したなら、その platex 実行ファイルは、自分の存在する位置 TEXROOT/bin/.../platex から TEXROOT を推定し、TEXROOT/texmf-dist/web2c/texmf.cnf というファイルをまず読み込みます[※3]。これが TeX や METAFONT の設定（<u>configuration</u>）ファイルです。

　platex コマンドは、texmf.cnf に書き込まれた TEXINPUTS.platex という項目を探し、そこに列挙されたディレクトリから foo.tex を探します。カレントディレクトリ "." が列挙の最初にありますので、まずカレントディレクトリから foo.tex を探します。もし見つからなければ、TEXINPUTS.platex

※3 Windowsでは拡張子 cnf のファイルは変なアイコンで表示されたり、Windowsの設定によっては拡張子が隠されたりするかもしれません。このことは TeX の動作に影響を及ぼしません。

◆ SyncTeX　　　　　　　　　　　　　　　　　　　COLUMN

　SyncTeX は、テキストエディタと PDF プレビュー画面との相互リンクのための仕組みです。TeXworks や TeXShop、VS Code の LaTeX Workshop のような統合環境のほか、いくつかの PDF ビューアやテキストエディタで対応しています。

　例えば TeXworks では、エディタの画面を Ctrl + 左クリック すると PDF の該当箇所にジャンプし、逆に PDF の画面を Ctrl + 左クリック するとソースの該当箇所にジャンプします。あまり短い文書ではうまくいきませんので、複数ページの文書でお試しください。

　LaTeX 側でも SyncTeX に対応している必要があります。今はほぼすべての LaTeX システムで

```
platex -synctex=1 test
```

のように -synctex=1 オプションを付ければ SyncTeX が有効になり、入力・出力の位置の対応関係が ファイル名.synctex.gz という圧縮ファイルに書き出されます。PDF ファイル自体に何かが挿入されるわけではありません。

　ptex2pdf で pLaTeX の処理を行うときには、次のようにオプションを与えます：

```
ptex2pdf -l -ot "-synctex=1" test
```

に列挙されたディレクトリを一つずつ探していき、どこにも見つからなければエラーを返します。texmf.cnf に TEXINPUTS.platex という項目がなければ、単なる TEXINPUTS という項目に従って動作します。もし foo.tex に \documentclass{jsarticle} と書かれていれば、jsarticle.cls をやはり上と同様の順序で探します。\usepackage{otf} と書かれていれば otf.sty を同様に探します。具体的にどこにあるファイルが読み込まれるかは kpsewhich コマンド（363 ページ）で調べられます。

　以上が最近の TeX の動作ですが、もし環境変数 TEXMFCNF が登録されていれば、そこから texmf.cnf を探します。また、TEXINPUTS などの環境変数が登録されていれば、texmf.cnf での指定より優先されてしまいます。以前 TeX を使っていたパソコンに新しい TeX をインストールしたけれども期待通り動かないといったトラブルの多くは、古い TEX... といった環境変数が残っていることが原因です。今の TeX は PATH さえ設定しておけば後は自分自身の属する texmf.cnf に従って正しく動作するはずですので、特殊な目的がなければ TEX... 環境変数をすべて削除してください。

C.3　dvipdfmx

　dvi を PDF に変換するツールです。コマンドは

　　dvipdfmx ［オプション］ ファイル名 [.dvi]

の形式で与えます。

　dvipdfmx の設定は TEXMFDIST/dvipdfmx/dvipdfmx.cfg というファイルに書き込んであります。行頭に % のある行はコメントです。最後のほうに f 何々.map という行がいくつかありますが、この 何々.map というファイル（map ファイル）に、TeX でのフォント名と dvipdfmx でのフォント名との対応が書き込まれています。f の行がいくつかあれば上から順に読み込まれ、さらにコマンドラインでの –f オプションで指定した map ファイルが順に読み込まれます。矛盾した設定があれば、後のものが勝ちます。dvipdfmx.cfg が標準で読み込む map ファイルは、手で編集するのではなく、後述の updmap や kanji-config-updmap というツールで変更します。

–f ファイル名　　追加で読み込む map ファイル名を指定します。map ファイルは、カレントディレクトリになければ、TEXMF/fonts/map から探します。

–s ページ範囲　　ページ範囲を 12-34 のような形式あるいはコンマで区切った形式で与えます。

-x 横方向オフセット、-y 縦方向オフセット

　　　　　　　　　オフセットに 1 インチを足した長さを指定します。

-p 用紙　　　　　用紙（letter、legal、ledger、tabloid、a6、a5、a4、
　　　　　　　　　a3、b6、b5、b4、b3、b5var）を指定します。デフォルトは
　　　　　　　　　a4 です。あるいは、LATEX ソースファイルのプリアンブルに

　　　\AtBeginDvi{\special{pdf: pagesize width 210mm height 297mm}}

　　　　　　　　　のように書いておくと任意サイズにできます。jsarticle など
　　　　　　　　　では \documentclass[papersize]{...} とすれば自動的
　　　　　　　　　にこの \AtBeginDvi 命令が入ります。

-l　　　　　　　　横置き（landscape）モードにします。

-V n　　　　　　PDF バージョン 1.n を指定します（$n = 3, 4, 5, 6, 7$）。例え
　　　　　　　　　ば -V 3 で PDF バージョン 1.3 の出力になります。透明画像
　　　　　　　　　（アルファチャンネルを使った PNG など）を使うなら 1.4 以
　　　　　　　　　上にします。インクルードする PDF ファイルのバージョン
　　　　　　　　　が -V で指定したバージョンを超えるとエラーになります。

C.4　ptex2pdf

　(u)p(la)tex と dvipdfmx とを順に実行して PDF ファイルを作成するコマン
ドです。

　　　ptex2pdf [オプション] ファイル名 [.tex]

のように起動します。

-l　　　　　　　　(u)platex を実行します。これを付けなければ (u)ptex を実
　　　　　　　　　行します。
-u　　　　　　　　up(la)tex を実行します。これを付けなければ p(la)tex を実
　　　　　　　　　行します。
-ot 'オプション'　(u)p(la)tex に渡すオプションを指定します。オプションは
　　　　　　　　　'...' または "..." で囲みます。
-od 'オプション'　dvipdfmx に渡すオプションを指定します。オプションは
　　　　　　　　　'...' または "..." で囲みます。

C.5　mktexlsr

付録 B でも説明しましたが、TeX Live の実行ファイル以外がインストールされたフォルダ（TEXMFDIST など）、およびローカルで TeX 関係のファイルを収めたフォルダ（TEXMFLOCAL）の検索を高速化するために ls-R というデータベース（テキストファイル）が使われます。これらのフォルダの内容が変化すれば、ls-R を再構築する必要があります。そのときに使うコマンドが mktexlsr です（texhash というコマンドも中身は同じです）。使い方は簡単で、単にターミナルに（必要に応じて sudo を付けて[4]）

```
mktexlsr
```

と打ち込むだけです。インストールしたはずのファイルが認識されないときは、これをやってみると解決されます。

C.6　latexmk

latexmk は LaTeX とそれに関連するコマンド（dvipdfmx、bibtex、mendex など）を適切な順序で適切な回数実行するためのツールです[5]。

latexmk を使うには、カレントディレクトリに latexmkrc というファイルを作り[6]、それに例えば次のように書き込んでおきます（これは pLaTeX を使う例です）。

```
$latex = 'platex';
$dvipdf = 'dvipdfmx %O -o %D %S';
$pdf_mode = 3;
```

これで例えば main.tex を処理するには、ターミナルに latexmk main.tex または単に latexmk main と打ち込みます。すると、相互参照（10.1 節参照）が解消するまで platex を何度も（デフォルトでは最大 5 回）実行し、dvipdfmx で PDF にします[7]。

$pdf_mode が 1 なら $pdflatex に設定されたコマンドで PDF を生成し、2 なら $latex に設定されたコマンドで dvi を生成してから $dvips に設定されたコマンドで PostScript に変換してさらに $ps2pdf に設定されたコマンドで PDF に変換し、3 なら $latex に設定されたコマンドで dvi を生成してから $dvipdf に設定されたコマンドで PDF に変換し、4 なら $lualatex に設定されたコマンドで PDF を生成し、5 なら $xelatex に設定されたコマンドで PDF を生成します。つまり、

```
$pdf_mode = 4;
```

※5 latexmk の "mk" は "make" が由来です。

※6 "〜rc" という接尾辞は、設定ファイルの類に昔から UNIX などで使われてきたもので、run command が語源です。なお、ホームディレクトリに .latexmkrc というファイルを作る流儀もあります。

※7 latexmkrc に @default_files = ("main"); と書き込んでおけば、ファイル名なしで latexmk とだけ打ち込んだときに main.tex を処理します。("main","sub") のようにコンマで区切って複数のファイルを指定することもできます。この指定がなければ latexmk とだけ打ち込むとカレントディレクトリの全 *.tex ファイルを順に処理します。

とだけ書いておけば LuaLaTeX で処理します。

　さらに、索引を生成したり（第 10 章の 10.4 節以降）、文献データベースを使ったり（第 11 章）する場合は、例えば

```
$makeindex = 'upmendex %O -o %D %S';
$bibtex = 'upbibtex';
```

のように追加します。%S がソース（そのコマンドが処理するファイル名）、%D がデスティネーション（そのコマンドが出力するファイル名）、%O がオプション（必要に応じて latexmk が挿入するオプション）の入る場所を示します。

C.7　texfot

　texfot は LaTeX 関連ツールの画面出力をフィルタして重要なメッセージだけを表示するプログラム（Perl スクリプト）です[※8]。例えば

```
texfot lualatex main
```

のように、通常のコマンドの頭に付けて使います。

※8　作者 Karl Berry によれば "fot" は filter online transcript だろうとのことです。

C.8　tlmgr、tlshell

　tlmgr（TeX Live Manager）は TeX Live を管理するツールです。以下のコマンドは、TeX Live をインストールしたディレクトリ（フォルダ）の中身を変更しますので、ディレクトリの所有者・パーミッション（許可）によっては、管理者権限が必要になります。その場合は、コマンドの先頭に sudo を付けて sudo tlmgr ... のように打ち込む必要があります[※9]。

　リポジトリ（ダウンロード先）をデフォルトの CTAN ミラー（自動選択）にリセットするには

```
tlmgr option repository ctan
```

と打ち込みます。実際に TeX Live のアップデートを始めるには

```
tlmgr update --self --all
```

と打ち込みます。しばらくアップデートしていないと、アップデートにかなりの時間がかかります。アップデートにより最新の機能が使えるようになったり不具合がなくなったり、逆に不具合が増えたりすることもあります。

　同じことをマウス操作で行うツール TeX Live Shell もあります。ターミナルに tlshell と打ち込めば起動します（ texdoc tlshell）。

※9　sudo については 344 ページ参照のこと。Windows の場合は sudo を付ける代わりに、「管理者権限で実行」で起動したターミナル（コマンドプロンプトや PowerShell）を用いる必要があります（A.2 節の通りに TeX Live を管理者権限でインストールしている場合）。

補助リポジトリ tlcontrib を追加することで、非標準のパッケージ（以下の例では hiraprop）がインストールできます。そのためには、次のように打ち込みます（必要に応じて sudo を付けます[10]）。

※10　Windowsの場合はsudo
を付ける代わりに、「管理者
権限で実行」で起動したター
ミナル（コマンドプロンプトや
PowerShell）を用いる必要が
あります（A.2 節の通りに TEX
Liveを管理者権限でインストー
ルしている場合）。

```
tlmgr repository add \
  https://mirror.ctan.org/systems/texlive/tlcontrib tlcontrib
tlmgr pinning add tlcontrib '*'
tlmgr install hiraprop
```

C.9　updmap

モダン LATEX では文書ファイル中で実フォント名を直接指定できますが、一般には内部フォント名を実フォント名に対応づける map ファイルが必要になります。さまざまな map ファイルを統一的に管理するためのツールが updmap[11] です。

※11　update map の意

updmap には updmap-sys（または updmap --sys）と updmap-user（または updmap --user）の 2 通りがあります。前者はシステム全体の設定を変更し、後者はユーザーだけの設定を変更します。TEX システムが管理者権限でインストールされている場合、前者を実行するためには管理者権限が必要になることがあります。その際は、頭に sudo を付けて sudo updmap-sys のように起動します[12]。一方、updmap-user は、一度使ってしまうとそちらがシステムの設定に優先し、後で TEX システムが更新されて updmap-sys が実行されても、更新が反映されないことになります。このため、sys 付きのコマンドのほうをお勧めします。

※12　sudo については 344
ページ参照のこと。Windows
の場合はsudoを付ける代わり
に、「管理者権限で実行」で起
動したターミナル（コマンド
プロンプトや PowerShell）を用い
る必要があります（A.2 節の通
りに TEX Liveを管理者権限で
インストールしている場合）。

カレントディレクトリまたは TEXMF の fonts/map 以下にある foo.map というファイルの内容を有効にするには、次のように打ち込みます。

```
updmap-sys --enable foo.map
```

逆に foo.map の内容を無効にするには、次のように打ち込みます。

```
updmap-sys --disable foo.map
```

ただ、updmap を使うとフォント環境が変わり、その環境でうまくいく LATEX ファイルでも別の環境でうまくいかないことが起こり得ます。環境は TEX Live のデフォルトの状態に保ち、例えば foo.map と bar.map を使いたいなら dvipdfmx -f foo.map -f bar.map のようにするほうがトラブルが少ないように思います。同様に、pdfLATEX なら \pdfmapfile{+foo.map}、LuaLATEX なら \pdfextension mapfile {+foo.map} と LATEX ファイルに書いておきます。

C.10 kanji-config-updmap

(u)pLATEX + dvipdfmx の和文フォントを設定するコマンドです。

```
kanji-config-updmap-sys   または kanji-config-updmap --sys
kanji-config-updmap-user または kanji-config-updmap --user
```

の 2 通りがあります[13]。両者の関係は updmap の場合と同じです（sys 付きの
ほうをお勧めします）。現在の TEX Live のデフォルトでは

※13 第13章（240ページ）も
ご参照ください。

```
kanji-config-updmap-sys --jis2004 haranoaji
```

を実行した状態（原ノ味フォント、JIS 2004 字形）になっています。

```
kanji-config-updmap-sys status
```

で現在の状態とスタンドバイ（待機中）の状態が表示されます。この中で、例え
ば IPAex に設定したければ、

```
kanji-config-updmap-sys ipaex
```

とします。

C.11 getnonfreefonts

ライセンス上 TEX Live に含められなかったフォントを CTAN からダウン
ロードしてインストールするためのスクリプトです[14]。

※14 https://tug.org/fonts/
getnonfreefonts/

```
getnonfreefonts --sys --lsfonts
```

でダウンロード可能なフォント一覧が表示されます。例えば Garamond をイン
ストールするには

```
getnonfreefonts --sys garamond
```

と打ち込みます（必要に応じて sudo を付けます[15]）。

※15 sudo については 344
ページ参照のこと。Windows
の場合は sudo を付ける代わり
に、「管理者権限で実行」で起
動したターミナル（コマンドプ
ロンプトや PowerShell）を用い
る必要があります（A.2 節の通
りに TEX Live を管理者権限で
インストールしている場合）。

C.12 kpsewhich

TEX 関連の（TEXMF 以下の）ファイルの場所を検索するコマンドです。

```
kpsewhich ファイル名
```

検索に kpathsearch というライブラリを使っています（k は作者 Karl Berry に
因みます）。

変数の値を調べることもできます。例えば TEXMFLOCAL の値を調べるには

```
kpsewhich --var-value TEXMFLOCAL
```

と打ち込みます。

C.13　Ghostscript

Ghostscript は PostScript や PDF を扱うためのオープンソースのツールです。LaTeX で EPS 形式の画像をインクルードする際に、EPS を PDF に変換するために LaTeX は Ghostscript を呼び出します。この呼び出しは LaTeX を遅くするだけでなく、複雑な EPS で失敗することもあるので、なるべく EPS は使わず、PDF・PNG・JPEG のどれかを使うのが推奨です。そうすれば Ghostscript は不要です[16]。

※16　125 ページで紹介した pdfcrop を使うためには Ghostscript が必要なので完全には捨てられません。

◆ **LaTeX ソースに記述したタイプセット方法を実行できる llmk**　　COLUMN

朝倉卓人さんにより開発された llmk（Light LaTeX Make）は、LaTeX ソースにタイプセット方法を記述しておき、その記述に従って実行するためのツールです（ texdoc llmk）。

C.6 節で紹介した latexmk を使うためには latexmkrc ファイルを、309 ページのコラムで紹介した make を使うためには Makefile を作成して、カレントディレクトリに置いておく必要がありました。例えば LaTeX ソースファイルだけがあればよい原稿の場合にそれらのファイルも管理するとなると、面倒になってしまって直接 ptex2pdf -l などを叩くようになってしまうものです。後から振り返ったときに、platex、uplatex、lualatex のどれで処理すればよいかの見当をつけるのに無駄な時間を要するようなことになりかねません。そのような状況を解消するために、作られました。

例えば、pLaTeX で処理したい LaTeX ソース main.tex には、適当な場所（分かりやすさのためにはソースの冒頭）に次のように書き込んでおきます。

```
%+++
% latex = "platex"
%+++
```

これで、ターミナルに llmk main.tex または単に llmk main と打ち込みます。すると、相互参照が解決するまで何度も（デフォルトでは最大 5 回）platex を実行し、最後に dvipdfmx を実行して PDF を生成します。

付録D
TikZ

TikZ は LaTeX の中で使える強力な<ruby>描画<rt>ドロー</rt></ruby>コマンド群です。従来の picture 環境、METAPOST、Asymptote、PSTricks に置き換えて使えます。

R、Python、gnuplot などと組み合わせれば、より高度なグラフを描くことができます。

D.1　PGF/TikZとは

TikZ[1]（ texdoc tikz）は LaTeX の中で使える強力な<ruby>描画<rt>ドロー</rt></ruby>コマンド群です。作者は、スライド作成用パッケージ Beamer[2] の作者としても有名な Till Tantau さんです。

TikZ はご覧のように k だけイタリック体で書きます。名前の由来は TikZ ist *kein* Zeichenprogramm（TikZ はドローツールではな・い・）というドイツ語です（再帰的な略語）。従来の LaTeX の picture 環境を強力にしたもので、機能的には METAPOST、Asymptote、PSTricks に近いものです。バックエンドとして PGF（Portable Graphics Format）という仕組みを使っています。

D.2　TikZの基本

(u)pLaTeX + dvipdfmx の場合の簡単な例です。オプション dvipdfmx は必須です。

```
\documentclass[dvipdfmx]{jlreq}
\usepackage{tikz}
\begin{document}
\tikz\draw(0,0)--(0.1,0.2)--(0.2,0)--(0.3,0.2)--(0.4,0);
\end{document}
```

LuaLaTeX の場合は dvipdfmx オプションを付けないでください。

```
\documentclass{jlreq}
\usepackage{tikz}
...以下同様...
```

※1　TikZ の読み方は特に決まっていませんが、「ティックス」「ティックズィー」などと読まれているようです。

※2　18.2節参照。

これで「∧∧」のような出力が得られます。(0,0) などは座標で、デフォルトの単位は cm ですが、(12mm,3pt) のように LaTeX が理解する単位を付けることもできます。

> 参考 (u)pLaTeX 専用の zw などの単位はここでは使えませんが、本文フォントの 1zw に相当する長さ \Cwd が日本語用ドキュメントクラスの中で定義されていますので、例えば 3zw なら 3\Cwd と書くことができます。LuaLaTeX の日本語用ドキュメントクラスなら 3\zw と書けます。

このように、\draw は点を結んで折れ線を描きます。\draw 文の最後にはセミコロン（;）が必要です。

複数の \draw がある場合は、

✕

```
\tikz{\draw(0,0)--(10pt,10pt);\draw(0,10pt)--(10pt,0);}
```

のように波括弧で囲むか、あるいは

```
\begin{tikzpicture}
  \draw (0,0) -- (10pt,10pt);
  \draw (0,10pt) -- (10pt,0);
\end{tikzpicture}
```

のように tikzpicture 環境を使います。

図の入る箱（バウンディングボックス）は、中身がぴったり収まるように自動的に決まります[※3]。例えば中身が \draw(1,2)--(4,3); であれば、図形をぴったり囲む $3\,\mathrm{cm} \times 1\,\mathrm{cm}$ の領域（厳密にはこれをデフォルトの線幅 0.4pt の半分で囲んだ領域）の箱が確保されます。

※3 この点が従来の LaTeX の picture 環境よりずっと便利です。TikZ に慣れると picture 環境は使いたくなくなります。

> 参考 もしバウンディングボックスを指定したいなら、tikzpicture 環境の最初に
>
> ```
> \useasboundingbox (-1,-1) rectangle (5,5);
> ```
>
> のように左下隅と右上隅の座標で長方形領域を指定します。この領域の外側に描いたものも出力されます。この領域の外側を消し去るには、\useasboundingbox の代わりに \clip を使って
>
> ```
> \clip (-1,-1) rectangle (5,5);
> ```
>
> のように指定します。

> 参考 tikzpicture 環境の途中または最後に \useasboundingbox を指定すれば、バウンディングボックスは、それまでに出力した部分と、この長方形との両方を含む最大の領域になります。

D.3 いろいろな図形の描画

x 座標も y 座標も単位を $1\,\mathrm{mm}$ にして、線幅 $2\,\mathrm{pt}$、角の丸み $8\,\mathrm{pt}$ の矢印を描きます：

```
\begin{tikzpicture}[x=1mm,y=1mm]
  \draw[line width=2pt,rounded corners=8pt,->]
    (0,0) -- (5,5) -- (10,0) -- (15,5) -- (20,0);
\end{tikzpicture}
```

矢印は ->、<-、<->、->> などが指定できます。

矢印の形には、TikZ 標準（➜）、LaTeX 標準（➤）、ステルス戦闘機型（➤）などがあります。

```
\begin{tikzpicture}[line width=1pt]
  \draw[->] (0,1) -- (1,1);
  \draw[-latex] (0,0.5) -- (1,0.5);
  \draw[-stealth] (0,0) -- (1,0);
\end{tikzpicture}
```

TikZ 標準（➜）は、数式で $f\colon A \to B$ と書くときの \to（\rightarrow）と（大きさは違いますが）同じ形です。-> は -to と書くこともできます。

\begin{tikzpicture}[>=latex] のようにオプション >=latex を与えると、-> が ➤ になります。このとき ➜ を描くには -to と書きます。

\draw でグリッドや円、長方形、楕円を描くことができます。文字や数式も書けます。\fill にすると指定した色で塗りつぶします（この例では 20％の灰色）。

```
\begin{tikzpicture}
  \draw[step=1,gray] (-0.2,-0.2) grid (2.2,2.2);
  \draw (0.5,0.5) circle (0.5) node {$\pi r^2$};
  \draw[line width=1pt] (1,0) rectangle (2,0.5);
  \fill[black!20] (1,1.5) ellipse (1 and 0.5);
  \draw (1,1.5) node {\hbox{\tate 楕円}};
\end{tikzpicture}
```

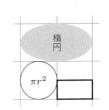

gray や black!20 などの色指定には xcolor パッケージが必要です。第 7 章 130 ページ以降をご覧ください。

参考 このように本物の楕円が使える点でも、従来の picture 環境より優れています。picture 環境では欄外のような「楕円もどき」しか描けませんでした。しかも、角の部分が微妙にずれることもありました。TikZ ではこのような楕円もどきは次のようにして描きます。

```
\begin{tikzpicture}
  \draw[rounded corners=5pt] (0,0) rectangle (3,1);
\end{tikzpicture}
```

より複雑な図形は、制御点を二つ与えたベジエ（Bézier）曲線で描けます。第2の制御点が第1のものと同じ場合は省略できます。

```
\begin{tikzpicture}[x=1mm,y=1mm]
  \fill[gray] ( 0, 0) circle (1)
              (10,10) circle (1)
              (20,10) circle (1)
              (20, 0) circle (1);
  \draw (0,0) -- (10,10) -- (20,10) -- (20,0);
  \draw[line width=2pt] (0,0) ..
              controls (10,10) and (20,10)
                                   .. (20,0);
  \draw[line width=2pt,gray] (0,0) ..
              controls (10,10) .. (20,0);
\end{tikzpicture}
```

折れ線と曲線は次のように混在できます：

```
\begin{tikzpicture}[x=1mm,y=1mm,line width=2pt]
  \draw (2,2) circle (2);
  \draw (2,4) -- (6,4) -- (6,0)
    .. controls (6,3) and (7,4) ..
      (12,4) -- (9,0) -- (12,0);
\end{tikzpicture}
```

繰返しも \foreach という強力な命令で簡単にできます。... は書くのを省略したのではなく、本当にこのように書けば TikZ が補ってくれます。

```
\begin{tikzpicture}[x=1mm,y=1mm]
  \draw (0,0)--(100,0);
  \foreach \x in {0,...,100} \draw (\x,0)--(\x,3);
  \foreach \x in {0,5,...,100} \draw (\x,0)--(\x,5);
  \foreach \x in {0,10,...,100} \draw (\x,0)--(\x,7);
\end{tikzpicture}
```

応用として大学入学共通テスト（旧センター試験）でよく使われる楕円の番号を作ってみましょう。

```
\newcommand{\egg}[1]{\raisebox{-3pt}{%
  \begin{tikzpicture}[x=1pt,y=1pt,line width=1pt]
    \draw (0,0) ellipse (4.5 and 6);
    \draw (0,0) node {%
```

```
                \usefont{T1}{phv}{m}{n}%
                \fontsize{9pt}{0}\selectfont #1\/};
          \end{tikzpicture}}}
    \newcommand{\eggg}[1]{\raisebox{-3pt}{%
        \begin{tikzpicture}[x=1pt,y=1pt,line width=1pt]
            \draw[fill=black!30] (0,0) ellipse (4.5 and 6);
            \draw (0,0) node {%
                \usefont{T1}{phv}{m}{n}%
                \fontsize{9pt}{0}\selectfont #1\/};
        \end{tikzpicture}}}
```

これで \egg{0} \egg{1} \egg{2} \eggg{0} \eggg{1} \eggg{2} とすれば ⓪ ① ② ⓪ ① ② と出力します。

次は Ⓐ のようなキーボード記号です。

```
\newcommand{\keytop}[2][12]{%
    \begin{tikzpicture}[x=0.1em,y=0.1em]
        \useasboundingbox (0,0) rectangle (#1,9);
        \draw[rounded corners=0.2em] (0,-3) rectangle (#1,9);
        \draw[anchor=base] (#1/2,0) node {\sffamily #2};
    \end{tikzpicture}}
```

\keytop{A} と書けば A と出力されます。 Enter のように幅の広いものは \keytop[30]{Enter} のように幅を 0.1 em 単位で指定します（1 em は欧文フォントサイズの公称値です）。最初の \draw[...] を

```
\shadedraw[top color=black!20,rounded corners=0.2em]
```

のようにすれば A のようにグラデーションが付きます。ただし、TikZ のグラデーションは RGB になりますので、印刷用には \selectcolormodel{cmyk} などの設定が必要です（7.12 節）。

D.4　グラフの描画

TikZ では sin、cos、exp、sqrt などの関数が使えます。ただし、TeX で実装しているので、遅く、精度の低い固定小数点数です。次のような簡単なことはできます。

```
\begin{tikzpicture}[domain=0:4,samples=200,>=stealth]
    \draw[->] (-0.5,0) -- (4.2,0) node[right] {$x$};
    \draw[->] (0,-0.5) -- (0,2.2) node[above] {$y$};
    \draw plot (\x, {sqrt(\x)}) node[below] {$y=\sqrt{x}$};
    \draw (0,0) node[below left] {O};
\end{tikzpicture}
```

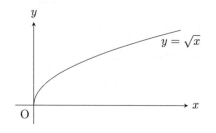

数値の表を与えてグラフをプロットすることもできます。例えば、毎年の日本の合計特殊出生率が

```
1970 2.13
1971 2.16
1972 2.14
（後略）
```

のようなテキストファイル TFR.tbl で与えられているとします（完全な内容は傍注参照のこと）。これを

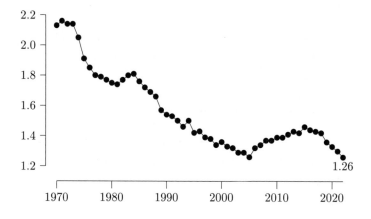

のように描くには次のようにします（... は TikZ が補ってくれます）。

```
\begin{tikzpicture}[x=1.5mm,y=40mm]
  \draw (1968,1.2)--(1968,2.2);
  \foreach \x in {1.2,1.4,1.6,1.8,2.0,2.2}
    \draw (1968,\x)--(1967,\x) node[left] {\x};
  \draw (1970,1.1)--(2022,1.1);
  \foreach \x in {1970,1980,...,2020}
    \draw (\x,1.1)--(\x,1.05) node[below] {\x};
  \draw[mark=*] plot file {TFR.tbl} node[below] {1.26};
\end{tikzpicture}
```

あるいは、もっと単純に　　　　　　　　　　　　　　のようなスパークライン

（sparkline）で描くには次のようにします。

```
\begin{tikzpicture}[x=1pt]
  \fill (1970,2.13) circle (2pt) node[left] {2.13};
  \draw plot file {TFR.tbl};
  \fill (2022,1.26) circle (2pt) node[right] {1.26};
\end{tikzpicture}
```

ただ、TikZ は TEX の固定小数点数で計算しますので、あまり大きな数を扱うと "ERROR: Dimension too large." となることがあります。その場合は適当に数を切り詰めます。次の棒グラフの例では年から 2000 を引いた数を x 座標としています。

```
\begin{tikzpicture}[ybar,x=4mm,y=0.005mm]
\draw[fill=lightgray] plot coordinates
  {(4,12415) (5,12317) (6,12214) (7,12043) (8,11813)
   (9,11695) (10,11585) (11,11528) (12,11366) (13,10792)
   (14,11123) (15,10945) (16, 10945) (17, 10971) (18, 10971)
   (19, 10971) (20, 10807) (21, 10790) (22, 10786)};
\draw (4,0) node[below] {2004};
\draw (22,0) node[below] {2022};
\draw (4,12415)|-(23,13000) node[right] {12415億円};
\draw (22,10786)|-(23,12000) node[right] {10786億円};
\draw (13,13000) node[above] {\large 国立大学運営費交付金};
\end{tikzpicture}
```

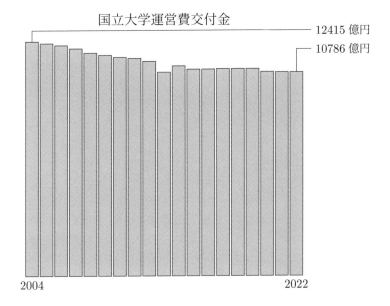

この例では、引出線を引くために -- ではなく |- を使っています。(x_1, y_1) |- (x_2, y_2) は、(x_1, y_1) -- (x_1, y_2) -- (x_2, y_2) と同じことで、先に垂直方向に、次に水平方向に、線を引きます。水平と垂直の順番を入れ替えた -| もあります。

グラフといえば、グラフ理論のグラフも簡単に描けます。ノード（点）に名前を付け、両端のノードを指定して辺を描きます。

有名な Königsberg の橋の問題のグラフです：

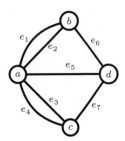

```
\begin{tikzpicture}[line width=1.6pt,node distance=2cm]
\node(a)                               [draw,circle]{$a$};
\node[above right of=a](b)             [draw,circle]{$b$};
\node[below right of=a](c)             [draw,circle]{$c$};
\node[right of=a,node distance=2.5cm](d) [draw,circle]{$d$};
\draw (a) to[bend left]   node[midway,left] {$e_1$} (b);
\draw (a) --              node[midway,right]{$e_2$} (b);
\draw (a) --              node[midway,right]{$e_3$} (c);
\draw (a) to[bend right]  node[midway,left] {$e_4$} (c);
\draw (a) --              node[pos=.6,above]{$e_5$} (d);
\draw (b) --              node[midway,above right=-2pt]{$e_6$} (d);
\draw (c) --              node[midway,below right=-2pt]{$e_7$} (d);
\end{tikzpicture}
```

この例では、ノード a を基準とした相対的な位置で b、c、d を指定しています。辺は両端点で指定し、辺の途中にラベルを付けています。bend left や bend right で湾曲した辺を描くには -- でなく to を使います（この例では -- をすべて to で置き換えてもかまいません）。

TikZ では、ノードとノードを結ぶ辺は各ノードの中心を結ぶように描かれますので、左のように辺が多くても見にくくなりません。

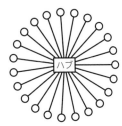

```
\begin{tikzpicture}[line width=.8pt,inner sep=2pt]
\node(center)[draw]{ハブ};
\foreach \x in {0,...,22}
  {\draw (center) + (360*\x/23:1.4cm) node[draw,circle](p\x) {};
   \draw (center)--(p\x);}
\end{tikzpicture}
```

D.5 Rで使う方法

R は強力な統計・データ解析・可視化ツールです。奥村著『R で楽しむ統計』（共立出版、2016 年）の図はすべて R で PDF を作成し、LaTeX の本文にインクルードしました。しかし、この方法では図に LaTeX の数式を書き込むのが面倒です。そこで、ここでは R から TikZ のコードを出力する方法を説明します。

まず、R に tikzDevice パッケージをインストールし、ロードします：

```
install.packages("tikzDevice")
library(tikzDevice)
```

　Rで正規分布の密度関数 `dnorm()` を使った簡単な図を描いてみましょう。次の例は、最初の行と最後の行がなければ画面への出力になりますが、`tikz(...)` と `dev.off()` でサンドイッチすることによって、指定したファイル（ここでは `dnorm.tex`）に `tikzpicture` 環境のコードを出力します[4]。

※4　ここでは R の base グラフィックスを使いましたが、ggplot2でも同様です。

```
tikz("dnorm.tex", width=7, height=5, symbolicColors=TRUE)
x = seq(-3.5, 1.5, by=0.1)
y = dnorm(x)
par(las=1, mgp=c(2,0.8,0))
plot(NULL, xlim=c(-3.5,3.5), ylim=c(0,0.4), xlab="", ylab="")
polygon(c(x,rev(x)), c(rep(0,51),rev(y)), col="gray")
curve(dnorm, lwd=2, add=TRUE)
dev.off()
```

　オプション `symbolicColors=TRUE` を付けたので、色の定義を書き込んだ `dnorm_colors.tex` というファイルも出力されます。これは `dnorm.tex` から読み込んで使われます[5]。

※5　`dnorm.tex` の中には `dnorm_colors.tex` の位置がフルパスで書き込まれますので、場所を移動して使う場合には注意が必要です。

　これで LaTeX ファイルから `\input{dnorm.tex}` すれば、その場所に正規分布のプロットが出力されます。

　この場合、`dnorm_colors.tex` は次の3行のファイルです。

```
\definecolor{transparent}{RGB}{255,255,255}
\definecolor{black}{RGB}{0,0,0}
\definecolor{gray}{RGB}{190,190,190}
```

RGB で定義されていますが、`\selectcolormodel{gray}` と設定しておけばグレースケールに変換されます（7.12 節）。でも、本書（紙版）はせっかく2色刷りなので、灰色を薄い特色（本書では CMYK の C に割り当てています）[6] で置き換えてみましょう。このファイルを次のように書き直します。

※6　印刷用語で特色（スポットカラー）とはCMYK以外に特別に調合したインクの色です。本書紙版は K（黒）と特色の2色刷りで、CMY は使っていないので、C を特色に割り当てています。

```
\definecolor{transparent}{cmyk}{0,0,0,0}
\definecolor{black}{cmyk}{0,0,0,1}
\definecolor{gray}{cmyk}{0.1,0,0,0}
```

あとは `dnorm.tex` の -3、-2、-1 を `$-3$`、`$-2$`、`$-1$` に置換し[7]、最後の `\end{tikzpicture}` の直前に、数式

※7　こういう機械的な置き換えは、`tikz()` の sanitize 機能を使っても行うことができます。

```
\draw (264.94,150) node[scale=1.2] {$\displaystyle
  \int_{-\infty}^{1.5}\frac{1}{\sqrt{2\pi}}e^{-x^2\!/2}dx$};
```

を付け加えてみました（`\scalebox{0.6}{\input{dnorm.tex}}` として読み込みました）：

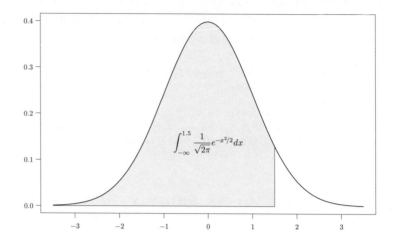

参考 次のような LaTeX ファイルを作ってコンパイルして PDF ファイルにしておくと、扱いが楽です：

```
\documentclass{standalone}
\usepackage{tikz}
\begin{document}
\input{dnorm.tex}
\end{document}
```

D.6 Pythonで使う方法

Python の matplotlib は PGF 形式で保存する機能を標準で備えています。

```
import matplotlib.pyplot as plt
import numpy as np
from scipy.stats import norm

x = np.linspace(-3, 3, 101)
plt.plot(x, norm.pdf(x), 'k')
plt.savefig('dnorm.pgf', bbox_inches="tight")
```

これを実行してできる dnorm.pgf はそのまま LaTeX 文書に \input できます。そのままでは色は RGB になりますので、\selectcolormodel{gray} などでグレースケールか CMYK にする必要があります。また、matplotlibrc で指定した font.family によっては、数字の位置が揃わないこともあります。以下の図（\scalebox{0.6}{\input{dnorm.pgf}} として読み込みました）では、font.family は無指定（画面ではデフォルトの DejaVu Sans が使われる）

にして、軸の数字は本文のサンセリフフォントがそのまま使われるようにしています。

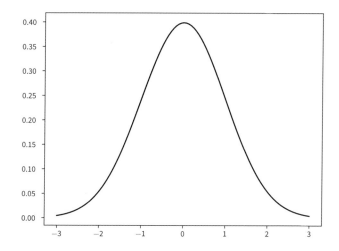

参考　PDF に変換するには、

```
\documentclass{standalone}
\usepackage{pgf}
\usepackage{unicode-math}
\begin{document}
\input{dnorm.pgf}
\end{document}
```

のような LaTeX ファイルを LuaLaTeX で処理します。

参考　より編集しやすい Ti*k*Z 形式の出力を得るには tikzplotlib[8]（旧 matplotlib2tikz）をインストール（`pip install tikzplotlib`）して使います。最近はあまり更新されていないようです。

※8 https://pypi.org/project
/tikzplotlib/

D.7　gnuplot との連携

gnuplot[9]（ニュープロット）は昔から使われている強力なプロットツールです。これと連携させて Ti*k*Z のプロットを描くことができます。

正規分布の密度関数のグラフを描いてみましょう。gnuplot がインストールされたパソコンで、次のように Ti*k*Z の `plot function{...}` を使った文書ファイルを LaTeX で処理すれば、関数の中身 `exp(-x**2/2)/sqrt(2*pi)` が LaTeX から gnuplot に渡され、関数値の表に変換され、それが Ti*k*Z で描画されます。このとき LaTeX（(u)platex、lualatex など）に `-shell-escape` オプションを付けて起動しなければなりません。gnuplot に渡される命令と、返さ

※9　GNU プロジェクトを思わせる名前なのでグニュープロットと呼ばれることもありますが、無関係とのことです。

れる表のファイル名は、LaTeX 文書のファイル名（例えば main.tex）と plot
[id=...] で与えた名前（下の例では dnorm）とから生成されます（例えば
main.dnorm.gnuplot、main.dnorm.table）。いったんこれらが生成されれ
ば、関数を変えない限り gnuplot を呼び出しませんので、-shell-escape オプ
ションも不要です。

```
\begin{tikzpicture}[domain=-3:3,samples=50,>=latex,y=8cm]
  \draw[->] (-3.2,0) -- (3.2,0) node[right] {$x$};
  \draw plot[id=dnorm,smooth]
        function{exp(-x**2/2)/sqrt(2*pi)};
  \draw (2,0.35) node {%
        $y=\frac{1}{\sqrt{2\pi}}e^{-x^2\!/2}$};
  \foreach \x in {-3,...,3}
    \draw (\x,0)--(\x,-0.02) node[below=-2pt]
      {\footnotesize $\x$};
\end{tikzpicture}
```

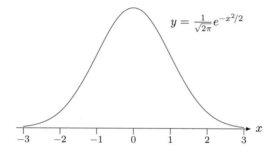

gnuplot から返される表は、# で始まるコメント行を除けば、次のような形式
です：

```
-3.00000 0.00443  i
-2.87755 0.00635  i
-2.75510 0.00897  i
...
```

最後の文字 i は範囲内、o は範囲外、u は未定義を表します。gnuplot にかかわ
らず、このような表を用意しておけば、

```
\draw plot[smooth] file {ファイル名};
```

のようにしてプロットすることができます。この smooth オプションはプロッ
トを滑らかにするためのもので、なくてもかまいません。

参考　なお、これくらいの関数なら、TikZ だけで

```
\draw plot[smooth] (\x, {exp(-0.5 * \x * \x)) / sqrt(2 * pi)});
```

のようにして描くこともできます。

別の方法として、gnuplot で

```
set term tikz
```

とすれば、TikZ 形式の出力が得られます。例えば

```
set term tikz monochrome
set output "dnorm-gp.tex"
set xrange [-3:3]
plot exp(-x**2/2)/sqrt(2*pi) with lines
exit
```

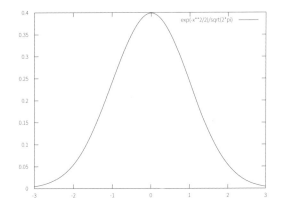

とし、LaTeX 文書の中では

```
\documentclass{jlreq}
\usepackage{gnuplot-lua-tikz}
\begin{document}
\input{dnorm-gp}
\end{document}
```

とすれば、右のような図が得られます。実際にはさらに手を加えて見栄えを良くする必要があります。

> **参考** gnuplot-lua-tikz は gnuplot に同梱されているパッケージで、gnuplot ソースツリーの中の share/LaTeX にある gnuplot-lua-tikz.sty と gnuplot-lua-tikz-common.tex という二つのファイルからなります。インストール時に TEXMFLOCAL/tex/latex/gnuplot にコピーしておきます。このパッケージから TikZ が読み込まれます。

D.8　ほかの図との重ね書き

TikZ は強力な描画能力を備えていますが、コマンドだけですべてを描くのはたいへんです。そこで、ほかのソフトで描いた図の上に TeX の数式などを TikZ で重ね書きする方法を考えましょう。

例えば Ghostscript の虎の絵（124 ページ）に説明を加えたいとします。図は

```
\includegraphics[width=3cm]{tiger.pdf}
```

のような命令で読み込むのでした。この任意の位置に文字や図を重ね書きするために、一時的にグラフ用紙を重ね書きしてみましょう。

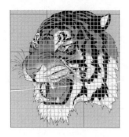

```
\begin{tikzpicture}[inner sep=0pt]
  \node[anchor=south west] (image) at (0,0)
    {\includegraphics[width=3cm]{tiger.pdf}};
  \draw[step=0.1,lightgray] (0,0) grid (image.north east);
  \draw[step=1,gray] (0,0) grid (image.north east);
\end{tikzpicture}
```

　この図を見て、座標 $(0.3, 2.5)$ を中心とする位置に文字を入れたいとします。
tikzpicture 環境内に追加するのは次の 2 行です。

```
\node[white] at (0.3,2.5) {\hbox{\tate {\LARGE 虎}さん}};
\node at (0.2,0.3) {がおー};
```

うまくいけばグラフ用紙（grid）を描く次の 2 行は消しておきます。

```
\draw[step=0.1,lightgray] (0,0) grid (image.north east);
\draw[step=1,gray] (0,0) grid (image.north east);
```

結果は左のようになります。

D.9　TikZを使うパッケージ

　TikZ を使って特定領域の図を描くパッケージが多数開発されています。
可換図式を描く tikz-cd（次ページのコラム参照）、ファインマン図を描く
tikz-feynman や tikzfeynhand、素粒子加速器を描く tikz-palattice、3
次元プロットを描く tikz-3dplot、ネットワークを描く tikz-network、惑星
を描く tikz-planets、木構造を簡単に描く tikz-qtree、図にラベルを上書
きする tikz-imagelabels などがその例です。化学構造式を描く chemfig も
TikZ を使っています。それぞれ texdoc コマンドでマニュアルが読めます。
　また、特にパッケージ化されていなくても、図を描く例はネット上に多数あり
ます。
　☺ のような絵文字を描く tikzsymbols というパッケージもあります。笑顔
（\tikzsymbolsuse{Smiley}）のほか、いろいろな絵文字が簡単に描けます。

> 参考　TikZ と既存のパッケージの相性が悪いと "Package tikz Error: Sorry, some
> package has redefined the meaning of the math-mode dollar sign. This is
> incompatible with tikz and its calc library and might cause unrecoverable
> errors." というエラーメッセージが出て止まってしまいます。とりあえずプリア
> ンブルに次のように書けば直ります。
>
> ```
> \makeatletter
> \global\let\tikz@ensure@dollar@catcode=\relax
> \makeatother
> ```

◆ tikz-cd パッケージ

※このコラムは、阿部紀行さんから原案をいただきました。

数学における圏論などでの図式を描くには `tikz-cd` パッケージが便利です。

```
\begin{tikzcd}
  A \arrow[rd, dotted] \arrow[rrd, bend left]
                       \arrow[rdd, bend right] & & \\
  & X\times Y \arrow[r, "p_{1}"', twoheadrightarrow]
             \arrow[d, "p_{2}", twoheadrightarrow] & X \\
  & Y &
\end{tikzcd}
```

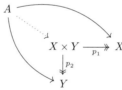

　対象を表の形で配置し、間の矢印を `\arrow` コマンドで引きます。`rd` や `rrd` などのオプションは矢印の行き先を指定するためのものです。`r`、`l`、`d`、`u`（それぞれ右、左、下、上）を用いて、相対的な位置を指定します（例えば `rrd` は、右に二つ下に一つ進んだセルに対して矢印を引くことを意味します）。矢印にはオプションで様々な装飾を加えることができます（ texdoc tikz-cd）。例えば、上の p_1 や p_2 のようにラベルを付けられます。ラベルは矢印の左側に付くのがデフォルトですが、p_1 のように ' を加えると反対側に付きます。`twoheadrightarrow` で `$\twoheadrightarrow$`（↠）と同じ矢印になります。

　Beamer によるスライド作成時（18.2 節参照）や脚注では、表組みの & がそのままでは使えません。`tikzcd` 環境にオプションを与えて、環境中では & の代わりに `\&` を使います。

```
\begin{tikzcd}[ampersand replacement=\&]
  A\arrow[r] \& B
\end{tikzcd}
```

　`tikzcd-editor` を使うと、見た目を確認しながら対話的に `tikz-cd` のコードを生成できます。Web ブラウザで https://tikzcd.yichuanshen.de/ を開くとすぐに使えます。

記号一覧

◆ ◆ ◆ ◆ ◆ ◆ ◆ ◆ ◆ ◆ ◆ ◆ ◆ ◆ ◆ ◆ ◆

LATEX のコマンドで出力できる欧文記号・和文記号を集めました。
これ以外の記号も、upLATEX や XƎLATEX、LuaLATEX なら、使用している
フォントに含まれる文字は Unicode で直接書き込めば出力できます。

数学記号については第 5 章、第 6 章をご覧ください。

なお、TEX Live には広範な記号を集めた表（ texdoc symbols）が付
いています。

E.1 特殊文字

入力	出力	入力	出力	入力	出力	入力	出力
\#	#	\copyright	©	\L	Ł	`` ` \, `	" '
\$	$	\pounds	£	\ss	ß	' \, ''	' "
\%	%	\oe	œ	?`	¿	-	-
\&	&	\OE	Œ	!`	¡	--	–
_	_	\ae	æ	\i	ı	---	—
\{	{	\AE	Æ	\j	ȷ	\textregistered	®
\}	}	\aa	å	`	'	\texttrademark	™
\S	§	\AA	Å	'	'	\textvisiblespace	␣
\P	¶	\o	ø	``	"	\textbackslash	\
\dag	†	\O	Ø	''	"	\textasciitilde	~
\ddag	‡	\l	ł	★	*	\textasciicircum	^

参考　点のない ı (\i) や ȷ (\j) は、i や j の上にアクセントを付けたいときに使い
ます。

参考　ȷ が出るのは Computer Modern、Latin Modern、mathptmx、新旧 TX/PX フォ
ントといった一部のフォントに限られています。

参考　\copyright が出ないフォントでは、\textcopyright としてください。
\textcircled{c}（ⓒ）でも代用できます。\textcircled でうまく丸囲みで
きるのは上下に延びていない小文字だけです。

次の記号は OT1 エンコーディングでは使えません。\NG、\ng は Computer Modern、Latin Modern、新旧 TX/PX フォント等で使えます。

入力	出力	入力	出力	入力	出力	入力	出力
\DH	Đ	\DJ	Đ	\NG	Ŋ	\TH	Þ
\dh	ð	\dj	đ	\ng	ŋ	\th	þ

入力	出力	入力	出力
\guillemotleft	«	\guillemotright	»
\guilsinglleft	‹	\guilsinglright	›
\quotedblbase	„	\quotesinglbase	‚
\textquotedbl	"		

▶ アクセント

入力	出力	入力	出力	入力	出力	入力	出力
\`{o}	ò	\~{o}	õ	\v{o}	ǒ	\d{o}	ọ
\'{o}	ó	\={o}	ō	\H{o}	ő	\b{o}	o̲
\^{o}	ô	\.{o}	ȯ	\t{oo}	o͡o	\r{a}	å
\"{o}	ö	\u{o}	ŏ	\c{c}	ç	\k{a}	ą

参考　\k（ogonek）は OT1 エンコーディングでは使えません。

E.2　ロゴ

LaTeX 関連のロゴです。

入力	出力	入力	出力	入力	出力
\TeX	TeX	\LaTeX	LaTeX	\LaTeXe	LaTeX 2_ε

mflogo パッケージで使える文字です。

入力	出力
\MF	METAFONT
\MP	METAPOST

E.3　旧textcompパッケージで使える文字

　2018 年以前の LaTeX では `\usepackage{textcomp}` で定義されたマクロです。現在は LaTeX 本体で定義されています。この表は T1 エンコーディングの Latin Modern Roman フォントで組んでいます。フォントによっては文字が抜けることがあります。

　`\usepackage{mathcomp}` を使えば `\text...` を `tc...` にした命令が数式モードで使えます。その際、例えば `\usepackage[ppl]{mathcomp}` とすれば、Palatino（ppl）フォントになります（89 ページ）。

入力	出力	入力	出力
`\textquotestraightbase`	'	`\textquotestraightdblbase`	''
`\texttwelveudash`	—	`\textthreequartersemdash`	—
`\textleftarrow`	←	`\textrightarrow`	→
`\textblank`	♭	`\textdollar`	$
`\textquotesingle`	'	`\textasteriskcentered`	*
`\textdblhyphen`	=	`\textfractionsolidus`	/
`\textzerooldstyle`	0	`\textoneoldstyle`	1
`\texttwooldstyle`	2	`\textthreeoldstyle`	3
`\textfouroldstyle`	4	`\textfiveoldstyle`	5
`\textsixoldstyle`	6	`\textsevenoldstyle`	7
`\texteightoldstyle`	8	`\textnineoldstyle`	9
`\textlangle`	⟨	`\textminus`	—
`\textrangle`	⟩	`\textmho`	℧
`\textbigcircle`	○	`\textohm`	Ω
`\textlbrackdbl`	⟦	`\textrbrackdbl`	⟧
`\textuparrow`	↑	`\textdownarrow`	↓
`\textasciigrave`	`	`\textborn`	⋆
`\textdivorced`	o|o	`\textdied`	†
`\textleaf`	✑	`\textmarried`	∞
`\textmusicalnote`	♪	`\texttildelow`	~
`\textdblhyphenchar`	=	`\textasciibreve`	˘
`\textasciicaron`	ˇ	`\textacutedbl`	˝
`\textgravedbl`	˵	`\textdagger`	†
`\textdaggerdbl`	‡	`\textbardbl`	‖
`\textperthousand`	‰	`\textbullet`	•
`\textcelsius`	℃	`\textdollaroldstyle`	$
`\textcentoldstyle`	¢	`\textflorin`	f
`\textcolonmonetary`	₡	`\textwon`	₩

入力	出力	入力	出力
\textnaira	₦	\textguarani	₲
\textpeso	₱	\textlira	₤
\textrecipe	℞	\textinterrobang	‽
\textinterrobangdown	⸘	\textdong	đ
\texttrademark	™	\textpertenthousand	‰₀
\textpilcrow	¶	\textbaht	฿
\textnumero	№	\textdiscount	⁒
\textestimated	℮	\textopenbullet	◦
\textservicemark	℠	\textlquill	⁅
\textrquill	⁆	\textcent	¢
\textsterling	£	\textcurrency	¤
\textyen	¥	\textbrokenbar	¦
\textsection	§	\textasciidieresis	¨
\textcopyright	©	\textordfeminine	ª
\textcopyleft	🄯	\textlnot	¬
\textcircledP	℗	\textregistered	®
\textasciimacron	¯	\textdegree	°
\textpm	±	\texttwosuperior	²
\textthreesuperior	³	\textasciiacute	´
\textmu	µ	\textparagraph	¶
\textperiodcentered	·	\textreferencemark	※
\textonesuperior	¹	\textordmasculine	º
\textsurd	√	\textonequarter	¼
\textonehalf	½	\textthreequarters	¾
\texteuro	€	\texttimes	×
\textdiv	÷		

E.4 pifontパッケージで使える文字

▶ Zapf Dingbatsフォント

例えば ✎ を出すには `\ding{"2E}` と書きます。

	20	30	40	50	60	70	A0	B0	C0	D0	E0	F0
00		✐	✠	✰	❀	❐		⑤	➀	➐	➠	
01	✁	✑	✡	✱	❁	❑	❡	⑥	➁	➑	➡	➱
02	✂	✒	✢	✲	❂	❒	❢	⑦	➂	➒	➢	➲
03	✃	✓	✣	✳	❃	▲	❣	⑧	➃	➓	➣	➳
04	✄	✔	✤	✴	❄	▼	❤	⑨	➄	➔	➤	➴
05	☎	✕	✥	✵	❅	◆	❥	⑩	➅	→	➥	➵
06	✆	✖	✦	✶	❆	❖	❦	❶	➆	↔	➦	➶
07	✇	✗	✧	✷	❇	◗	❧	❷	➇	↕	➧	➷
08	✈	✘	★	✸	❈	❘	♣	❸	➈	➘	➨	➸
09	✉	✙	✩	✹	❉	❙	♦	❹	➉	➙	➩	➹
0A	☛	✚	✪	✺	❊	❚	♥	❺	➊	➚	➪	➺
0B	☞	✛	✫	✻	❋	❛	♠	❻	➋	➛	➫	➻
0C	✌	✜	✬	✼	●	❜	①	❼	➌	➜	➬	➼
0D	✍	✝	✭	✽	❍	❝	②	❽	➍	➝	➭	➽
0E	✎	✞	✮	✾	■	❞	③	❾	➎	➞	➮	➾
0F	✏	✟	✯	✿	❏		④	❿	➏	➟	➯	

▶ Symbolフォント

例えば ↵ を出すには `\Pisymbol{psy}{"BF}` とします。

	20	30	40	50	60	70	A0	B0	C0	D0	E0	F0
00		0	≅	Π	‾	π		°	ℵ	∠	◊	
01	!	1	Α	Θ	α	θ	ϒ	±	ℑ	∇	〈	〉
02	∀	2	Β	Ρ	β	ρ	′	″	ℜ	®	®	∫
03	#	3	Χ	Σ	χ	σ	≤	≥	℘	©	©	⌠
04	∃	4	Δ	Τ	δ	τ	⁄	×	⊗	™	™	⎮
05	%	5	Ε	Υ	ε	υ	∞	∝	⊕	∏	∑	⌡
06	&	6	Φ	ς	φ	ϖ	ƒ	∂	∅	√	⎛	⎞
07	∋	7	Γ	Ω	γ	ω	♣	•	∩	⋅	⎜	⎟
08	(	8	Η	Ξ	η	ξ	♦	÷	∪	¬	⎝	⎠
09	)	9	Ι	Ψ	ι	ψ	♥	≠	⊃	∧	⎡	⎤
0A	∗	:	ϑ	Ζ	ϕ	ζ	♠	≡	⊇	∨	⎢	⎥
0B	+	;	Κ	[	κ	{	↔	≈	⊄	⇔	⎣	⎦
0C	,	<	Λ	∴	λ	|	←	…	⊂	⇐	⎧	⎫
0D	−	=	Μ	]	μ	}	↑	⏐	⊆	⇑	⎨	⎬
0E	.	>	Ν	⊥	ν	∼	→	⎯	∈	⇒	⎩	⎭
0F	/	?	Ο	_	ο		↓	↵	∉	⇓	⎪	

E.5　fontawesomeパッケージで使える文字

`\usepackage{fontawesome}` で使えます。ほかにも多数のロゴ・記号が含まれます（`texdoc` fontawesome）。モダン LaTeX なら OpenType フォント、レガシー LaTeX なら Type 1 フォントが使われます。

入力	出力	入力	出力	入力	出力
`\faApple`		`\faWindows`		`\faLinux`	
`\faAndroid`		`\faGithub`		`\faGoogle`	
`\faAmazon`		`\faLock`		`\faCreativeCommons`	

E.6　otfパッケージで使える文字

この節ではヒラギノ明朝 W3 を使っています。これ以外のフォントでは出力できない文字があります。

▶ 囲みつき文字

コマンド名	最小値	最大値	例
`\ajMaru`	0	100	⓪①②③④⑤⑥⑦⑧⑨⑩
`\ajMaru*`	0	100	⓪⑴⑵⑶⑷⑸⑹⑺⑻⑼⑽
`\ajKuroMaru`	0	100	⓿❶❷❸❹❺❻❼❽❾❿
`\ajKuroMaru*`	0	100	⓿⑴⑵⑶⑷⑸⑹⑺⑻⑼⑽
`\ajKaku`	0	100	⓪①②③④⑤⑥⑦⑧⑨⑩
`\ajKaku*`	0	100	⓪⑴⑵⑶⑷⑸⑹⑺⑻⑼⑽
`\ajKuroKaku`	0	100	⓿❶❷❸❹❺❻❼❽❾❿
`\ajKuroKaku*`	0	100	⓿⑴⑵⑶⑷⑸⑹⑺⑻⑼⑽
`\ajMaruKaku`	0	100	⓪①②③④⑤⑥⑦⑧⑨⑩
`\ajMaruKaku*`	0	100	⓪⑴⑵⑶⑷⑸⑹⑺⑻⑼⑽
`\ajKuroMaruKaku`	0	100	⓿❶❷❸❹❺❻❼❽❾❿
`\ajKuroMaruKaku*`	0	100	⓿⑴⑵⑶⑷⑸⑹⑺⑻⑼⑽
`\ajKakko`	0	100	(0)(1)(2)(3)(4)(5)(6)(7)(8)(9)(10)
`\ajKakko*`	0	100	(00)(01)(02)(03)(04)(05)(06)(07)(08)(09)(10)
`\ajRoman`	1	15	Ⅰ Ⅱ Ⅲ Ⅳ Ⅴ ⅥⅦⅧⅨ Ⅹ
`\ajRoman*`	1	15	Ⅰ Ⅱ Ⅲ Ⅲ Ⅴ ⅥⅦⅧⅨ Ⅹ
`\ajroman`	1	15	ⅰ ⅱ ⅲ ⅳ ⅴ ⅵ ⅶⅷ ⅸ ⅹ
`\ajPeriod`	1	9	1. 2. 3. 4. 5. 6. 7. 8. 9.

コマンド名	最小値	最大値	例
\ajKakkoYobi	1	9	(日)(月)(火)(水)(木)(金)(土)(祝)(休)
\ajKakkoroman	1	15	(i)(ii)(iii)(iv)(v)(vi)(vii)(viii)(ix)(x)
\ajKakkoRoman	1	15	(Ⅰ)(Ⅱ)(Ⅲ)(Ⅳ)(Ⅴ)(Ⅵ)(Ⅶ)
\ajKakkoalph	1	26	(a)(b)(c)(d)(e)(f)(g)
\ajKakkoAlph	1	26	(A)(B)(C)(D)(E)(F)(G)
\ajKakkoHira	1	48	(あ)(い)(う)(え)(お)(か)(き)
\ajKakkoKata	1	48	(ア)(イ)(ウ)(エ)(オ)(カ)(キ)
\ajKakkoKansuji	1	20	(一)(二)(三)(四)(五)(六)(七)
\ajMaruKansuji	1	10	一 二 三 四 五 六 七
\ajMarualph	1	26	ⓐⓑⓒⓓⓔⓕⓖ
\ajMaruAlph	1	26	ⒶⒷⒸⒹⒺⒻⒼ
\ajMaruHira	1	48	㋐㋑㋒㋓㋔㋕㋖
\ajMaruKata	1	48	㋐㋑㋒㋓㋔㋕㋖
\ajMaruYobi	1	7	日月火水木金土
\ajKuroMarualph	1	26	ⓐⓑⓒⓓⓔⓕⓖ
\ajKuroMaruAlph	1	26	🅐🅑🅒🅓🅔🅕🅖
\ajKuroMaruHira	1	48	あいうえおかき
\ajKuroMaruKata	1	48	アイウエオカキ
\ajKuroMaruYobi	1	7	日月火水木金土
\ajKakualph	1	26	a b c d e f g
\ajKakuAlph	1	26	A B C D E F G
\ajKakuHira	1	48	あ い う え お か き
\ajKakuKata	1	48	ア イ ウ エ オ カ キ
\ajKakuYobi	1	7	日月火水木金土
\ajKuroKakualph	1	26	a b c d e f g
\ajKuroKakuAlph	1	26	A B C D E F G
\ajKuroKakuHira	1	48	あいうえおかき
\ajKuroKakuKata	1	48	アイウエオカキ
\ajKuroMaruKakualph	1	26	a b c d e f g
\ajKuroKakuYobi	1	7	日月火水木金土
\ajMaruKakualph	1	26	a b c d e f g
\ajMaruKakuAlph	1	26	A B C D E F G
\ajMaruKakuHira	1	48	あ い う え お か き
\ajMaruKakuKata	1	48	ア イ ウ エ オ カ キ

コマンド名	最小値	最大値	例
\ajMaruKakuYobi	1	7	日月火水木金土
\ajKuroMaruKakuAlph	1	26	ABCDEFG
\ajKuroMaruKakuHira	1	48	あいうえおかき
\ajKuroMaruKakuKata	1	48	アイウエオカキ
\ajKuroMaruKakuYobi	1	7	日月火水木金土
\ajNijuMaru	1	10	①②③④⑤⑥⑦
\ajRecycle	0	11	♳♴♵♶♷♸♹♺♻♼♲

▶ 略語・単位など

入力	出力	入力	出力	入力	出力
\ajLig{!!}	‼	\ajLig{!!*}	‼	\ajLig{!*}	⁄
\ajLig{!?}	⁉	\ajLig{!?*}	⁉	\ajLig{?!}	?!
\ajLig{??}	??	\ajLig{AM}	AM	\ajLig{F}	°F
\ajLig{FAX}	FAX	\ajLig{GB}	GB	\ajLig{HP}	HP
\ajLig{Hz}	Hz	\ajLig{K.K.}	K.K.	\ajLig{KB}	KB
\ajLig{KK}	KK	\ajLig{KK.}	KK.	\ajLig{MB}	MB
\ajLig{No}	No	\ajLig{No.}	No.	\ajLig{PH}	PH
\ajLig{PM}	PM	\ajLig{PR}	PR	\ajLig{TB}	TB
\ajLig{TEL}	TEL	\ajLig{Tel}	Tel	\ajLig{VS}	VS
\ajLig{a.m.}	a.m.	\ajLig{a/c}	a/c	\ajLig{c.c.}	c.c.
\ajLig{c/c}	C/C	\ajLig{c/o}	C/O	\ajLig{cal}	cal
\ajLig{cc}	cc	\ajLig{cm}	cm	\ajLig{cm2}	cm²
\ajLig{cm3}	cm³	\ajLig{dB}	dB	\ajLig{dl}	dℓ
\ajLig{dl*}	dl	\ajLig{g}	g	\ajLig{hPa}	hPa
\ajLig{in}	in	\ajLig{kcal}	kcal	\ajLig{kg}	kg
\ajLig{kl}	kℓ	\ajLig{kl*}	kl	\ajLig{km}	km
\ajLig{km2}	km²	\ajLig{km3}	km³	\ajLig{l}	ℓ
\ajLig{l*}	l	\ajLig{m}	m	\ajLig{m/m}	m/m
\ajLig{m2}	m²	\ajLig{m3}	m³	\ajLig{mb}	mb
\ajLig{mg}	mg	\ajLig{mho}	℧	\ajLig{microg}	μg
\ajLig{microm}	μm	\ajLig{micros}	μs	\ajLig{min}	min
\ajLig{ml}	mℓ	\ajLig{ml*}	ml	\ajLig{mm}	mm
\ajLig{mm2}	mm²	\ajLig{mm3}	mm³	\ajLig{ms}	ms
\ajLig{n/m}	n/m	\ajLig{ns}	ns	\ajLig{ohm}	Ω

入力	出力	入力	出力	入力	出力
\ajLig{p.m.}	p.m.	\ajLig{pH}	pH	\ajLig{ps}	ps
\ajLig{sec}	sec	\ajLig{tel}	TEL	\ajLig{tm}	TM

▶ 略語・単位（和文）

入力	出力	入力	出力
\ajLig{さじ}	さじ	\ajLig{アール}	アール
\ajLig{アール⋆}	アール	\ajLig{アト}	アト
\ajLig{アパート}	アパート	\ajLig{アルファ}	アルファ
\ajLig{アンペア}	アンペア	\ajLig{イニング}	イニング
\ajLig{インチ}	インチ	\ajLig{インチ⋆}	インチ
\ajLig{ウォン}	ウォン	\ajLig{ウルシ}	ウルシ
\ajLig{エーカー}	エーカー	\ajLig{エクサ}	エクサ
\ajLig{エスクード}	エスクード	\ajLig{オーム}	オーム
\ajLig{オングストローム}	オングストローム	\ajLig{オングストローム⋆}	オングストローム
\ajLig{オンス}	オンス	\ajLig{オントロ}	オントロ
\ajLig{カイリ}	カイリ	\ajLig{カップ}	カップ
\ajLig{カラット}	カラット	\ajLig{カロリー}	カロリー
\ajLig{ガロン}	ガロン	\ajLig{ガンマ}	ガンマ
\ajLig{キュリー}	キュリー	\ajLig{キロ}	キロ
\ajLig{キログラム}	キログラム	\ajLig{キロメートル}	キロメートル
\ajLig{キロリットル}	キロリットル	\ajLig{キロワット}	キロワット
\ajLig{ギガ}	ギガ	\ajLig{ギニー}	ギニー
\ajLig{ギルダー}	ギルダー	\ajLig{クルサード}	クルサード
\ajLig{クルゼイロ}	クルゼイロ	\ajLig{クローネ}	クローネ
\ajLig{グスーム}	グスーム	\ajLig{グラム}	グラム
\ajLig{グラム⋆}	グラム	\ajLig{グラムトン}	グラムトン
\ajLig{ケース}	ケース	\ajLig{コーポ}	コーポ
\ajLig{コーポ⋆}	コーポ	\ajLig{コルナ}	コルナ
\ajLig{サイクル}	サイクル	\ajLig{サンチーム}	サンチーム
\ajLig{シリング}	シリング	\ajLig{センチ}	センチ
\ajLig{センチ⋆}	センチ	\ajLig{セント}	セント
\ajLig{セント⋆}	セント	\ajLig{ダース}	ダース
\ajLig{テラ}	テラ	\ajLig{デカ}	デカ
\ajLig{デシ}	デシ	\ajLig{トン}	トン

入力	出力	入力	出力
\ajLig{ドラクマ}	ドラクマ	\ajLig{ドル}	ドル
\ajLig{ナノ}	ナノ	\ajLig{ノット}	ノット
\ajLig{ハイツ}	ハイツ	\ajLig{ハイツ*}	ハイツ
\ajLig{バーツ}	バーツ	\ajLig{バーレル}	バーレル
\ajLig{バレル}	バレル	\ajLig{パーセント}	パーセント
\ajLig{パスカル}	パスカル	\ajLig{ビル}	ビル
\ajLig{ピアストル}	ピアストル	\ajLig{ピクル}	ピクル
\ajLig{ピコ}	ピコ	\ajLig{ファラッド}	ファラッド
\ajLig{ファラド}	ファラド	\ajLig{フィート}	フィート
\ajLig{フェムト}	フェムト	\ajLig{フラン}	フラン
\ajLig{ブッシェル}	ブッシェル	\ajLig{ヘクタール}	ヘクタール
\ajLig{ヘクト}	ヘクト	\ajLig{ヘクトパスカル}	ヘクトパスカル
\ajLig{ヘルツ}	ヘルツ	\ajLig{ヘルツ*}	ヘルツ
\ajLig{ベータ}	ベータ	\ajLig{ページ}	ページ
\ajLig{ページ*}	ページ	\ajLig{ペセタ}	ペセタ
\ajLig{ペソ}	ペソ	\ajLig{ペタ}	ペタ
\ajLig{ペニヒ}	ペニヒ	\ajLig{ペンス}	ペンス
\ajLig{ホール}	ホール	\ajLig{ホーン}	ホーン
\ajLig{ホーン*}	ホーン	\ajLig{ホン}	ホン
\ajLig{ボルト}	ボルト	\ajLig{ポイント}	ポイント
\ajLig{ポンド}	ポンド	\ajLig{マイクロ}	マイクロ
\ajLig{マイル}	マイル	\ajLig{マッハ}	マッハ
\ajLig{マルク}	マルク	\ajLig{マンション}	マンション
\ajLig{ミクロン}	ミクロン	\ajLig{ミリ}	ミリ
\ajLig{ミリバール}	ミリバール	\ajLig{メートル}	メートル
\ajLig{メガ}	メガ	\ajLig{メガトン}	メガトン
\ajLig{ヤード}	ヤード	\ajLig{ヤード*}	ヤード
\ajLig{ヤール}	ヤール	\ajLig{ユーロ}	ユーロ
\ajLig{ユアン}	ユアン	\ajLig{ラド}	ラド
\ajLig{リットル}	リットル	\ajLig{リラ}	リラ
\ajLig{ルーブル}	ルーブル	\ajLig{ルクス}	ルクス
\ajLig{ルピー}	ルピー	\ajLig{ルピア}	ルピア
\ajLig{レム}	レム	\ajLig{レントゲン}	レントゲン
\ajLig{ワット}	ワット	\ajLig{ワット*}	ワット

入力	出力	入力	出力
\ajLig{医療法人}	医療法人	\ajLig{学校法人}	学校法人
\ajLig{株式会社}	株式会社	\ajLig{共同組合}	共同組合
\ajLig{協同組合}	協同組合	\ajLig{合資会社}	合資会社
\ajLig{合名会社}	合名会社	\ajLig{財団法人}	財団法人
\ajLig{社団法人}	社団法人	\ajLig{宗教法人}	宗教法人
\ajLig{昭和}	昭和	\ajLig{大正}	大正
\ajLig{平成}	平成	\ajLig{明治}	明治
\ajLig{有限会社}	有限会社	\ajLig{郵便番号}	郵便番号

▶ \ajLig{○上} の類

上中下左右丁夜企医協名宗労学有株社監資財印秘大小優控調注副減標欠基禁項休女男正写祝出適特済増問答例電

▶ \ajLig{(株)} の類

㈱ ㈲ ㈹ ㊑ ㈱ ㈿ ㈱ ㈾ ㈳ ㈼ ㈴ ㈶ ㈺ ㈻ ㈵ ㈿ ㈷ ㈸ ㈴ ㈺ ㈬ ㈭ ㈮

▶ \ajLig{●問}、\ajLig{□問}、\ajLig{■問}、\ajLig{◇問}、\ajLig{◆問} の類

問答例問答例問答例問答例問答例印負勝

▶ \ajLig{う゛ } の類

ヴヴギヱヴがぎぐげごガギグゲゴゼヅド

▶ \ajLig{小か} の類

かけこコクシストヌハヒフヘホプムラリルレロ

▶ 半角文字等

\aj 半角{半角かなカナ}   →   半角かなかけ

\ajTsumesuji1{0123456789}   →   0 1 2 3 4 5 6 7 8 9

\ajTsumesuji2{0123456789}   →   0123456789

\ajTsumesuji3{0123456789}   →   0123456789

\ajTsumesuji4{0123456789}   →   0123456789

▶ その他

入力	出力	入力	出力
\ajMasu	☒	\ajYori	ゟ
\ajKoto	ヿ	\ajUta	〳
\ajCommandKey	⌘	\ajReturnKey	↵
\ajCheckmark	✓	\ajVisibleSpace	␣
\ajSenteMark	▲	\ajGoteMark	△
\ajClub	♣	\ajHeart	♡
\ajSpade	♠	\ajDiamond	◇
\ajvarClub	♧	\ajvarHeart	♥
\ajvarSpade	♤	\ajvarDiamond	♦
\ajPhone	☎	\ajPostal	〒
\ajvarPostal	〒	\ajSun	☀
\ajCloud	☁	\ajUmbrella	☂
\ajSnowman	☃	\ajJIS	Ⓙ
\ajJAS	Ⓙ	\ajBall	⑩
\ajHotSpring	♨	\ajWhiteSesame	﹅
\ajBlackSesame	﹅	\ajWhiteFlorette	❀
\ajBlackFlorette	✳	\ajRightBArrow	➡
\ajLeftBArrow	←	\ajUpBArrow	↑
\ajDownBArrow	↓	\ajRightHand	☞
\ajLeftHand	☜	\ajUpHand	☝
\ajDownHand	☟	\ajRightScissors	✂
\ajLeftScissors	✄	\ajUpScissors	✀
\ajDownScissors	✂	\ajRightWArrow	⇨
\ajLeftWArrow	⇦	\ajUpWArrow	⇧
\ajDownWArrow	⇩	\ajRightDownArrow	↘
\ajLeftDownArrow	↙	\ajLeftUpArrow	↖
\ajRightUpArrow	↗	\ajHashigoTaka	髙
\ajTsuchiYoshi	吉	\ajTatsuSaki	﨑
\ajMayuHama	濱		

付録 **F**
T_EX 関連の情報源

書籍やネット上の主な情報源を紹介します。

F.1　文献

まずは T_EX の作者 Knuth の本です。邦訳はすべて絶版のようですが、古書として入手可能です。

[1] Donald E. Knuth, *The T_EXbook* (Addison-Wesley, 1986). T_EX の原典です。全編を読まなくても（読めなくても）、一応は本棚に飾っておきましょう。邦訳は斎藤信男監修、鷺谷好輝訳『［改訂新版］T_EX ブック』（アスキー、1992 年）です。なお、原著の初版は 1984 年ですが、1986 年に現在の形のものが出た後も少しずつ修正され、本書執筆時点の最新版 T_EX ソース（タイムスタンプ 2021-01-27）には "Incorporates all corrections known in 2020." と書いてあります。T_EX ソースをタイプセットしようとすると "This manual is copyrighted and should not be TeXed" というエラーメッセージが出るようになっています。

[2] Donald E. Knuth, *The METAFONTBook* (Addison-Wesley, 1986). これは Knuth が Computer Modern などの書体をデザインするために作成したツール METAFONT の解説書です。邦訳は鷺谷好輝訳『METAFONT ブック』（アスキー、1994 年）です。Knuth の T_EX 関連の本では、これらのほか、T_EX と METAFONT の全ソースコードと詳しい注釈を収めた *T_EX: The Program*、*METAFONT: The Program*、*Computer Modern Typefaces* が同じ出版社から出ています。

[3] Donald E. Knuth, Tracy Larrabee, and Paul M. Roberts, *Mathematical Writing* (MAA Notes No. 14, The Mathematical Association of America, 1989). 文章論の本です。T_EX と直接の関係はありませんが Knuth ファン必読の書です。邦訳は有澤誠訳『クヌース先生のドキュメント纂法』（共立、1989 年）です。

[4] 有澤誠編『クヌース先生のプログラム論』（共立、1991 年）。T_EX の生い立ち、文芸的プログラミングの話などが載っています。これも Knuth 教徒の

必読書です。

[5] Donald E. Knuth, *Literate Programming* (Center for the Study of Language and Information, 1992). TEX 関連の話も載っています。邦訳は有澤誠訳『文芸的プログラミング』（アスキー、1994 年）です。

次は、LATEX 関係の本です。

[6] Leslie Lamport, *LATEX: A Document Preparation System*, 2nd edition (Addison-Wesley, 1994). LATEX 2_ε の原典です。邦訳は『文書処理システム LATEX 2_ε』（阿瀬はる美訳、ピアソン・エデュケーション、1999 年）です。

[7] Frank Mittelbach and Ulrike Fischer, *The LATEX Companion*, 3rd edition (Addison-Wesley, 2023). 2 巻に分かれ、合わせて 1800 ページを超える大冊です。たくさんのパッケージ、フォント、関連ツールが紹介されています。

日本語環境での TEX についての本は、たくさん出ています。ここでは最近の本ではなく古典となった本だけ紹介しておきます。

[8] アスキー出版技術部責任編集『日本語 TEX テクニカルブック I』（アスキー、1990 年）。日本語 TEX（pTEX の旧版）の技術資料です。入門書ではありません。II はとうとう出ませんでした。

[9] 中野 賢『日本語 LATEX 2_ε ブック』（アスキー、1996 年）。アスキーの pTEX、pLATEX 2_ε 開発者による必読書です。

最後に、数式組版についての稀有な専門書を挙げておきます。

[10] 木枝祐介『数式組版』（ラムダノート、2018 年）

F.2 ネット上の情報

▶ 本書サポートページ

https://github.com/okumuralab/bibun9 です。

▶ 日本語 TEX 開発コミュニティ

(u)pLATEX などの開発をしています（https://texjp.org）。読者参加型の総合案内所 TEX Wiki（https://texwiki.texjp.org）は、もともと著者（奥村）のサイトで運用していたものですが、2016 年から日本語 TEX 開発コミュニティのサイトに移設されました。

▶ texdoc

　texdoc（23 ページ、355 ページ）のオンライン版 https://texdoc.org は、最新マニュアルの検索に便利です。

▶ CTAN

　CTAN（シータン、Comprehensive TeX Archive Network）はインターネット上の TeX 関連ソフトの宝庫です[※1]。

　米国の https://www.ctan.org のほか、たくさんのサイトが CTAN をミラーしています（同内容のものを提供しています）。

　例えば「CTAN の fonts/urw/classico」は

　　https://www.ctan.org/tex-archive/fonts/urw/classico

を意味します。

※1　Perl のアーカイブ CPAN、R のアーカイブ CRAN は、CTAN に倣って作られたものです。

▶ TeX FAQ

　昔からある解説サイト UK TeX FAQ は、アーカイブされて GitHub Pages に移設されました（https://davidcarlisle.github.io/uk-tex-faq/）。その後継サイト https://texfaq.org が作られています。

▶ TeX Users Group (TUG)

　昔からあるユーザーグループです（https://tug.org）。TUGboat という雑誌を発行しています。

▶ 検索・質問サイト

　Google などの検索サイトや ChatGPT などのチャットボットにエラーメッセージを打ち込めばたいていのトラブルは解決します。それでもだめなら、TeX フォーラム（https://okumuralab.org/tex/）、Stack Overflow（https://ja.stackoverflow.com）などの質問サイトをご利用ください。

あとがき by 奥村晴彦

昔（おそらく高校の図書館で菊判漱石全集などを貪り読んだころ）から本の製作に憧れ、学生時代に日本エディタースクールの通信教育まで受講しました。

1980 年代には、高校数学教科書の執筆陣に加えていただき、数式を含む文章の校正で苦労しました。パソコン雑誌にたくさん寄稿したのもこのころでした。

一人で本を書くようになったのは『パソコンによるデータ解析入門──数理とプログラム実習』（技術評論社、1986 年）や『コンピュータ・アルゴリズム事典』（技術評論社、1987 年）のころからです。どちらも数式やプログラムリストが多い本でしたので、校正には苦労しました。数式も含めてワープロソフトで書いたり、数式部分だけ手書きして MS-DOS のテキストファイルで入稿したり、いろいろ工夫したのですが、著者校正段階で夥しい数の誤植に悩まされました。数式は何度校正してもバランスが悪く、プログラムリストにはレーザプリンタ出力を切り貼りする際の間違いまでありました。幸いにして出版社はたいへん良心的で、何度でも校正につきあってくださいましたが、たいへんな手間であることに変わりはありませんでした。

何とかならないかと考えました。欧米では TEX というソフトがよく使われていると聞き、試してみたのですが、当然ながら日本語が使えません。アスキーが「日本語 MicroTEX」を開発したと聞いて秋葉原を探しましたがどこにも見つからず、取り寄せてもらいました。98,000 円もしました。

その後、ソース配布されていたアスキーの UNIX 版日本語 TEX を畏友小林 誠さんをはじめ何人かの人がパソコンに移植され、大島利雄さんの出力ドライバ dviout、dviprt と組み合わせてパソコン上で欧米と同様に日本語版の TEX が使えるようになりました。

さらに、東京書籍印刷の小林 肇さんが写研の写植機用の出力ドライバを開発され、やっと本格的に出版に使えるようになりました。小林さんに教えていただきながら試行錯誤を重ね、ようやく『C 言語による最新アルゴリズム事典』（技術評論社、1991 年）を完成させることができました。

この経験に基づいて『LATEX 美文書作成入門』（技術評論社、1991 年）を書いたところ、幸いにしてたいへん評判がよく、たくさんの本が TEX で作られるきっかけになったようです。私も『Numerical Recipes in C 日本語版──C 言語による数値計算のレシピ』（William II. Press, Brian P. Flannery, Saul A. Teukolsky, William T. Vetterling 著、丹慶勝市・奥村晴彦・佐藤俊郎・小林 誠 訳、技術評論社、1993 年）などを製作し、TEX の腕を磨きました。

一方で、pTEX の和文フォントメトリック（min10.tfm 等）のいくつかの重大な欠陥に頭を悩ませていました。この欠陥を目立たせないように、『C 言語による最新アルゴリズム事典』のように約物を欧文にしたり、TEX のソースに前処理したりしました。1993 年の日本工業規格「日本語文書の行組版方法」（JIS X 4051）をきっかけとして小林 肇さんにいろいろ教えを乞い、その結果は小林さんの JIS フォントメトリックとして結実しました。これで初めて pTEX の和文組版に満足できるようになり、このフォントメトリックを使った『LATEX 入門』（奥村晴彦監修、技術評論社、1994 年）を製作しました。

　1997 年には、LaTeX 2.09 に代わって LaTeX 2_ε を採用し、さらに PostScript に対応した『LaTeX 2_ε 美文書作成入門』（技術評論社、1997 年）、続いて、リュウミンと Computer Modern に替えてヒラギノと Times で組んだ『[改訂版] LaTeX 2_ε 美文書作成入門』（技術評論社、2000 年）を出しました。

　2003 年度から放送大学で TeX（2006 年度からは Java も）の講義にかかわるようになり、森本光生、長岡亮介『数学とコンピュータ』（放送大学教材、2003 年）の TeX に関する三つの章、長岡亮介、岡本久『新訂 数学とコンピュータ』（放送大学教材、2006 年 3 月）の TeX と Java に関する四つの章を執筆した際に全編の組版も引き受け、印刷所には PDF で入稿しました。『Java によるアルゴリズム事典』（技術評論社、2003 年）の組版を三美印刷と共同で行ったこともたいへん勉強になりました。

　この間、MS-DOS、BSD、Sun OS、Solaris、Linux、Windows といろいろな OS を使ってきましたが、ヒラギノフォントが使いたくなり、2003 年に Mac ユーザーになりました。Mac で動く Illustrator や Photoshop、InDesign 等のオペレーションを通じて、DTP の流儀からたくさんのことを学ぶことができました。こうした中で『[改訂第 3 版] LaTeX 2_ε 美文書作成入門』（2004 年）を執筆しました。

　土村展之さんによる UTF-8 対応の pTeX のおかげで、『[改訂第 4 版] LaTeX 2_ε 美文書作成入門』（2007 年）からは原稿を UTF-8 で統一し、バージョン管理に Subversion を使いました。

　2008 年 1 月に韓国で開かれた Asian TeX Conference 2008 に出かけて海外の人と話し合い、感銘を受けました。海外ではもう pdfTeX が当たり前で、次は LuaTeX だろうといった話になっているのに、レジスタの数が 256 といった制限のある pTeX では、海外で新しく開発されたパッケージも使えません。折しも日本では田中琢爾さんが upTeX、北川弘典さんが ε-pTeX を開発され、やっと日本の TeX 事情も変わる兆しが現れました。この流れで執筆したのが『[改訂第 5 版] LaTeX 2_ε 美文書作成入門』（2010 年）でした。

　シフト JIS から UTF-8 へ、dvi や PostScript から PDF へという変革のさなか、それまで専ら日本で使われてきた pTeX、upTeX や IPA の和文フォントが、世界的な集大成 TeX Live に取り込まれました。この新しい環境に合わせて『[改訂第 6 版] LaTeX 2_ε 美文書作成入門』（2013 年）を書きました。この版からは黒木裕介さんにも著者として加わっていただき、私の不得意な Windows 関係や Beamer 関係の執筆だけでなく、セットアップツールを含めたプロジェクトのまとめ役として活躍していただきました。また、この版の出たタイミングで、日本で TeX Users Group の大会（TUG 2013）が開かれ、海外の最新事情を学ぶことができました。特に XeTeX や LuaTeX を無視してはこれからの TeX が語れないことも痛感しました。この過渡期に書いたのが『[改訂第 7 版] LaTeX 2_ε 美文書作成入門』（2017 年）です。原稿のバージョン管理も Git に乗り換えました。

　『[改訂第 8 版] LaTeX 2_ε 美文書作成入門』（2020 年）では本書組版もついに LuaLaTeX ＋ jlreq ドキュメントクラス ＋ 原ノ味フォントに移行し、内容も LuaLaTeX についての記述を大幅に増やしました。

　さて、本書（改訂第 9 版）では、書名から「2_ε」を外し、短命な「付録 DVD-ROM」をやめ、『美文書』本の決定版となるよう努力しました。おつきあいくださった皆様に感謝いたします。

索引

■著者略歴

奥村 晴彦（おくむら はるひこ）
1951年生まれ　三重大学名誉教授
主な著書：『パソコンによるデータ解析入門』（技術評論社、1986年）
　『コンピュータアルゴリズム事典』（技術評論社、1987年）
　『C言語による最新アルゴリズム事典』（技術評論社、1991年）
　『Javaによるアルゴリズム事典』（共著、技術評論社、2003年）
　『LHAとZIP──圧縮アルゴリズム×プログラミング入門』（共著、ソフトバンク、2003年）
　『Moodle入門──オープンソースで構築するeラーニングシステム』（共著、海文堂、2006年）
　『高等学校　社会と情報』『高等学校　情報の科学』『高等学校　情報I』など（共著、第一学習社、2013年〜）
　『Rで楽しむ統計』（共立出版、2016年）
　『Rで楽しむベイズ統計入門』（技術評論社、2018年）
　『［改訂新版］C言語による標準アルゴリズム事典』（技術評論社、2018年）
　『［改訂第5版］基礎からわかる情報リテラシー』（共著、技術評論社、2023年）
訳書：William H. Press他『Numerical Recipes in C日本語版』（共訳、技術評論社、1993年）
　Luke Tierney『LISP-STAT』（共訳、共立出版、1996年）
　P. N. エドワーズ『クローズド・ワールド』（共訳、日本評論社、2003年）

黒木 裕介（くろき ゆうすけ）
1982年生まれ
訳書：Benjamin C. Pierce『型システム入門──プログラミング言語と型の理論』（共訳、オーム社、2013年）

本書サポート：https://github.com/okumuralab/bibun9
技術評論社 Web サイト：https://gihyo.jp/book

カバーデザイン ◆ 浅野ゆかり
組　版 ◆ 著者＋須藤真己
編　集 ◆ 向井浩太郎

かいていだい　　はん　ラテック　びぶんしょさくせいにゅうもん
［改訂第9版］LaTeX 美文書作成入門

1997年 9月25日	初　版	第1刷発行
2023年 12月21日	第9版	第1刷発行

著　者　奥村晴彦・黒木裕介
発行者　片岡　巌
発行所　株式会社技術評論社
　　　　東京都新宿区市谷左内町 21-13
　　　　電話 03-3513-6150　販売促進部
　　　　　　 03-3513-6166　書籍編集部
印刷／製本　図書印刷株式会社

定価はカバーに表示してあります。

［お願い］
■本書についての電話によるお問い合わせはご遠慮ください。質問等がございましたら、下記まで FAX または封書でお送りくださいますようお願いいたします。

〒 162-0846
東京都新宿区市谷左内町 21-13
株式会社技術評論社書籍編集部
FAX：03-3513-6183
「［改訂第9版］LaTeX 美文書作成入門」係

なお、本書の範囲を超える事柄についてのお問い合わせには一切応じられませんので、あらかじめご了承ください。